高等学校电子信息类系列教材·计算机类

数据结构与算法分析

（第二版）

荣　政　　主编

樊　凯　黄　曦
党岚君　黎剑兵　　参编

西安电子科技大学出版社

内 容 简 介

本书以高级程序设计能力的培养为目标，介绍数据结构和算法设计的相关知识，帮助读者针对实际应用，选择合适的数据结构并设计相应算法。全书分为两部分，第一部分讨论了软件设计规范及程序设计的关键技术，并从数据的逻辑结构、存储结构和运算实现角度介绍了常见的数据结构及典型应用，涵盖了线性表、栈、队列、串、树、图等结构，以及索引结构和散列技术，该部分在介绍知识点的同时，通过具体实例的分析和设计，帮助读者更深刻地理解所学知识，循序渐进培养学生设计复杂程序的能力。第二部分介绍了常用的经典算法，如分治策略、动态规划、贪心策略、回溯法、分支界限法等，还介绍了软件设计中一些常用的排序和查找算法。

书中每章后均附有习题，其中的基本概念题提供参考答案，部分算法设计题附带分析和解析，供读者参考。本书对部分算法提供了微课视频，其动画效果的演示有助于读者理解书中的重点和难点。

该书可作为高等学校电子信息类数据结构课程的教学用书，也可作为计算机工程及应用相关读者的参考用书。

图书在版编目(CIP)数据

数据结构与算法分析 / 荣政主编. —2 版. —西安：西安电子科技大学出版社，2021.1(2022.4 重印)

ISBN 978-7-5606-5974-9

Ⅰ. ①数… Ⅱ. ①荣… Ⅲ. ①数据结构—高等学校—教材 ②算法分析—高等学校—教材 Ⅳ. ①TP311.12

中国版本图书馆 CIP 数据核字(2021)第 002053 号

策划编辑 李惠萍

责任编辑 刘炳桢 李惠萍

出版发行 西安电子科技大学出版社(西安市太白南路 2 号)

电 话 (029)88202421 88201467 邮 编 710071

网 址 www.xduph.com 电子邮箱 xdupfxb001@163.com

经 销 新华书店

印刷单位 陕西天意印务有限责任公司

版 次 2021 年 1 月第 2 版 2022 年 4 月第 6 次印刷

开 本 787 毫米×1092 毫米 1/16 印 张 19.5

字 数 462 千字

印 数 11 001～13 000 册

定 价 45.00 元

ISBN 978－7－5606－5974－9/TP

XDUP 6276002－6

前　　言

在以信息技术为基础的知识经济时代，各领域、各行业对软件的需求日益剧增，要以最小的成本、最快的速度、最好的质量开发出适合各种应用需求的软件，必须遵循软件开发的原则，掌握软件开发的基础知识和基本技能。一个熟练的程序设计人员，至少应具备以下三个条件：一是熟练地掌握一门程序设计语言；二是能够熟练地选择和设计各种数据结构和算法；三是要熟知应用领域的相关知识。数据结构和算法的设计是区分程序员水平高低的重要标志，缺乏数据结构和算法的深厚功底，是很难设计出高水平应用程序的。

本书是在多年“数据结构”课程教学实践的基础上，根据新的教学计划和读者对原有教材的修改建议编写而成的。全书分为两个部分，第一部分包含第1～7章。第1章综述数据结构、抽象数据类型、算法等基本概念，并讨论了软件设计规范及程序设计中的关键技术；第2～7章介绍了线性表、栈和队列、串和数组、树、图等常见的数据结构和应用，以及索引结构和散列技术。第二部分包含第8～10章，介绍了分治策略、动态规划、贪心策略、回溯法及分支界限法等计算机经典算法，软件设计中一些常用的查找和排序算法也在这一部分进行了介绍。

本书以培养学生的高级程序设计能力为主要目标，通过对数据结构与算法分析的介绍，使读者学会分析计算机处理数据的特性，培养其对数据的抽象能力，为选择(或设计)合适的数据结构及其相应的算法奠定基础。另外，本书的学习过程也是复杂程序设计的训练过程，因此本书在第1章通过具体实例介绍了软件开发应遵循的原则及程序设计的关键技术，指导读者在掌握一门程序设计语言的基础上，编写出结构清晰、正确易读、符合软件工程规范的程序。全书虽然采用类C语言作为数据结构和算法的描述语言，但是为了方便读者学习及编程，书中的算法大多都是以规范的C函数形式给出的，每章后的应用实例均给出了经过上机调试的C程序，这为指导学生上机实践提供了便利。在书中的第二部分，通过介绍经典算法，对数据结构及其应用进行了深入的研究和探讨，将应用实例与数据结构和算法设计方法紧密地结合起来，不但能更好地激发学生的学习兴趣，而且使学生对数据结构和算法在软件设计中的作用也有更深入的理解，有助于其程序设计水平的进一步提高。

本次再版，除了修订上一版中的错误外，在1～7章后均增加应用实例一节，通过综合应用实例的分析、设计及实现，帮助读者增强对理论知识的感性认识，使读者进一步理解数据结构为什么存在、这些不同的数据结构在程序设计中又起着怎样的作用。每个应用实例均提供了可运行的代码。

本次修订还完善了各章后的习题，将习题分为基本概念题和算法设计题，题型涵盖选择、填空、简答、函数设计等，并附有答案或分析解析，方便读者学习。此外，对部分算法提供了微视频，这些微视频结合算法代码，以动画的方式演示了算法的运行，将一些重点和难点以直观、可视的方式展现给读者。鉴于篇幅问题，本书附录部分以二维码的形式给出习题参考答案和应用实例完整代码，读者可以通过扫描二维码获取相关内容。

本书由西安电子科技大学通信工程学院、网络与信息安全学院、物理与光电工程学院和空间科学与技术学院的教师共同编写，由荣政组织并统稿。其中，第1~4章由荣政完成，第6章由樊凯完成，第5章和第8章由黄曦完成，第7章和第9章由党岚君完成，第10章由黎剑兵完成。

本书在修订过程中，得到了西安电子科技大学出版社领导和编辑的大力支持和帮助，在此表示衷心的感谢。

限于作者水平，书中难免存在不当之处，恳请同行专家和读者批评指正。

作　者
2020年11月

目　录

第一部分　常见数据结构及应用

第二部分 经典算法策略

第一部

常见数据结构及应用

第1章 绪 论

1.1 数据结构概述

在程序设计中会涉及各种各样的数据，要处理这些数据，就需要考虑它们之间的关系，将其组织、存储在计算机中，并在此基础上实现所要求的程序功能。

1.1.1 数据结构的引入

从提出一个实际问题到计算机解出答案，需要经历下列步骤：分析阶段、设计阶段、编码阶段和测试维护阶段等。其中，分析阶段就是要从实际问题中提取操作的数据对象以及数据对象之间的关系。下面举例说明。

例 1-1 计算机管理图书目录问题。

要利用计算机帮助查询书目，首先必须将书目存入计算机，那么这些书目如何存放呢？我们既希望查询时间短，又要求节省空间。一个简单的办法就是建立一张表，每本书的信息只用一张卡片表示，在表中占一行，如表 1-1 所示。此时计算机操作的数据对象便是卡片，卡片之间的关系是顺序排列的。计算机对数据的操作是按某个特定要求(如给定书名)进行查询，找到表中满足要求的一行信息。由此从计算机管理图书目录问题中抽象出来的模型，即是包含图书目录的表和对表进行相关的查找运算。

表 1-1 图书信息表

书名	作者	登录号	分类号	出版日期	定价(元)
Java 语言	李 晓 等	97000018	73.8792−99	1977/3/26	43.5
UNIX 系统	张 昊	96000129	73.874−126	1996/9/19	23.5
…	…	…	…	…	…

例 1-2 工厂的组织管理问题。

某工厂的组织机构如图 1-1 所示。厂长要通过计算机了解各个科室及车间的工作和生产情况，于是将该组织机构抽象成类似树的结构，它可以表示问题中各数据之间的关系，如图 1-2 所示。只要将数据按一定的方式存入计算机中，并对这棵树遍历，就能了解厂内的整体情况。

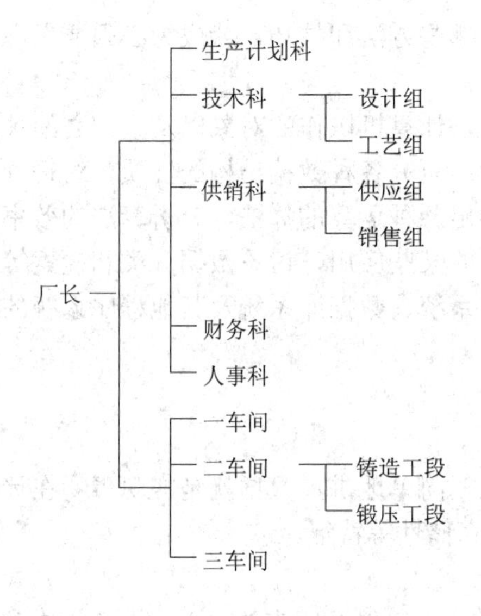

图 1-1　工厂组织机构

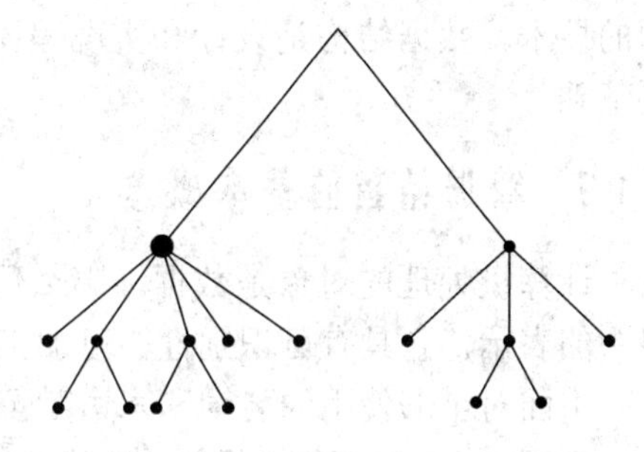

图 1-2　树形结构

例 1-3　多岔路口交通灯管理问题。

通常，在十字交叉路口只要设置红绿两色的交通灯便可保持正常的交通秩序，但是对于多岔路口，需要设置几种颜色的交通灯，既能使车辆相互间不发生碰撞，又能达到交通控制的最大流通量呢？图 1-3(a)所示是一个实际的五岔路口，我们如何设置交通灯，即最少应设置几种颜色的交通灯，才能保证正常的交通秩序？

这个问题可以转换成一个地图染色问题。假设五岔路口中的一条可通行的通路用圆圈染色，要求同一条连线上的两个圆圈不能同色且颜色的种类最少，从图 1-3(b)中可得出至少需要四种颜色。

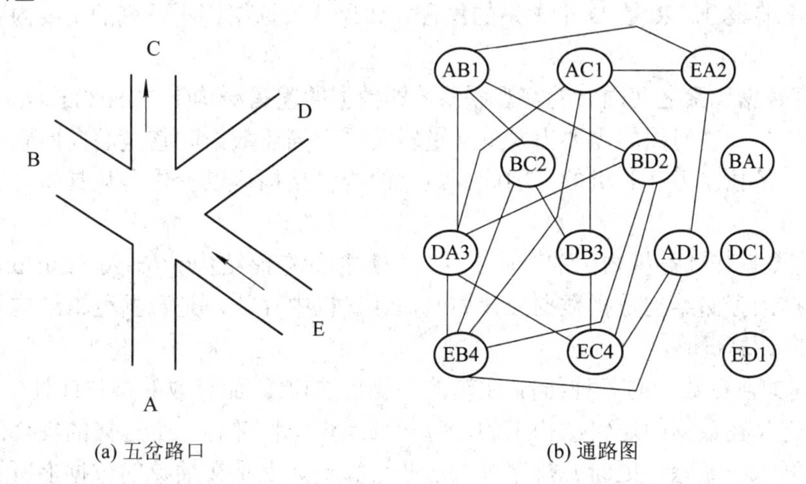

(a) 五岔路口　　(b) 通路图

图 1-3　五岔路口交通灯管理问题

从上面几个例子可以看出，计算机在处理以上问题时，其数学模型不再只是数值方程，而是诸如上述表、树和图等非数值性数据结构。另外，问题的求解也不再只是数值计算，而是要进行插入、删除、排序、查找和遍历等较为复杂的非数值计算。与此相应，计算机加工处理的对象——数据，也将具有一定的结构。那么，这些数据间的结构关系如何表示，数据在计算机内如何存储、传递，处理这些数据有哪些方法和技巧，就成为必须要考虑的问题。

数据结构就是研究数值或非数值性程序设计中，计算机操作的对象以及它们之间关系和运算的一门学科。数据结构的研究范围主要包括：研究各种数据结构的性质，对每种结构定义相适应的运算，并使用某种程序设计语言给出各种运算的算法，分析算法的效率，同时研究各种数据结构在计算机科学及软件工程中的某些应用，讨论数据分类和检索等方面的技术。数据结构是设计和实现编译系统、操作系统、数据库系统及其他程序系统的重要基础。

1.1.2 数据结构的基本概念

计算机处理的对象是数据，那么什么是数据呢？简单地讲，数据就是客观事物在计算机中的表示，它具有可识别性、可加工处理性和可存储性等特征。

下面对全书使用的名词和术语赋予确定的含义。

数据(Data)是信息的载体，是描述客观事物的数、字符以及所有能输入到计算机中并被计算机程序处理的符号的集合。它是计算机程序加工的“原料”。例如一个利用数值分析方法解代数方程的程序处理的对象是整数和实数，而一个编译程序或文字处理程序的对象是字符串。因此对计算机而言，数据的含义极为广泛，如图形、语音等都属于数据的范畴。

数据元素(Data Element)是数据的基本单位，即数据这个集合中的一个个体(客体)。有时一个数据元素可由若干个**数据项**(Data Item)组成。数据项是数据的最小单位。

数据结构(Data Structure)在程序设计中占有极其重要的地位，但目前在计算机科学界并没有标准的定义。简单地讲，数据结构指的是数据之间的相互关系，即数据的组织形式。若从集合的观点加以形式化描述，则数据结构是一个二元组：Data-Structure = (D, R)。其中，D 是数据元素的集合，R 是 D 上关系的集合。如果从数据结构所研究的主要内容看，可以归纳为以下三个方面：

(1) 研究数据元素之间固有的客观联系，即数据的**逻辑结构**(Logical Structure)。数据的逻辑结构是指从解决问题的需要出发，从逻辑关系上描述数据。它是面向问题的，与数据的存储无关，是独立于计算机的。因此，数据的逻辑结构可以看作是从具体问题抽象出来的数学模型。

(2) 研究数据在计算机内部的存储方法，即数据的**存储结构**(Storage Structure)，又称**物理结构**。数据的存储结构是指数据应该如何在计算机中存放，是数据逻辑结构的物理存储方式，是面向计算机的。

(3) 研究如何在数据的各种结构(逻辑的和物理的)上施加有效的操作或处理(运算)。数据的运算是定义在数据的逻辑结构上的，每一种逻辑结构都有一个运算的集合。常用的运算有检索、插入、删除、更新、排序等，这些运算实际上是在抽象的数据上所施加的一系列抽象的操作。所谓抽象的操作，是指我们只知道这些操作“做什么”，而无须考虑“如何做”。只有确定了存储结构之后，才考虑如何具体实现这些运算。本书中讨论的数据运算，均以 C 语言描述的算法来实现。

为了增加对数据结构的感性认识，下面以表 1-2 所示的学生成绩表为例来说明。

表1-2 学生成绩表

学 号	姓 名	性 别	课 名	成 绩
22001	王 丽	女	物理	81
22002	刘建东	男	物理	76
…	…	…	…	…
22031	陈立平	男	物理	92

将表1-2称为一个数据结构，表中的每一行是一个**结点**(或记录)，它由学号、姓名、性别、课名及成绩等数据项组成。表1-2中数据元素之间的逻辑关系是：对表中任意一个结点，与它相邻且在它前面的结点，称为**直接前趋**(Immediate Predecessor)，最多只有一个；与它相邻且在它后面的结点，称为**直接后继**(Immediate Successor)，最多只有一个。表中只有第一个结点没有直接前趋，称为**开始结点**；最后一个结点没有直接后继，称为**终端结点**。上述结点间的关系就构成了这张学生成绩表的逻辑结构。

对于满足这种逻辑关系的表在计算机中如何进行存储表示是存储结构研究的内容，根据不同的方式可采用顺序存储与非顺序存储。另外，在表1-2中可能要经常查阅某个学生的成绩，或有新生加入时要增加数据元素，或有学生退学时要删除相应元素，因此，进行查找、插入和删除就是数据的运算问题。把表1-2中数据的逻辑关系、存储结构和运算这三个问题搞清楚，也就弄清了学生成绩表这个数据结构，从而可以有针对性地进行问题的求解。

综上所述，我们可以将数据结构描述为：按某种逻辑关系组织起来的一批数据，应用计算机语言，可按一定的存储表示方式把它们存储在计算机的存储器中，并在该数据上定义了一个运算集合。

数据的逻辑结构有两大类：

(1) 线性结构。线性结构的逻辑特征是有且仅有一个开始结点和一个终端结点，且所有结点都最多只有一个直接前趋和一个直接后继。线性表就是一种典型的线性结构。本书第2～4章介绍的数据结构的逻辑结构都是线性结构。

(2) 非线性结构。非线性结构的逻辑特征是一个结点可能有多个直接前趋和直接后继。本书第5章所讲的树和第6章所讲的图就是典型的非线性结构。

数据的存储结构可用以下四种基本的存储方法得到：

(1) 顺序存储方法。该方法是把逻辑上相邻的结点存储在物理位置上相邻的存储单元里，结点间的逻辑关系由存储单元的邻接关系来体现。由此得到的存储表示称为**顺序存储结构**(Sequential Storage Structure)。通常顺序存储结构是借助于程序设计语言的数组来描述的。

顺序存储方法主要应用于线性的数据结构，非线性的数据结构也可以通过某种线性化的方法来实现顺序存储。

(2) 链接存储方法。该方法不要求逻辑上相邻的结点在物理位置上亦相邻，结点间的逻辑关系是由附加的指针字段表示的。由此得到的存储表示称为**链式存储结构**(Linked Storage Structure)，该结构通常借助于程序语言的指针类型来描述。

(3) 索引存储方法。该方法通常是在存储结点信息的同时，还建立附加的索引表。索引表中的每一项称为**索引项**。索引项的一般形式是：(关键字，地址)。关键字是能唯一标识一个或一组结点的数据项。若每个结点在索引表中都有一个索引项，则该索引表称为**稠密索引**(Dense Index)。若一组结点在索引表中只对应一个索引项，则该索引表称为**稀疏索引**(Sparse Index)。稠密索引中索引项地址指出结点所在的存储位置，而稀疏索引中索引项地址则指示一组结点的起始存储位置。

(4) 散列存储方法。该方法的基本思想是根据结点的关键字直接计算出该结点的存储地址。

上述四种基本存储方法，既可以单独使用，也可以组合起来对数据结构进行存储映像。同一种逻辑结构采用不同的存储方法，可以得到不同的存储结构。选择何种存储结构来表示相应的逻辑结构，视具体要求而定，主要考虑的是运算的方便性及算法的时空要求。

值得指出的是，很多教科书上是将数据的逻辑结构和数据的存储结构定义为数据结构，而将数据的运算定义为数据结构上的操作。但是，无论怎样定义数据结构，都应该将数据的逻辑结构、数据的存储结构及数据的运算这三个方面看成一个整体。

正是因为存储结构是数据结构中不可缺少的一个方面，所以我们常常将同一种逻辑结构的不同存储结构，冠以不同的数据结构名称来标识。例如线性表是一种逻辑结构，若采用顺序方法的存储表示，则称该结构为顺序表；若采用链接方法的存储表示，则称为链表；若采用散列方法的存储表示，则称为散列表。

抽象数据类型(Abstract Data Type，ADT)是指一个数学模型以及定义在该模型上的一组操作。抽象数据类型的定义仅取决于它的一组逻辑特性，而与其在计算机内部如何表示和实现无关，即不论其内部结构如何变化，只要它的数学特性不变，都不会影响其外部的使用。

抽象数据类型可理解为数据类型的进一步抽象，即把数据类型和数据类型上的运算作为一个整体进行封装。对于抽象数据类型的描述，除了必须描述它的数据结构外，还必须描述定义在它上面的运算(过程或函数)。抽象数据类型的范畴更广，不再局限于已定义并实现的各种固有数据类型，还包括用户在设计软件系统时自己定义的数据类型。抽象数据类型中“数据”的含义是广泛的。一个 ADT 可以是一张保险费率表以及相关操作，也可以是一个文件以及对这个文件进行的操作，甚至可能是一个图形窗体以及所有能影响该窗体的操作。

引入抽象数据类型的目的是把数据类型的表示和数据类型上运算的实现与这些数据类型和运算在程序中的引用隔开，使它们相互独立，这将给算法和程序设计带来好处，使得在进行算法顶层模块设计时不必考虑它所用到的数据和运算分别如何表示和实现；反过来，在进行数据表示和运算实现等底层模块设计时，只要将抽象数据类型定义清楚，不必考虑它在什么场合被引用。这样算法顶层的设计与底层的设计被隔开，降低了设计的复杂性，提高了模块的复用程度，使程序具有较高的可靠性和较好的可维护性。

本书采用以下格式定义抽象数据类型：

```
ADT 抽象数据类型名{
    数据对象：{数据对象的定义}
    数据关系：{数据元素间关系的定义}
    操作集合：{基本操作的定义}
}ADT 抽象数据类型名
```

一旦定义了一个抽象数据类型及具体实现，在程序设计中就可以像使用基本数据类型那样，十分方便地使用抽象数据类型。

例 1-4 抽象数据类型复数的定义。

```
ADT Complex{
    数据对象 D：D＝{e1,e2 | e1,e2∈实数 }
    数据关系 R：R＝{|e1 是复数的实数部分, e2 是复数的虚数部分}
    操作集合：
        InitComplex( &Z, v1, v2 )
        操作结果：构造复数 Z，其实部和虚部分别被赋予参数 v1 和 v2 的值
        DestroyComplex( &Z)
        初始条件：复数 Z 已存在
        操作结果：复数 Z 被销毁
        GetReal( Z, &realpart )
        初始条件：复数 Z 已存在
        操作结果：用 realpart 返回复数 Z 的实部值
        GetImag( Z, &imagpart )
        初始条件：复数 Z 已存在
        操作结果：用 imagpart 返回复数 Z 的虚部值
        Add( z1, z2, &sum )
        初始条件：z1，z2 是复数
        操作结果：用 sum 返回两个复数 z1 与 z2 的和值
}ADT Complex
```

1.1.3 数据结构与程序设计

数据结构在程序设计中起着重要的作用。计算机解决问题方法的效率与算法的巧妙程度有关，而精心选择的数据结构可以带来高效率的算法。正因如此，可以说数据结构与算法是计算机科学的核心。

数据结构与算法之间的本质联系表现在失去一方，另一方将没有任何意义。数据结构是为了研究数据运算而存在的；算法是为了实现数据运算，即实现数据的逻辑关系的变化，或是在这个结构上得到一个新的信息而存在的。进一步讲，对数据结构而言，若不了解施于数据上的运算，就无法决定实施算法的数据结构；对算法而言，若不了解基础的数据结构，就无法确定施加在数据结构上的操作(即算法)。

著名的瑞士计算机科学家尼克劳斯 • 沃思(Niklaus Wirth)教授曾提出：程序 = 数据结构 + 算法。这里的数据结构指的是数据的逻辑结构和存储结构，而算法则是对数据运算的描述。由此可见，程序设计的实质是针对实际问题选择一种好的数据结构，加之设计一个好的算法，而好的算法在很大程度上取决于描述实际问题的数据结构。下面通过实例来说明这个问题。

例 1-5 电话号码查询问题。

假定要编写一个程序，查询某人的电话号码。对任意给出的一个姓名(假设不存在重名的情况)，若该人的电话已登记，则要迅速找到其电话号码；否则指出该人没有电话。解决

此问题的办法是：首先，要构造一张电话号码登记表，表中每个结点存放两个数据项——姓名和电话号码；其次，如何组织表中的数据是问题的关键，最简单的方法是将每个人的信息顺序存放在表中(如图 1-4 所示)，查找时从头开始依次查找姓名，直到找到相应的姓名，或找遍整个表没有找到为止，但是这种查找方法不适用于表中内容庞大的情况。

姓　名	电话号码
刘　华	88277891
王　磊	87654232
张小平	85467901
刘小红	87427789
李　云	88225431
赵　力	85692233
…	…
王　建	87547282

图 1-4　电话号码查询中的顺序存储

现在从数据结构的角度考虑，即对图 1-4 所示表中信息的组织和存储重新考虑，将表中的姓名按姓氏排列，并另外再建一张姓氏索引表，其存储结构如图 1-5 所示。

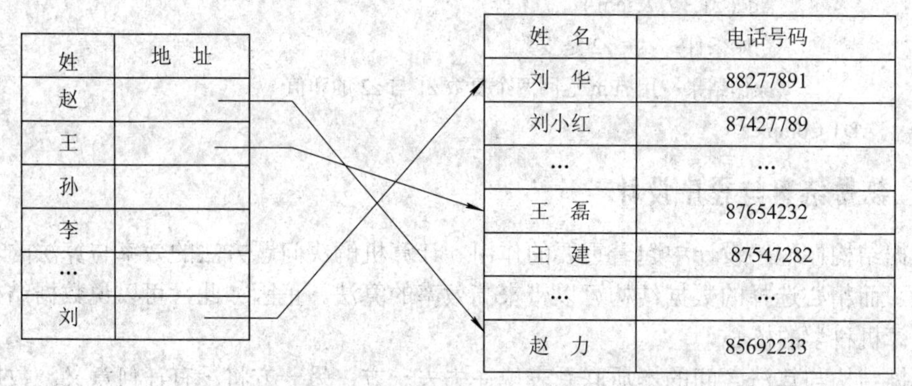

图 1-5　电话查询中的索引存储

在图 1-5 所示的存储方式中进行查找，可先在索引表中查找姓氏，然后根据索引表中的地址到电话号码登记表中核查姓名，而其他姓氏的姓名就可以不再查找。显然，这种查找方法更为有效。

例 1-6　人事档案的建立及管理。

假设要建立一个大学的教师和学生档案，并完成日常的管理(如查询、插入、删除等)。为了解决这个问题，必须将这些数据存储到计算机中。教师和学生档案的逻辑结构如图 1-6 所示(以某学院教师和学生的逻辑结构示意)，它实际上是一种树形结构。假如数据按树形结构存储到计算机中，那么又如何实现对某教师或学生有关情况的查询呢？如果询问者已经给出了该教师或学生所属的学院和专业，则该问题还比较容易解决；若询问者根本不知道所查询的教师或学生所属的学院和专业，则问题的解决就要复杂得多，这时必须按学院、按专业逐步查找，这就是所谓树的遍历问题。

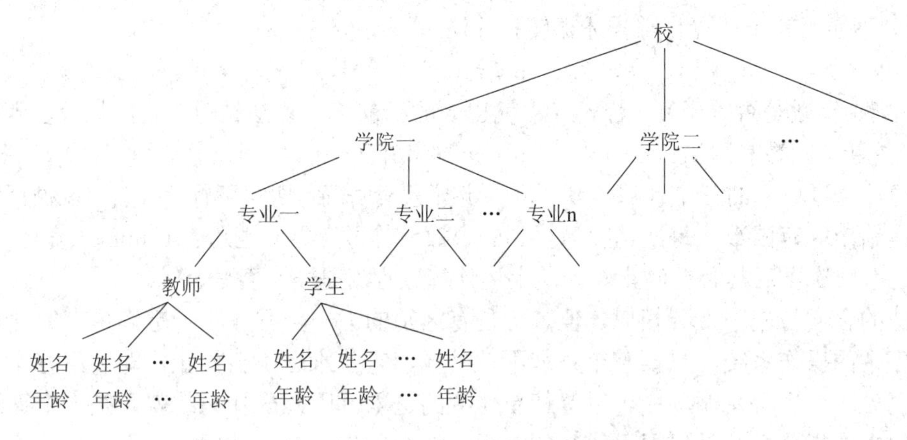

图 1-6 人事档案

当然，还会出现下列问题：当需要增加一个学院时，将此学院插入何处？这就导致了所谓树结构的插入问题。另外，如果一个学院的某专业被取消了，此时必定会影响这种结构，怎样将该专业的所有教师和学生的数据从该结构中删除呢？这实际上是树结构的删除问题。而删除的过程势必会引起有关学院和专业的变动，如果需要重新整理，就会涉及既删除又插入的问题。因此，为了适应这种数据的查找、插入和删除，就必须定义相应的算法，并应当保证在插入和删除操作之后不会破坏原来数据之间的逻辑关系。

从上述例题中不难看出，解决问题的一个关键步骤是，选取合适的数据结构表示该问题，然后才能写出有效的算法。

1.2 算法分析

由于研究数据结构的目的在于更好地进行程序设计，因此在讨论各种数据结构的基本运算时都需要给出程序。但是用某种程序设计语言书写一个正规的程序会带来很多不便(如变量说明烦琐，某些语句上的限制使程序不能一目了然等)，因此在讨论中用算法来代替程序。本书将采用 C 语言来描述算法。

1.2.1 算法的定义及特点

通俗地讲，一个算法就是一种解题方法。更严格地说，算法是由若干条指令组成的有限序列，它必须满足以下性质。

(1) 输入性：具有零个或多个输入量，即算法开始前对算法给出的初始量。

(2) 输出性：至少产生一个输出。

(3) 有穷性：每条指令的执行次数必须是有限的。

(4) 确定性：每条指令的含义必须明确，无二义性。

(5) 可行性：每条指令都应在有限的时间内完成。

请看一个例子：给定两个正整数 m 和 n(m>n)，求它们的最大公因子。

求解这个问题可以根据最大公因子的定义设计算法，也可采用辗转相除法(又名欧几里得算法)。下面用三个计算步骤描述辗转相除法。

(1) 求余数：以 n 除 m，余数为 r，0≤r<n。

(2) 判别余数是否等于 0：若 r = 0，输出 n 的当前值，算法结束；否则执行步骤(3)。

(3) 更新被除数和除数：n→m，r→n，执行步骤(1)。

上述计算过程中的三个计算步骤，每一步都意义明确，切实可行，虽然出现循环，但 m 和 n 都是给定的有限数，每次相除后得到的余数 r 若不为零，也总有 r<min(m, n)，保证了循环经过有限次以后其必会终止。因此上述计算过程就是一个算法。

算法的含义与程序十分相似，但二者是有区别的。一个程序不一定满足有穷性。例如系统程序中的操作系统，只要整个系统不被破坏，它就永远不会停止，即使没有作业要处理，它仍处于一个等待循环中，以等待新作业的进入，因此操作系统就不是一个算法。另外，程序中的指令必须是机器可执行的，而算法中的指令则无此限制。但是一个算法若用机器可执行的语言来书写，则它就是一个程序。

1.2.2 算法的效率分析

求解一个问题，可以有许多种不同的算法，究竟如何评价这些算法的好坏呢？

显然，选用的算法首先应该是正确的，其次，还需考虑以下几个因素：

(1) 执行算法所消耗的时间。

(2) 执行算法所消耗的存储空间，其中主要考虑辅助存储空间。

(3) 算法的可读性好，易理解，易编码、调试。

在主观上，我们希望选用一个既不占很多存储空间，运行时间又短，其他性能也较好的算法。但是，在实际应用中很难做到十全十美，原因是上述要求有时是相互矛盾的。例如一个运行时间较短的算法，往往占用的辅存量却较大，而为了节省空间就可能耗费更多的计算时间，因此需根据具体情况进行取舍。若所设计的算法使用次数较少，则力求算法简明易懂；对于反复多次使用的算法，应尽可能选用执行时间短的；若待解决问题的数据量极大，则相应算法须考虑如何节省存储空间。下面主要讨论算法的时间特性。

一个算法所耗费的时间，应该是该算法中每条语句的执行时间之和，而每条语句的执行时间则是该语句的执行次数与该语句执行一次所需时间的乘积。在此，我们引入**频度**(Frequency Count)的概念，语句的频度即为语句重复执行的次数。

例如求两个 n 阶方阵的乘积 C = A × B，其算法描述如下：

```
void MatrixMulti(float A[][n], B[][n], C[][n]) {
    int i,j,k;
    for (i=0; i<n; i++)    // (1) n+1
        for (j=0; j<n; j++) {    // (2) n(n+1)
                C[i][j]=0;    // (3) n^2
                for(k=0; k<n; k++)    // (4) n^2(n+1)
                        C[i][j]=C[i][j]+A[i][k] *B[k][j];    // (5) n^3
    }
}
```

其中，右边注释行中列出的是语句编号及频度。语句(1)的循环控制变量 i 要增加到 n，测试

$i \geq n$ 成立才会终止，故它的频度是 $n+1$，但是它的循环体却只能执行 n 次。语句(2)作为语句(1)循环体内的语句应该执行 n 次，但语句(2)本身要执行 $n+1$ 次，所以语句(2)的频度是 $n(n+1)$。同理得语句(3)、语句(4)和语句(5)的频度分别是 n^2、$n^2(n+1)$和 n^3。该算法中所有语句的频度之和(即算法的时间耗费)为

$$T(n) = 2n^3 + 3n^2 + 2n + 1$$

由此可知，上述算法的时间耗费 T(n)是矩阵阶数 n 的函数。一般情况下，n 为问题的规模(大小)的量度，如矩阵的阶、多项式的项数、图中的顶点数等。一个算法的时间耗费 T(n)是 n 的函数，当问题的规模 n 趋向无穷大时，我们把 T(n)的数量级(阶)称为算法的**渐近时间复杂度**，简称为**时间复杂度**(Time Complexity)。

例如，MatrixMulti 算法的时间复杂度 T(n)在 n 趋向无穷大时，显然有

$$\lim_{n\to\infty}\frac{T(n)}{n^3} = \lim_{n\to\infty}\frac{2n^3 + 3n^2 + 2n + 1}{n^3} = 2$$

这表明，当 n 充分大时，T(n)和 n^3 之比是一个不等于零的常数，即 T(n)和 n^3 是同阶的，或者说 T(n)和 n^3 的数量级相同，可记为 $T(n) = O(n^3)$。我们称 $T(n) = O(n^3)$是 MatrixMulti 算法的渐近时间复杂度，其中记号“O”是数学符号，其严格的数学定义是：若 T(n)和 f(n)是定义在正整数集合上的两个函数，当存在两个正的常数 c 和 n_0 时，使得对所有的 $n \geq n_0$，都有 $T(n) \leq c \cdot f(n)$成立，则 $T(n) = O(f(n))$。

当我们评价一个算法的时间性能时，采用的主要标准是算法时间复杂度的数量级，即算法的渐近时间复杂度。通常可以通过判定程序段中重复次数最多的语句的频度来估算算法的时间复杂度。例如 MatrixMulti 算法的时间复杂度一般是指 $T(n) = O(n^3)$，这里的 $f(n) = n^3$ 是该算法中语句(5)的频度。

下面举例说明如何估算算法的时间复杂度。

例如，交换 i 和 j 的内容。

```
temp=i;
i=j;
j=temp;
```

以上三条单个语句的频度均为 1，该程序段的执行时间是一个与问题规模 n 无关的常数，因此，算法的时间复杂度为常数阶，记作 $T(n) = O(1)$。事实上，只要算法的执行时间不随着问题规模 n 的增加而增加，即使算法中有成千上万条语句，其执行时间也不过是一个较大的常数，此时，算法的时间复杂度也只是 O(1)。

对于较复杂的算法，则可以将其分隔成容易估算的几个部分，然后利用“O”的求和原则得到整个算法的时间复杂度。例如，若算法中两个部分的时间复杂度分别为 $T_1(n) = O(f(n))$和 $T_2(n) = O(g(n))$，则总的时间复杂度为

$$T(n) = T_1(n) + T_2(n) = O(\max(f(n), g(n)))$$

若 $T_1(m) = O(f(m))$，$T_2(n) = O(g(n))$，则总的时间复杂度为

$$T(m, n) = T_1(m) + T_2(n) = O(f(m) + g(n))$$

很多算法的时间复杂度不仅仅是问题规模 n 的函数，还与它所处理的数据集的状态有关。在这种情况下，通常是根据数据集中可能出现的最坏情况来估计出算法的最坏时间复杂度。有时，我们也对数据集的分布作出某种假定(如等概率)，并讨论算法的平均时间复

杂度。

若将常见的时间复杂性按数量级递增的顺序排列，则依次为：常数阶 O(1)，对数阶 O(lb n)，线性阶 O(n)，线性对数阶 O(n lb n)，平方阶 $O(n^2)$，立方阶 $O(n^3)$，…，k 次方阶 $O(n^k)$，指数阶 $O(2^n)$。图 1-7 展示了不同数量级的性状，其中时间复杂性为指数阶 $O(2^n)$的算法效率极低，当 n 值稍大时就无法应用。

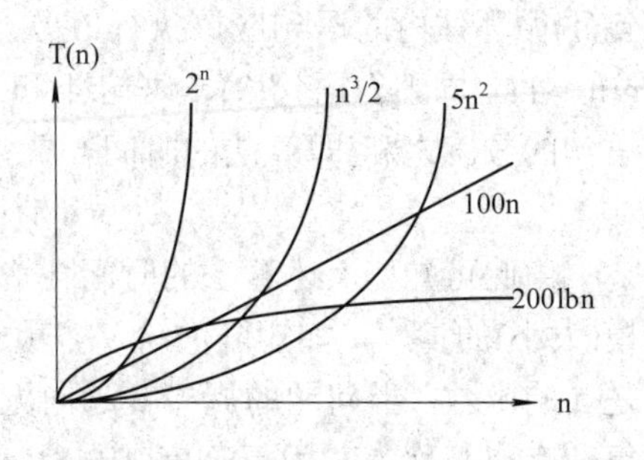

图 1-7　几种常见函数的增长率

类似于时间复杂度的讨论，一个算法的**渐近空间复杂度** S(n)定义为该算法所耗费的存储空间的量度，记作

$$S(n) = O(f(n))$$

其中，n 为问题的规模。渐进空间复杂度也简称为**空间复杂度**(Space Complexity)。

1.3　程序设计的关键技术

程序设计是一种技术，需要相应的理论、技术、方法和工具来支持。程序设计技术的发展主要经过了经验式程序设计、结构化程序设计和面向对象程序设计。本节主要介绍结构化程序设计方法中的一些关键技术。

结构化程序设计要遵循如下原则：

(1) 分解原则。把一个复杂的程序功能划分成若干子功能，使每一个子功能可以独立设计，并且使程序的复杂性得到简化。如果分解后子功能仍然比较复杂，则对其再做进一步的划分，得到更小的子功能。每一个子功能被称为一个“功能模块”。分解原则可以简化程序的复杂程度，是一种常用的程序设计方法。

(2) 模块独立性原则。每一个功能模块都必须是独立的，即模块内部的处理与其他模块的任何信息处理无关。模块外部只提供输入条件和输出条件，这是与别的模块之间仅有的联系。因此，模块可以独立地进行程序设计。

(3) 编码结构化原则。编写程序时，用“基本程序结构”构造程序。结构化程序设计的方法要求提供“结构化程序设计语言”。这种语言的特点是：提供识别基本程序“构件”的标志，防止不同模块之间的非规范的“进入”。

1.3.1　程序结构设计

1. 程序结构设计的方法

常用的程序结构是层次结构，它包括上下级关系的层次结构和相邻层次结构。层次结构设计方法有自顶向下和自底向上两种。

1) 自顶向下

自顶向下层次结构设计方法的主要思想是：先设计第一层(即顶层)，然后步步深入，逐层细分，逐步求精，直到整个问题可用程序设计语言明确地描述出来为止。

这种层次结构设计方法的步骤是：首先对问题进行仔细分析，确定其输入、输出数据，写出程序运行的主要过程和任务；然后从大的功能方面把一个问题的解决过程分成几个子问题，每个子问题形成一个模块。

这种层次结构设计方法的特点是：先整体后局部，先抽象后具体。

2) 自底向上

自底向上层次结构设计方法的主要思想是：先设计底层，最后设计顶层。

这种层次结构设计方法的优点是：由表及里、由浅入深地解决问题。

自底向上层次结构设计方法的不足之处是：在逐步细化的过程中可能发现原来的分解细化不够完善。

这种层次结构设计方法主要用于修改、优化或扩充一个程序。

对于上下级关系的层次结构，一般采用自顶向下的程序结构设计方法；而对于相邻关系的层次结构，通常采用自底向上的程序结构设计方法。

一个较大的程序由许多具有特定功能的模块组成，一个模块具有输入和输出、特定功能、内部数据和程序代码等四个特性。输入和输出模块是需要处理和产生信息的功能模块，输入、输出功能构成了一个程序的外貌，即程序的外部特性。特定功能则是程序的主要功能模块，每个模块都用程序代码实现其功能。内部数据是仅供该模块本身引用的数据，内部数据和程序代码是模块的内部特性。对模块的外部环境来说，只需了解它的外部特性就足够了。

2. 程序结构设计的任务

程序结构设计的任务是把一个较大的软件系统分解成许多较小的、具有特定功能的模块，由它们共同完成软件系统的整体功能。具体来说它包括以下四个方面：

(1) 将程序划分成模块。

(2) 决定各个模块的功能。

(3) 决定模块间的调用关系。

(4) 决定模块间的界面。

程序结构设计的主要工作是完成模块分解，确定软件系统中模块的层次结构。现在面临的问题是怎样设计模块？怎样的分解才能获得好模块？衡量模块好坏的标准是什么？

1) 模块划分

模块划分的目的是将较复杂的程序(模块)分解为规模较小、功能单一的子模块，以便于把握程序的实现。为了达到这个目的，必须深入理解程序(模块)的功能及其应用环境，在此基础上才能设计出好的程序。

任何程序都是由输入、处理和输出三个部分组成的，如图 1-8 所示。其中，输入是指将待处理的数据输入到计算机中并存储；处理是指将输入的数据按照程序的功能要求进行计算的过程；输出是指根据程序的期望输出形式将计算结果显示到指定的输出设备的过程。

图 1-8　程序结构与组成示意图

根据程序的功能要求，可以将输入分解为多个输入模块，同样也可以将处理和输出分别分解为多个处理模块和输出模块，如图 1-9 所示。

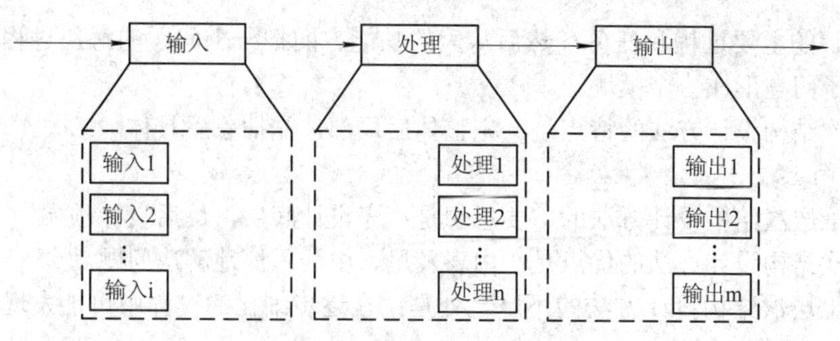

图 1-9 程序的分解示意图

为了对程序进行进一步的模块划分，必须确定划分模块的标准。衡量模块好坏的主要标准包括独立性原则和信息隐藏原则。

(1) 独立性原则。每一个功能模块都必须是独立的，即模块内部的处理与其他模块的任何信息处理无关。模块外部只提供输入条件和输出条件，这是与其他模块之间仅有的联系。

因为模块之间是相对独立的，所以每个模块可以独立地被理解、编程、测试、排错和修改，这就使复杂的研制工作得以简化。此外，模块的相对独立性也能有效地防止错误在模块之间扩散蔓延，因而提高了系统的可靠性，也减少了研制软件所需的人工。

模块的独立性是根据块间联系和块内联系定性描述的。块间联系(又称耦合度)是指模块之间的联系，如图 1-10(a)所示，它是对模块独立性的直接衡量，块间联系越小就意味着模块的独立性越高，所以这是一个最基本的标准。块内联系(又称聚合度)是指一个模块内部各成分(语句或语句段)之间的联系，如图 1-10(b)所示，块内联系多了，则模块的相对独立性势必会提高。

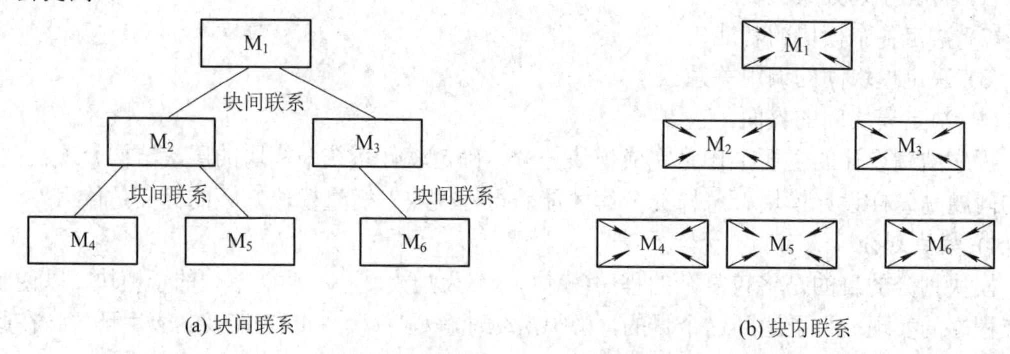

图 1-10 块间联系与块内联系示意图

(2) 信息隐蔽原则。程序经常会被其他程序设计人员阅读，在整个生命期中要经历多次修改，程序设计时如何划分模块，才能使将来修改的影响范围尽量小呢？D. Parnas 提出了信息隐蔽原则。根据信息隐蔽的原则，设计时应列出可能发生变化的因素，在划分模块时将一个可能发生变化的因素包含在某个模块的内部，使其他模块与这个因素无关。这样，将来某个因素发生变化时，只需要修改一个模块就够了，而其他模块则不受这个因素的影响。也就是说，在设计模块结构时，将某个因素隔离在某个模块内部，这个因素的变化不能传播到所在模块的边界之外。信息隐蔽技术不仅提高了软件的可维护性，而且也避免了错误的蔓延，改善了软件的可靠性。

信息隐蔽的目的是使修改造成的影响尽量限制在一个或少数几个模块内部，从而降低软件维护的开支。因为修改极易引起错误，所以修改影响范围越小，修改引起错误的可能性越小，系统的可靠性也就越高。

根据信息隐蔽的原则，模块分解时应该做到以下几点。

① 每个模块功能简单，容易理解。

② 修改一个模块的内部实现不会影响其他模块的行为。

③ 将可能变化的因素在设计方案中做如下安排：

- 最可能发生的修改，不必改动模块界面就能完成；
- 不太可能发生的修改，可以涉及少量模块和不太用的模块界面；
- 极不可能发生的修改，才需改动常用模块的界面。

2) 模块功能确定和接口定义

在模块划分原则的基础上，可根据程序的功能对程序进行模块划分。在模块划分时一定要遵循模块划分原则和程序的功能要求。

程序具有特定的功能，而程序的功能是由所有模块的功能经过有机组合来实现的，因此确定每一个模块的功能和模块间的关系是非常重要的。

确定模块的功能必须与模块划分同时考虑。

接口定义是指为了实现模块间的相互调用而约定的调用协议，即调用模块所应遵守的规则。

3) 模块间调用关系确定

模块间的调用关系是指模块间调用的次序。模块调用关系分为递归调用和非递归调用。递归调用是指模块自身调用自己；非递归调用是指模块调用其他模块。递归调用分为直接递归调用和间接递归调用。直接递归调用是指模块直接调用自身；间接递归调用是指模块通过其他模块调用自身。图 1-11 说明了模块间调用的三种调用关系(以模块 B 为例)，其中图(a)是非递归调用，图(b)是间接递归调用，图(c)是直接递归调用。

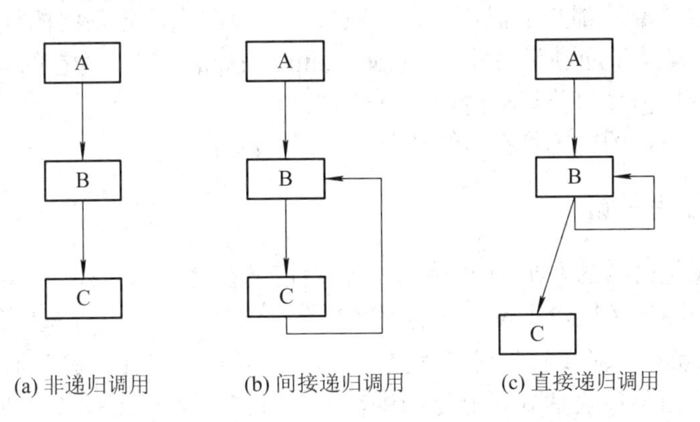

图 1-11 模块间调用关系说明

注：在程序设计时，应避免使用间接递归调用。

在确定调用关系时，应根据程序的处理流程确定模块间的调用关系。实际上，程序的处理流程与程序中模块的调用关系有着明显的对应关系，后面 1.4.2 节将通过具体的程序设计实例进一步说明。

在程序结构设计中，模块划分、模块功能确定和接口定义以及模块间调用关系确定是不可分割的四个方面，这四个方面的设计应一气呵成，否则会在实现程序时引起很多麻烦。

1.3.2 模块设计

程序结构设计完成后，已经明确了程序由哪些模块组成，每一个模块的功能、模块的调用接口，以及模块间的调用关系，这些工作建立了程序的“骨架”。为了使程序能够完成所要求的功能，必须进一步对模块进行设计。

模块设计针对每一个模块分别进行，根据程序结构设计中所确定的模块功能和模块的接口定义对模块内部进行设计，其目的是实现模块所要求的功能。模块设计的主要任务包括输入到输出的映射建模和算法设计。

1. 输入到输出的映射建模

输入到输出的映射建模是根据模块的功能要求，对输入进行有效的变换，得到期望的输出结果。

假设 Compute 模块的功能是求 input 的平方根，并且没有现成的平方根函数，则抽象的映射为

$$\text{output} = \sqrt{\text{input}}$$

现在的问题是如何实现平方根运算，即具体如何完成求 input 的平方根，为此我们必须设计求平方根的算法。

2. 算法设计

算法的描述方法有自然语言描述法、类计算机语言描述法、形式语言描述法和图示描述法，而使用最普遍的方法是类计算机语言描述法和图示描述法。图示描述法中常用的方法是流程图。

例如求平方根的算法都是近似算法，一般根据精度要求确定最终的计算结果。假设精度要求为 E，则计算结果应满足条件：$|\text{output}*\text{output}-\text{input}| \leqslant E$。现在的问题是：output 的初始值和下一步计算值如何获得？请读者自己完成。

有关数据结构设计的内容将在后续章节中详细介绍。

1.3.3 良好的编程风格

好程序除了满足必需的要求(如正确性、可靠性、健壮性、高效率等)外，还必须具有好的编程风格。好的编程风格对于设计好的程序具有关键性作用，它使程序代码容易被读懂。

编程风格原则源于实际编程经验中得到的常识：代码应该是清楚的和简单的——具有直截了当的逻辑、自然的表达式、通行的语言使用方式、有意义的名字和有帮助作用的注释等。编程风格一致性是非常重要的，如果大家都坚持同样的风格，那么相互间就容易读懂其他人所编写程序的代码。

1. 命名

在程序中有大量的变量、常量、宏和函数等，如何为这些变量和函数命名？名字用来标识某个对象，带着说明其用途的一些信息。一个名字应该是简练的、容易记忆的，如果

可能的话，最好是能够拼读的。一个变量的作用域越大，它的名字所携带的信息就应该越多。因为全局变量可以出现在整个程序中的任何地方，所以它们的名字应该足够长，具有足够的说明性，以便使读者能够记得它们的用途。给每个全局变量声明附一个简短注释也非常有帮助，例如：

```
int lenOfInputQueue = 0;   //输入队列的当前长度
```

全局函数和结构也应该有说明性的名字，以表明它们在程序里扮演的角色。

相对而言，对局部变量使用短名字就够了。在函数里，若定义 n 个点的变量，n 可能就足够了，npoints 也还可以，但用 NumberOfPoints 就有点多余。按常规方式使用的局部变量可以采用极短的名字。例如用 i、j 作为循环变量，p、q 作为指针，s、t 表示字符串等。比较

```
for (TheElementIndex = 0; TheElementIndex<NumberOfElements; TheElementIndex++)
    ElementArray[TheElementIndex]= TheElementIndex;
```

和

```
for ( i=0; i<nelems; i++ )
    elem[i] = i ;
```

可见，第二种方式更简洁明了。人们常常鼓励程序员使用长的变量名，而不管用在什么地方。这种认识完全是错误的，清晰性经常是随着简洁而来的。

现实中存在许多命名约定或者本地习惯。常见的有：指针采用以 p 结尾的变量名，如 nodep；全局变量用大写开头的变量名，如 Global；常量用完全由大写字母拼写的变量名，如 LENGTH 等。有时要求把变量的类型和用途等都编排进变量名字中。例如用 chp 说明这是一个字符指针，用 strTo 和 strFrom 表示它们分别是将要写或者读的字符串等。至于名字本身的拼写形式，是使用 lenOfInputQueue 或 len_Of_Input_Queue，这些不过是个人的喜好问题，与始终如一地坚持一种切合实际的约定相比，这些特殊规矩并不那么重要。

命名约定使程序的代码更容易理解，也使得人们在编写代码时更容易决定名字。对于较长的程序，选择那些具有说明性的、系统化的名字就更加重要。

函数采用动作性的名字，函数名应当使用动词，后面可以跟着名词，例如：

```
nowTime = GetTime ();
```

对返回布尔类型值(真或假)的函数命名，应该清楚地反映其返回值的情况。例如语句 if (CheckOctal (c))…是不好的，原因是它没有指明什么时候返回真，什么时候返回假；而 if (IsOctal (c))…就把事情说清楚了，如果参数是八进制数字则返回真，否则返回假。

2. 注释

注释是帮助程序阅读的一种手段。好的注释可用于简洁地说明程序的突出特征，帮助读者理解程序。

(1) 不要注释明显的内容。注释不是要去说明明白白的事，比如 i++能够将 i 值加 1 等。例如下面的注释是没有什么价值的，都应该删掉。

```
switch (i) {
    case 1 : function(1); break;    //当 i=1 时调用 function(1)
    case 2 : function(2); break;    //当 i=2 时调用 function(2)
    case 3 : function(3); break;    //当 i=3 时调用 function(3)
```

```
    ⋮
    default : break;    //缺省处理
}
```

注释应该提供那些不能一下从代码中看到的东西，或者把那些散布在许多代码里的信息收集在一起。当某些难以捉摸的事情出现时，注释可以帮助澄清情况。

(2) 给函数和全局数据加注释。给函数、全局变量、常数定义和结构等加上简短说明就能够帮助理解其内容，我们都应该为之提供注释。

全局变量常常被分散地放在整个程序中，写一个注释可以帮人记住它的意义，也可以作为参考。例如：

```
struct EventNode *EventP;    //指向事件链表的头结点
```

放在每个函数前面的注释可以帮助人们读懂程序。如果函数代码不太长，在这里写一行注释就足够了。

```
// Random(): 返回[0…r-1]之间的整型数
int Random( int r ){
    return ((int)rand()*r);
}
```

有些代码原本非常复杂，可能是因为算法本身很复杂，或者是因为数据结构非常复杂，在这些情况下，用一段注释指明有关文献对读者也很有帮助。此外，说明做出某种决定的理由也很有价值。

(3) 不要注释差的代码，而应重写代码。应该注释所有不寻常的或者可能迷惑人的内容，但是如果注释的长度超过了代码本身，那么就说明这个代码应该修改了。

(4) 不要与代码矛盾。许多注释在写的时候与代码是一致的，但是后来由于修正错误，程序改变了，可是注释常常还保持着原来的样子，从而导致注释与代码的不符。

无论产生脱节的原因是什么，注释与代码的矛盾总会使人感到困惑。因为误把错误注释当真，常常使许多实际查错工作耽误了大量时间。所以，在改变代码时，一定要注意保证其中的注释是准确的。

需要强调的是，注释是一种工具，它的作用就是帮助读者理解程序中的某些部分，而这些部分的意义不容易通过代码本身直接看到。注释要写得简明，不能挤满程序而降低其可读性，应该尽可能地把代码写得容易理解。

3．程序的外观

如果把整个程序写成一行，它也会正确编译和运行，但是这样做是不好的编程风格，原因是程序的可读性将会很差。

1) 块的对齐方式

块是由花括弧围成的一组语句。块的写法有次行风格和行尾风格两种流行方式，如下所示。

程序段一：

```
for(i=0;i<=n;i++)    //次行风格
{
```

```
        array[i]=i;
        printf("array["%d"]="%d\n", i, array[i]);
    }
```

程序段二：

```
    for(i=0;i<=n;i++) {   //行尾风格
        array[i]=i;
        printf("array["%d"]="%d\n", i, array[i]);
    }
```

次行风格将花括弧垂直对齐，程序容易阅读；而行尾风格节省空间，并可以避免一些细小的编程错误。这两种风格都可以采用，选择哪一种取决于个人的喜好，本书中的所有示例程序均采用行尾风格。但是，无论选择哪一种，都应保持一种风格，而不要混合使用。

2) 适当的缩进和空白

一致的缩进风格会使程序清晰易懂。缩进用于描述程序中各部分或语句之间的结构关系。在嵌套结构中，每个内层部分或语句应该比外层缩进适当的空格。例如：

```
    for ( i++; i < 100; field[i++] = 'c');
    field[i] = '\0';return 0;
```

该程序段的格式就不好，重新调整格式如下所示：

```
    for ( i++; i < 100; i++)
        field[i] = 'c';
    field[i] = '\0';
    return 0;
```

在程序中最好使用空白行把代码分段，可以使程序更容易阅读。

3) 用加括号的方式排除二义性

括号表示分组，即使有时并不必要，加了括号也可能把意图表示得更清楚。在下面的例子里，内层括号就不是必需的，但加上也没有坏处。

```
    if ((block_id >= actblks) || (block_id < unblocks))
                ⋮
```

在混合使用互相无关的运算符时，多写几个括号是个好主意。C语言以及与之相关的语言存在优先级问题，在这里很容易犯错误。例如，由于逻辑运算符的约束力比赋值运算符强，在大部分混合使用它们的表达式中，括号都是必需的。

4) 分解复杂的表达式

C 语言有很丰富的表达式语法结构和运算符，因此很容易把一大堆内容写进一个语句中。例如：

```
    *x += (*xp = (2*k < (n-m) ? c[k+1] : d[k--]));
```

该表达式虽然很紧凑，但是写进一个语句里的内容确实太多了，把它分解成几个部分，其含义更容易把握，如下所示则更加直观：

```
    if (2*k < (n-m))
        *xp = c[k+1];
    else
```

```
        *xp = d[k--];
    *x += *xp;
```

4．一致性和习惯用法

如果程序中的格式很随意，就会使程序的一致性很差。例如对数组做循环，一会儿采用下标变量从小到大的方式，一会儿又用从大到小的方式；对字符串一会儿用 strcpy 做复制，一会儿又用 for 循环做复制等。如果遵循相同计算在每次出现时采用同样的方式，且任何变化肯定是经过了深思熟虑而要求读程序的人注意，那么这样的程序就较好地保持了一致性。一致性带来的是更好的程序。

1) 使用一致的缩排和加括号风格

缩排可以显示出程序的结构，那么什么样的缩排风格最好呢？是采用次行风格，还是采用行尾风格？实际上，特定风格远没有一致性那么重要。

花括号也可以用来消除歧义，如果一个 if 紧接在另一个 if 之后，那么加上花括号可以避免歧义。

2) 为了保持一致性，使用习惯用法

和自然语言一样，程序设计语言也有许多习惯用法，也就是那些经验丰富的程序员的习惯方式。在学习一个语言的过程中，一个主要问题就是逐渐熟悉它的习惯用法。

常见的习惯用法之一是采用循环的形式。考虑在 C 语言中逐个处理 n 元数组中各个元素的代码，要对这些元素做初始化，有人可能写出下面的循环：

```
i = 0;
while (i <= n-1)
    array[i++] = 1.0;
```

或者

```
for (i = 0; i <= n-1;)
    array[i++] = 1.0;
```

或者

```
for (i = n; --i >= 0;)
    array[i++] = 1.0;
```

所有这些都正确，而习惯用法的形式却是

```
for (i = 0; i < n; i++)
    array[i] = 1.0;
```

这并不是一种随意的选择，这段代码要求访问 n 元数组里的每个元素，其下标从 0 到 n-1，此时所有循环控制都被放在一个 for 里，以递增顺序运行，并使用 ++ 的习惯形式对循环变量进行更新。这样做可保证循环结束时下标变量的值是一个已知值，且刚刚超出数组里最后元素的位置。

对于无穷循环，习惯用法为

```
for (; ;)
```

但是

```
while (1)
```

也很流行。请不要使用其他形式。

一致地使用习惯用法有一个优点，那就是使非标准的循环很容易被注意到。例如：

```
int i, *iArray, nmemb
iArray = (int*)malloc (nmemb*sizeof(int));
for (i = 0; i <= nmemb; i++)
    iArray[i] = i;
```

在这里分配了 nmemb 个项的空间，序号从 iArray[0] 到 iArray[nmemb−1]。由于采用的是不大于做循环测试，因此程序执行将超出数组尾部，覆盖存储区中位于数组后面的内容。不幸的是，有许多像这样的错误没能及时地查出来，造成了很大的危害。

1.3.4 排错与测试

排错和测试是程序编码完成过程中或完成后必须进行的两个步骤。排错是排除程序中错误(bug)的过程，其目的是排除错误，即对已经发现的错误进行改正。测试是发现程序中错误的过程，其目的是发现程序中尚未被发现的错误。

1. 排错

一个软件通常由许多部分组成，其相互作用的可能途径数不胜数。人们提出了许多技术，以减弱软件各部件间的关联，使程序间存在的交互作用降低。但是，由于无法改变软件构造的方式，因此程序里必然存在许多错误，需要通过测试来发现，通过排错去纠正。

优秀的程序员知道在排错上花费的时间可能与编写程序的一样多，因此在排错中发现的任何错误过程，都能使我们学会如何防止类似错误的再次发生，以及在该类错误发生时及早地识别它。

对减少排错时间有所帮助的因素包括好的设计、好的风格、边界条件测试、代码中的断言和合理性检查、防御性程序设计、设计良好的界面、限制全局数据结构以及检查工具等。下面将讨论如何尽可能地缩短排错时间来提高工作的效率。

1) 调试工具

每种语言的编译系统通常都带有一个调试工具。它常常作为整个开发环境里的一个组成部分，在这个环境里集成了有关程序建立和源代码编辑、编译、执行和排错的各种功能。调试工具使我们能够以语句或者按函数的方式分步执行程序，在某个特定程序行或者在某个特定条件发生时停下来等待，通常还提供了按照某些指定格式显示变量值等功能。

如果已知程序里存在错误，则可以直接启动调试工具。当程序崩溃的时候，通常很容易确定它执行到了什么位置：检查活动的函数序列(追踪执行栈)，显示出局部和全局变量值。这些信息可能已经足够标识出错误了，但是，如果不行的话，则可以利用断点和单步执行机制，一步步地重新执行程序，找到出问题的第一个位置。

有些程序用排错工具很难处理，例如多进程的或多线程的程序、操作系统和分布式系统，这些程序通常只能通过低级的方法排错。在这种情况下，辅之以在关键位置添加打印语句和检查代码，或许就是一种效率更高的排错。

2) 寻找错误线索

在程序中出现错误后，如何寻找错误线索呢？

(1) 寻找熟悉的模式。常见错误都具有特定的标志。例如C程序编写新手常写出：

```
int n;
scanf("%d", n);
```

而不是

```
int n;
scanf("%d", &n);
```

这将导致程序要出现超范围的存储器访问，有经验的程序员立刻就能辨别。

这种错误的标志是有时会出现十分荒谬的不可能的值，如特别大的整数，或者特别大(或小)的浮点数等。

忘记对局部变量进行初始化是另一类容易识别的错误，其结果常常是出现特别大的值，这是由以前存放在同一个存储位置的内容遗留下来的垃圾造成的。有些编译系统能对这类情况提出警告，但不能指望编译系统能够捕捉到所有情况。

(2) 检查最近的改动。如果在程序中一次只改动一个地方，那么错误很可能就在新的代码里，或者是由于这些改动而暴露出来，仔细检查最近的改动能帮助问题定位。如果在新版本里出现错误而旧版本没有出现过，那么新代码一定是问题的一部分。这意味着至少应该保留程序的前一个认为是正确的版本，以便比较程序间的差别。

(3) 取得堆栈轨迹。虽然调试工具可以用来检查程序，但是它最重要的用途之一就是在程序崩溃之后检查其状态，如失败位置的源程序行号、堆栈追踪中屡次出现的部分等都是最有用的排错信息。实际中不应该出现的参数值也是重要线索，例如空指针应该是很小的整数值现在却特别大、应该是正的数值现在却是负的、字符串里的非字母字符等。

(4) 键入前仔细读一读。非常仔细地阅读代码而不是急于去做修改，这是一个有效的却没有受到足够重视的排错技术，出错时最大的诱惑就是立刻开始修改程序，看看是否能马上解决错误。这样做很可能会没有完全弄清楚产生错误的真正原因，所做的修改也可能不对，或许还会增加新的错误。

(5) 把代码解释给别人。把代码解释给他人是另一种有效的排错技术，原因是在给他人解释代码的时候，也给自己解释清楚了。这种方式往往非常有效。

3) 写测试代码

如果上面的方法都不能帮助定位程序中的错误，这时可以编写自己的检查函数去测试某些条件，打印出相关变量的值或者终止程序。

2. 测试

测试和排错常常被说成是一个阶段，实际上它们根本不是同一件事。简单地说，排错是在已经知道程序有问题时要做的事情；而测试则是在程序能工作的情况下，为发现错误而进行的一整套确定的、系统化的试验。那么如何测试，才能够更快地发现程序错误，工作更有成效，效率也更高呢？

1) 测试代码的边界情况

在编写好一个简单的代码段，如一个循环或一个条件分支语句之后，就应该检查条件所导致的分支是否正确，循环实际执行的次数是否正确等。这种工作称为边界条件测试，原因是这种检查是在程序和数据的自然边界上。例如，检查不存在的或者空的输入、单个的输入数据项、一个正好填满了的数组等。这里要强调的是：大部分错误都出现在边界上。如果一段代码出错，则错误最可能是出现在边界上。

另外，应在另一端的边界上检查输入情况(即检查数组接近满了，或者正好满了，或者超过了)，特别是如果换行字符正好在这个时候出现，程序应该做些什么？请读者思考这些问题。

2) *测试前置条件和后置条件*

通过验证在某段代码执行前所期望的或必须满足的性质(前条件)，执行后的性质(后条件)是否成立，是防止错误发生的一个方法。保证输入取值在某个范围之内是前置条件测试的一种常见例子。

例如用函数计算一个数组里 n 个元素的平均值，如果 n 不大于 0，则出现问题。其程序段如下：

```
double Average( double a[], int n) {
    int i;
    double sum = 0.0;
    for ( i = 0; i < n; i++)
        sum += a[i];
    return sum / n;
} //Average
```

当 n = 0 时，Average 应该返回什么？Average 应该让系统去捕捉除零错误吗？是终止执行，还是返回某个无害的值？如果 n 是负数又该怎么办？这当然是无意义的，但也不是不可能的。一般情况下，当 n 不大于 0 时，或许最好返回一个 0，如下所示：

```
return n <= 0 ? 0.0 : sum / n;
```

3) *以递增方式做测试*

测试应该与程序的构造同步进行。与逐步推进的方式相比，以“大爆炸”方式先写出整个程序，然后做测试，面临的困难较多，通常也要花费更长时间。写出程序的一部分并测试，加上一些代码后再进行测试，如此下去，这样做效果会更好。如果有两个程序包，且都已经写好并经过了测试，那么就把它们直接连接起来测试，看看它们能否在一起工作。

递增方式同样适用于对程序性能的测试。测试应该首先集中在程序中相对简单且经常执行的部分，只有这些部分能正确工作，才应该继续下去。通过容易进行的测试，发现的是容易处理的错误。在每个测试中做最少的事情去发掘出下一个潜在问题，虽然错误是一个比一个更难触发，但是并不意味着难以纠正。

假设有一个函数，它对一个整数数组做二分检索。那么做下面的测试，按复杂性递增的顺序安排如下：

- 检索一个无元素的数组。
- 检索一个单元素的数组，使用一般的值，它

——小于数组里的元素；

——等于数组里的元素；

——大于数组里的元素。

• 检索一个两元素的数组，使用一般的值，这时
——检查所有的五种可能情况。
• 检索有两个重复元素的数组，使用一般的值，它
——小于数组里的值；
——等于数组里的值；
——大于数组里的值。
• 按检索两个元素数组的方法检索三个元素的数组。
• 按检索两个和三个元素数组的方法检索四个元素的数组。

如果函数能够正确地通过所有测试，则它很可能已经完美无缺了，但由于上面这个测试集非常小，因此还需要对它做进一步的测试。

4) 测试用例的设计

所谓测试用例，就是以发现错误为目的而精心设计的一组测试数据。测试一个程序，往往需要一组测试用例。每一个完整的测试用例，不仅包含有被测程序的输入数据，而且还包括用这组数据执行被测程序后预期的输出结果。每次测试时，都要把实测的结果与期望的结果做比较，若不相符，就表明程序可能存在错误。

设计测试用例是开始程序测试的第一步，也是有效地完成测试工作的关键。一个好的测试用例，应该是发现错误的概率较高。常用的测试用例设计方法有等价分类法、边界值分析法、错误猜测法、因果图法等黑盒方法，以及逻辑覆盖法，如语句覆盖、判定覆盖、条件覆盖、条件组合覆盖等白盒方法。

(1) 等价分类法。这是一种黑盒方法。黑盒方法的特点是完全不考虑程序的内部结构，只根据程序的规格说明设计测试用例。

如果采用枚举方法设计测试用例，那么数据量太大，且实际上不可行，因此只能选择一部分数据作为测试用例。怎样选取这一部分数据呢？等价分类法就是把程序的输入域划分成若干部分或若干集合，每一部分或集合中的某个输入数据对程序的作用代表了该部分或集合中所有输入数据对程序的作用。换句话说，如果集合中的一个输入条件作为测试数据进行测试不能发现程序的错误，那么使用集合中的其他输入条件进行测试也不能发现错误。因此，使用这种方法设计测试用例只需要使用少量的具有代表性的数据就可以了。

(2) 边界值分析法。在程序设计和代码设计中，往往容易忽略规格说明中的输入域边界或输出域边界，以致产生一些错误。因此，在设计用例时，对边界处的处理应给予足够的重视，为检验边界附近的处理专门设计的测试用例常常可取得良好的测试效果。

(3) 错误猜测法。所谓猜错，就是猜测被测程序中哪些地方容易出错，并据此设计测试用例。错误猜测法主要依赖于测试人员的直觉与经验，通常用作其他方法的一种辅助手段，即用其他方法设计测试用例，再根据错误猜测法补充一些用例。

(4) 因果图法。前面介绍的等价分类法和边界值分析法等都没有考虑到输入情况的组合，这样虽然各种输入条件可能出错的情况已经看到了，但多个输入情况组合起来可能出错的情况却被忽视了。因果图法就是一种利用图解法分析输入的各种组合情况，设计测试用例的方法。利用这种方法能够设计出一组高效的测试用例。

(5) 逻辑覆盖法。这是一种白盒方法。白盒方法的特点是从程序内部的逻辑结构出发选取测试用例。根据覆盖的目标不同，逻辑覆盖法又可分为语句覆盖、判定覆盖、条件覆盖、条件组合覆盖。

① 语句覆盖。设计若干个测试用例，运行被测程序，使程序中的每个可执行语句至少执行一次。

② 判定覆盖。设计若干个测试用例，运行被测程序，使程序中每个判断的取真分支和取假分支至少经历一次。

③ 条件覆盖。设计若干测试用例，执行被测程序以后，要使每个判断中每个条件的可能取值至少满足一次。

④ 条件组合覆盖。设计足够多的测试用例，使得判断中每个条件的所有可能至少出现一次，并且每个判断本身的判定结果也至少出现一次。条件组合覆盖与条件覆盖的差别是：它不是简单地要求每个条件都出现“真”与“假”两种结果，而是要求这些结果的所有可能组合都至少出现一次。

在以上四种逻辑覆盖法中，语句覆盖的能力最弱，一般不采用，条件组合覆盖的能力最强。

1.3.5 程序性能

程序的性能与程序的质量具有同样的含义，它包括可维护性、可靠性和效率。

(1) 可维护性。可维护性是指程序能够被理解、改正、改进和完善以适应新的环境的难易程度。可理解性是可维护性的首要要求，具有可理解性的程序必须具有可读性、简单性和清晰性等。另外，可修改性和可测试性也是可维护性的重要衡量指标。

(2) 可靠性。可靠性是程序在规定的时间内及规定的环境条件下，完成规定功能的能力，包括正确性和健壮性。规定的时间和环境条件用健壮性度量，而正确性度量程序能否完成规定的功能。

(3) 效率。效率是指系统能否有效地使用计算机资源，如时间和空间等。从时间角度讲，程序的效率与程序中所使用的算法效率和程序的语句顺序有关。算法的效率越高，程序的效率越高；程序的语句组织越合理，程序的效率也越高。从空间角度讲，程序所占用的存储空间越少，程序的效率越高。

1.4 程序设计步骤及实例

程序设计的过程实际上是在理解问题的基础上用规范语言(非自然语言)描述问题的过程，其目的是利用该描述用计算机语言实现程序编写，最终获得自动解决实际问题的程序。因此需要在问题和自动解决问题的程序之间架起一座桥梁，使程序设计人员能够从问题“走向”程序。

为了建立这座“桥梁”，就需要掌握程序设计基础知识和基本技能，并将这些知识和技能有效地“组织”起来，完成最终的程序编写。

1.4.1 程序设计的步骤

程序设计的步骤如下所述。

1．明确问题的要求

对要解决的问题，必须通过分析明确题目的要求，列出所有已知量，找出题目的求解范围、解的精度等。

2．分析问题与问题分解

根据问题的要求，明确程序应具有哪些功能，分析清楚解决问题的流程，以及将这些功能如何有效地组织在一起解决问题。

对实际问题进行分析之后，找出它的内在规律(问题本身的处理流程)，在此基础上划分功能模块并确定模块间的调用关系，依此建立程序结构，即建立问题的处理模型。只有建立了问题的处理模型，才可能利用计算机来解决问题。

3．设计程序结构

层次结构是一种主要的程序结构。在结构化程序设计中，程序层次结构设计的依据是：为了实现程序的功能需要哪些支持，这些支持与程序的功能要求就构成了程序的“一级”程序层次结构。假设程序功能要求为 G，为了实现 G 必须有五个支持(S_1，S_2，S_3，S_4，S_5)，那么该程序的一级层次结构如图 1-12 所示。

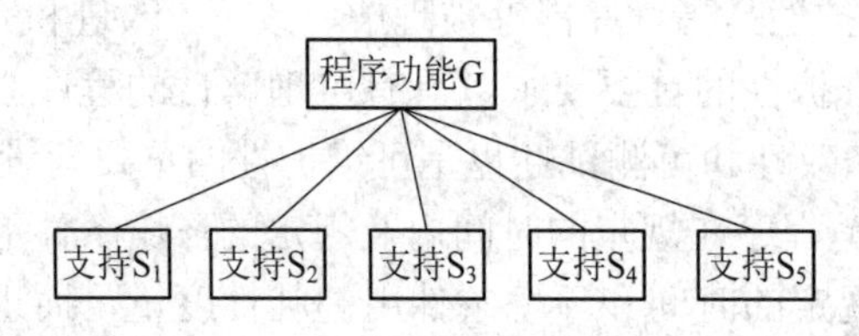

图 1-12　层次结构设计的基本原理

另外，程序结构与问题本身的业务处理流程和所要实现的功能有关。因此，必须仔细分析问题本身的业务处理流程和所要实现的功能。

综合考虑层次结构的设计要求和问题本身的处理流程以及所要实现的功能，就可以较好地实现程序的结构。

4．算法设计与数据结构设计

在程序结构设计完成之后，需要对其中的每一个模块进行更详细的设计，该设计过程一般称为模块设计或函数设计。

模块设计的主要任务是算法设计和数据结构设计。其中的算法设计将在后续章节中讨论。数据结构设计包含两个层面的设计：一是程序结构所要求的数据结构，包括模块间和程序总体的数据结构(可以在程序结构设计中完成)；二是模块内部的数据结构设计，主要针对模块内部实现时所用到的数据结构。

一般来讲，在模块设计中，首先设计数据结构，然后根据数据结构，给出解决问题的算法，即模块设计。一般选择算法时要注意：

(1) 算法的逻辑结构尽可能简单。

(2) 算法所要求的存储量应尽可能少。

(3) 避免不必要的循环，减少算法的执行时间。

(4) 在满足题目的条件要求下，使所需的计算量最少。

5. 编写程序实现

在程序结构框架和所有模块设计完成之后，接下来的工作是采用某种程序设计语言实现上述设计。程序实现时需要考虑的问题有选择程序设计语言、界面设计、程序风格和实现程序时的其他细节问题。

把整个程序看作一个整体，先全局后局部，自顶向下，一层一层地分解处理，如果某些子问题的算法相同而仅参数不同，则可以用子程序来表示。

程序设计语言的选择需要考虑多种因素，包括编程人员掌握哪种语言、程序运行环境(硬件和软件环境)、用户要求使用哪种语言等。一般而言，按用户的要求来确定采用的程序设计语言，在用户无特殊要求时，应首先考虑程序运行的软件和硬件环境，其次考虑程序设计人员掌握语言的情况。

界面设计是用户最关心的问题之一，友好的用户界面是用户认可程序的基础，在实际中往往会由于界面不好而推迟程序的交付时间。

程序是利用计算机解决问题的方法，程序既是设计人员的成果，也是用户的成果。用户应能够较容易地理解程序，这就要求程序设计人员注重程序风格，使程序具有良好的可读性和可理解性。另外，在程序使用后可能会发现一些需要改进的地方，这就需要程序有完整的设计文档。

程序实现时的细节问题主要是指数据和语句的合理组织。数据组织的合理与否直接影响程序的简洁程度；语句组织的合理与否直接影响程序的结构和执行效率。

总之，程序的实现与程序设计人员的基本能力和经验有关，只有经过大量的程序设计才能提高。

6. 调试运行

调试程序的过程就是排错的过程，其目的是解决程序中的语法错误和明显的逻辑错误。语法错误可根据系统的提示修改。明显的逻辑错误表现为运行结果不正确，对此一般采用的方法是跟踪程序的运行过程，发现错误出现的位置，并做相应的修改。排错的方法和技巧在 1.3.4 节中已经做过讨论。

7. 测试与结果分析

测试的目的是发现调试时未能发现的错误。一般的方法是给出测试用例，并运行程序，分析期望的运行结果与实际运行结果。如果两个结果不一致，则需要分析原因，并改正。具体的测试方法参见 1.3.4 节内容。

8. 写出程序的文档

程序的文档主要用来对程序中的变量、函数或过程做必要的说明，解释编程思路，画出框图，讨论运行结果等。

从上面的讨论可以看出，结构化程序设计的关键是程序结构设计、数据结构设计和算法设计。下面通过实例重点讨论上述程序设计中的关键点。

1.4.2 程序设计实例

假设有若干个学生，每个学生的信息包括：学号、姓名、性别、年龄、出生年月、政治面貌、住址(宿舍)、联系电话、E-mail 地址、QQ 号码、家庭详细地址、家庭联系电话、已修课程、课程成绩等，要求编写程序实现学生信息的查询。

1. 问题与分析

很多读者看到该问题后认为：问题简单，容易实现。实际情况真是这样吗？完全不是。真实情况是很多学生在数小时的实验时间内没有完成程序设计。其原因归纳起来有两条：一是没有完全理解问题；二是基础薄弱，面对较大的程序无从下手。

为了更好地理解一个问题，必须回答下列问题：

(1) 谁使用程序？

(2) 使用程序的具体目的是什么？

(3) 程序需要做哪些工作，即具有哪些功能？

首先回答第一个问题。使用程序的人员可以分为两类：一类是查询学生信息的人员；另一类是维护学生信息的人员。这是因为学生信息因多种原因经常改变，如学生毕业、学生转专业、学生被开除、学生留级等。

然后回答第二个问题。从问题的描述看，是要求查询学生信息。现在应该具体问：查询什么信息？如何查询(查询条件是什么)？根据学生的信息内容，可以将查询学生的信息分为三类：一是学生本人的信息；二是学生家庭信息；三是学生的学习成绩。查询的条件可能有学号、姓名、家庭所在地等，也可能是多条件混合查询，如入学时间和家庭所在地等。

最后回答第三个问题。程序具有的功能应从问题描述中提取。根据对问题的描述，可以直接得到功能要求的信息查询。而为了实现信息查询，必须指定从哪些信息中查询，即学生信息必须存放在某个特定的文件中。由于学生信息会经常变化，需要程序能够负责处理这种情况，因此编写的程序应具有两部分功能：信息查询功能和信息维护功能。

根据上面的分析，可以得到如图 1-13 所示的问题原型。

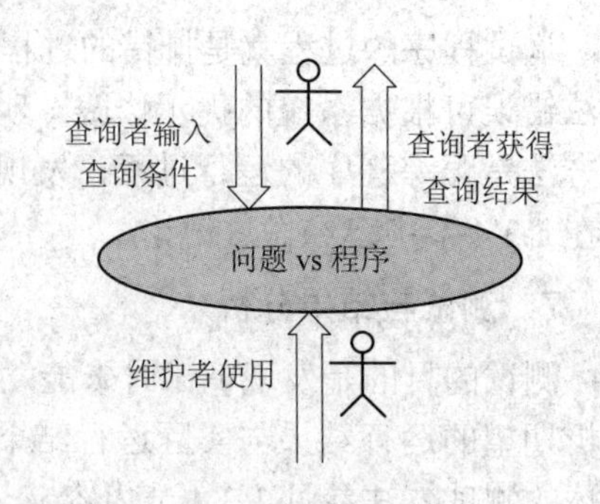

图 1-13 学生信息查询问题的原型

除了对问题本身的理解外，在分析问题时还可以初步考虑实现时的难点。此时问题的难点是：学生成绩的存储问题。由于已修课程的数量是不确定的，一般每半年更新一次，因此存储问题成为解决上述问题的关键之一。

由于程序的使用者可能对计算机一无所知，因此友好、简单、明了的用户使用界面是程序能否成功应用的关键。

另外，在学生隐私保护方面应给予足够的重视，即哪部分信息对哪类使用者公开，如家庭详细地址和电话只能对学校的学籍管理人员公开，学生的成绩只能对本人、学籍管理人员和学生家长公开等。

为了简化问题，便于分析，下面的问题分解和程序实现部分简化了学生信息内容，省略了学生成绩的处理，以及如何选择部分信息对使用者公开，这些内容留给读者自己分析解决。

2．问题处理流程与问题分解

图 1-13 仅仅说明了问题，并没有给出具体的处理问题过程。下面将从学生信息查询的实际过程来进一步说明处理该问题的流程。

程序的使用者有两类：一是查询者；二是维护者。因此将处理流程分为查询者流程和维护者流程。

查询者的使用步骤如下：

(1) 启动查询过程。

(2) 选择查询方式。

(3) 输入查询条件。

(4) 根据查询条件在学生信息文件中查询。

(5) 显示查询结果。

(6) 结束本次查询。

对于查询者而言，处理问题的流程如图 1-14 所示。

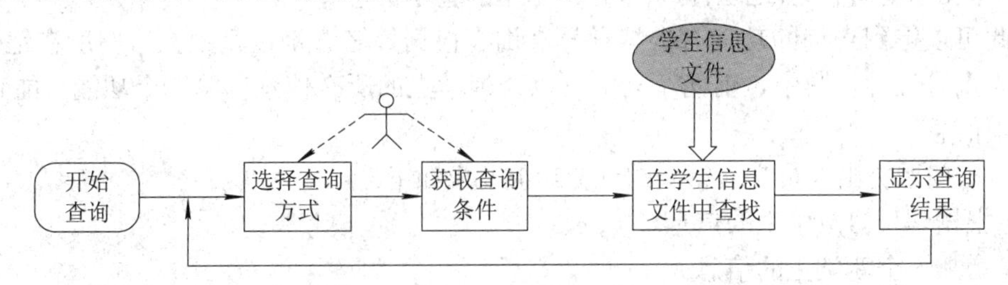

图 1-14 查询请求的处理流程

维护者的使用步骤如下：

(1) 启动维护过程。

(2) 选择维护方式。

(3) 输入维护内容。

(4) 根据维护方式和维护内容维护学生信息文件。

(5) 显示维护结果。

(6) 结束本次维护。

对于维护者而言，处理问题的流程如图 1-15 所示。

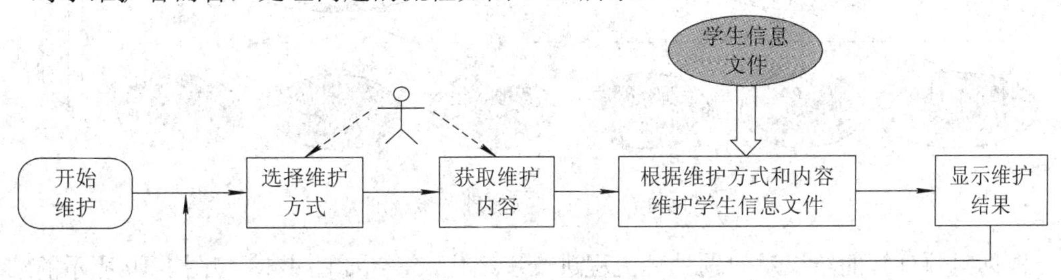

图 1-15 维护请求的处理流程

根据问题的分析和初步的处理流程，可以将问题分解为两个子问题：查询和维护，如图 1-16 所示。

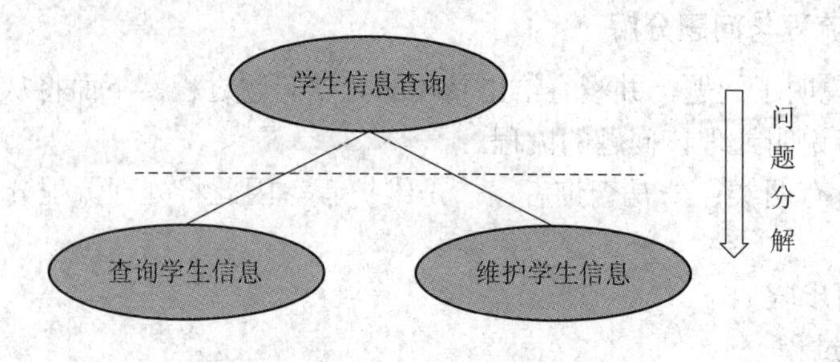

图 1-16　问题分解

现在需要进一步确定两个子问题的具体要求，即查询和维护子问题的具体功能有哪些。为此程序设计人员必须进一步与问题的提出人员进行交流，以便明确其功能要求。假设经过交流得到的查询功能要求如下：

(1) 根据学号或姓名能够完成学生基本信息及学生家庭信息等的查询。

(2) 根据家庭所在地(地址)和系别查询学生的基本信息。

据此可以得到查询的功能有根据学号查询、根据姓名查询以及根据家庭所在地(地址)和系别查询等三种。其中，前两个功能可以查询学生的所有信息；第三个功能只能查询学生的基本信息。

经过与问题提出人员交流得到的维护功能要求如下：

(1) 根据学号修改学生的信息。

(2) 增加一个新学生的信息。

(3) 删除一个学生的信息。

据此可以得到维护的功能包括：修改学生信息，插入一个新学生的信息，删除一个学生的信息。

根据上述要求和功能划分，对问题做进一步的分解，其分解的结果如图 1-17 所示。

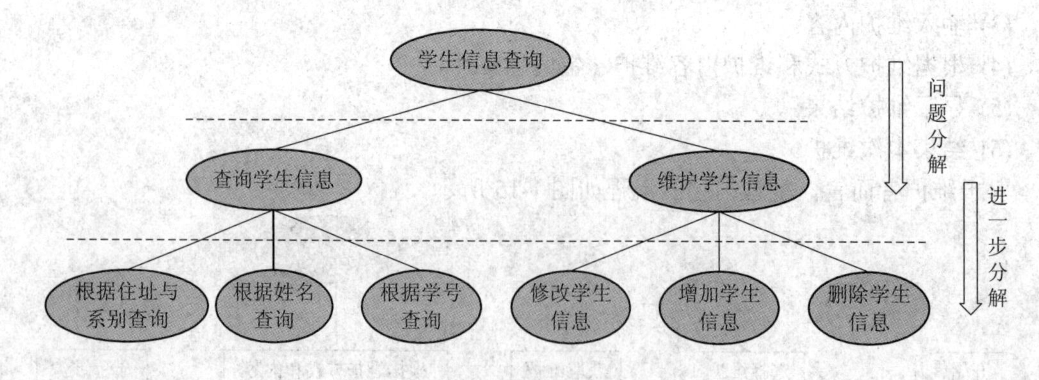

图 1-17　对子问题的进一步分解

根据问题分解的结果对问题处理流程进一步细化，得到如图 1-18 和图 1-19 所示的细化后的查询和维护处理流程。

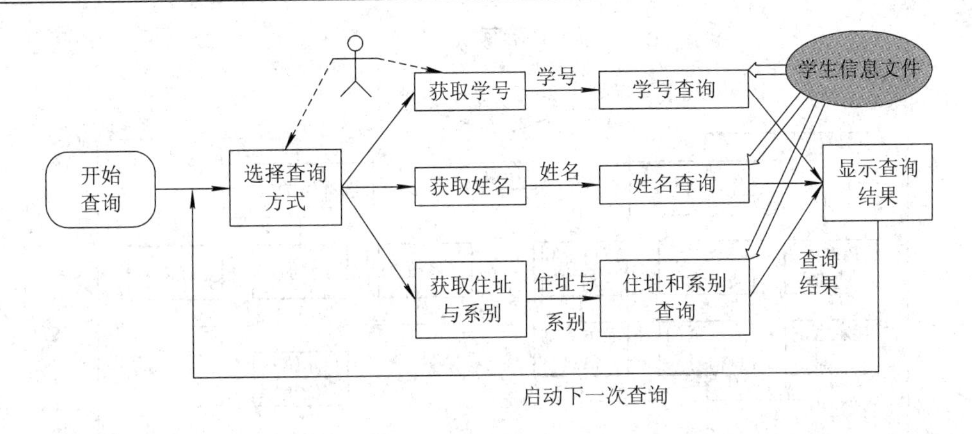

图 1-18 细化后的查询处理流程

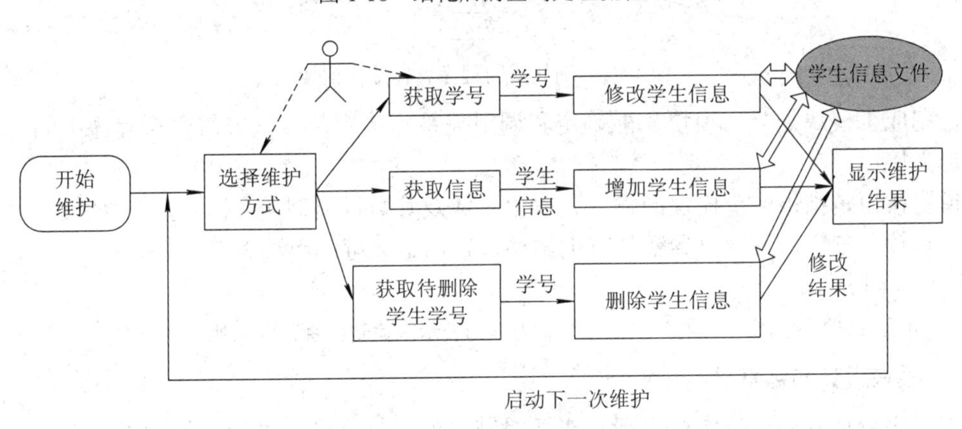

图 1-19 细化后的维护处理流程

3. 程序结构

根据上述分析，整个程序应具有查询和维护两部分功能。现在面临的问题是如何将两部分功能集成在一起。

查询和维护功能的集成与程序的实际应用模式有关。程序的应用模式有两种：一种是一体模式，即查询和维护功能集中在一个应用界面下；另一种模式是分离模式，即查询和维护功能分别实现，且维护功能采用远程或“离线”方式对学生信息进行更新。由于第二种模式需要网络方面的知识，因此下面主要讨论一体模式。

根据对问题的分析可知：该问题需要处理查询和维护，因此程序的总体结构框架如图 1-20 所示。

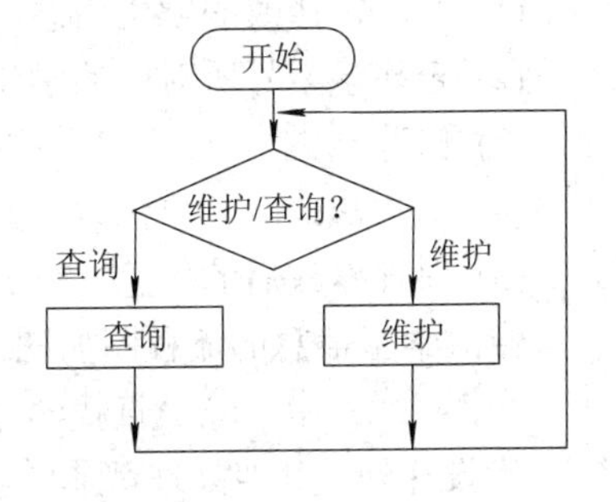

图 1-20 程序的总体结构框架

在图 1-20 中，程序结构只考虑了问题的第一层分解，然而，根据对查询和维护的进一步分解，可以得到细化后的程序结构框架，如图 1-21 所示。

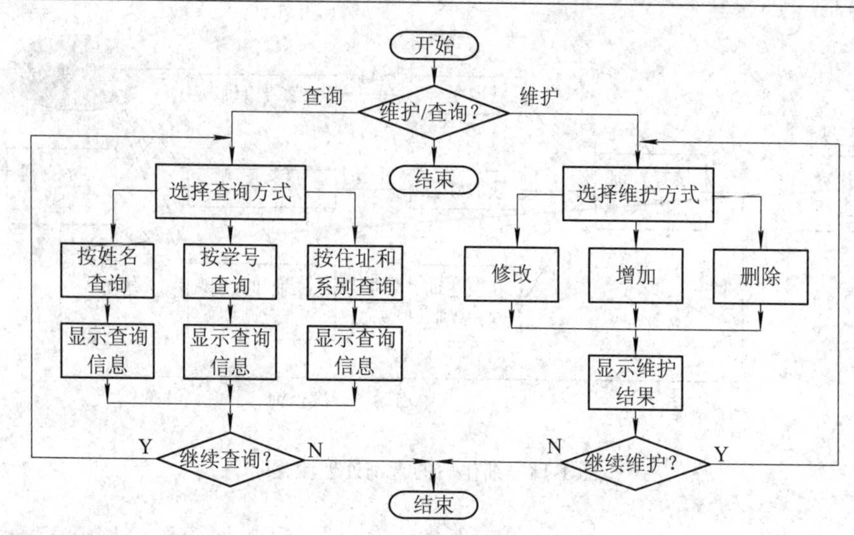

图 1-21 细化后的程序总体结构框架

在完成了模块划分、模块功能确定和调用关系确定后，接下来需要对程序中的每一个模块定义接口。

模块接口是指每一个模块的输入、输出参数及其数据类型/数据结构。例如按学号查询模块没有输入参数，其输出参数是查询结果，查询结果可以用链表存储。

```
int FindNumber();
//返回是否找到要查找的学生信息，若为 0 则表示未找到；否则表示找到
```

4. 模块设计与数据结构

在程序总体框架设计完成之后，需要对其中的每一个模块进行详细的设计，这个设计过程一般称为模块设计或函数设计。模块设计的重点是模块的算法设计和数据结构设计。

模块的算法设计是指为实现模块功能而设计的“计算”过程。例如按姓名查询模块的核心算法是查找算法。

下面以修改模块为例说明算法设计的过程。

修改模块实现修改学生信息的过程如下：

(1) 获取待修改的学生信息所对应的学号。

(2) 查找该学号所对应的学生信息。

(3) 修改学生信息。

(4) 确认修改。

(5) 保存修改后的信息。

修改学生信息的流程图如图 1-22 所示。

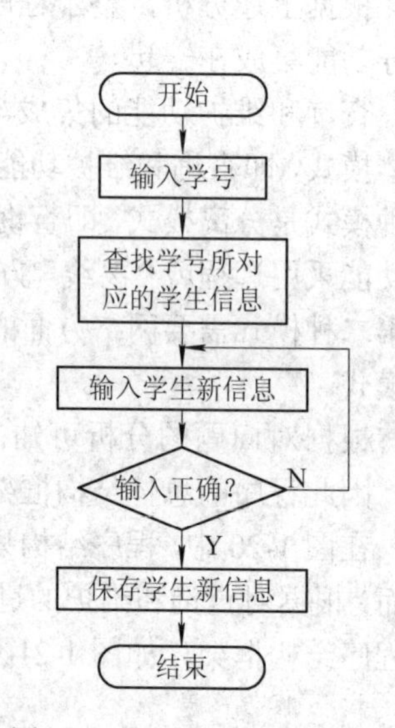

图 1-22 修改学生信息流程图

在图 1-22 中，除“查找学号所对应的学生信息”需要进一步设计外，其他处理都非常具体，如“输入学号”完成从键盘读入数据等。

“查找学号所对应的学生信息”所用的算法是经典查找算法，读者可查阅相关的参考书。

修改模块不需要任何输入参数，但它必须输出修改的结

果(无论修改成功与否)，因此必须设计其输出接口。在C语言中没有布尔数据类型，但可用整型代替。例如可以定义下面的输出接口参数：0，代表成功修改；1，代表修改失败。

对于图1-21中的每一个模块，都需要设计相应的流程图。另外，在其他模块中，同样需要查找算法，因此在程序中需要设计一个通用的查找算法。

在程序中需要存储的数据主要是学生信息，因此学生信息的存储成为需要考虑的重点问题之一。

在问题中需要存储的学生信息个数不固定(增加和删除学生信息)，每一个学生信息包括多个属性(数据项)，因此可以采用结构体表示一个学生信息，多个学生的信息可以用数组或链表表示。采用数组和链表表示学生信息各有其优点，从程序实现的简洁性考虑，在此选择用结构体数组表示学生信息，读者可在学习后续章节之后，考虑如何用链表表示学生信息并体会链表表示的优点。

根据上述讨论，为方便阅读下面的程序代码，将学生信息做了适当简化，其类型描述如下：

```
#define MAXSIZE 1024    // MAXSIZE 为数组的最大容量
typedef struct {
      char num[8], name[20], sex;    //学号，姓名，性别
      char address[20], tel[15];    //籍贯，电话
}Student;
Student stu[MAXSIZE];    //学生信息数组
```

5. 程序实现

在完成了程序结构设计和模块设计后，接下来的工作是实现程序，即通常意义下的编写程序代码。对编写程序代码有两个方面的要求：一是必须严格遵守语言的语法规则使其能够正确运行；二是要求写出好程序。作为说明示例，下面给出图1-21所示的程序结构框架中的部分函数实现。

1) main()函数

```
int main() {
    int initFlag, quitFlag, maintainFlag, findFlag;
    char ch;
    quitFlag = 1;
    initFlag = InitStuInfo();
        //从存放学生信息的文件中读取学生信息到结构体数组 stu[]，初始化学生信息
    if (initFlag){
        while(quitFlag) {
            printf("\n************ 学生信息查询系统 ************\n");
            printf("*                1.查询                *\n");
            printf("*                2.维护                *\n");
            printf("*                0.退出                *\n");
            printf("******************************************\n");
```

```
                printf("请选择(1/2/0):");
                ch=getche();
                switch(ch) {
                    case '1': findFlag = Find();    //调用查询模块
                            break;
                    case '2': maintainFlag = Maintain();   //调用维护模块
                            break;
                    case '0': quitFlag = 0;
                            break;
                    default : printf("\n 输入错误, 请重新选择\n\n");
                            break;
                }
            }//while(quitFlag)
        }
        else{
            printf("\n 初始化学生信息失败!");
            return 1;
        }
        printf("\n 再见! 请按任意键退出.");
        getch();
        return 0;
    } //main
```

2) 查询模块

根据查询要求，查询方式有三种：按学号查询、按姓名查询和按籍贯查询。查询模块中的部分函数实现如下：

```
    int Find() {   //查询模块
        char ch;
        int flag=4;
        printf("\n");
        while (flag){
            printf("********** 查 询 **********\n");
            printf("*          1.学号          *\n");
            printf("*          2.姓名          *\n");
            printf("*          3.籍贯          *\n");
            printf("*          0.退出          *\n");
            printf("****************************\n");
            printf("请输入选择(1/2/3/0):");
            ch=getche();
            switch(ch) {
```

```
            case '1': flag = FindNumber();   //按学号查询
                    break;
            case '2': flag = FindName();   //按姓名查询
                    break;
            case '3': flag = FindAddrApart();   //按籍贯查询
                    break;
            case '0': flag = 0;
                    break;
            default: printf("\n 输入错误,请重新输入:");
                    flag = 4; break;
        }
        if (flag == 5 ) {
            printf("您所查找的学生不存在!\n");
            printf("是否继续查找?[y/n]");
            ch = getche();
            if (tolower(ch) == 'y')
                continue;
            else flag =0;
        }
    }
    return flag;
} // Find

int FindName(){   //按姓名查询
    char sname[10];
    int i,flag;
    flag=5;   //查找失败标志
    printf("\n 请输入您想要查找学生的姓名:");
    gets(sname);
    i=0;
    while(i<counts){ //counts 为学生总人数，可定义为全局量
        if(strcmp(sname , stu[i].name)==0) {
            printf("%s %s %c " , stu[i].num,stu[i].name,stu[i].sex);
            printf("%s %s\n" , stu[i].address,stu[i].tel);
            flag = 1; //查找成功
            break;
        }
        else i++;
    }
```

```
    return flag;
} // FindName
```

3) 维护模块

维护操作需具备相应权限，可将账号和密码事先保存在文本文件中，当有维护需求时，系统提示操作者输入账号和密码并进行验证，通过验证后方可进入维护方式。根据维护要求，维护方式有三种：增加、删除和修改。部分函数实现如下：

```
int Maintain() {   //维护模块
    char ch;
    int success, saveFlag, maintainR = 4;
    success=VerificationIdentity();   //用户权限校验
    if (success==0) {
        printf("\n 您是无权用户!!! \n\n");
        maintainR=5;   //maintainR=5:无权维护
    }
    else {
        do{
            printf("\n*********** 维   护 ***********\n");
            printf("*              1.增加              *\n");
            printf("*              2.删除              *\n");
            printf("*              3.修改              *\n");
            printf("*              0.退出              *\n");
            printf("******************************\n");
            printf("请输入选择(1/2/3/0):");
            ch = getche();
            switch(ch){
                case'1':maintainR = Add();   //maintainR=1：增加学生信息
                    break;
                case'2':maintainR = DeleteStu();   //maintainR=2：删除学生信息
                    break;
                case'3':maintainR = Repair();   //maintainR=3：修改学生信息
                    break;
                case'0':maintainR = 0;   //maintainR=0
                    break;
                default:printf("\n 输入错误，请重新输入您的选择:");
                    break;
            }
        }while (maintainR!=0);
        printf("\n 您已经完成了对学生信息的维护，\n");
        printf("请您确认是否永久性保存您所做的修改(y/n):");
```

```
            ch=getche();
            if(tolower(ch)=='y'){
                saveFlag = Save();   //将修改的学生信息保存到文件中
                if(saveFlag)
                    maintainR = 4;   //maintainR=4：成功保存
            }
        }
        return maintainR;
    } // Maintain

    int Add() { //追加新的学生信息
        Student   temp;
        char ch;
        int addFlag;
        ch = 'y';
        while (tolower(ch)=='y') {
            printf("\n 请按如下格式输入:\n");
            printf("学号:");   gets(temp.num);
            printf("姓名:");   gets(temp.name);
            printf("性别:");   temp.sex=getche();
            printf("\n 籍贯:"); gets(temp.address);
            printf("电话:");   gets(temp.tel);
            printf("\n 请确认上述输入[y/Y]，否则按其他任意键继续");
            ch = getche();
            if (tolower(ch)=='y') {
                stu[counts]=temp;
                counts++;   //学生人数加一
                printf("\n 追加学生信息成功!! ......按任意键继续......");
                getch();
                putch('\n');
                addFlag = 1;
            }
            else {
                printf("\n 未能追加学生信息!!! ......按任意键继续......");
                getch();
                putch('\n');
                addFlag = 2;
            }
            printf("\n 是否增加下一个学生信息，如果增加，键入[y/Y]；否则键入[n/N]:");
```

```
        ch=getch();
    }
    return addFlag;
} // Add
```

注：程序正确运行前，可事先建立两个文本文件：file.dat 和 superUser.dat，分别存放学生信息的初始数据和维护权限信息。

上面只给出了部分函数代码，当然程序中还有许多值得改进的地方，读者可完善上述代码并给出完整程序。

本章小结

本章介绍了数据结构和算法这两个重要概念，讨论了程序设计、数据结构和算法之间的关系，并通过具体实例介绍了程序设计中的关键技术及步骤。

数据结构研究数据元素之间固有的客观联系和在计算机内部的组织存储方式，即逻辑结构和存储结构，同时还研究在数据元素集合上所实施的操作，以及实现这些操作的高效算法。抽象数据类型是描述数据结构的重要工具。

算法是解决问题的步骤和方法，可以用流程图或伪代码表示。衡量算法优劣的主要标准是可读性好、易理解、高效率。对算法效率的分析可通过时间复杂度和空间复杂度来进行。

程序设计 = 数据结构 + 算法。要设计出高质量的程序，就必须选择合适的数据结构，并以此为基础设计高效算法。

习题

概念题

1-1 软件开发的主要环节有哪些？说明其内涵。

1-2 简述下列概念：数据、数据元素、逻辑结构、存储结构、线性结构、非线性结构。

1-3 什么是数据结构？什么是算法？它们之间有什么关系？

1-4 某单位每个职工都有一张职工登记表，设想在任何组合(如知道姓名、知道姓名和单位、知道姓名和性别等)的条件下，你如何存放这些登记表，以便能快速找到某个人的信息。

1-5 算法必须满足哪些特点？如何衡量一个算法的好坏？

1-6 数据结构形式的定义为（D，R），其中 D 是(　　)的有限集合，R 是 D 上的关系上的有限集合。

A. 算法　　B. 数据元素　　C. 数据操作　　D. 逻辑结构

1-7 算法的时间复杂度与(　　)有关。

A. 问题规模　　B. 计算机硬件的运行速度

C. 源程序的长度　　D. 编译后执行程序的质量

1-8 以下程序段的时间复杂度为(　　)。

```
int a = 1, b = 1, i;
for (i=0; i<=10; i++) {
    a +=b;
    b = b * a;
}
```

A. O(n)　　B. O(1)　　C. O(n2)　　D. O(n3)

1-9 若函数按增长率由小到大的顺序排列，选项正确的是(　　)。

A. $n^{lbn}, 2^n, n!, n^n$　　B. $lbn, n^{lbn}, n^{3/2}, n!, 2^n, n^n$

C. $n^{3/2}, n^{lbn}, 2^n, n!, n^n$　　D. $n^{3/2}, lbn, n^{lbn}, 2^n, n^n, n!$

算法分析题

1-10 设 m 和 n 为正整数，分析以下算法代码段，利用大“O”记号表示其时间复杂度。

(1)
```
i=1; k=0;
while (i<n){
    k=k+10*i; i++;
}
```

(2)
```
i=1; j=0;
while (i+j<=n)
    if(i>j) j++;
    else i++;
```

(3)
```
x=n; y=0;
while(x>=(y+1)*(y+1))
    y++;
```

(4)
```
int func ( int n ){
    int i = 0, sum = 0;
    while ( sum < n )
        sum += ++i;
    return i;
}
```

(5)
```
i=1;
while(i<=n)
    i=i*3;
```

(6)
```
for(i=0; i<m; i++)
    for(j=0; j<n j++)
        A[i][j]=i*j;
```

(7)
```
if (A>B){
    for ( i=0; i<N; i++ )
        for ( j=N*N; j>i; j-- )
            A += B;
}
else{
    for ( i=0; i<N*2; i++ )
        for ( j=N*2; j>i; j-- )
            A += B;
}
```

(8)
```
x=91; y=100;
while(y>0)
    if(x>100){
        x=x-100;
        y--;
    }
    else x++;
```

第2章 线 性 表

线性表是计算机程序设计中最常遇到的一种操作对象，也是数据结构中最简单、最重要的结构形式之一。实际上，线性表结构在程序设计中大量使用，对大家来说并不是一个陌生的概念。本章将从一个新的角度对线性表进行系统的讨论。

2.1 线性表的基本概念及运算

线性表(Linear List)是最常用且最简单的一种数据结构。简单地讲，一个线性表是 n 个数据元素的有限序列(a_1，a_2，…，a_n)。至于一个数据元素 a_i 的具体含义，在不同的情况下可以不同。例如英文字母表(A，B，C，…，Z)是一个线性表，表中的每一个英文字母为一个数据元素。表 2-1 所示的学生成绩登记表是一个略微复杂一点的线性表的例子。

表 2-1 学生成绩登记表

学号	姓名	性别	年龄	数学	物理	化学	英语	平均分
1001	赵 敏	女	17	90	85	79	83	84
1002	刘小光	男	17	82	73	85	86	81
1003	孙 炎	男	17	76	66	72	68	71
1004	李军生	男	18	82	71	73	68	74
…	…	…	…	…	…	…	…	…

表 2-1 中，每个学生的成绩情况在表中占一行，每行的信息说明某个学生四门课程的学习成绩及平均成绩。整个成绩登记表是线性的数据结构，表中的每一行即为一个数据元素，也称为一个**结点**(或记录)。数据元素由多个数据项，如学号、姓名、性别、年龄、各科成绩等组成，这些数据项也称为记录的域，或称为字段。

综上所述，可以将线性表描述为：

线性表是由 n(n≥0)个数据元素 a_1，a_2，…，a_n 构成的有限序列。其中，数据元素的个数 n 定义为表的长度。当 n=0 时称为空表，通常将非空的线性表(n>0)记作(a_1，a_2，…，a_n)。

如前所述，线性表中的数据元素可以是各种各样的，但同一个线性表中的元素必定具有相同的特性。从线性表的定义可以看出它的逻辑特征是：对于非空的线性表，有且仅有一个开始结点 a_1，有且仅有一个终端结点 a_n。当 $i = 1$，2，…，$n - 1$ 时，a_i 有且仅有一个直接后继 a_{i+1}；当 $i = 2$，3，…，n 时，a_i 有且仅有一个直接前趋 a_{i-1}。线性表中结点之间的逻辑关系即是上述的邻接关系，由于该关系是线性的，因此，线性表是一个线性结构。

线性表是一个相当灵活的数据结构，不仅可对线性表的数据元素进行访问，还可进行其他运算，例如插入和删除等。

线性表抽象数据类型的定义如下：

ADT LinearList{

数据对象 D：D={a_i|a_i∈data object,1≤i≤n,n≥0}

数据关系 R：R={<a_{i-1},a_i>|a_{i-1},a_i∈D,2≤i≤n}

操作集合：

CreatList(&L)

操作结果：构造一个空的线性表 L

Length(L)：

初始条件：线性表 L 已存在

操作结果：返回线性表 L 中数据元素的个数

Get(L,i)

初始条件：线性表 L 已存在，且 1≤i≤Length(L)

操作结果：返回线性表 L 中第 i 个元素的值

Locate(L,x)

初始条件：线性表 L 已存在

操作结果：返回线性表 L 中值为 x 的数据元素的位序值(首次出现)

Insert(L,x,i)：

初始条件：线性表 L 已存在，且 1≤i≤Length(L)+1

操作结果：在线性表 L 的第 i 个位置插入一个值为 x 的数据，L 的长度加 1

Delete(L,i)

初始条件：线性表 L 已存在，且 1≤i≤Length(L)

操作结果：删除线性表 L 中的第 i 个数据元素，L 的长度减 1

Prior(L,a_i)

初始条件：线性表 L 已存在，且 2≤i≤Length(L)

操作结果：返回 a_i 的直接前趋

Next(L,a_i)：

初始条件：线性表 L 已存在，且 1≤i≤Length(L)−1

操作结果：返回 a_i 的直接后继

} ADT LinearList

对线性表还可以进行一些较复杂的运算，例如，将两个或两个以上的线性表合并成一个线性表；将一个线性表拆成两个或两个以上的线性表；重新复制一个线性表；对线性表中的数据元素按某个数据项递增(或递减)的顺序重新进行排列(由此而得到的线性表称为有序表)等。这些运算均可利用上述基本运算来实现。

例 2-1 利用线性表的基本运算实现清除线性表 L 中多余的重复结点。

实现该运算的基本思想是：从表 L 的第一个结点(i = 1)开始，逐个检查 i 位置以后的任意位置 j，若两个结点相同，则将位置 j 上的结点从表 L 中删除；当 j 遍历了 i 后面的所有位置之后，i 位置上的结点就成为当前表 L 中没有重复值的结点，然后将 i 向后移动一个位置。重复上述过程，直至 i 移到当前表 L 的最后一个位置为止。该运算可用如下形式的算法描述：

```
void Purge(LinearList *L ) {   //删除线性表 L 中重复出现的多余结点
    int i=1, j, x, y;
    while (i<Length(L)) {   //每次循环使当前第 i 结点是无重复值的结点
        x=Get(L, i);   //取当前第 i 个结点
        j=i+1;
        while (j<=Length(L)) {
            y = Get(L, j);   //取当前第 j 个结点
            if (x==y)
                Delete(L, j);   //删除当前第 j 个结点
            else
                j++;
        }
        i++;
    }
} // Purge
```

算法中的 Delete 操作，使位置 j+1 上的结点及其后续结点均前移了一个位置，因此，应继续比较位置 j 上的结点是否与位置 i 上的结点相同；同时 Delete 操作使当前表长度减 1，故循环的终值分别使用了求长度运算 Length 以适应表长的变化。

线性表的存储实现主要有两种：顺序存储实现——顺序表，链式存储实现——链表。

2.2　线性表的顺序存储实现——顺序表

在计算机内，可以用不同的方式来表示线性表，其中最简单和最常用的方式是用一组地址连续的存储单元依次存储线性表的元素。

2.2.1　线性表的顺序存储实现

假设线性表的每个元素需占用 c 个存储单元，并以所占第一个单元的存储地址作为数据元素的存储位置，如图 2-1 所示，则线性表中第 i + 1 个数据元素的存储位置 $Loc(a_{i+1})$和第 i 个数据元素的存储位置 $Loc(a_i)$之间满足下列关系：

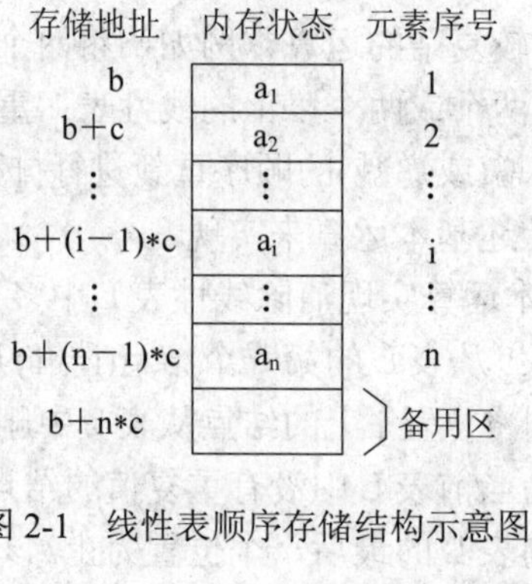

存储地址	内存状态	元素序号
b	a_1	1
b+c	a_2	2
⋮	⋮	⋮
b+(i−1)*c	a_i	i
⋮	⋮	⋮
b+(n−1)*c	a_n	n
b+n*c		备用区

图 2-1　线性表顺序存储结构示意图

$$Loc(a_{i+1}) = Loc(a_i) + c \tag{2-1}$$

一般来说，线性表的第 i 个元素 a_i 的存储位置为

$$Loc(a_i) = Loc(a_1) + (i-1)*c \quad 1 \leqslant i \leqslant n \tag{2-2}$$

其中，$Loc(a_1)$是线性表的第一个数据元素 a_1 的存储位置，通常称作线性表的起始位置或基地址。

线性表的这种机内表示称作线性表的顺序存储结构或顺序映像。只要确定了起始位置，线性表中任意一个数据元素都可随机存取，所以线性表的顺序存储结构是一种随机存取的存储结构。

由于 C 语言中的向量(一维数组)也是采用顺序存储表示，因此可以用向量这种数据类型来描述顺序表。

```
typedef int Datatype;   //Datatype 可为任何类型，在此为 int
#define MAXSIZE 1024   //线性表可能的最大长度，假设为 1024
typedef struct {
    Datatype data[MAXSIZE];
    int last;
}SequenList;
```

其中，数据域 data 是存放线性表结点的向量空间，向量的下标从 0 开始，到 MAXSIZE – 1 结束，线性表中第 i 个结点存放在向量的第 i – 1 个分量中，下标是 i – 1，并假设线性表中结点的个数始终不超过向量空间的大小 MAXSIZE；数据域 last 指示线性表的终端结点在向量空间中的位置，因为向量空间的下界是 0，所以 last + 1 是当前表的长度；Datatype 表示线性表中结点的类型，在此可认为它是某种定义过的类型，其具体含义视具体情况而定。例如线性表是学生成绩表，则 Datatype 就是已定义过的、表示学生学习情况的结构类型。

总之，顺序表是用向量实现的线性表，是一种随机存储结构，其特点是以元素在计算机内物理位置上的紧邻来表示线性表中数据元素之间相邻的逻辑关系。

2.2.2 顺序表的基本运算

在顺序存储结构下，某些线性表的运算相当容易实现，例如求线性表的长度、读线性表中第 i 个数据元素、取得第 i 个数据元素的直接前趋和直接后继等。下面重点讨论线性表数据元素的插入和删除运算。

1. 插入运算

在线性表的第 i(1≤i≤n+1)个位置上，插入一个新结点 x，使长度为 n 的线性表

$$(a_1, \cdots, a_{i-1}, a_i, \cdots, a_n)$$

变成长度为 n + 1 的线性表

$$(a_1, \cdots, a_{i-1}, x, a_i, \cdots, a_n)$$

可以看出，数据元素 a_{i-1} 和 a_i 的逻辑关系发生了变化。由于顺序表中逻辑相邻的元素在物理位置上也相邻，因此必须移动元素才能反映这种逻辑关系的变化，即将顺序表中位置 n，n – 1，…，i 上的结点，依次后移到 n + 1，n，…，i + 1 上，空出第 i 个位置，然后在该位置上插入新结点 x。仅当插入位置 i = n + 1 时，才无须移动结点，直接将 x 插入表的

末尾。插入过程如图 2-2 所示。

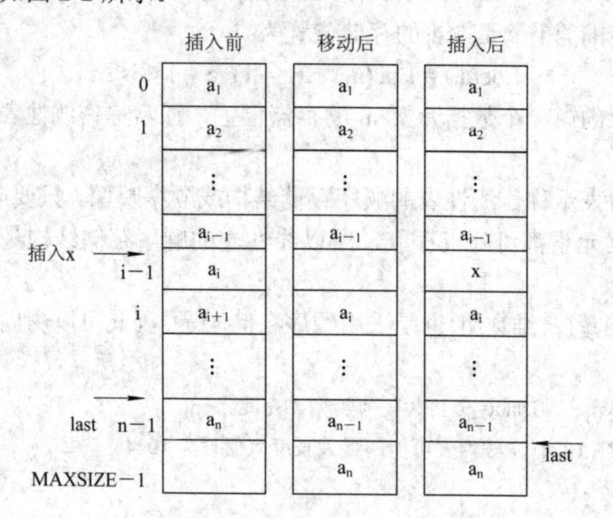

图 2-2　顺序表插入元素的过程

下面给出一个完整的 C 程序，其中包括三个子函数：Create(建立顺序表)、Insert(插入元素)、Output(输出线性表)，并由主函数调用，其具体程序描述如下：

```
#include <stdio.h>
#include <stdlib.h>
#include <conio.h>
#define MAXSIZE 1024
typedef char Datatype;
typedef struct {
      Datatype data[MAXSIZE];
      int last;
}SequenList;
SequenList *L;

SequenList *Create() {   //建立顺序表 L
      int i=0; char ch;
      L= (SequenList *) malloc(sizeof(SequenList));   //分配顺序表空间
      L->last=-1;
      printf("请输入顺序表 L 中的元素,以字符'#'结束.\n");
      while((ch=getche())!='#') {
            L->data[i++]=ch;
            L->last++;
      }
      return L;
}// Create
```

```
int Insert(SequenList *L,char x,int i) {  //将新结点 x 插入顺序表 L 的第 i 个位置上
    int j;
    if ((L->last)>=MAXSIZE-1) {  //表空间溢出
        printf("overflow\n");
        return 0;
    }
    else
        if ((i<1)||(i>(L->last)+2)) {  //非法位置
            printf ("error\n");
            return 0;
        }
    else {
            for (j=L->last; j>=i-1; j--)
                L->data[j+1]=L->data[j];  //结点后移
            L->data[i-1]=x; //插入 x，存在 L->data[i-1]中
            L->last=L->last+1;  //终端结点下标加 1
    }
    return 1;
} // Insert

void Output(SequenList *L) {  //输出顺序表 L 中的内容
    int i;
    printf("\n 顺序表 L 中的元素为: ");
    for(i=0; i<=L->last; i++)
        printf("%c ",L->data[i]);
    printf("\n");
} //Output
int main() {
    char ch;
    int i,ret;
    L=Create();  //建立顺序表 L
    printf("\n 请输入插入字符: ");    scanf("%c", &ch);
    printf("\n 请输入插入位置: ");    scanf("%d", &i);
    ret=Insert(L, ch, i);
    if(ret)
        Output(L);  //输出插入元素后的顺序表
    return 0;
} // main
```

2. 删除运算

线性表的删除运算是指将表的第 i($1\leqslant i\leqslant n$)个结点 a_i 删去，使长度为 n 的线性表

$$(a_1,\ \cdots,\ a_{i-1},\ a_i,\ a_{i+1},\ \cdots,\ a_n)$$

变成长度为 n – 1 的线性表

$$(a_1,\ \cdots,\ a_{i-1},\ a_{i+1},\ \cdots,\ a_n)$$

可以看出，数据元素 a_{i-1}，a_i，a_{i+1} 的逻辑关系发生了变化。为了在存储结构上反映这个变化，同样需要移动元素，即若 $1\leqslant i\leqslant n-1$，则必须将顺序表中在位置 i + 1，i + 2，…，n 上的结点，依次前移到位置 i，i + 1，…，n – 1 上，以填补删除操作造成的空缺。若 i = n，则只要简单地删除终端结点，而无须移动。其删除过程如图 2-3 所示，其算法描述如下：

```
int Delete (SequenList *L, int i) {   //从顺序表中删除第 i 个位置上的元素
    int j;
    if ((i<1)||(i>L->last+1)) {
        printf ("error\n");
        return 0;   //非法位置
    }
    else{
        for(j=i; j<=L->last; j++)   //第 i 个结点下标值是 i−1
            L->data[j−1]=L->data[j];   //结点前移
        L->last−−; //表长减 1
    }
    return 1;
} // Delete
```

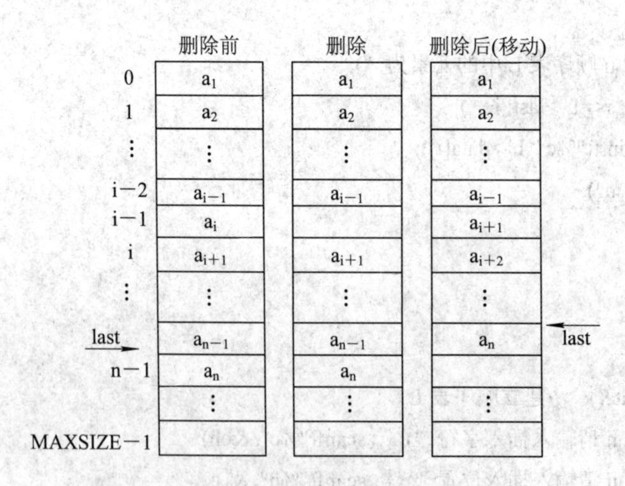

图 2-3 顺序表删除元素的过程

3. 算法分析

从上面两个算法可以看出，顺序表的插入与删除运算，其时间主要耗费在移动顺序表中的元素上，而所移动的元素个数不仅依赖于表长 n，而且还与插入及删除的位置 i 有关。

为了不失一般性，假设 p_i 是在第 i 个位置上插入一个元素的概率，则在长度为 n 的线性

表中插入一个元素须移动元素次数的期望值(平均次数)为

$$E_{IS}=\sum_{i=1}^{n+1}p_i(n-i+1) \tag{2-3}$$

假设 q_i 是删除第 i 个元素的概率，则在长度为 n 的线性表中删除一个元素须移动元素次数的期望值(平均次数)为

$$E_{DE}=\sum_{i=1}^{n}q_i(n-i) \tag{2-4}$$

为了不失一般性，假设在线性表中任何位置上插入或删除元素的概率相等，则

$$p_i=\frac{1}{n+1}\text{，}\quad q_i=\frac{1}{n}$$

故

$$E_{IS}=\sum_{i=1}^{n+1}\frac{1}{n+1}(n-i+1)=\frac{n}{2} \tag{2-5}$$

$$E_{DE}=\sum_{i=1}^{n}\frac{1}{n}(n-i)=\frac{n-1}{2} \tag{2-6}$$

因此，在顺序表中做插入或删除运算时，均要移动表中约一半的元素。若表长为 n，则两个算法的时间复杂度为 O(n)。由此可见，当表长 n 较大时，算法的效率相当的低。

可以看出，由于顺序表中逻辑关系上相邻的两个元素在物理位置上也相邻，这一特点使得顺序表具有如下的优点：

(1) 顺序表的存储密度高。

(2) 在结点等长时，可以随机存取顺序表中任意元素。

(3) 元素存储位置可用一个简单直观的公式来表示。

然而，这个特点也铸成了这种存储结构的三个缺点：

(1) 在做插入或删除运算时，须移动大量元素。

(2) 由于顺序表要求占用连续的存储空间，因此在给长度变化较大的顺序表预先分配空间时，必须按最大空间分配，使存储空间不能得到充分利用。

(3) 顺序表的容量难以扩充。

为了克服顺序表的缺点，下面将讨论线性表的另一种表示方法——链式存储结构。它可以克服上述不足，适合于插入和删除操作频繁，存储空间大小不能预先确定的线性表。

2.3 线性表的链式存储实现——链表

链式存储是最常用的存储方法之一，它不仅可以用来表示线性表，而且还可以用来表示各种非线性的数据结构。本节将讨论几种用于存储线性表的链接方式：单链表、双链表

和循环链表，统称为**链表**(Linked list)。

链表的灵活性带来了存储管理上的复杂性，为了灵活地进行插入和删除，充分地利用存储空间，必须采用动态存储管理的一系列技术。在讨论链表的同时，本节还将介绍有关动态存储管理的基本概念，以便读者能够掌握链接存储表示在计算机中的具体实现。

2.3.1 单链表

在顺序表中，我们是用一组地址连续的存储单元来依次存放线性表的结点，因此结点的逻辑次序和物理次序一致。而链表是用一组任意的存储单元来存放线性表的元素，这组存储单元既可以是连续的，也可以是不连续的。因此，为了正确地表示元素间的逻辑关系，在存储每个元素值的同时，还必须存储指示其后继元素的地址(或位置)信息。这两部分信息组成数据元素的存储映像，即**结点**。它包括两个域，存储数据元素信息的域称作**数据域**；存储后继元素存储位置的域称作**指针域**。指针域中存储的信息称作指针或链。结点的结构为

data	next

其中，data 域是数据域；next 域是指针域。链表通过每个结点的链域将线性表的 n 个结点按其逻辑顺序链接在一起，形成一个链表，即线性表的链式存储结构。由于链表的每个结点中只包含一个指针域，因此将这种链表称为**单链表**。

显然，单链表中每个结点的存储地址是存放在其前趋结点的 next 域中，而开始结点无前趋，故应设头指针 head 指向开始结点。同时，终端结点的指针域为空，即 NULL(也可用∧表示)。图 2-4 是线性表(zhao, qian, sun, li, zhou, wu, zheng, wang)的单链表示意图。

		数据域	指针域
		⋮	⋮
	110	zhou	200
		⋮	⋮
	130	qian	135
	135	sun	170
		⋮	⋮
头指针	160	wang	NULL
head 165	165	zhao	130
	170	li	110
		⋮	⋮
	200	wu	205
	205	zheng	160
		⋮	⋮

图 2-4 线性单链表示意图

由于单链表只注重结点间的逻辑顺序，并不关心每个结点的实际存储位置，因此通常是用箭头来表示链域中的指针，于是链表就可以更直观地画成箭头链接起来的结点序列。因此，将图 2-4 可以画成图 2-5 的形式。

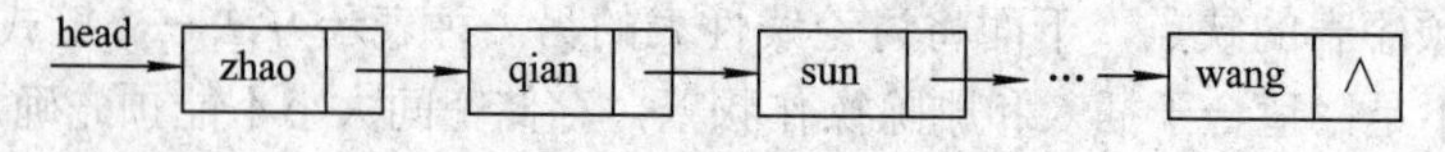

图 2-5 单链表的一般图示法

单链表是由头指针唯一确定的，因此单链表可以用头指针的名字来命名。例如若头指针名是 head，则把链表称为表 head。用 C 语言描述单链表如下：

```
typedef int Datatype;
typedef struct node{   //结点类型
```

```
        Datatype data;
        struct node *next;
    }LinkList;
    LinkList *head，*p;   //指针类型说明
```

值得注意的是指针和结点这两个变量。指针变量要么为空，它不指向任何结点；要么为非空，它的值为某结点的地址。指针变量所指向的结点地址并没有具体说明，而是在程序执行过程中，需要结点时才产生的。而结点变量是由指针变量指示其地址的存储空间，包含数据域和指针域，它的访问只能通过指向它的指针进行。结点变量是一个动态变量。

实际上，以上定义的指针变量 p 所指向的结点变量是通过标准函数生成的，即

```
    p = (LinkList *) malloc(sizeof(LinkList));
```

其中，函数 malloc 分配一个类型为 node 的结点变量的空间，并将其地址放入指针变量 p 中。一旦 p 所指的结点变量不再需要了，可通过标准函数 free(p)释放 p 所指的结点变量空间。因此，无法通过预先定义的标识符去访问这种动态的结点变量，而只能通过指针 p 来访问它。由于结点类型 node 是结构类型，因而结点变量*p 是结构名，故可用加上“.”来取该结构的两分量(*p).data 和(*p).next。这种表示形式总是要使用圆括号，显然很不精练。而在 C 语言中，对指针所指结构体的成员进行访问时，通常用运算符“->”来表示，例如同样取上面结构中的两个分量可以写成 p->data 和 p->next。这两种表示法的意义完全相同，它们之间的关系如图 2-6 所示。

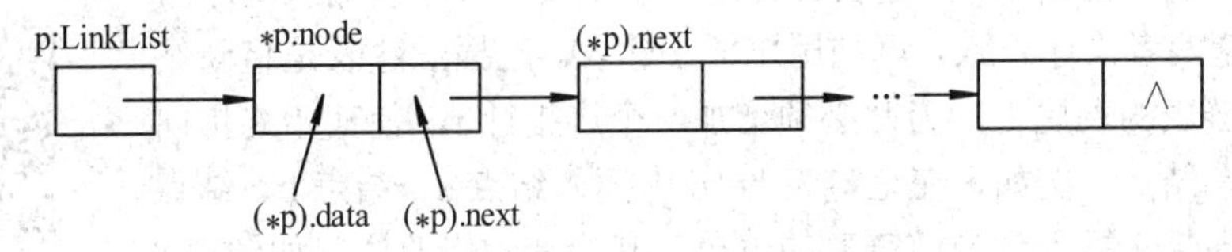

图 2-6　指针变量 p(其值是结点地址)和结点变量*p(其值是结点内容)的关系

2.3.2　单链表的基本运算

下面将讨论用单链表做存储结构时，如何实现线性表的几种基本运算。

1. 单链表的建立

假设线性表中结点的数据类型是字符，逐个输入这些字符型的数据，并以 '#' 作为输入结束标志符。动态地建立单链表的常用方法有两种：头插法建表和尾插法建表。

1) *头插法建表*

头插法建表是从一个空表开始，重复读入数据，生成新结点，将读入数据存放到新结点的数据域中，然后将新结点插入到当前链表的表头上，直至读入结束标志为止。例如，在空链表 head 中依次插入结点 a、结点 b、结点 c 之后，将结点 d 插入到当前链表的表头，其指针的修改情况如图 2-7 所示。其中序号①～④表明了结点插入时的操作次序，其算法描述如下：

```
    LinkList *CreatListF() {
        char ch;
        LinkList  *head, *s;
```

```
    head=NULL;   //链表开始为空
    while ((ch=getche())!='#') {  //读入结点值，以'#'结束
        s=(LinkList*) malloc(sizeof(LinkList));   //生成新结点
        s->data=ch;   //将输入数据放入新结点的数据域中
        s->next=head;
        head=s;   //将新结点插入到表头上
    }
    return head;   //返回链表头指针
} //CreatListF
```

上述算法的时间复杂度是 O(n)。

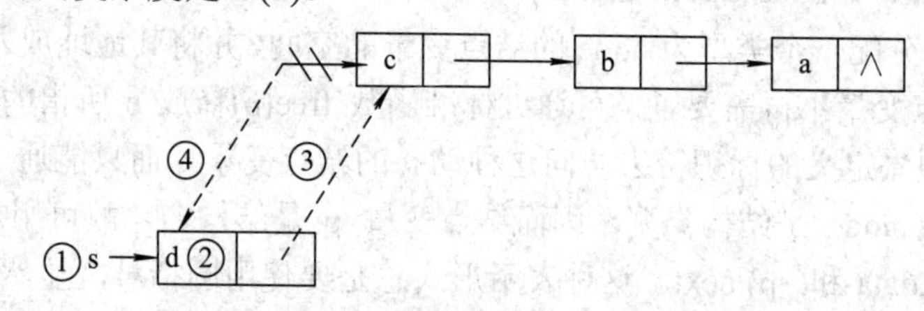

图 2-7　将新结点*s 插入到单链表 head 的头上

2) 尾插法建表

头插法建表虽然简单，但是生成的链表中结点的次序和输入的顺序相反。若希望两者次序一致，可利用尾插法建表。尾插法建表是将新结点插到当前链表的表尾上，为此必须增加一个尾指针 r，使其始终指向当前链表的尾结点。例如，在空链表 head 中插入结点 a、结点 b、结点 c 之后，将结点 d 插入到当前链表的表尾，其指针的修改情况如图 2-8 所示。其中序号①～④表明插入结点时的操作顺序。其算法描述如下：

单链表的建立(尾插)

```
LinkList *CreatListR() {   //尾插法建立单链表，返回表头指针
    char ch;
    LinkList *head, *s, *r;
    head=NULL;   //链表初值为空
    r=NULL;   //尾指针初值为空
    while (ch=getche())!='#') {   //'#' 输入结束符
        s=(LinkList*) malloc(sizeof(LinkList)); //生成新结点*s
        s->data=ch;
        if (head==NULL)
            head=s;   //新结点*s 插入空表
        else
            r->next=s;   //非空表，新结点*s 插入到尾结点
        r=s; //尾指针 r 指向新的表尾
    }
    if (r!=NULL)   r->next=NULL; //对非空表，将尾结点的指针域置空
```

```
        return head;   //返回单链表头指针
    } //CreatListR
```

上述算法的时间复杂度是 O(n)。

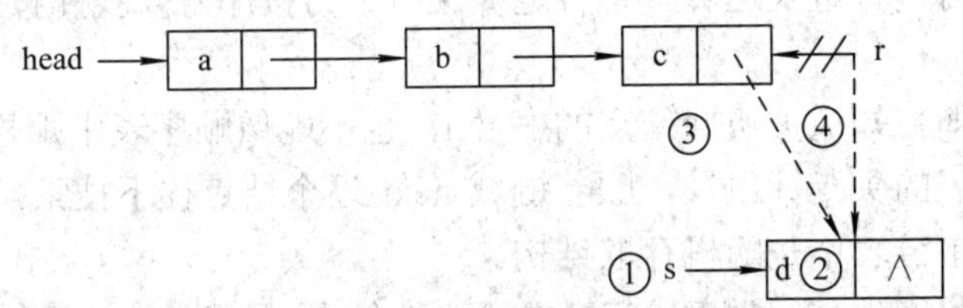

图 2-8　将新结点*s 插入到单链表 head 的尾上

可以发现：在上述算法中必须对第一个位置上的插入操作做特殊处理。如果在链表的开始结点之前附加一个结点，并称它为头结点，那么可将上述算法加以简化，如下所示：

```
    LinkList *CreatListR1( ) {  //尾插入法建立带有头结点的单链表，返回表头指针
        char ch;
        LinkList *head, *s, *r;
        head=(LinkList *) malloc(sizeof(LinkList));   //生成头结点 head
        r=head;   //尾指针指向头结点
        while((ch=getche())!='#') {   //读入结点值，以'#'为输入结束符
            s=(LinkList*)malloc(sizeof(LinkList));   //生成新结点*s
            s->data=ch;
            r->next=s;   //新结点插入表尾
            r=s;   //尾指针 r 指向新的表尾
        }
        r->next=NULL;
        return head;   //返回表头指针
    } //CreatListR1
```

上述算法的时间复杂度是 O(n)。

这种带有头结点的单链表如图 2-9 所示，其中，#部分表示头结点的数据域不存储信息，但是在有的应用中，可利用该域来存放表的长度等附加信息。

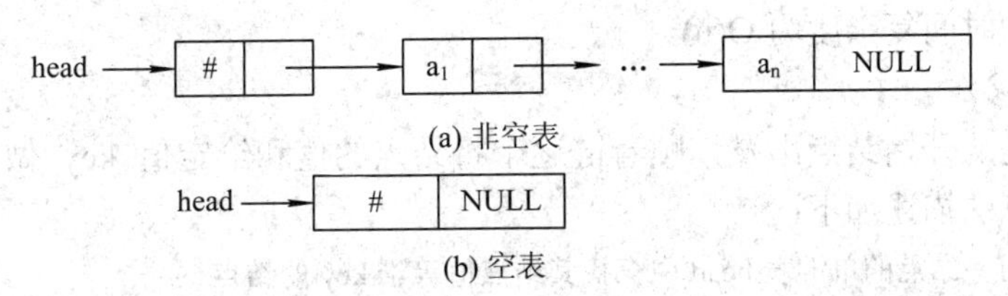

图 2-9　带有头结点的单链表 head

带有头结点的链表具有以下优点：

(1) 因为开始结点的位置被存放在头结点的指针域中，所以在链表的第一个位置上的操作就和在其他位置上的操作一致，无须进行特殊处理。

(2) 无论链表是否为空，其头指针都是指向头结点的非空指针(空表中头结点的指针域

为空)，因此空表和非空表的处理也就统一了。

2．单链表的查找

在单链表中还可进行查找运算，这种运算又可分为按序号查找和按值查找。

1) 按序号查找

在单链表中，即使知道被访问结点的序号 i，也不能像顺序表中那样直接按序号 i 访问结点，而只能从链表的头指针出发，顺着链域 next 逐个结点往下搜索，直至搜索到第 i 个结点为止。因此，单链表不是随机存取结构。

假设单链表的长度为 n，要查找其中的第 i 个结点，仅当 1≤i≤n 时，i 值是合法的。但有时需要找头结点的位置，那么把头结点看作是第 0 个结点，因而在下面给出的算法中，从头结点开始顺着链扫描，用指针 p 指向当前扫描到的结点，用 j 作计数器，累计当前扫描过的结点数。具体做法是：指针 p 的初值指向头结点，j 的初值为 0，当 p 扫描到下一个结点时，计数器 j 相应地加 1，直到 j = i，此时指针 p 所指的结点就是要找的第 i 个结点，其算法描述如下：

单链表的查找

```
//在单链表 head 中查找第 i 个结点，返回该结点的存储位置
LinkList *Get(LinkList *head, int i) { //单链表 head 带有头结点
    int j;
    LinkList *p;
    p=head; j=0;   //从头结点开始扫描
    while ((p->next!=NULL) &&(j<i)) {
        p=p->next; //扫描下一个结点
        j++;   //已扫描结点计数器
    }
    if (i==j)
        return p;   //找到了第 i 个结点
    else
        return NULL;   //找不到返回 NULL，i≤0 或 i>n
} //Get
```

上述算法的时间复杂度为 O(n)。

2) 按值查找

按值查找是从开始结点出发，顺着链逐个将结点的值和给定值 key 做比较，来完成结点的查找，其算法描述如下：

```
//在带有头结点的单链表 head 中查找其结点值等于 key 的结点
//若找到则返回该结点的位置 p；否则返回 NULL
LinkList *Locate(LinkList *head, Datatype key) {
    LinkList *p;
    p=head->next;   //从开始结点比较
    while ((p!=NULL)&&(p->data!=key))
```

```
            p=p->next;   //没找到则继续循环
        if (p==NULL)
            return NULL;
        else
            return p;   //找到结点 key 退出循环
    } //Locate
```

上述算法的平均时间复杂度与按序号查找的相同，也为 O(n)。

3. 链表的插入

在线性表的顺序存储结构中，由于具有逻辑位置与物理位置一致的特点，使得在进行元素插入和删除运算时有大量的元素参加移动，而在单链表存储结构中，元素的插入或删除，只须修改有关的指针内容，无须移动元素。

假设指针 p 指向单链表的某个结点，指针 s 指向待插入的，其值为 x 的新结点。现欲将新结点*s 插入结点*p 之后，插入过程如图 2-10 所示，其中的序号①～④表示插入结点时的操作顺序，其算法描述如下：

```
    void InsertAfter(LinkList *p, Datatype x) {   //将值为 x 的新结点插入*p 之后
        LinkList *s;
        s=(LinkList *) malloc(sizeof(LinkList));   //生成新结点*s
        s->data=x;   //将*s 插入*p 之后
        s->next=p->next;
        p->next=s;
    } //InsertAfter
```

上述算法的时间复杂度是 O(1)。

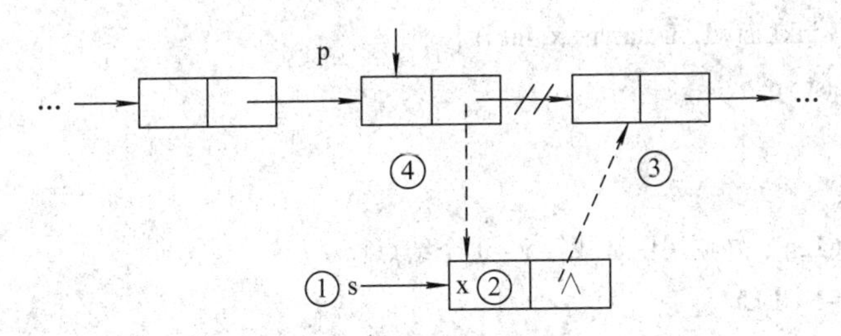

图 2-10　在*p 之后插入*s

例 2-2　在单链表上，将值为 x 的新结点插入在结点*p 前。

分析：由题意知道该插入操作为前插操作。前插操作必须修改*p 的前趋结点的指针域，需要确定其前趋结点的位置。但单链表中没有前趋指针，一般情况下必须从头指针起，顺链找到*p 的前趋结点*q。前插过程如图 2-11 所示，其中的序号①～⑤表示插入结点时的操作顺序，其算法描述如下：

单链表的插入

```
    //在带有头结点的单链表 head 中，将值为 x 的新结点插入*p 之前
    void InsertBefore(LinkList *head, LinkList *p, Datatype x) {
        LinkList *s, *q;
```

```
    s=(LinkList *) malloc(sizeof (LinkList));   //生成新结点*s
    s->data=x;
    q=head; //从头指针开始
    while (q->next!=p)
        q=q->next;   //查找*p 的前趋结点*q
    s->next=p; q->next=s;   //将新结点*s 插入*p 之前
} //InsertBefore
```

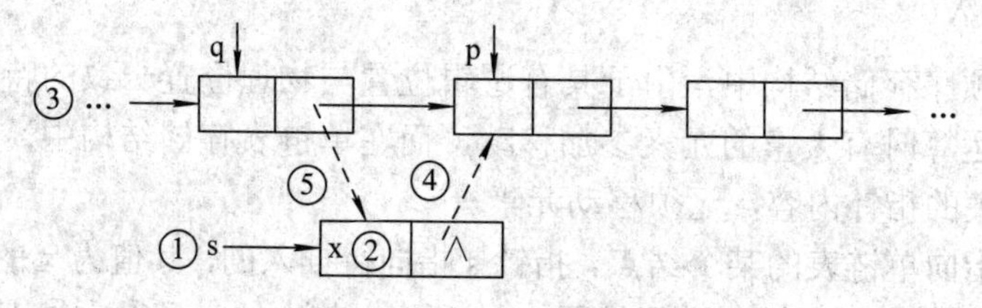

图 2-11　在*p 之前插入*s

值得说明的是，在前插算法中，若单链表 head 没有头结点，则当*p 是开始结点时，前趋结点 *q 不存在，则必须做特殊处理。上述算法的执行时间与存储位置 p 有关，在等概率假设的情况下，其时间复杂度是 O(n)。可采用改进措施改善前插的时间性能，请读者考虑如何改进？并写出改进算法，试分析改进后算法的时间复杂度。

例 2-3　在单链表上实现线性表的插入运算 Insert(L, x, i)。

分析：根据题意，该运算是生成一个值为 x 的新结点，并插入到链表中第 i 个结点之前，也就是插入到第 i – 1 个结点之后。因此可以先用函数 Get 求得第 i – 1 个结点的存储位置 p：

$$p = Get(L, i - 1)$$

这样，问题就转化为在结点 *p 之后做后插操作。其具体算法如下：

```
void Insert(LinkList *L, Datatype x, int i) {
    LinkList *p;
    int j;
    j=i–1;
    p=Get(L, j);   //调用函数找第 i – 1 个结点*p
    if (p==NULL)
        printf("error\n"); //i<1 或 i>(n+1)
    else
        InsertAfter(p, x);   //将值为 x 的新结点插到*p 之后
} //Insert
```

假设单链表的长度为 n，合法的前插位置是 1≤i≤n + 1，即合法的后插位置是 0≤i – 1≤n，因此用 i – 1 做实参调用 Get 时，可完成插入位置的合法性检查。算法的时间主要耗费在查找操作 Get 上，其时间复杂度为 O(n)。

4．链表的删除

要删除单链表中的结点 *p，就应修改 *p 的前趋结点 *q 的指针域。一般情况下，要从

头指针开始顺着链找到 *p 的前趋结点 *q，然后删去 *p。其删除过程如图 2-12 所示，其中的序号①～③表示删除结点的操作顺序。

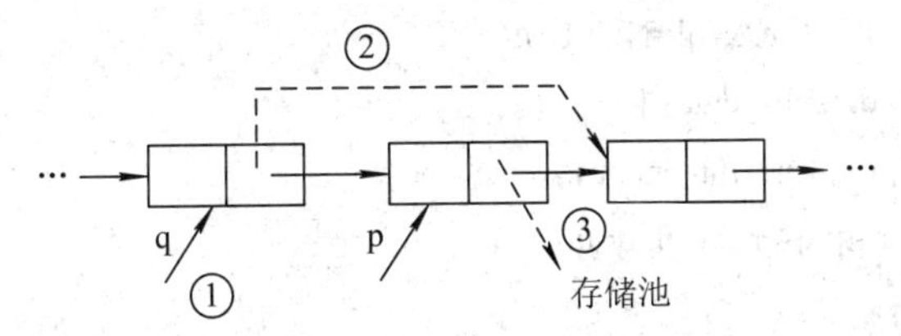

图 2-12　删除结点*p

删除结点的具体算法如下：

```
void Delete (LinkList *head ,LinkList *p) {   //删去单链表 head 的结点*p
    LinkList *q;
    q=head;   //查找*p 的前趋结点*q
    while (q->next!=p)
        q=q->next;
    q->next=p->next;   //删除结点*p
    free(p); //释放结点*p
} //Delete
```

上述算法的时间复杂度为 O(n)，这是因为在单链表上删除结点时虽不需要移动结点，但为了寻找被删除的结点，须从头开始查找。

单链表的删除

例 2-4　在单链表上实现线性表的删除运算 Delete(L, i)。

要使删除运算简单，就必须得到被删除结点的前趋，即第 i – 1 个结点 *p，然后删去 *p 的后继。其算法描述如下：

```
void Delete(LinkList *L, int i) {   //删去带有头结点的单链表 L 的第 i 个结点
    LinkList *p, *r;
    int j;
    j=i–1;
    p=Get(L, j);   //找到第 i–1 个结点
    if ((p!=NULL) && (p->next!=NULL)){
        r=p->next;   //*r 为结点*p 的后继
        p->next=r->next;   //将结点 r 从链表上摘下
        free(r);   //释放结点*r
    }
    else printf("Not found!\n");   // i<1 或 i>n
} //Delete
```

例 2-5　将两个递增单链表合并为一个递增单链表，要求不另外开辟空间。

此题的算法描述如下：

```
LinkList *Union(LinkList *la, LinkList *lb) {   //合并递增单链表 la 和 lb
    LinkList *p, *q, *r, *u;
```

```
        p=la->next;    q=lb->next;
        r=la; //*r 为*p 的直接前趋
        while ((p!=NULL)&&(q!=NULL)) {
            if (p->data>q->data) {
                u=q->next; r->next=q;
                r=q; q->next=p; q=u;
            }
            else{
                r=p; p=p->next;
            }
        }
        if (q!=NULL)
            r->next=q;
        return la;
    } //Union
```

2.3.3 循环链表

循环链表(Circular linked list)是另一种形式的链式存储结构，它的特点是表中最后一个结点的指针域指向头结点，整个链表形成一个环。显然，从表中任意结点出发均可找到表中其他结点，图 2-13 所示为单循环链表。

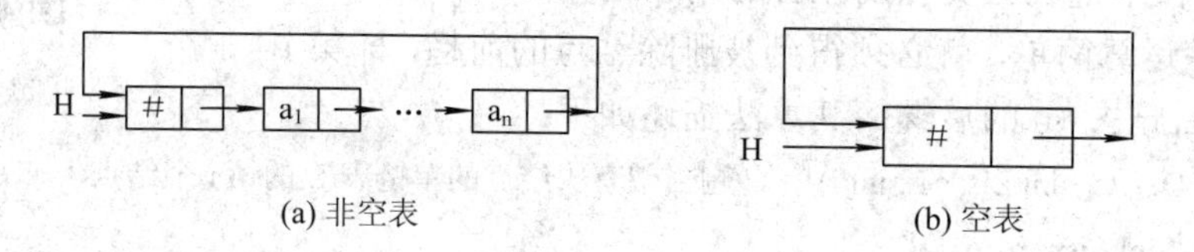

图 2-13 单循环链表

类似地，还有多重链的循环链表，即表中的结点不是链在一个环上，而是链在多个环上。在循环链表中，为了使空表与非空表的处理一致，必须设置一个头结点(如图 2-13 所示)。循环链表的运算和单链表基本一致，差别仅仅是在算法中对最后一个结点的循环处理上有所不同。

在用头指针表示的单循环链表中，查找开始结点 a_1 的时间复杂度是 O(1)，然而要找到终端结点 a_n，需要从头指针开始遍历整个链表，其时间复杂度是 O(n)。在许多实际问题中，表的操作常常是在表的首尾位置上进行，此时头指针表示的单循环链表就显得不够方便。如果改用尾指针 rear 来表示单循环链表(如图 2-14 所示)，则查找开始结点 a_1 和终端结点 a_n 都很方便，它们的存储位置分别是 rear->next->next 和 rear，显然，查找的时间复杂度都是 O(1)。因此，在实际应用中多采用尾指针表示的单循环链表。例如在讨论将两个线性表合并成一个表时，只要将一个表的表尾和另一个表的表头相接即可，故可使运算的时间复杂度简化为 O(1)。

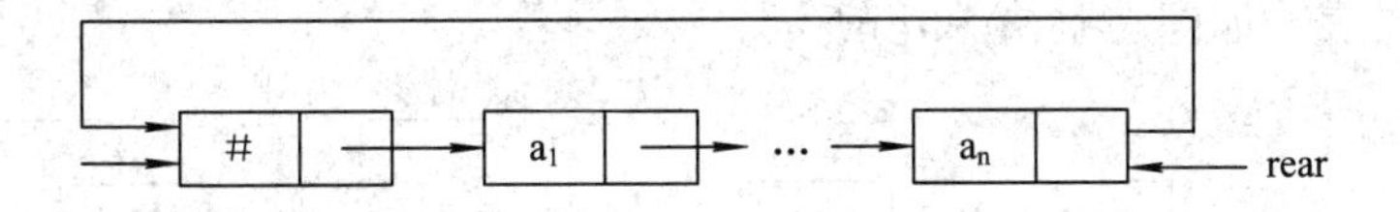

图 2-14 仅设尾指针 rear 的单循环链表

例 2-6 在循环链表的第 i 个元素之后插入元素 x。

此题的具体算法如下：

```
void Insert (LinkList *head, Datatype x, int i) {   //循环链表第 i 个元素之后插入元素 x
    LinkList *s,*p;
    int j;
    s=(LinkList *) malloc(sizeof(LinkList));
    s->data=x;   //生成值为 x 的新结点
    p=head; j=0;
    while ((p->next!=head) &&(j<i)) {
        p=p->next; j++;
    }
    if (i==j){
        s->next=p->next;
        p->next=s;   //插入操作
    }
    else printf ("error\n");
} //Insert
```

2.3.4 双向链表

用单链表表示线性表，从任意一个结点出发能通过 next 域找到它的后继结点，若要寻查结点的前趋，则须从表头指针出发。换句话说，在单链表中，Next(L，a_i)的执行时间复杂度为 O(1)，而 Prior(L，a_i)的执行时间复杂度为 O(n)。如果在每个结点中增加一个指向直接前趋的指针，处理就灵活得多，它可以克服链表的这种单向性的缺点，这种链表称为**双向链表**(Double linked list)。

顾名思义，在双向链表的结点中有两个指针域，其中一个指向直接后继，另一个指向直接前趋，其结构可描述如下：

```
typedef char Datatype;
typedef struct dnode {
    Datatype data;
    struct dnode *prior, *next;
}DlinkList;
DlinkList *head;
```

和单链表类似，双向链表一般也是由头指针 head 唯一确定的，增加头结点也能使双向链表上的某些运算变得方便。同样，将头结点和尾结点链接起来也能构成循环链表，并称之为双向循环链表，如图 2-15(b)和(c)所示。

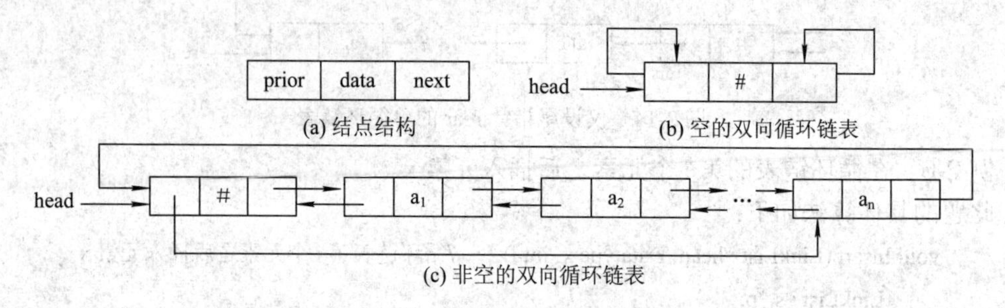

图 2-15　双向循环链表示意图

在双向链表中，有些运算如 Length(L)、Get(L，i)、Locate(L，x)等，仅涉及一个方向的指针，它们的算法描述和单链表的运算相同，但在插入、删除时却有很大的不同。在双向链表中需要同时修改两个方向的指针，图 2-16 和图 2-17 分别显示了删除和插入结点时指针修改的情况。

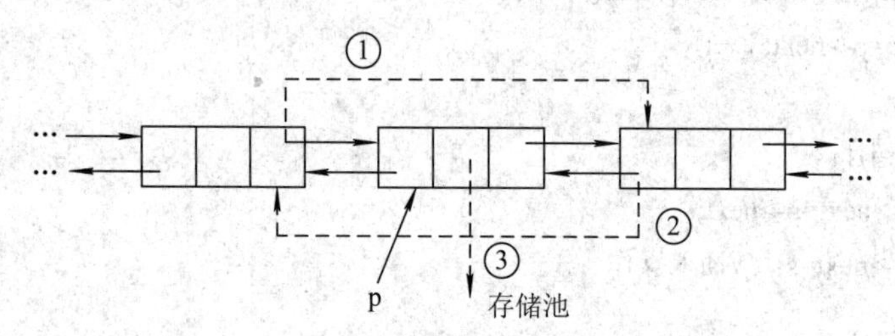

图 2-16　双向链表上删除结点

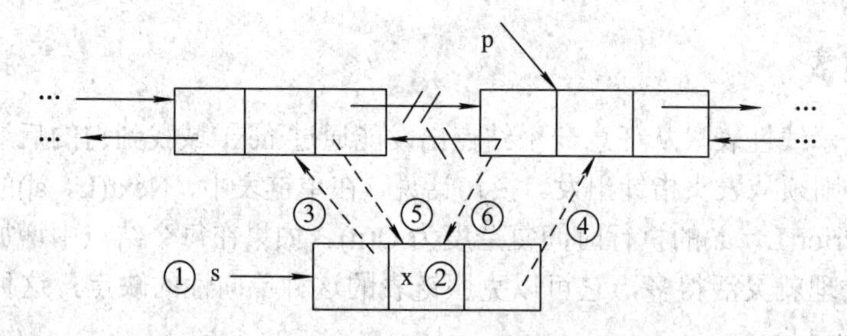

图 2-17　双向链表上的前插操作

删除结点的算法描述如下：

```
void DeleteNode(DlinkList *p) {   //删除双向链表结点*p
        p->prior->next=p->next;
        p->next->prior=p->prior;
         free(p);
} //DeleteNode
```

插入结点的算法描述如下：

```
void InsertBefore(DlinkList *p, Datatype x) {   //在结点*p 之前插入值为 x 的结点
        DlinkList *s;
```

```
s=( DlinkList *) malloc(sizeof(DlinkList));
s->data=x;
s->prior=p->prior;
s->next=p;
p->prior->next=s; p->prior=s;
} //InsertBefore
```

因为在双向链表上进行前插操作和删除某结点*p 自身的操作都很方便，所以在双向链表上实现其他的插入操作和删除操作，都无须转化为后插操作及删去结点后继的操作。例如在双向链表的第 i 个位置上插入或删除，可直接找到表的第 i 个结点*p，然后调用 InsertBefore 或 DeleteNode 即可完成操作，而不像单链表中那样，要找到第 i 个结点的前趋才能进行，所以用双向链表的表示显得更为自然。

以上详细介绍了线性表及其两种存储结构，在实际应用中究竟如何选择，主要根据具体问题的要求和性质，再结合顺序和链式两种存储结构的特点来决定，通常从以下三个方面考虑。

(1) 存储空间。顺序存储结构是要求事先分配存储空间的，即静态分配，所以难以估计存储空间的大小。估计过大会造成浪费，估计太小又容易造成空间溢出。而链式存储结构的存储空间是动态分配的，只要计算机内存空间还有空闲，就不会发生溢出。另外还可以从存储密度的角度考虑，存储密度的定义公式为

$$\text{存储密度}=\frac{\text{结点数据本身占有存储量}}{\text{结点结构占用存储量}} \tag{2-7}$$

一般来说，存储密度越大，存储空间的利用率就越高。显然，顺序存储结构的存储密度为 1，而链式存储结构的存储密度小于 1。

(2) 运算时间。顺序存储结构是一种随机存取结构，便于元素的随机访问，即顺序表中每一个元素都可以在时间复杂度为O(1)的情况下迅速存取；而在链式存储结构中为了访问某一个结点，必须从头指针开始顺序查找，时间复杂度为O(n)。所以对于一个表，只进行查找操作而很少做插入和删除操作时，采用顺序存储结构为宜。

但是，在顺序存储表示的线性表上进行元素的插入和删除操作时，须移动大量元素，当顺序表中结点的信息量较大时，所花费的时间就更为可观。而在链式存储表示的线性表中进行元素的插入或删除时，只须修改相应的指针及进行一定的查找。总的来说，对于频繁地进行元素插入和删除操作的线性表，还是以采用链式存储结构为宜。

(3) 程序设计语言。从计算机语言来看，绝大多数高级语言都提供了指针类型，但也有没有提供指针类型的，为此，可以采用静态链表的方法来模拟动态存储结构。如果问题规模较小，采用静态链表来实现可能会更加方便。

2.4 应 用 实 例

本节将通过顺序表和链表的应用实例，进一步理解线性表在实际中的应用。

2.4.1 顺序表应用实例——学生学籍信息管理

1. 问题描述及要求

现有若干学生的学籍档案信息，要求编写应用软件对学生学籍信息进行日常管理，以实现学生信息的录入、查找、插入和删除等常规操作，并能根据学生姓名进行查询。

2. 数据结构

现将所有学生的学籍信息存放在一个顺序表中，其中的每个结点是一个学生的学籍信息，包括学号、姓名、性别、籍贯等内容，则数据结构定义如下：

```
#define M 100   //顺序表的最大长度
typedef  struct {   //学生数据结点类型
    int number;   //学号
    char name[20];   //姓名
    char sex;   //性别
    char addr[20];   //家庭所在地
}Student;
typedef struct{
    Student stu[M];   //学生数据信息以顺序表方式组织
    int last;   //最后一个学生数据在表中的位置
}SequenList;
SqunList *L;   //定义 L 为指向顺序表的指针
```

3. 算法设计

根据问题的要求，整个软件分成五个子模块：学生学籍信息的录入、插入某学生信息、按姓名查询信息、按学号删除信息，输出所有学生信息，其程序结构如图 2-18 所示。

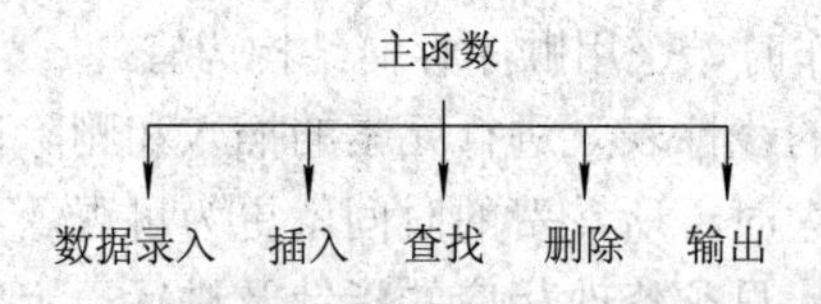

图 2-18 程序结构示意图

上述 5 个子模块分别由以下函数实现：

(1) Create 函数：输入学生数据，创建顺序表，函数返回指向顺序表的指针。函数首部为

```
SequenList *Create();
```

(2) Insert 函数：将某学生的学籍信息添加至顺序表的表尾。函数首部为

```
void Insert(SequenList *L, Student temp);
```

(3) Delete 函数：根据学号删除顺序表 L 中相应的学生信息。函数首部为

```
int Delete(SequenList *L, int number);
```

(4) Locate 函数：根据学生姓名 name 在顺序表 L 查找学生并输出相应信息。函数首

部为

```
void Locate(SequenList *L, char name[]);
```

(5) Output 函数：输出顺序表 L 中的所有学生信息。函数首部为

```
void Output(SequenList *L);
```

以上各模块由主函数调用。在主函数中完成对顺序表的初始化，并根据用户输入的操作选项，对学生信息完成相应的处理。

4．程序代码

下面给出核心代码，完整程序请扫描附录中的二维码。

```
SequenList *Create() {    //建立顺序表 L
    int i=0;
    Student temp;
    printf("\n 请输入学生学籍信息(学号 0 结束)\n");
    while(1) {
        scanf("%d",&temp.number);
        if(temp.number==0)
            break;
        else
            scanf("%s %c %s",temp.name,&temp.sex,temp.addr);
        L->stu[i++]=temp;
        L->last++;
    }
    return L;
} //Create

void Insert(SequenList *L, Student temp) {    //插入学生信息至顺序表 L 的表尾
    L->last++;
    L->stu[L->last]=temp;
} //Insert

int Delete(SequenList *L, int n) {    //根据学号 n 删除表 L 中的学生信息
    int i,j;
    for(i=0; i<=L->last; i++)
        if(L->stu[i].number==n)
            break;
    if (i>L->last)    return 0;
    else {
        for(j=i; j<L->last; j++)
            L->stu[j]=L->stu[j+1];
```

```
            L->last--;
            return 1;   //成功删除
        }
    } //Delete

    void Locate(SequenList *L, char name[]) {   //按姓名查找学生信息
        int i;
        for(i=0; i<=L->last; i++)
        if(strcmp(L->stu[i].name,name)==0) {
            printf("Number :%d", L->stu[i].number);
            printf("\n Name :%s", L->stu[i].name);
            printf("\n Sex :%c", L->stu[i].sex);
            printf("\n Address :%s\n", L->stu[i].addr);
            break;
        }
        if(i>L->last)
            printf("没有找到!\n");
    } //Locate
```

程序运行如下：

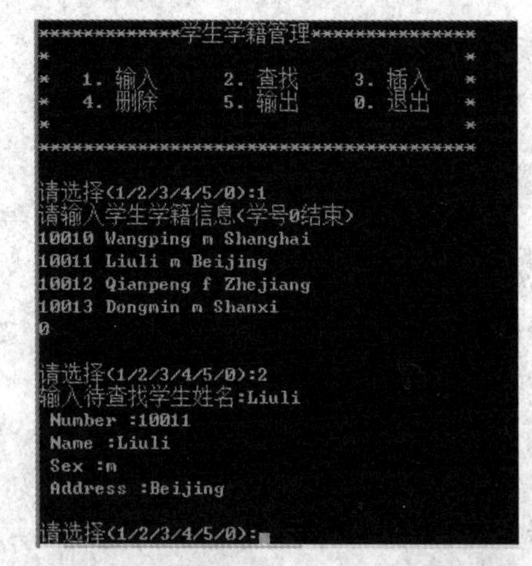

2.4.2 链表应用实例——多项式的表示及运算

1. 问题描述及分析

在数学上，一个一元 n 次多项式可写成：

$$P_n(x) = p_0 + p_1x + p_2x^2 + \cdots + p_nx^n \tag{2-8}$$

它由 n + 1 个系数唯一确定。因此，在计算机中，一元 n 次多项式 $P_n(x)$可用一个线性表 P 来表示：

$$P = (p_0,\ p_1,\ p_2,\ \cdots,\ p_n) \tag{2-9}$$

每一项的指数 i 隐含在其系数 p_i 的序号里。

假设 $Q_m(x)$是一元 m 次多项式，用线性表 Q 来表示：

$$Q = (q_0,\ q_1,\ q_2,\ \cdots,\ q_m) \tag{2-10}$$

为了不失一般性，设 m<n，则两个多项式相加的结果 $R_n(x) = P_n(x) + Q_m(x)$，可用线性表 R 表示

$$R = (p_0 + q_0,\ p_1 + q_1,\ p_2 + q_2,\ \cdots,\ p_m + q_m,\ \cdots,\ p_n) \tag{2-11}$$

显然，可以对 P、Q、R 采用顺序存储结构表示，这使得多项式的表示及运算定义都十分简捷。

至此，一元多项式的表示及相加问题似乎解决了。然而，由于在通常的应用中，多项式的次数可能较高且变化较大，使得顺序存储结构的最大长度很难确定。特别是在处理形如 $S(x) = 1 + 2x^2 - 19x^{123} + 5x^{1548}$ 的多项式时，若仍用顺序表存储，则空间浪费是十分严重的。因此可考虑只存储非零系数项，但又必须同时存储相应的指数。

一般情况下，一元 n 次多项式可以写成：

$$P_n(x) = p_1 x^{e_1} + p_2 x^{e_2} + \cdots + p_m x^{e_m} \tag{2-12}$$

其中，p_i 是指数为 e_i 的项的非零系数，且满足

$$0 \leqslant e_1 < e_2 < \cdots < e_m = n$$

若用一个长度为 m 的且每个元素有两个数据项(系数项和指数项)的线性表表示

$$((p_1,\ e_1),\ (p_2,\ e_2),\ \cdots,\ (p_m,\ e_m))$$

便可唯一地确定多项式 $P_n(x)$。在最坏情况下，n + 1(= m)个系数都不为 0，则比只存储每项系数的方案要多存储一倍的数据。但是，对于像 S(x)这类的多项式，这种表示形式将大大地节省了空间。

对应于线性表的两种存储结构，一元多项式也可以有两种存储表示方法。在实际应用中采用哪一种，则要视多项式做何种运算而定。例如，若只对多项式进行“求值”等不改变多项式的系数和指数的运算，则可采用类似顺序表的存储结构，否则采用链式存储结构。

2．数据结构

根据以上的分析，可采用单链表来存储表示一元多项式，并实现两个多项式的相加。链表中每个结点分为系数、指数和指针三个域，如图 2-19 所示，其中的指针 next 指明下一项的位置。结点类型说明如下：

系数	指数	指针
coef	exp	next

图 2-19　多项式结点形式

```
typedef struct pnode {
    float coef;  //系数
    int exp;  //指数
    struct pnode *next;  //链接下一项
} PolyNode;
```

例如图 2-20 所示的两个无头结点的单链表，分别表示多项式

$$A_4(x) = 7 + 3x + 9x^8 + 5x^{17}$$

和

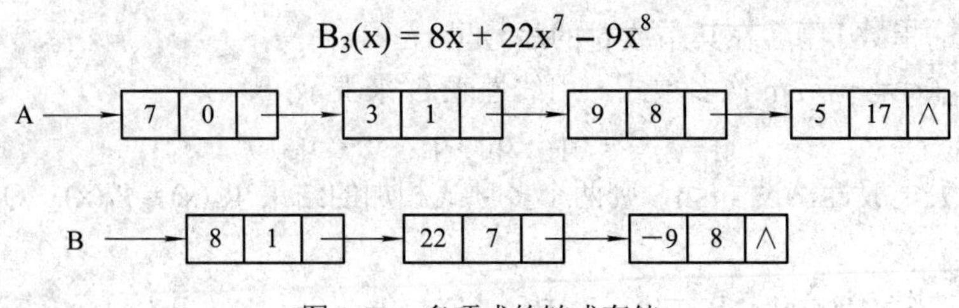

图 2-20 多项式的链式存储

3. 算法设计

两个多项式相加的运算规则很简单，对所有指数相同的项，将其对应系数相加，若和不为 0，则构成和多项式中的一项，将所有指数不相同的项复制到和多项式中。

假设有两个多项式 A 和 B，其和存放于多项式 C 中，即 C = A + B，其运算过程如下(设 pa 和 pb 分别指向多项式 A 和 B 中的某结点，比较结点中的指数项)：

(1) 若 pa->exp>pb->exp，则将 pa 结点复制到多项式 C 中，pa 向后移动，指向多项式中的下一项。

(2) 若 pa->exp<pb->exp，则将 pb 结点复制到多项式 C 中，pb 向后移动，指向多项式中的下一项。

(3) 若 pa->exp = pb->exp，则将两项的系数相加，若系数和不为 0，则在多项式 C 中产生新的一项，该项的系数为 A、B 两结点的系数和，指数项与 A（或 B）结点相同。

上述运算重复至多项式 A 或 B 中的最后一个结点处理完，然后将未处理完的另一个多项式的所剩结点依次复制到多项式 C 中。运算后的结果即存放在多项式 C 中，多项式 A 和多项式 B 的内容不变。

4. 程序代码

程序包括三个子函数：Create(建立存放多项式的单链表)、PolyAdd(完成两个多项式相加)、Output(输出多项式)，并由 main 函数调用。以下是 Create 和 PolyAdd 函数的代码，完整程序请扫描附录中的二维码。

```
PolyNode *Create() {   //建立存放多项式的无头结点的单链表
    float coef;
    int exp;
    PolyNode *head,*s,*r;
    head=NULL;
    r=NULL;
    printf("\n 请输入各项的系数和指数(如 2.5 3)，均为 0 时结束输入\n");
    while(1) {
        printf("coef exp:");
        scanf("%f %d", &coef, &exp); //读入各项的系数和指数
        if (coef!=0) {   //系数为 0 时结束输入
            s=( PolyNode *) malloc(sizeof(PolyNode));
            s->coef=coef;
```

```
            s->exp=exp;
            if(head==NULL)
                head=s;
            else
                r->next=s;
            r=s;
        }
        else break;
    }
    if(r!=NULL)     r->next=NULL;
    return head;   //返回多项式链表头指针
} //Create

PolyNode *PolyAdd(PolyNode *pa, PolyNode *pb) {   //多项式 pa+pb
    PolyNode *pc,*s,*r,*q;
    float x;
    pc=NULL;   //pc 指向和多项式 C
    r=NULL;
    while ((pa!=NULL) && (pb!=NULL)) {
        if (pa->exp<pb->exp) {   // A 中项的指数小于 B 中项的指数
            s=( PolyNode *) malloc(sizeof(PolyNode));
            s->coef=pa->coef;
            s->exp=pa->exp;
            pa=pa->next;   //指针 pa 后移
        }
        else if (pa->exp>pb->exp) { // A 中项的指数大于 B 中项的指数
                s=( PolyNode *) malloc(sizeof(PolyNode));
                s->coef=pb->coef;
                s->exp=pb->exp;
                pb=pb->next;   //指针 pb 后移
        }
        else { // A 中项的指数等于 B 中项的指数
            x=pa->coef+pb->coef;
            if(x!=0) {   //合并后系数不为 0
                s=( PolyNode *) malloc(sizeof(PolyNode));
                s->coef=x;
                s->exp=pa->exp;
            }
            pa=pa->next;
```

```
                pb=pb->next;
            }
            if(pc==NULL)   pc=s;   //此处未考虑多项式 A、B 的所有项的指数相同且系数合并
                                     为 0 的特殊情况
            else   r->next=s;
            r=s;
        }
        if (pb!=NULL)   //将剩余结点复制到和多项式 C 中
            q=pb;
        else q=pa;
        while(q!=NULL) {
            s=( PolyNode *) malloc(sizeof(PolyNode));
            s->coef=q->coef;
            s->exp=q->exp;
            r->next=s;
            r=s;
            q=q->next;
        }
        r->next=NULL;
        return pc;   //函数返回指向多项式 C 表头的指针
    } //PolyAdd
```

程序运行如下：

```
建立多项式A:
请输入各项的系数和指数(如2.5 3), 均为0时结束输入
coef exp:7 0
coef exp:3 1
coef exp:9 8
coef exp:5 17
coef exp:0 0
多项式A: 7.0x^0+3.0x^1+9.0x^8+5.0x^17

建立多项式B:
请输入各项的系数和指数(如2.5 3), 均为0时结束输入
coef exp:8 1
coef exp:22 7
coef exp:-9 8
coef exp:0 0
多项式B: 8.0x^1+22.0x^7+-9.0x^8

C = A+B = 7.0x^0+11.0x^1+22.0x^7+5.0x^17

--------------------------------
Process exited after 23.93 seconds with return value 0
请按任意键继续. . .
```

本 章 小 结

线性表是数据结构中最简单、最重要的结构形式之一。本章介绍了线性表的概念及基于顺序存储和链式存储的两种存储实现方式。

线性表是若干数据元素组成的有序序列，其基本操作有插入、删除、查找、求前趋元素或后继元素等。基于顺序存储的线性表(即顺序表)，其特点是存储密度高，对元素可随机访问，但实现插入或删除运算时需通过移动元素实现，且动态性不足。而基于链式存储的线性表(即链表)，方便实现插入或删除操作，也能适应变化的表长，但对元素的访问只能从表头顺序访问。链表的具体形式有单链表、循环链表、双向链表等。在具体实际应用中，线性表采用何种存储方式，需根据问题的特点及所实施的操作等综合考虑。

习　　题

概念题

2-1　在单链表中，若 p 所指的结点不是最后结点，在 p 之后插入 s 所指结点，则执行(　　)。

A. s->next=p; p->next=s;　　B. s->next=p->next; p=s;

C. s->next=p->next; p->next=s;　　D. p->next=s; s->next=p;

2-2　线性表 L 在(　　)情况下适用于使用链式结构实现。

A. 需不断对 L 进行删除、插入　　B. 需经常修改 L 中的结点值

C. L 中含有大量的结点　　D. L 中结点结构复杂

2-3　某线性表中最常用的操作是在最后一个元素之后插入一个元素和删除第一个元素，则采用(　　)存储方式最节省运算时间。

A. 单链表　　B. 仅有尾指针的单循环链表

C. 仅有头指针的单循环链表　　D. 双链表

2-4　在 N 个结点的顺序表中，算法的时间复杂度为 O(1)的操作是(　　)。

A. 访问第 i 个结点(1≤i≤N)和求第 i 个结点的直接前驱(2≤i≤N)

B. 在第 i 个结点后插入一个新结点(1≤i≤N)

C. 删除第 i 个结点(1≤i≤N)

D. 将 N 个结点从小到大排序

2-5　对于一非空的循环单链表，h 和 p 分别指向链表的头、尾结点，则有(　　)。

A. p->next == h　　B. p->next == NULL

C. p == NULL　　D. p == h

2-6　在具有 N 个结点的单链表中，实现(　　)操作，其算法的时间复杂度是 O(N)。

A. 在地址为 p 的结点之后插入一个结点　　B. 删除开始结点

C. 遍历链表和求链表的第 i 个结点　　D. 删除地址为 p 的结点的后继结点

2-7　用链表表示线性表的优点是(　　)。

A. 便于随机存取　　B. 花费的存储空间较顺序存储少

C. 便于插入和删除操作　　D. 数据元素的物理顺序与逻辑顺序相同

2-8　在双向链表存储结构中删除 p 所指的结点，相应语句为(　　)。

A. p->prior=p->prior->prior; p->prior->next=p;

B. p->next->prior=p; p->next=p->next->next;

C. p->prior->next=p->next; p->next->prior=p->prior;

D. p->next=p->prior->prior; p->prior=p->next->next;

2-9　循环链表的主要优点是(　　)。

A. 不再需要头指针了

B. 已知某个结点的位置后，能很容易的找到它的直接前驱结点

C. 在进行删除操作后，能保证链表不断开

D. 从表中任一结点出发都能遍历整个链表

2-10　采用多项式的非零项链式存储表示法，如果两个多项式的非零项分别为 N1 和 N2 个，最高项指数分别为 M1 和 M2，则实现两个多项式相加的时间复杂度是(　　)。

A. O(N1+N2)　　B. O(M1+M2)　　C. O(N1×N2)　　D. O(M1×M2)

2-11　数据的存储结构被分为________、________、________和________四种。

2-12　若一个线性表经常进行存取操作，而很少进行插入和删除操作时，则采用________存储结构为宜；相反，当经常进行插入和删除操作时，则采用________存储结构为宜。

2-13　在顺序表中第 i 个元素（1≤i≤n+1）位置插入一个新元素时，为保持插入后表中原有元素的相对次序不变，需要从后向前依次后移________个元素。

2-14　一个向量的第一个元素的存储地址是 100，每个元素的长度是 4 个字节，则第 5 个元素的地址是________。

2-15　不带头结点的单链表 head 为空的判定条件是________。

2-16　从一个具有 n 个结点的单链表中查找其值等于 x 的结点时，在查找成功的情况下，需要平均比较的结点个数是________。

2-17　给定有 n 个元素的向量，建立一个有序单链表的时间复杂度是________。

算法设计题

2-18　试用顺序存储结构设计一个算法，仅用一个辅助结点，实现将线性表中的结点循环右移 k 位的运算，并分析算法的时间复杂度。

2-19　已知一个顺序表递增有序，试设计算法将 x 插入到表中的适当位置，以保持顺序表的有序性。

2-20　设有两个顺序表 A 和 B，元素的个数分别是 m 和 n，若表中的数据都是由小到大顺序排列的，且这 m +n 个数据中没有相同的。试设计算法将 A 和 B 合并成一个线性表 C，并存储到另一个向量中。

2-21　设有一个顺序表，写出在其值为 x 的元素之后插入 m 个元素的算法(假设顺序表的长度足以容纳 m 个元素)。

2-22　设有一个线性表 E = {e_1, e_2, …, e_{n-1}, e_n)，试设计一种算法，将线性表逆置，即使元素排列次序颠倒过来，成为逆线性表 E′ = {e_n, e_{n-1}, …, e_2, e_1)，要求逆线性表占用原线性表空间，并且用顺序和单链表两种方法表示，写出不同的处理过程。

2-23　已知带有头结点的动态单链表 L 中的结点是按整数值递增排列的，试设计一种

算法，将值为 x 的结点插入表 L 中，使 L 仍然有序。

2-24 试编写在带有头结点的动态单链表上实现线性表操作 Length(L)的算法，并将长度写入头结点的数据域中。

2-25 已知一个带有头结点的单链表，设计算法将该单链表复制一个拷贝。

2-26 设指针 la 和 lb 分别指向两个无头结点单链表的首个结点，试设计从表 la 中删除自第 i(i≥1)个元素起共 len 个元素，并将删除的元素依次插入到表 lb 中第 i 个元素之前的算法。例如，la 中的元素依次是 1、2、3、4、5，lb 中的元素依次是 g、h、i、j、k，若 i 为 2，len 为 3，则按要求操作后，lb 中的元素依次为 g 2 3 4 h i j k。

2-27 设计算法将一个带有头结点的单链表 A 分解为两个链表 A、B，使得表 A 中含有原表中的序数为奇数的结点，而表 B 中含有序数为偶数的结点，且保持结点间原有的相对顺序。

2-28 假设有两个按元素值递增有序排列的线性表 A 和 B，均以单链表作存储结构，试编写算法将表 A 和表 B 归并成一个按元素值递减有序(即非递增有序，允许值相同)排列的线性表 C，并要求利用原表(即表 A 和表 B)的结点空间存放表 C。

2-29 假设在长度大于 1 的单循环链表中，既无头结点也无头指针。s 为指向链表中某个结点的指针，试编写算法删除结点 *s 的直接前趋结点。

2-30 已知由单链表表示的线性表中，含有三类字符的数据元素(如字母字符、数字字符和其他字符)，试编写算法构造三个以循环链表表示的线性表，使每个表中只含同一类的字符，且利用原表中的结点空间作为这三个表的结点空间，头结点可另辟空间。

2-31 设有一个双向链表，每个结点中除有 prior、data 和 next 三个域外，还有一个访问频度域 freq，在链表被启用之前，其值均初始化为 0。每当在链表中进行一次 LocateE(L, x)运算时，令元素值为 x 的结点中 freq 域的值增 1，并使此链表中结点保持按访问频度递减的顺序排列，以便使频繁访问的结点总是靠近表头，试编写符合上述要求的 Locate 运算的算法。

第3章 栈和队列

栈和队列是两种应用广泛的数据结构。在逻辑上，它们也属于线性表的范畴，只是它们的运算受到了严格的限制，故称它们为运算受限的线性表。

3.1 栈

3.1.1 栈的定义及性质

栈(Stack)是限定仅在表尾进行插入和删除运算的线性表。我们把表尾称为**栈顶**(Top)；表头称为**栈底**(Bottom)。当栈中没有数据元素时称为**空栈**。

假设栈 S = (a_1，…，a_n)，我们可以形象地将它描述为图3-1 所示的形式。其中，a_1 是栈底元素；a_n 是栈顶元素；入栈是指在栈顶插入数据元素；出栈是指在栈顶删除数据元素。

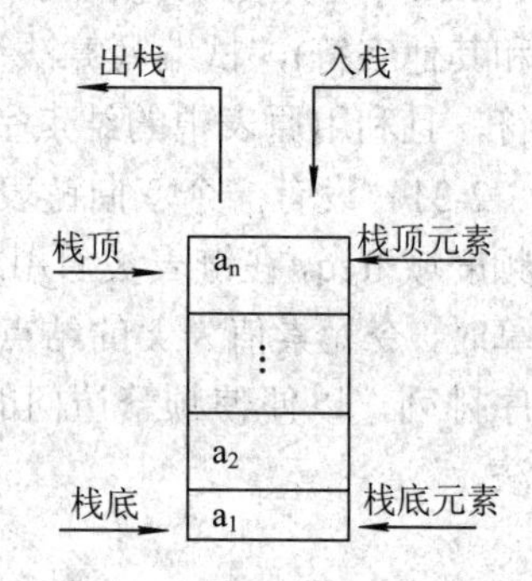

图 3-1 栈的示意图

从图 3-1 中可以看出，入栈(又称进栈)是把数据元素放在栈顶，即最后进栈的数据元素在栈顶；而出栈是把栈顶的数据元素删除。因此，对于栈来说，最后进栈的数据元素最先出栈，故把栈称为**后进先出**(Last In First Out，LIFO)的数据结构，或**先进后出**(First In Last Out，FILO)的数据结构。

栈的用途非常广泛，例如汇编处理程序中的句法识别、表达式计算以及回溯问题就是基于栈实现的。栈还经常使用在函数调用时的参数传递和函数值的返回等。

栈的基本运算除了入栈和出栈外，还有置空栈、判栈是否为空及读取栈顶元素等。

下面给出栈的抽象数据类型的定义：

ADT Stack{

数据对象 D：D={ a_i|a_i∈data object,1≤i≤n,n≥0}

数据关系 R：R={<a_{i-1}, a_i>|a_{i-1}, a_i∈D,2≤i≤n}

操作集合：

SetNull(S)

初始条件：栈 S 已存在

操作结果：将栈 S 置为空栈

Empty(S):

初始条件：栈 S 已存在

操作结果：若栈 S 为空则返回真，否则返回假

Push(S,e)：

初始条件：栈 S 已存在

操作结果：在栈 S 的栈顶插入数据元素 e

Pop(S)：

初始条件：栈 S 已存在，且 S 不为空

操作结果：删除栈 S 的栈顶数据元素，并返回原栈顶的数据元素

GetTop(S)：

初始条件：栈 S 已存在，且 S 不为空

操作结果：读取栈 S 的栈顶数据元素，并返回该元素。操作完成后，栈的状态不变

} ADT Stack

同线性表一样，栈也有顺序存储和链式存储两种存储方式。在不同的存储方式下，上述运算的实现过程是不相同的。

3.1.2 顺序存储实现——顺序栈

1. 栈的顺序存储结构

栈是一种特殊的线性表，因此可以用线性表的方法来存储栈。最简单的方法是用一维数组来存储。由于栈底是固定不变的，而栈顶是随进栈和出栈操作动态变化的，因此为了实现对栈的操作，必须记住栈顶的当前位置。另外，对于栈来说，是有容量限制的。鉴于以上考虑，把栈的顺序存储结构定义为

```
#define MAXSIZE 1020
typedef int Datatype;    //Datatype 在此为 int 型
typedef struct {
    Datatype elements[MAXSIZE];
    int Top;
}SequenStack;
```

其中，MAXSIZE 是栈的容量；Datatype 是栈中数据元素的数据类型；Top 指示当前栈顶位置。

在此定义下来讨论栈的运算。图 3-2 说明了栈中数据元素和栈顶位置的关系。

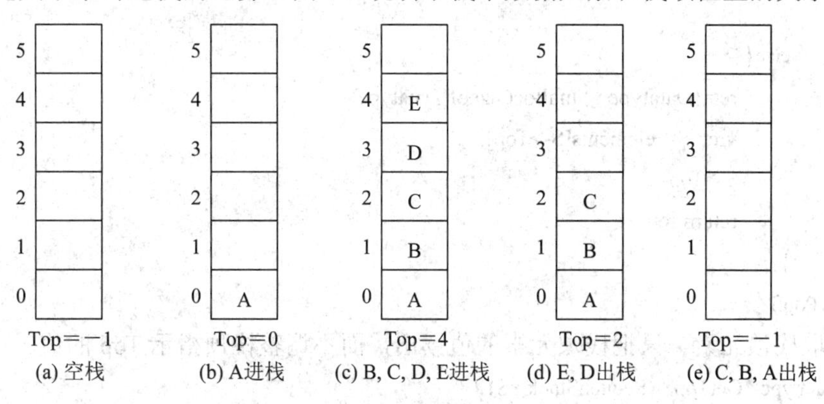

图 3-2 栈的状态变化

(1) 置空栈。对栈进行初始化，即将栈顶指示 Top 初始化为−1。

```
SequenStack *SetNullS (SequenStack *S) {
        S=(SequenStack *) malloc(sizeof(SequenStack));
        S->Top=-1;
        return S;
} //SetNullS
```

(2) 判断栈是否为空。在进行出栈操作时，必须先判断栈不为空；否则会出错。

```
int EmptyS (SequenStack *S) {
    if (S->Top>=0)
        return 0;
    else
        return 1;
} //EmptyS
```

(3) 进栈。将数据元素 e 插入栈顶。

```
void PushS (SequenStack *S, Datatype e) {
    if (S->Top>=MAXSIZE-1)
        printf("Stack Overflow\n");   //上溢
    else{
        S->Top++;
        S->elements[S->Top]=e;
    }
} //PushS
```

(4) 出栈。首先判断栈是否为空，若为空则表示下溢；否则删除栈顶数据元素。

```
Datatype *PopS (SequenStack *S) {
     Datatype *ret;
     if (EmptyS(S)) {
         printf("Stack Underflow\n");
         return NULL;
     }
     else{
         ret=(Datatype *) malloc(sizeof(Datatype));
         *ret=S->elements[S->Top];
         S->Top--;
         return ret;
     }
} //PopS
```

(5) 读取栈顶元素。只把栈顶元素的值读出，而不调整栈顶指示 Top 的值。

```
Datatype *GetTopS (SequenStack *S) {
    Datatype *ret;
```

```
        if (EmptyS(S)) {
            printf("Stack is empty\n");
            reurn NULL;
        }
        else{
            ret=(Datatype *) malloc(sizeof(Datatype));
            *ret=S->elements[S->Top];
            return ret;   //返回指向栈顶元素的指针
        }
    } //GetTopS
```

2. 多个栈共享存储空间

上面讨论了单个栈在顺序存储结构下的实现和运算，它能有效地控制先进后出顺序的数据处理。但是，当一个程序中同时使用多个顺序栈时，应如何处理呢？

为了防止上溢错误，需要为每个栈分配一个较大的空间，但在某一个栈发生上溢的同时，可能其余栈未用的空间还很多，如果将这多个栈安排在同一个向量中，即让多个栈共享存储空间，既节约了存储空间，又降低了上溢发生的频率。

下面以两个栈共享一段存储空间为例来说明这个问题。如图 3-3 所示，将两个栈的栈底设在向量空间两端，让两个栈的栈顶各自向中间延伸。只有当整个向量空间都被两个栈占满(即两个栈顶相遇)时，才会发生上溢。同时，两个栈都可以独立地伸缩，互不影响。因此，两个栈共享一个长度为 m 的向量空间，和两个栈分别占用长度为 m/2 的向量空间相比较，前者发生上溢的频率比后者要小得多。

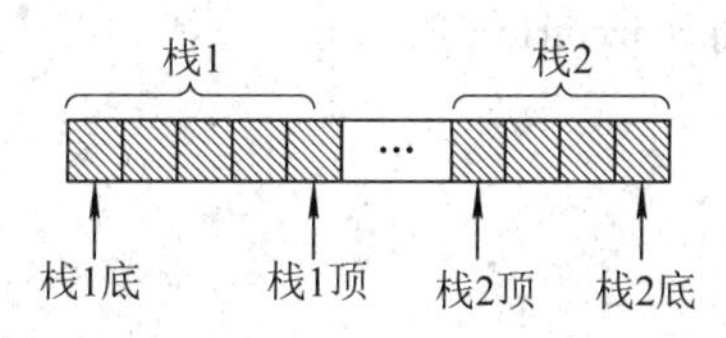

图 3-3　两个栈共享存储空间

对于如图 3-3 所示的两个栈共享存储空间时栈的运算，与一个栈的运算方法基本上是一样的，但应注意的是：第二个栈的栈底的伸缩方向与另一个栈的相反。另外，栈满的条件是两个栈的栈顶相遇。

两栈共享存储空间

当 n(n＞2)个栈共享存储空间时，问题就变得复杂了。因为一个存储空间只有两个端点是不用标记的固定点，所以对每个栈而言，除了设置栈顶指示外，还必须设置栈底位置指示。当某个栈上溢时，若其余栈中尚有未用空间，则必须通过移动元素才能为产生上溢的栈腾出空间，故其效率较低。尤其是栈中剩余的空间愈少，其效率愈低。图 3-4 给出了多个栈共享空间的情况。

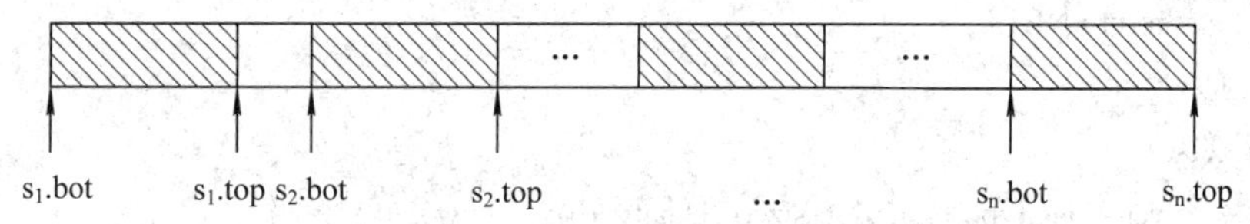

图 3-4　多个栈共享存储空间

3.1.3 链式存储实现——链栈

对于顺序栈来说，其最大缺点是：当栈的容量不固定时，必须设置栈，使其可容纳最多的数据元素，这样就会浪费很多存储空间，也可能产生上溢现象。采用链式存储结构就不会产生类似的问题。

栈的链式存储结构称为链栈。它是运算受限的单链表，其插入和删除操作仅在表头进行。图 3-5 是链栈的示意图。Top 是栈顶指示，它唯一地确定一个链栈。当 Top 等于 NULL 时，该链栈为空栈。链栈的定义如下：

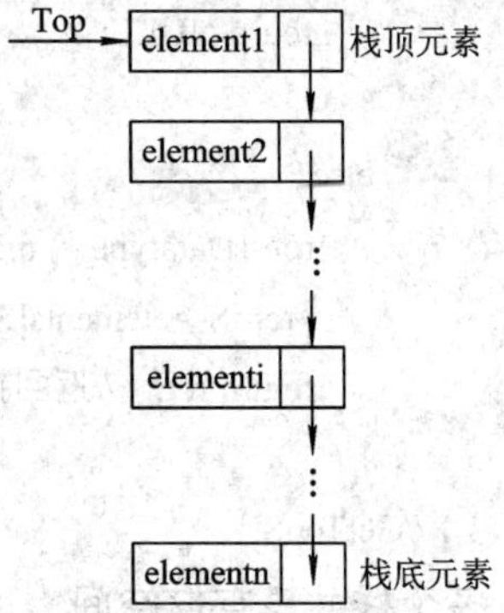

图 3-5 链栈的示意图

```
typedef int Datatype;
typedef struct node {
    Datatype element;
    struct node *next;
}LinkStack;
LinkStack *Top;
```

下面仅给出链栈的出栈和进栈运算，其他运算请读者自行完成。

```
//在栈顶插入数据元素 e
LinkStack *PushL (LinkStack *Top, Datatype e) {
    LinkStack *p;
    p=(LinkStack *) malloc(sizeof(LinkStack));
    p->element=e;
    p->next=Top;
    Top=p;
    return Top;
} //PushL

//删除栈顶数据元素，并返回栈顶的数据元素
Datatype *PopL (LinkStack *Top) {
    Datatype *ret;
    LinkStack *p=Top;
    if(p==NULL) {
        printf("Stack is underflow\n");
        rerurn NULL;
    }
    else{
        ret=(Datatype *) malloc(sizeof(Datatype));
        *ret=p->element;
```

```
        Top=Top->next;
        free(p);
        return ret;
    }
} //PopL
```

3.1.4 栈的应用

栈的应用非常广泛，只要问题满足 LIFO 原则，均可使用栈做数据结构。栈的典型应用有：

(1) 过程递归调用。

(2) “回溯”问题的求解。

(3) 表达式求值。

下面通过举例来说明。

1．递归调用

递归调用是指一个过程(函数)通过调用语句直接或间接调用自身的过程。递归是程序设计中一个强有力的工具，有很多数学函数就是递归定义的，如大家熟悉的阶乘函数；在有的数据结构中，如二叉树、广义表等。由于结构本身固有的递归特性，使其操作也可用递归函数来描述。

要正确实现程序的递归调用和返回，必须解决参数的传递和返回地址问题。具体地说，进行调用时，每递归一次都要给所有参变量重新分配存储空间，并要把前一次调用的实参和本次调用后的返回地址保留。递归结束时要逐层地释放这些参数所占的存储空间，并按“后调用先返回”的原则返回各层相应的返点。显然，实现这种存储分配和管理的最有效的工具是栈。系统在每次执行调用过程的语句时需要开辟一个“工作记录”，用以保存调用前过程中的所有参变量的值及调用后的返回地址，并将此工作记录存于栈中，以便在返回时能在栈顶找到正确的信息。

下面以计算 Fibonacci 序列为例来说明栈在递归调用中的作用。

Fibonacci 序列定义为

$$\mathrm{Fib}(n)=\begin{cases}0 & n=0\\ 1 & n=1\\ \mathrm{Fib}(n-1)+\mathrm{Fib}(n-2) & n>1\end{cases}$$

上述计算过程的算法描述如下：

```
int Fib (int n) {
    int fib;
    if(n==0)   fib=0;
    else
        if (n==1)   fib=1;
        else   fib=Fib(n-1)+Fib(n-2);
    return fib;
```

```
} //Fib
```

当 n = 5 时，其递归执行过程如图 3-6 所示。

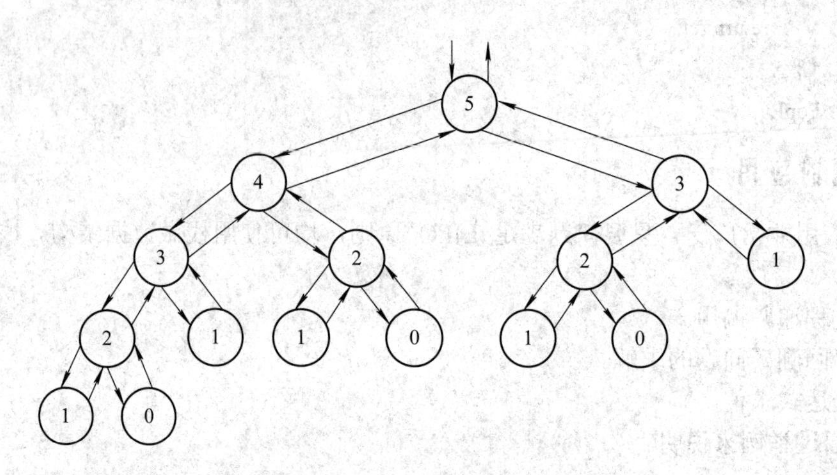

图 3-6 递归执行过程

在上述递归调用的执行过程中，栈被用来存放每次调用中产生的中间结果。栈的变化过程如图 3-7 所示。

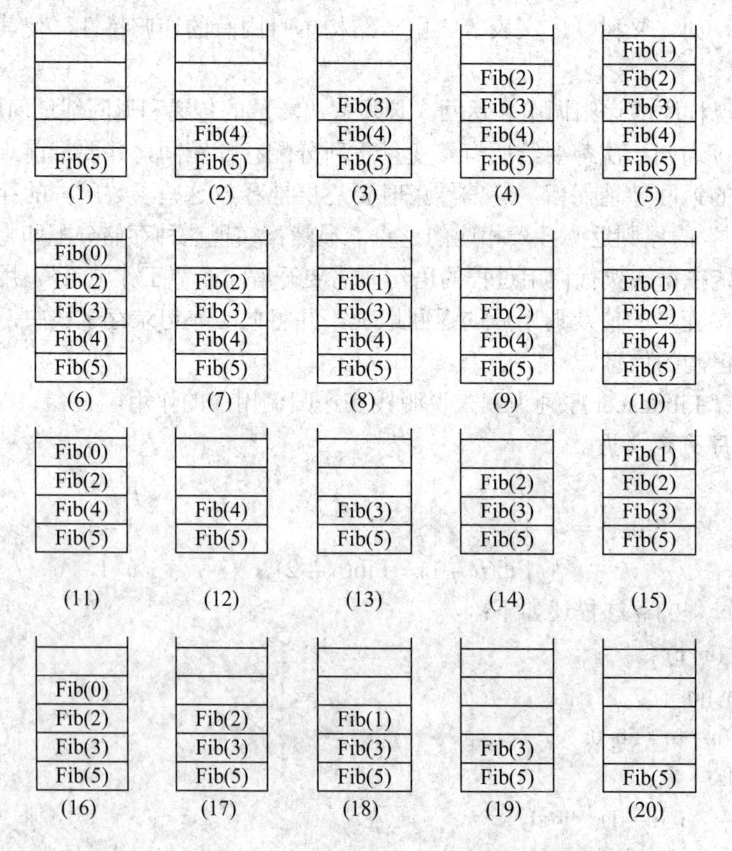

图 3-7 递归调用过程中栈的变化

2. 地图染色问题

1) 问题描述及分析

地图染色问题可以根据四色定理来解决。四色定理是指可以用不多于四种颜色对地图着色，使相邻的行政区域不重色。下面应用这个定理的结论，用回溯算法对一幅给定的地图染色。

假设已知地图的行政区如图3-8所示，其中，对每个行政区编号分别是(1)、(2)、(3)、(4)、(5)、(6)、(7)，同时用1#、2#、3#、4#来表示各行政区的颜色。

算法的基本思想：从行政区(1)开始染色，每个区域逐次用颜色1#、2#、3#、4#进行试探，若当前所取的颜色与周围已染色的行政区域不重色，则用栈记下该区域的颜色序号；否则依次用下一个颜色进行试探。若出现用颜色1#到4#均与相邻区域的颜色重色，则须退栈回溯，修改当前栈顶的颜色序号，再进行试探。直到所有行政区(1)～(7)都分配到合适的颜色为止。

2) 数据结构

在计算机上实现上述算法时，用一个关系矩阵R[n][n]来描述各行政区域间的相邻关系，如下所示：

$$R[i][j]=\begin{cases}1 & \text{行政区域 } i+1 \text{ 和 } j+1 \text{ 间是相邻的}\\ 0 & \text{行政区域 } i+1 \text{ 和 } j+1 \text{ 间是不相邻的}\end{cases}$$

除关系矩阵R之外，还需要设置一个栈S，用来记录行政区域的所染颜色的序号：

$$S[i] = k$$

其中，k表示行政区域 $i+1$ 所染颜色的序号，k是颜色1#、2#、3#、4#中之一。

根据以上说明，类型说明如下：

```
int R[n][n];
int S[n];
```

图3-8所示行政区域的关系矩阵R如图3-9所示。

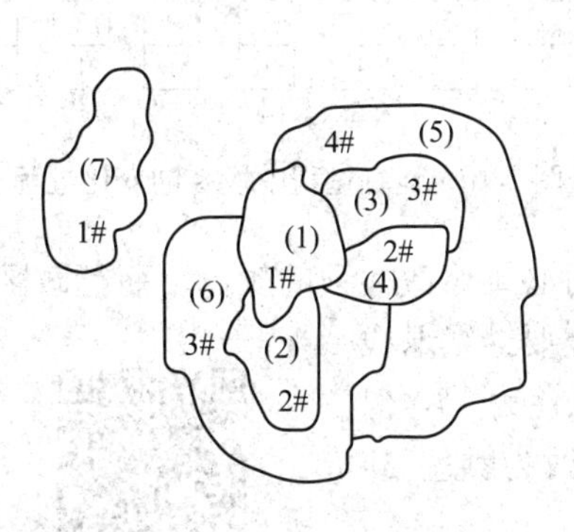

图3-8 行政区域地图及染色结果

	0	1	2	3	4	5	6
0	0	1	1	1	1	1	0
1	1	0	0	0	0	1	0
2	1	0	0	1	1	0	0
3	1	0	1	0	1	1	0
4	1	0	1	1	0	1	0
5	1	1	0	1	1	0	0
6	0	0	0	0	0	0	0

图3-9 关系矩阵R[7][7]

3) 算法设计

上述算法的C语言实现如下：

```
//对地图中的各行政区域染色，使相邻的行政区域不重色
#define N 7
void MapColor (int R[][N], int n, int S[]) {
        int color, area, k;
        S[0]=1;   //第一行政区域染颜色 1#
        area=1;   //从第二行政区域开始试探染色
        color=1;   //从颜色 1#开始试探
        while (area<N) {
            while (color<=4) {
                k=0;   //指示已染色区域
                while ((k<area)&&(S[k] *R[area][k]!=color))
                    k++;   //判断当前 area 区域与 k 区域是否重色
                if (k<area)   color++;   //area 区域与 k 区域重色
                else {
                    S[area]=color;   //保存 area 区域的颜色
                    area++;
                    if(area>N)   break;
                    color=1;
                }
            } //while (color<=4)
            if (color>4){   //area 区域找不到合适的颜色
                area-=1;   //回溯并修改 area-1 域所用颜色
                color=s[area]+1;
            }
        } //while(area<4)
    } //MapColor
```

这时，输入图 3-9 所示的 R 矩阵，n 为 7，S 为 S[7]，则该算法运行过程中栈 S 的变化过程如图 3-10 所示。

	1	2	3	4	5	6	7
6							1
5						3	3
4	4	3			4	4	4
3	3	4		2	2	2	2
2	2	2	3	3	3	3	3
1	2	2	2	2	2	2	2
0	1	1	1	1	1	1	1

图 3-10　运行过程中栈 S 的变化过程

MapColor 在运行过程中，当 area = 5 时，即对行政区(6)染色时，无论 color 为颜色 1#、2#、3#、4#中的哪一个，都产生与相邻区域重色问题，这时必须修改栈顶的颜色，而行政区(5)的颜色为 4#，已不存在与其他区域不重色的颜色，故需要继续退栈(回溯)，变更行政区(4)的颜色 4#，由此，行政区(5)的染色为 3#，但仍无法对行政区(6)染色，再次退栈，直至将行政区(3)改为颜色 3#时才能求得所有行政区的染色。

栈的应用——地图染色

在第 1 章中给出的交通灯设置问题，利用上述地图染色的方法也可以完成，请读者自己动手试一试。

3．表达式求值

在用高级语言编写的源程序中，一般都含有表达式，如何将它们翻译成能够正确求值的指令序列，是语言处理程序要解决的基本问题。下面介绍“算符优先法”。

1) 问题描述及分析

任何一个表达式都是由操作数(operand)、操作符(operator)和界限符(delimiter)组成的。在实际应用中，操作数可以是任何合法的变量名和常数；操作符可以分为算术运算符、关系运算符和逻辑运算符等；界限符有左右括号和表达式结束符等。在这里仅讨论简单算术表达式的求值问题。这种表达式只含加、减、乘、除四种运算符，其运算规则与四则运算相同。

我们将运算符和界限符统称为算符。设 θ_1 和 θ_2 是两个相继出现的算符，表 3-1 定义了算符之间的优先关系。

表 3-1　算符间的优先关系

θ_1 \ θ_2	+	−	×	/	(	)	#
+	>	>	<	<	<	>	>
−	>	>	<	<	<	>	>
×	>	>	>	>	<	>	>
/	>	>	>	>	<	>	>
(	<	<	<	<	<	=	
)	>	>	>	>		>	>
#	<	<	<	<	<		=

需要指出的是，为了使算法简洁，在表达式的最左边会虚设一个 '#' 构成表达式的一对括号。在表 3-1 中，'('=')' 表示当左右括号相遇时，括号内的运算已经完成；同理，'#'='#' 表示整个表达式求值完毕。至于 ')' 和 '('、'#' 和 ')' 以及 '(' 和 '#' 之间无优先级关系，这是因为表达式中不允许它们相继出现，一旦遇到这种情况，就认为出现了语法错误。在下面的讨论中，假定输入的表达式不会出现语法错误。

2) 数据结构

为了实现算符优先法，我们设置两个栈，一个称作 OPTR，用来存放运算符；另一个称作 OPND，用以存放操作数或运算结果。这两个栈既可采用顺序存储，也可采用链式存储。

3) 算法设计

算法的基本思想：

(1) 置操作数栈 OPND 为空栈，表达式起始符#为运算符栈 OPTR 的栈底元素。

(2) 依次读入表达式中的每个字符，若是操作数则进 OPND 栈；若是运算符，则在和栈 OPTR 的栈顶元素比较优先权后做相应的操作，直至整个表达式求值完毕为止。

假设运算数的类型为整型，下面给出算法中的关键部分：

```
int EvaluateExpression() {
    int a, b, result, ret;
    char ch, theta;
    SetNullS(OPND) ;
```

```
    SetNullS(OPTR);  //置 OPTR，栈 OPND 为空栈
    PushS(OPTR, '#');  //置栈底元素'#'
    ch=getche();
    while((ch!= '#') || ( GetTopS(OPTR != '#')){  //整个表达式未扫描完毕
        if (ch!= '+'&&ch!= '–'&&ch!= '*'&&ch!= '/'&& ch!= ' ('&&ch!= ') ' && ch! = '# ')
            PushS(OPND,ch);
            ch=getche();  //读入的不是运算符或结束符，则入栈 OPND
        }
        else
            switch(Precede(GetTopS(OPTR),ch)) {  //判断读入运算符的优先级
                case '<': PushS(OPTR,ch);  ch=getche();  break;  //栈顶元素优先权低
                case '=': PopS(OPTR);  ch=getche();  break;  //脱括号并接受下一字符
                case '>': theta=PopS(OPTR);  //退栈，并将运算结果入栈
                        b= PopS(OPND);
                        a= PopS(OPND);
                        result=Operate(a, theta, b);
                        PushS(OPND, result);
                        break;
            } //switch
    } // while
    ret=GetTopS(OPND)
    return ret;  //返回最终运算结果
}
```

上述算法中还调用了两个函数 Precede 和 Operate。函数 Precede 用于判断栈 OPTR 的栈顶元素与读入运算符之间的优先关系；函数 Operate 则用于进行相应的运算。

利用上述算法对表达式(10-3) *2 求值，其处理过程如表 3-2 所示。

表 3-2 表达式求值过程

步骤	OPTR 栈	OPND 栈	输入字符	主要操作
1	#		(10–3) *2#	PUSHS (OPTR, ' (')
2	#(		10–3)*2#	PUSHS(OPND, ' 10')
3	#(	10	–3) *2#	PUSHS(OPTR, '–')
4	#(–	10	3) *2#	PUSHS(OPND, '3')
5	#(–	10 3	) *2#	OPERATE('10', '–', '3')
6	#(	7	) *2#	POPS(OPTR)(消去一对括号)
7	#	7	*2#	PUSHS(OPTR, ' * ')
8	#*	7	2#	PUSHS(OPND, '2')
9	#*	7 2	#	OPERATE(' 7 ', ' * ', ' 2 ')
10	#	14	#	return(14)

3.2 队 列

3.2.1 队列的定义及性质

队列(Queue)也是一种运算受限的线性表。它只允许在表的一端进行插入，而在另一端进行删除。允许删除的一端称为**队头**(Front)；允许插入的另一端称为**队尾**(Rear)。

队列同现实生活中排队相仿，新来的成员总是加入队尾(即不允许“加塞”)，每次离开的成员总是队列头上的(不允许中途离队)，即当前“最老的”成员离队。换言之，先进入队列的成员总是先离开队列。因此队列亦称作**先进先出**(First In First Out)的线性表，简称为FIFO表。

当队列中没有元素时称为空队列。在空队列中依次加入元素 a_1，a_2，…，a_n 之后，a_1 是队头元素，a_n 是队尾元素。显然，出队的次序也只能是 a_1，a_2，…，a_n，也就是说，队列的改变是依先进先出的原则进行的。图 3-11 是队列的示意图。

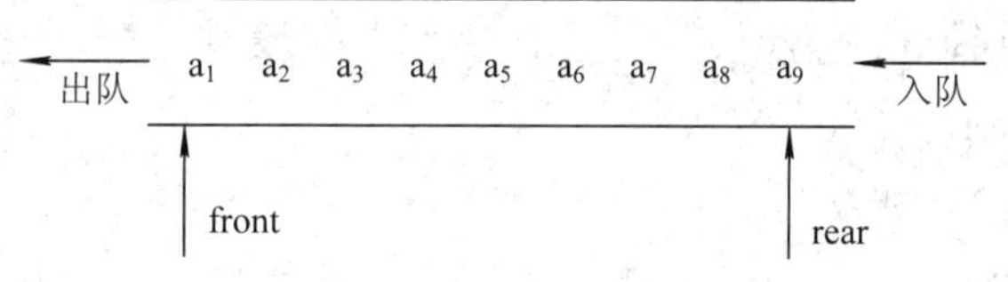

图 3-11 队列示意图

队列的基本运算除了入队和出队外，还有置空队列、判队列是否为空及读取队头元素等。队列抽象数据类型的定义如下：

ADT Queue {

数据对象 D：D={ $a_i|a_i \in$ data object,$1 \leqslant i \leqslant n,n \geqslant 0$}

数据关系 R：R={$<a_{i-1},a_i>|a_{i-1},a_i \in D,2 \leqslant i \leqslant n$}

操作集合：

SetNull(Q)

初始条件：队列 Q 已存在

操作结果：将队列 Q 置为空队列

Empty(Q)：

初始条件：队列 Q 已存在

操作结果：若队列 Q 为空则返回真，否则返回假

EnQueue(Q,x)：

初始条件：队列 Q 已存在

操作结果：将元素 x 插入队列 Q 的队尾，简称为入队(列)

DeQueue(Q)：

初始条件：队列 Q 已存在，且 Q 不空

操作结果：删除队列 Q 的队头元素，简称为出队(列)，并返回原队头元素

Front(Q)：

初始条件：队列 Q 已存在，且 Q 不空

操作结果：读取队头 Q 的队头元素，并返回该元素，队列中元素保持不变

} ADT Queue

3.2.2 顺序存储实现——循环队列

队列的存储结构有两种：顺序存储结构和链式存储结构。使用顺序存储结构的队列称为顺序队列；采用链式存储结构的队列称为链队列。

1．顺序队列

顺序队列实际上是运算受限的顺序表，和顺序表一样，顺序队列也必须用一个数组来存放当前队列中的元素。由于队列的队头和队尾的位置均是变化的，因而需要设置两个标识，分别指示当前队头元素和队尾元素在数组中的位置。对顺序队列的类型 SequenQueue 和一个实际的顺序队列指针 sq 的说明如下：

```
#define MAXSIZE 1000
typedef int Datatype;   //Datatype 在此为 int 型
typedef struct{
    Datatype data[MAXSIZE];
    int front, rear;
}SequenQueue;
SequenQueue *sq;
```

为方便起见，规定头指示 front 总是指向当前队头元素的前一个位置，尾指示 rear 指向当前队尾元素的位置。一开始，队列的头、尾指示指向向量空间下界的前一个位置，在此设置为–1。若不考虑溢出，则入队运算可描述为

```
sq->rear++;                    //尾指示加 1
sq->data[sq->rear]=x;          //x 入队
```

出队运算可描述为

```
sq->front++;                   //头指示加 1
temp=sq->data[sq->front];      //读出队头元素
```

图 3-12 说明了在顺序队列中进行出队和入队运算时，队列中的数据元素及其头、尾指示的变化情况。

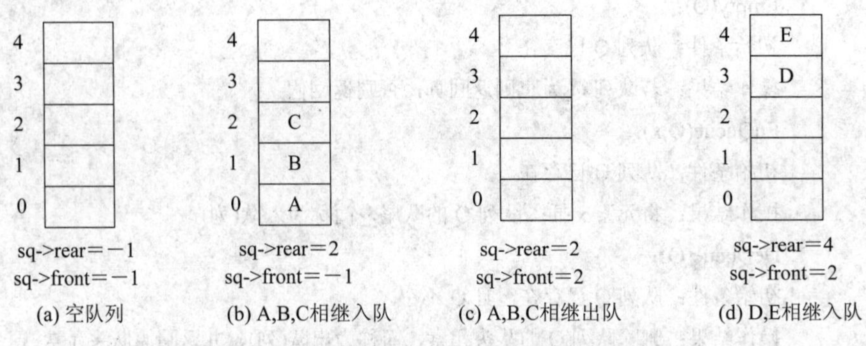

图 3-12　顺序队列运算时的头、尾指示变化情况

显然，当前队列中的元素个数(即队列的长度)是(sq->rear)–(sq->front)。若 sq->front=sq->rear，则队列长度为 0，即当前队列是空队列，图 3-12(a)和(c)均表示空队列。空队列时再作出队操作便会产生“下溢”。队满的条件是当前队列长度等于向量空间的大小，即

(sq->rear)-(sq->front)==MAXSIZE

当队列满时，再进行入队操作会产生“上溢”。但是，如果当前尾指示等于数组的上界(即 sq->rear=MAXSIZE–1)时，即使队列不满(即当前队列长度小于 MAXSIZE)，再做入队操作也会引起溢出。例如，若图 3-12(d)是当前队列的状态，即 MAXSIZE = 5，sq->rear = 4，sq->front = 2，因为 sq->rear + 1>MAXSIZE – 1，所以此时不能做入队操作，但当前队列并不满，我们把这种现象称为“假上溢”。产生这种现象的原因是被删元素的空间在该元素被删除以后就永远使用不到了。为克服这个缺点，可以在每次出队时将整个队列中的元素向前移动一个位置，也可以在发生假上溢时将整个队列中的元素向前移动直至头指示为–1，但这两种方法都会引起大量元素的移动，所以在实际应用中很少采用。

克服假上溢通常采用的方法是：设想向量 sq->data[MAXSIZE]是一个首尾相接的圆环，即 sq->data[0]接在 sq->data[MAXSIZE–1]之后，我们将这种意义下的队列称为循环队列，如图 3-13 所示。若当前尾指示等于数组的上界，则再做入队操作时，令尾指示等于数组的下界，这样就能利用到已被删除的元素空间，克服了假上溢。因此入队操作时，在循环意义下的尾指示加 1 操作可描述为

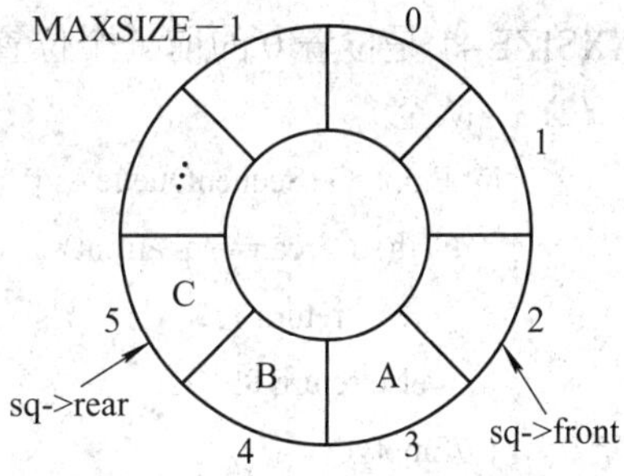

```
if(sq->rear+1>=MAXSIZE)   sq->rear=0;
else sq->rear++;
```

图 3-13　循环队列示意图

如果利用“模”运算，上述循环意义下的尾指示加 1 操作可以更简捷地描述为

sq->rear=(sq->rear+1)%MAXSIZE

同样，出队操作时，在循环意义下的头指示加 1 操作，也可利用“模”运算来实现，即

sq->front=(sq->front+1)%MAXSIZE

因为出队和入队分别要将头指示和尾指示在循环意义下加 1，所以某个元素出队后，若头指示已从后面追上尾指示，即

sq->front==sq->rear

则当前队列为空；若某个元素入队后，尾指示已从后面追上头指示，即

sq->rear==sq->front

则当前队列为满。因此，仅凭关系式 sq->front==sq->rear 是无法区别循环队列是空还是满的。对此，有两种解决的办法：一种是引入一个标志变量以区别是空队列还是满队；另一种更为简单的办法是入队前测试尾指示在循环意义下加 1 后是否等于头指示，若相等则认为是队满，即判别队满的条件是

(sq->rear+1)%MAXSIZE ==sq->front

从而保证了 sq->rear==sq->front 是队空的判别条件。

应当注意，这里规定的队满条件，使得循环向量中始终有一个元素的空间(即 sq->data[sq->front])是空闲的，即 MAXSIZE 个分量的循环向量只能表示长度不超过 MAXSIZE−1 的队列。这样做避免了由于判别及处理另设标志而造成算法的复杂度增加。

循环队列

2. 循环队列的运算

在循环队列上实现的五种基本运算如下：

(1) 置空队列。

```
SequenQueue *SetNullQ (SequenQueue *sq) {    //置队列 sq 为空队列
        sq=(SequenQueue *) malloc(sizeof (SequenQueue));
        sq->front=MAXSIZE-1;
        sq->rear= MAXSIZE-1;
        return sq;
} //SetNullQ
```

在上述算法中，令初始的队头、队尾指示等于 MAXSIZE−1，原因是循环向量中位置 MAXSIZE−1 是位置 0 的前一个位置，当然也可将初始的队头、队尾指示置为−1。

(2) 判队空。

```
int EmptyQ (SequenQueue *sq) {    //判别队列 sq 是否为空
        if(sq->rear==sq->front)
              return 1;
        else return 0;
} //EmptyQ
```

(3) 取队头元素。

```
Datatype *FrontQ (SequenQueue *sq) {    //取队列 sq 的队头元素
        Datatype *ret;
        if (EmptyQ(sq)) {
               printf("queue is empty\n");
               rerurn NULL;
        else {
               ret=(Datatype *) malloc(sizeof(Datatype))
               *ret = sq->data[(sq->front+1)%MAXSIZE];
               return ret;
        }
} //FrontQ
```

注意：因为队头指示总是指向队头元素的前一个位置，所以上述算法中读取的队头元素是当前头指示的下一个位置上的元素。

(4) 入队。

```
int EnQueueQ (SequenQueue *sq, Datatype x) {    //将新元素 x 插入队列*sq 的队尾
        if (sq->front==(sq->rear+1)% MAXSIZE){
```

```
            printf("queue is full");
           return 0;   //队满上溢
        }
        else {
          sq->rear=(sq->rear+1)%MAXSIZE;
          sq->data[sq->rear]=x;
          return 1;
        }
    } // EnQueueQ
```

(5) 出队。

```
    Datatype *DeQueueQ (SequenQueue * sq) {    //删除队列*sq 的队头元素，并返回该元素
          Datatype *ret;
         if (EmptyQ(sq)){
               printf("queue is empty\n");   //队空下溢
               return NULL;
          }
          else{
               sq->front=(sq->front+1)% MAXSIZE;
               ret=(Datatype*)malloc(sizeof(Datatype));
               *ret= sq->data[sq->front];
               return ret;
          }
    } //DeQueueQ
```

3.2.3 链式存储实现——链队列

队列的链式存储结构简称为链队列，它是限制仅在表头删除和表尾插入的单链表。显然仅有单链表的头指针不便于在表尾插入操作，为此再增加一个尾指针，指向链表上的最后一个结点。于是，一个链队列由一个头指针和一个尾指针唯一地确定。和顺序队列类似，我们也是将这两个指针封装在一起，将链队列的类型 LinkQueue 定义为一个结构体类型，如下所示：

```
    typedef struct {
        LinkList *front, *rear;  //头指针、尾指针的 LinkList 类型同第 2 章
    }LinkQueue;
    LinkQueue *q;
```

为了运算方便，和单链表一样，我们也在队头结点前附加一个头结点，且头指针指向头结点。由此可知，一个链队列*q 空时(即 q->front==q->rear)，其头指针和尾指针均指向头结点。链队列的示意图见图 3-14。

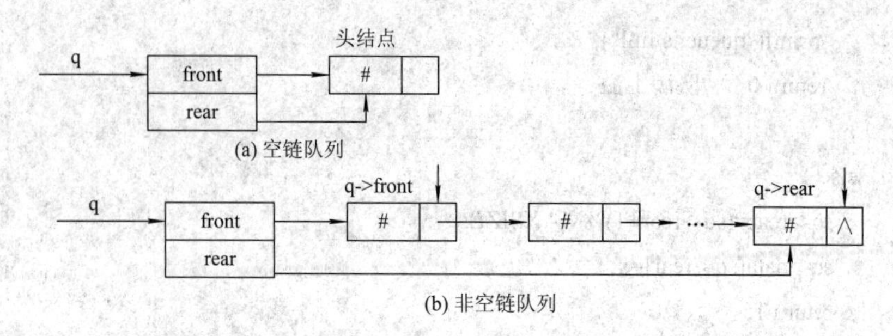

图 3-14 链队列示意图

在链队列上实现的五种基本运算如下：

(1) 置空队。

```
LinkQueue *SetNullQ (LinkQueue *q) { //生成空链队列*q
        q=(LinkQueue *) malloc(sizeof (LinkQueue));
        q->front=(LinkList *) malloc(sizeof (LinkList ));   //申请头结点
        q->front->next=NULL;
        q->rear= q->front; //尾指针也指向头结点
        return q;
} //SetNullQ
```

(2) 判队空。

```
int EmptyQ (LinkQueue *q) {   //判别队列 q 是否空
    if (q->front==q->rear)
        return 1;   //空队列返回真
    else
        return 0 ;
} //EmptyQ
```

(3) 读取队头结点数据。

```
Datatype *FrontQ (LinkQueue *q) { //读链队列 q 的队头元素
        Datatype *ret;
        if (EmptyQ(q)) {   //队列空
            printf("queue is empty\n");
            return NULL;
        else{
            ret=(Datatype *) malloc(sizeof(Datatype));
            *ret= q->front->next->data;
            return ret;  //返回队头元素指针
        }
} //FrontQ
```

(4) 入队。

```
void EnQueueQ (LinkQueue *q, Datatype x) {   //将数据 x 加入队列 q
```

```
        q->rear->next=(LinkList *) malloc(sizeof(LinkList));  //生成新结点
        q->rear=q->rear->next;   //尾指针指向新结点
        q->rear->data=x;  //给新结点赋值
        q->rear->next=NULL;
    } //EnQueueQ
```

(5) 出队。

```
    Datatype *DeQueueQ (LinkQueue *q) {   //删除队头元素并返回该元素
        Datatype *ret;
        LinkList *s;
        if (EmptyQ(q)) {
            printf("queue is empty\n");
            return NULL;
        }
        else {
            s = q->front->next;   //s 指向被删除的队头结点
            if (s->next= =NULL) {   //当前链队列的长度等于 1
                q->front->next=NULL;
                q->rear=q->front;
            }
            else //链队列的长度大于 1
                q->front->next=s->next;   //修改头结点的指针
            ret=(Datatype *) malloc(sizeof(Datatype));
            *ret=s->data;
            free(s);
            return ret;  //返回被删除的队头元素
        }
    } //DeQueueQ
```

若当前链队列的长度大于 1，则出队操作只要修改头结点指针域即可，尾指针不变。

若当前链队列的长度等于 1，则出队操作时，除修改头结点的指针域外，还应该修改尾指针，这是因为此时尾指针也是指向被删结点的，在该结点被删除之后，尾指针应指向头结点。

3.2.4　队列的应用

由于队列的操作满足先进先出(FIFO)，因而凡具有 FIFO 特征的问题均可利用队列作为数据结构来处理。下面通过划分子集问题进一步说明队列的应用。

1．划分子集问题

已知集合 A = {a_1，a_2，…，a_n}，并已知集合上的关系 R = {(a_i，a_j)|a_i，a_j 属于 A，i 不等于 j}，其中(a_i，a_j)表示 a_i 与 a_j 之间的冲突关系。现要求将集合 A 划分成互不相交的子集 A_1，

$A_2 \cdots A_m(m \leqslant n)$，使任何子集上的元素均无冲突关系，同时要求划分的子集个数较少。

这类问题可以有各种各样的实际应用背景。例如在安排运动会比赛项目的日程时，需要考虑如何安排比赛项目，才能使同一个运动员参加的不同项目不在同一日进行，同时又使比赛日程较短。

下面就运动会比赛日程安排来说明解决这类问题的方法。

假设共有 9 个比赛项目，则 A = {1，2，3，4，5，6，7，8，9}。项目报名汇总后得到有冲突的项目如下：

R = {(2，8)，(9，4)，(2，9)，(2，1)，(2，5)，(6，2)，(5，9)，(5，6)，
(5，4)，(7，5)，(7，6)，(3，7)，(6，3)}

面临的问题是如何划分集合 A，使 A 的子集 A_i 中的项目不冲突且子集数较少，即比赛天数较少。

2．问题分析

在此采用循环筛选法。从集合 A 中的第一个元素开始，凡与第一个元素无冲突且与该组中的其他元素也无冲突的元素划归一组，作为一个子集 A_1；再将 A 中剩余元素按同样的方法找出互不冲突的元素划归第二组，即子集 A_2；以此类推，直到 A 中所有元素都划归不同的组(子集)为止。

在计算机实现时，首先要将集合中元素的冲突关系设置一个冲突关系矩阵，用一个二维数组 R[n][n]表示，若第 i 个元素与第 j 个元素有冲突则 R[i][j] = 1；否则 R[i][j] = 0。对应上述问题的关系矩阵 R 见图 3-15。

	1	2	3	4	5	6	7	8	9
1	0	1	0	0	0	0	0	0	0
2	1	0	0	0	1	1	0	1	1
3	0	0	0	0	0	1	1	0	0
4	0	0	0	0	1	0	0	0	1
5	0	1	0	1	0	1	1	0	1
6	0	1	1	0	1	0	1	0	0
7	0	0	1	0	1	1	0	0	0
8	0	1	0	0	0	0	0	0	0
9	0	1	0	1	1	0	0	0	0

图 3-15　关系矩阵 R[q][q]

另外，还要设置以下数据结构：循环队列 cq[n]，用来存放集合 A 的元素；数组 result[n]用来存放每个元素的分组号；newr[n]为工作数组。其类型定义如下：

```
int R[n][n];
int cq[n], result[n], newr[n];
```

3．算法思想

初始状态：集合 A 中的元素放入 cq 中，result 和 newr 置 0，设组号 group = 1。如图 3-16(a)所示。

从第一个元素开始：

(1) 第一个元素出队，将 R 中的第一行元素拷入 newr 中的对应位置，得到

newr[] = {0，1，0，0，0，0，0，0，0}

(2) 考察第二个元素。因为第二个元素与第一个元素有冲突，所以不能将 R 中的第二行加到 newr 中去。newr 保持不变。

(3) 考察第三个元素。由于它与第一个元素无冲突，因此将其归入 group = 1 组，newr[] = {0，1，0，0，0，1，1，0，0}。

(4) 考察第四个元素。由于它与第一、第三个元素均无冲突，因此将其归入该组。newr 变为 newr[] = {0，1，0，0，1，1，1，0，1}。

(5) 第五至第七个元素与第三或第四有冲突，故不做归入。

队列的应用——子集划分

(6) 考察第八个元素，由于与第一、第三和第四个元素无冲突，因此归入该组。newr 变为 newr[] = {0，2，0，0，1，1，1，0，1}。

(7) 由于第九个元素与第四个元素有冲突，因此不归入该组。

最终第一组的元素应是 A_1= {1，3，4，8}。

设 group = 2，newr 清 0，此时 cq 变为：cq[] = {2，5，6，7，9}，重复上述过程即可完成分组，即子集的划分。最后的结果为 A_1 = {1，3，4，8}，A_2 = {2，7}，A_3 = {5}，A_4 = {6，9}，如图 3-16 所示。

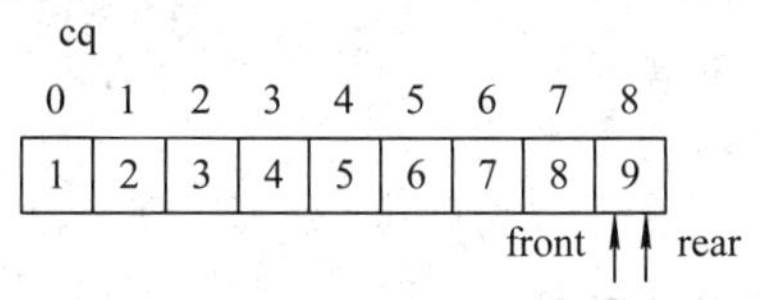

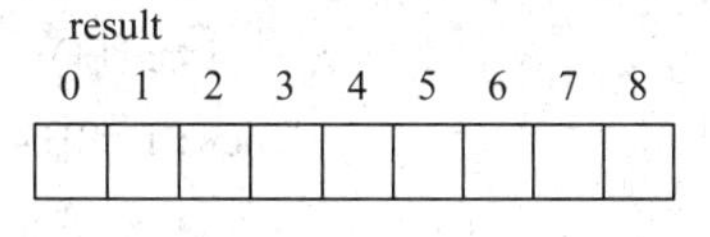

(a) 初始状态，将集合中元素拷入cq中

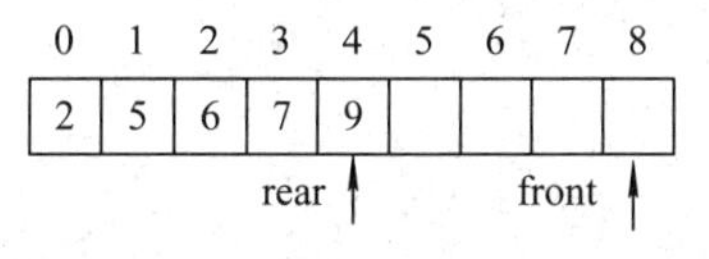

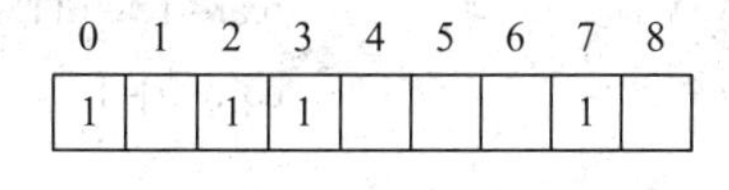

(b) 第一次筛选结果

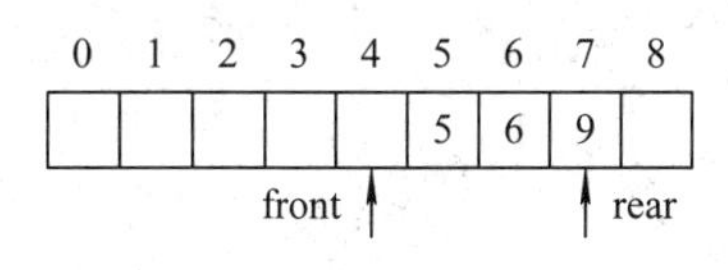

0	1	2	3	4	5	6	7	8
1	2	1	1			2	1	

(c) 第二次筛选结果

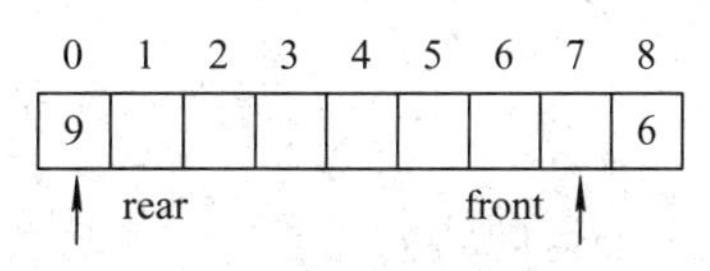

0	1	2	3	4	5	6	7	8
1	2	1	1	3		2	1	

(d) 第三次筛选结果

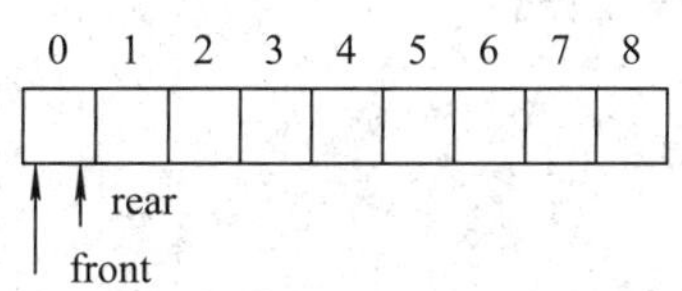

0	1	2	3	4	5	6	7	8
1	2	1	1	3	4	2	1	4

(e) 第四次筛选结果

图 3-16　划分子集的筛选过程

4. 核心代码

```
void DivideIntoGroup(int n, int R[ ][n], int cq[ ], int result[ ]) {
    int front, rear, group, pre, I, i;
    front=n−1;
    rear=n−1;
    for(i=0; i<n; i++) {
        newr[i]=0;
        cq[i]=i+1;
    }
    group=1;   //以上是初始化过程
    pre=0;   //前一个出队元素的编号
    do {
        front=(front+1)%n;
        I=cq[front];
        if (I<pre){   //开始下一次筛选的准备
            group=group+1;
            result[I−1]=group;
            for(i=0; i<n; i++)
                newr[i]=R[I−1][i];
        }
        else if(newr[I−1]!=0){   //发生冲突的元素重新入队
                rear=(rear+1)%n;
                cq[rear]=I;
        }
        else{
            result[I−1]=group;   //不冲突，归入一组
            for(i=0; i<n; i++)
                newr[i]+=R[I−1][i];
        }
        pre=I;   //下一次筛选
    }while(rear!=front)
} //DivideIntoGroup
```

3.3 应用实例

3.3.1 迷宫问题

1. 问题描述及分析

迷宫是一个矩形区域，有一个入口和一个出口，内部有若干障碍物，从入口出发，经

过若干连通的格子可到达指定的出口。在迷宫内部可向东、南、西、北四个方向移动，但在移动时只能经过连通的格子，不能穿越障碍物。

我们可以用 n × m 的矩阵来描述迷宫，迷宫中的任一位置可用其在矩阵中的行列坐标指定，若矩阵元素(i, j)的值为 1 表示有障碍，否则值为 0。如图 3-17 表示的迷宫及对应的矩阵。

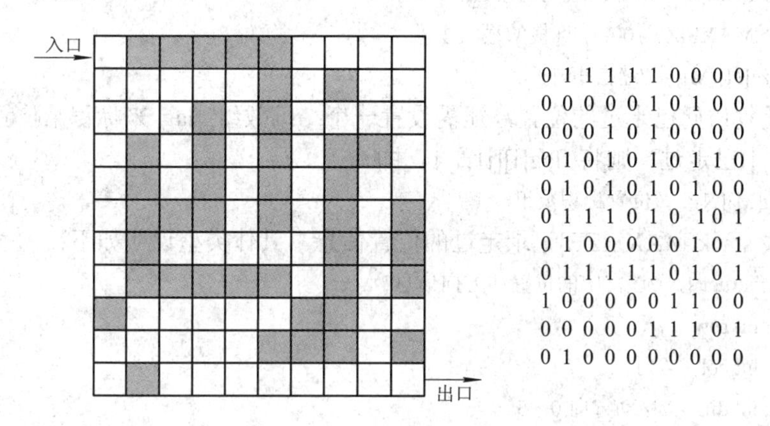

图 3-17　迷宫及矩阵表示

迷宫的位置(0, 0)表示入口，(n−1, m−1)表示出口，迷宫问题就是要寻求一条从入口到出口的路径。路径由一组两两相邻的位置构成，这一组位置的矩阵元素值都为 0。

求迷宫问题的基本思路就是从入口出发，沿东、南、西、北四个方向(如图 3-18 所示)试探移动，尝试各种可能，直到找到出口。如果当前位置坐标为(i, j)，向北移动后位置改为(i−1, j)，向东移动后位置改为(i, j+1)，以此类推，可得到移动后的新位置。为在程序中方便表示，可用数字 0～3 代表 4 个不同的方向。在移动过程中，不但需要判断是否遇到障碍，还需判断是否已处于迷宫边界，为了方便程序处理边界情况，可以人为地在迷宫四周加一堵“墙”，如图 3-19 所示。

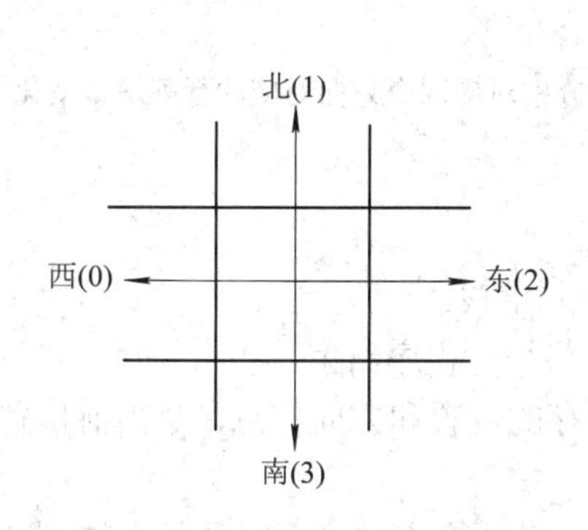

图 3-18　迷宫移动方向示意图

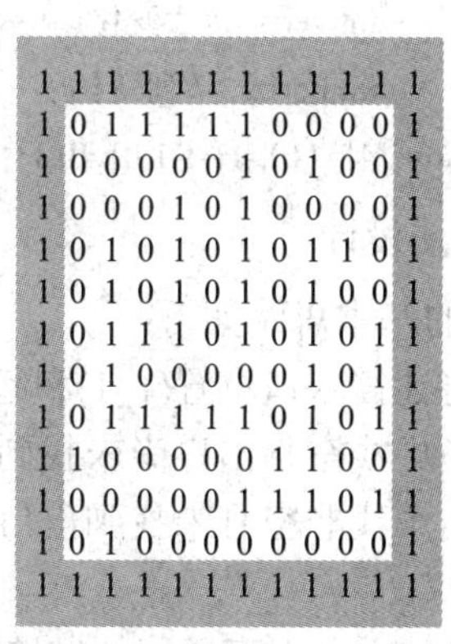

图 3-19　带“边墙”的矩阵表示

如果在某个位置尝试所有方向都无法继续移动时，需要回溯至上一位置向另一个方向移动，为此在查找过程中需记录走过的位置信息，由于走过的位置信息具有“最后保存的最先被使用”的特点，因此可以用堆栈结构来记录已走过的路径信息。

2. 数据结构

根据上述分析，使用二维数组 maze 表示迷宫：

```
#define N 100   //矩阵的最大行数
#define M 100   //矩阵的最大列数
#define MAXSIZE 100   //堆栈的最大规模
int maze[N][M];   //迷宫矩阵
```

为了不重复访问已走过的位置，还需设置一个二维数组 flag 来标识某位置是否走过，若迷宫中的(i, j)已走过，则将 flag[i][j]置 1，即

```
int flag[M][N];   //位置标识数组
```

使用堆栈 stack[MAXSIZE]记录走过的位置信息。具体类型说明如下：

```
typedef struct {   //迷宫中的位置和方向信息
        int row;   //行
        int col;   //列
        int dir;   //移动方向 0～3
}Location;
typedef struct {
        Location element[MAXSIZE];   //存放矩阵位置信息
        int top; //栈顶指针
}Stack;
Stack *S; // S 指向堆栈
```

迷宫中的四个不同的移动方向，使当前位置的行列坐标发生不同的变化，为了程序方便表示，用 0~3 个数字代表四个方向，并用结构体描述行列增量变化：

```
struct node{
        int vert;   //行变化
        int horiz;   //列变化
}move[4]={{0,-1},{-1,0},{0,1},{1,0}};   // 0～3 分别对应四个方向对应的行列增量变化
```

3. 算法设计

算法的基本思路如下：

(1) 将迷宫入口位置(1, 1)和起始方向信息压入堆栈。

(2) 当堆栈空且出口尚未找到，则迷宫没有路径，程序结束。

(3) 当堆栈非空且未找到出口，弹出堆栈保存的位置和方向信息，从当前位置、当前方向进行试探。

① 若该方向不可通行，继续试探剩余方向；若所有方向均不可通行，转到步骤(3)；

② 若该方向可通行，则先将当前位置信息及方向存入堆栈。判断可通行的位置是否是出口，若是出口则路径已找到，输出堆栈中保存的路径信息，程序结束；若不是出口，则更新当前位置为下一个可通行的位置，且将起始方向设为当前方向，转到步骤(3)。

4. 程序代码

程序首先会输入迷宫的行数和列数，并初始化迷宫数组及堆栈。接着从入口(1, 1)开始，

按照上述算法查找迷宫路径。下面给出核心代码，完整程序请扫描附录中的二维码。

```
void Init_Maze(int n, int m) {   //初始化迷宫矩阵数组
        int i,j;
        printf("输入迷宫矩阵:\n");
        for(i=1; i<=n; i++)
            for(j=1; j<=m; j++)
                scanf("%d",&maze[i][j]);
        for(j=0; j<m+2; j++) { //给迷宫加边墙
            maze[0][j]=1;
            maze[n+1][j]=1;
        }
        for(i=1; i<n+1; i++) {
            maze[i][0]=1;
            maze[i][m+1]=1;
        }
} //Init_Maze

void Init_Stack() {   //初始化堆栈
        S=(Stack *) malloc(sizeof(Stack));
        S->top=-1;
} //Init_Stack

void Path (int n, int m) {   //查找迷宫路径，迷宫大小为 n × m
        int row,col,next_row,next_col,dir,found=0,i;   //found 找到路径的标志
        Location site;
        while(!Is_Empty() && !found) {
            site=Pop();   //从堆栈取出当前位置信息
            row=site.row;
            col=site.col;
            dir=site.dir;
            while(dir<4 && !found) {
                next_row=row+move[dir].vert;
                next_col=col+move[dir].horiz;
                if(next_row==n && next_col==m)   //到达出口
                    found=1;
                else {   //下一个位置不是出口且未走过
                    if(!maze[next_row][next_col] && !flag[next_row][next_col]) {
                        flag[next_row][next_col]=1;   //标记走过
                        site.row=row;
```

```
                    site.col=col;
                    site.dir=dir++;
                    Push(site);  //当前位置信息和下一个方向入栈
                    row=next_row;  //更新当前位置
                    col=next_col;
                    dir=0;  //从方向 0 开始
                } // if
                else
                    dir++;  //此方向不通，试探下一个方向
            } //结束所有方向试探
        } // while(dir<4 && !found)
    }
    if(found) {  //找到一条路径
        printf("迷宫路径:\n");
        for(i=0; i<=S->top; i++)
            printf("(%d,%d)\n",S->element[i].row,S->element[i].col);
        printf("(%d,%d)\n",row,col);  //最后一个位置信息没有入栈
        printf("(%d,%d)\n",n,m);  //出口
    }
    else  printf("没有路径！\n");
} //Path
```

程序运行如下：

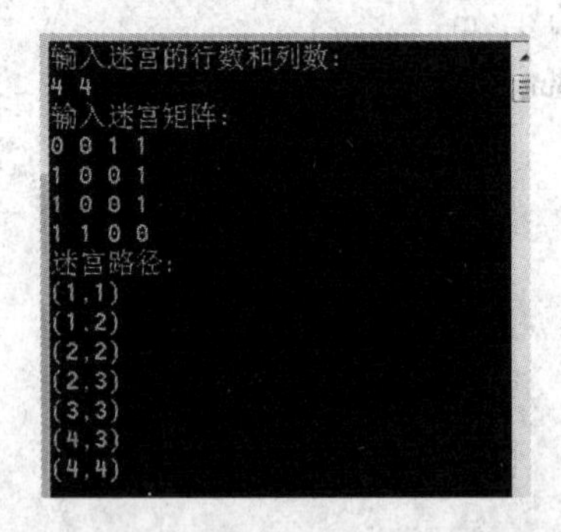

3.3.2 离散事件的仿真——银行排队问题

人们在日常生活中时常会通过排队得到各种社会服务，例如银行业务系统、各种票证出售系统等。这种服务系统设有若干窗口，用户可以在营业时间内随时前去。如果当时有空闲窗口，可以立即得到服务；若窗口均有用户占用，则可排在人数最少的队列后面。由于用户到达时间、服务时间等均为随机的事件，特别是用户到达时间是离散的，故称为离散事件。现要编制一个程序来模拟这种活动，并计算一天中用户在此逗留的平均时间。为了计算平均时间，要求掌握每个用户的到达时间和离开时间。

1. 问题描述及分析

假设服务系统有四个窗口对外接待客户，在营业时间内不断有客户进入并要求服务。由于每个窗口只能接待一个客户，因此进入该服务系统的客户须在某一个窗口前排队。如果窗口的服务员忙则进入的客户排队等待；闲则可立即服务。服务结束则从队列中撤离，并计算一天内进入服务系统的客户的平均逗留时间。

为了模拟四个窗口服务系统，必须有四个队列与每一个窗口对应，并能反映每一个窗口当前排队的客户数。当有一个客户到达时，则排在队列最短的窗口等待服务。当有一个客户服务完毕，则离开相应的窗口，从队列中撤离。

为了计算平均逗留时间，就必须记录客户的到达时间和离开时间。

影响系统队列变化的原因有两种：

(1) 新客户进入服务系统，该客户加入到队列最短的窗口队列中。

(2) 四个队列中有客户服务完毕而撤离。

这两种原因共有五种情况，我们把这五种情况称为事件。由于这些事件是离散发生的，故称为离散事件。这些事件的发生是有先后顺序的，依次构成有序事件表。

在该服务系统中，某一个时刻有且仅有一个事件(五种事件中的一个)发生。一旦某一个事件发生，则须改变系统状态(队列状态)，因此，整个服务系统的模拟就是按事件表的次序，依次根据事件来确定系统状态的变化，即事件驱动模拟。

2. 数据结构

在上述问题的仿真(模拟)程序中，设置四个队列和一个有序事件表。

队列采用顺序队列来实现，其中队列中的每个结点代表一个客户，应有两个数据：客户到达时间和客户的服务时间。每个队列除了设置队头和队尾指示外，还需要一个数据存放队列中的客户数。

```
#define MAXSIZE 100    //队列的最大长度
#define CLOSETIME 300   //假定银行营业时间300分钟
typedef struct {   //客户结点
        int arr;   //到达时间
        int dur;   //服务时间
}QueueNode;
typedef struct {   //窗口队列
        QueueNode que[MAXSIZE];
        int front,rear;   //队头、队尾指示
        int quenum;   //队列人数
}Queue;
Queue *w[4];   //四个窗口队列
```

窗口队列示意图如图3-20所示。

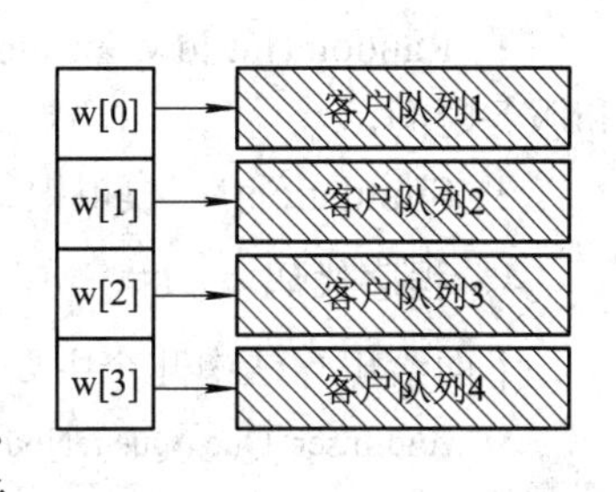

图3-20　客户队列示意图

事件表用单链表来实现，其中的每个结点代表一个事件，包括的数据项有事件发生时间和事件类型。事件类型为0、1、2、3、4，其中，0表示客户到达事件；1、2、3和4分别表示

四个窗口的客户离开事件。事件表中最多有五个事件，当事件表空时程序运行结束。

```
typedef struct node {   //事件结点
        int occ;   //事件发生时间
        int type;   //事件类型 0～4
        struct node *next;
}EventLink;
EventLink *ehead;   //指向有序事件表
```

3. 算法设计

假设事件表中最早发生的是新客户到达，则随之应得到两个时间：一是本客户处理业务所需时间；二是下一个客户到达服务系统的时间间隔。此时模拟程序应做的工作如下：

(1) 比较四个队列中的客户数，将新到客户插入到最短队列中。若队列原来是空的，则插入的客户为队头元素，此时应设定一个新的事件——刚进入服务系统的客户办完业务离开服务系统的事件插入事件表。

(2) 设定一个新的到达事件——下一个客户即将到达服务系统的事件插入事件表。

如果发生的事件是某队列中的客户服务结束离开服务系统，那么模拟程序应做以下两件工作：

(1) 客户从队头删除，并计算该客户在服务系统中逗留时间。

(2) 当队列非空(用户离开后)，应把新的队头客户设定为一个新的离开事件，计算该客户离开服务系统的时间，并插入事件表。当服务系统停止营业后，若事件表为空，则程序运行结束。

下面对算法中的几个主要函数说明如下：

- Generat()：产生初始时第一个客户到达事件结点。
- InitQue()：初始化四个窗口队列。
- Dele_Eve()：从事件表中删除最早发生的事件结点并赋值给 EventLink 型指针。
- Inser_Eve(EventLink *event)：在事件表中插入 event 指针指向的事件结点，结点包含事件发生时间和事件类型。
- MinQue()：取得四个队列中最短的队列序号。
- Inser_Que(QueueNode client, int len)：将客户 client 排在第 len 个队列的队尾，表示客户达到。
- Dele_Que(int i)：删除第 i 个队列的队头元素，表示客户离开，并把客户结点值赋给 QueueNode 型变量。
- Random(int low, int high)：产生大小在[low, high)之间的随机数，表示客户到达时间和服务时间。
- Simulation()：模拟银行业务，计算营业时间内客户的平均逗留时间。

4. 程序代码

下面给出算法中几个主要函数的实现代码，完整程序请扫描附录中的二维码。

```
void Inser_Que (QueueNode client, int len) {   //客户 client 加入窗口队列，且排在 len 窗口
        w[len]->rear=(w[len]->rear+1)%MAXSIZE;
```

```
        w[len]->que[w[len]->rear]=client;
        w[len]->quenum++;   //队列人数加 1
} //Inser_Que

QueueNode Dele_Que (int i){   //删除第 i 个窗口的队头结点，i 是窗口号 0～3
        QueueNode client;
        client=w[i]->que[w[i]->front];   //队头结点出队
        w[i]->front=(w[i]->front+1)%MAXSIZE;   //修改 front
        w[i]->quenum--;   //队列人数减 1
        return client;
} //QueueNode Dele_Que

EventLink *Dele_Eve() {   //删除事件表中的第一个事件结点
        EventLink *event;
        event=ehead->next;
        ehead->next=event->next;
        return event;
} //Dele_Eve

void Inser_Eve(EventLink *event) {   //按时间顺序插入有序事件表，插入事件 event
        EventLink *p,*q;
        q=ehead;
        p=ehead->next;
        while(p!=NULL) {
              if(p->occ<event->occ) { //比较事件发生时间
                    q=p;
                    p=p->next;
              }
              else break;
        }
        q->next=event;
        event->next=p;
} //Inser_Eve

float Simulation() {   //模拟银行业务，计算客户平均逗留时间
        int count=0;   //客户数
        float totaltime;   //客户逗留时间
        int interaltime,len,i;
        EventLink *event,*new_event;
```

```
QueueNode client,new_client;

InitQue();  //初始化窗口队列
Generate();  //产生第一个事件结点
srand((time(0)));  //初始化随机数发生器

while(ehead->next!=NULL) {  //事件表不空
    event=Dele_Eve();  //取出事件表的头结点
    if(event->type==0){  //客户到达事件
        count++;
        interaltime=Random(5,10);  //产生下一客户到达的时间间隔
        if(event->occ+interaltime<CLOSETIME) {  //下一客户到达时银行未关门
            new_event=(EventLink *) malloc(sizeof(EventLink));
            new_event->occ=event->occ+interaltime;  //到达事件发生时间
            new_event->type=0;  //到达事件类型
            Inser_Eve(new_event);  //插入到达事件
        }
        client.arr=event->occ;  //该客户的到达时间
        client.dur=Random(10,20);  //该客户的随机服务时间
        len=MinQue();  //取最短队列号
        printf("%d 号窗口客户: %d 分到, 服务时间%d 分\n", len+1,client.arr,client.dur);
        Inser_Que(client,len);  //到达客户加入最短窗口队尾

        if(w[len]->quenum==1) {  //若队列只有一人，则产生随后的离开事件
            new_event=(EventLink *) malloc(sizeof(EventLink));
            new_event->occ=event->occ+client.dur;  //离开事件发生时间
            new_event->type=len+1;  //离开事件类型
            Inser_Eve(new_event);  //插入离开事件
        }
    } // if(event->type==0)
    else {
        i=event->type-1;
        client=Dele_Que(i);  //删除窗口队头客户
        printf("%d 号窗口客户: %d 分离开,",i+1,event->occ);
        printf("  逗留%d 分\n",event->occ-client.arr);
        totaltime+=event->occ-client.arr;  //计算客户 client 的逗留时间
        if(w[i]->quenum>0) {
            new_event=(EventLink *)malloc(sizeof(EventLink));
            new_event->type=i+1; //新离开事件
```

```
                new_event->occ=event->occ+w[i]->que[w[i]->front].dur;
                    //离开事件的发生时间
                Inser_Eve(new_event);   //插入到事件表
            }
        }
    } //while(ehead->next!=NULL)
    printf("\n 总客户数:%d\n",count);
    return totaltime/count;   //返回平均逗留时间
} //Simulation
```

当银行营业时间为 60 分钟时，即 CLOSETIME 为 60，程序运行如下：

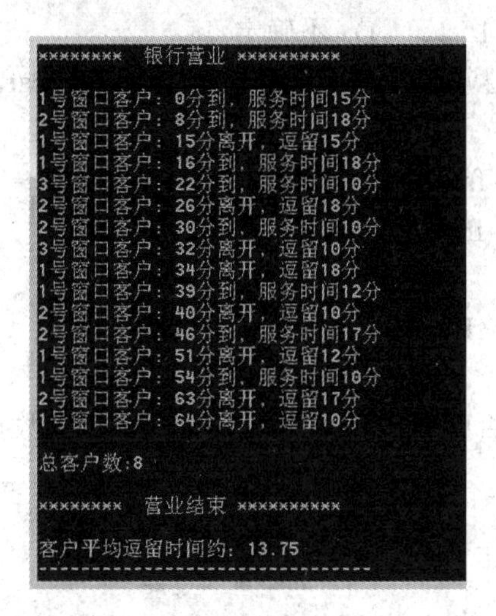

本 章 小 结

栈和队列均属于操作受限的线性表，其逻辑结构与线性表相同，但其操作与线性表相比均有限制。

栈是只允许在一端进行插入和删除的线性表，具有“先进后出”的特点，其基本操作包括入栈、出栈、判断栈空等。栈的存储实现可以采用顺序存储和链式存储两种方式实现。在实际应用中，顺序栈更加常见和方便。栈的应用非常广泛，如函数调用、递归实现、表达式求值等。

队列则是在一端进行插入、另一端进行删除的线性表，具有“先进先出”的特点，其基本操作包括入队、出队、判断队列空或满等。队列的存储实现与栈相似，也采用顺序存储和链式存储两种方式实现。但需要注意的是，采用顺序存储时，为避免“假溢出”，顺序队列通常都会按照循环队列来使用。队列的应用也非常广泛，如各类需排队获得的窗口服务(如银行队列)、操作系统中各种竞争型资源的获取(如 CPU)等。

习　题

概念题

3-1　一个容量为 6 的栈的入栈序列是 a，b，c，d，e，则不可能的出栈序列是(　　)。

A. edcba　　B. decba　　C. dceab　　D. abcde

3-2　若已知一个栈的入栈序列是 1，2，3，…，n，其输出序列为 p1，p2，p3，…，pn，若 p1 = n，则 pi 为(　　)。

A. i　　B. n−i　　C. n−i+1　　D. 不确定

3-3　循环队列用数组 A[m]存放其元素值，已知其头尾指示分别是 front 和 rear，则当前队列中的元素个数是(　　)。

A. (rear−front+m)%m　　B. rear−front+1

C. rear−front−1　　D. rear−front

3-4　向顺序栈中压入元素时，是(　　)。

A. 先移动栈顶指针，后存入元素　　B. 先存入元素，后移动指针

C. 无所谓谁先谁后　　D. 同时进行

3-5　设计一个判别表达式中左、右括号是否配对出现的算法，采用(　　)数据结构最佳。

A. 线性表的顺序存储结构　　B. 队列

C. 线性表的链式存储结构　　D. 栈

3-6　设栈 S 和队列 Q 的初始状态均为空，元素 a、b、c、d、e、f、g 依次进入栈 S。若每个元素出栈后立即进入队列 Q，且 7 个元素出队的顺序是 b、d、c、f、e、a、g，则栈 S 的容量至少是(　　)。

A. 1　　B. 2　　C. 3　　D. 4

3-7　若栈采用顺序存储方式存储，现两栈共享空间 V[m]:top[i]代表第 i(i=1 或 2)个栈的栈顶；栈 1 的底在 V[0]，栈 2 的底在 V[m−1]，则栈满的条件是(　　)。

A. |top[2]−top[1]|==0　　B. top[1]+top[2]==m

C. top[1]==top[2]　　D. top[1]+1==top[2]

3-8　在一个链队中，若 f、r 分别为队首、队尾指针，则插入 s 所指结点的操作为(　　)。

A. f→next=c; f=s;　　B. r→next=s; r=s;

C. s→next=r; r=s;　　D. s→next=f; f=s;

3-9　以下(　　)不是队列的基本运算。

A. 在队尾插入一个新元素　　B. 从队列中删除第 i 个元素

C. 判断一个队列是否为空　　D. 读取队头元素的值

3-10　如果循环队列用大小为 m 的数组表示，且用队头指示 front 和队列元素个数 size 代替一般循环队列中的 front 和 rear 指示来表示队列的范围，那么这样的循环队列可以容纳

的元素个数最多为(　　)。

A. m−1　　B. m　　C. m+1　　D. 不能确定

3-11 向量、栈和队列都是______结构，可以在向量的______位置插入和删除元素；对于栈只能在______插入和删除元素；对于队列只能在______插入元素和______删除元素。

3-12 为增加内存空间的利用率和减少发生上溢的可能性，由两个栈共享一片连续的内存空间时，应将两个栈的______分别设在这片内存空间的两端，这样，只有当______时，才产生上溢。

3-13 字符A、B、C依次进入一个栈，按出栈的先后顺序组成不同的字符串，则至多可以组成______个不同的字符串。

3-14 设一个堆栈的入栈顺序是1、2、3、4、5。若第一个出栈的元素是4，则最后一个出栈的元素必定是______。

3-15 若top为指向栈顶元素的指示，判定顺序栈S(最多容纳m个元素)为空的条件是______。

3-16 所谓"循环队列"是指用单向循环链表或者循环数组表示的队列。(　　)

3-17 在用数组表示的循环队列中，front值一定小于等于rear值。(　　)

3-18 环形队列中有多少个元素可以根据队首指示和队尾指示的值来计算。(　　)

3-19 通过对堆栈S操作：Push(S,1), Push(S,2), Pop(S), Push(S,3), Pop(S), Pop(S)。输出的序列为：123。(　　)

3-20 设一数列的顺序为1、2、3、4、5、6，通过队列操作可以得到3、2、5、6、4、1的输出序列。(　　)

算法设计题

3-21 用单链表实现队列如图3-21所示，并令front = rear = NULL表示队列为空，编写实现队列的下列五种运算的函数。

SetNullQ：将队列置成空队列；

FrontQ：取队头结点数据；

EnQueueQ：将元素x插入到队列的尾端；

DeQueueQ：删除队列的第一个元素；

EmptyQ：判定队列是否为空。

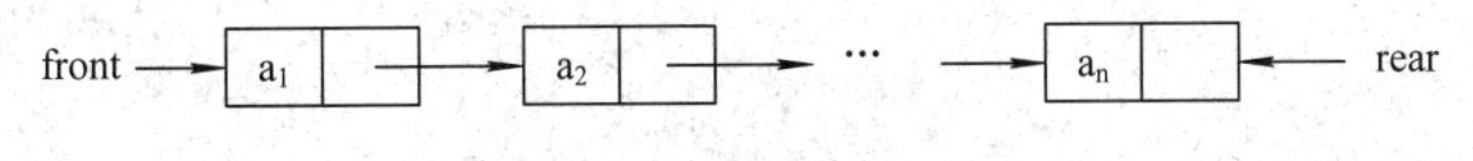

图3-21 用单链表实现队列

3-22 设单链表中存放着n个字符，试编写算法，判断该字符串是否有中心对称关系，例如xyzzyx、xyzyx都算是中心对称的字符串。要求用尽可能少的时间完成判断。(提示：将一半字符先依次进栈。)

3-23 试设计算法判断一个算术表达式的圆括号是否正确配对。(提示：对表达式进行扫描，凡遇 '(' 就进栈，遇 ')' 就退掉栈顶的 '('，表达式被扫描完毕，栈应为空。)

3-24　两个栈共享向量空间 V[m]，它们的栈底分别设在向量的两端，每个元素占一个分量，试写出两个栈公用的栈操作算法：Push(i，x)、Pop(i)和 Top(i)，其中 i 为 0 或 1，用以指示栈号。

3-25　假设以带头结点的循环链表表示队列，并且只设一个指针指向队尾元素结点(注意不设头指针)，试编写相应的置空队、入队列和出队列的算法。

3-26　假设以数组 sequ[m]存放循环队列的元素，同时设变量 rear 和 quelen 分别指示循环队列中队尾元素的位置和内含元素的个数。试给出判别此循环队列的队满条件，并写出相应的入队列和出队列的算法(在出队算法中要返回队头元素)。

第4章　串和数组

串(String，字符串)是一种特殊的线性表，它的数据元素仅由字符组成。

在早期的程序设计语言中，串仅在输入或输出中以直接量的形式出现，并不参与运算。随着计算机的发展，串在文字编辑、词法扫描、符号处理、自然语言翻译系统及事务处理程序中，得到了越来越广泛的应用。在高级语言中开始引入了串变量的概念，像整型、实型变量一样，串变量也可以参加各种运算，并建立了一组串运算的函数。

然而，字符串数据的处理远比整型、实型数据的复杂得多。在不同类型的应用中，所处理的字符串具有不同的特点，要有效地实现字符串的处理，就必须根据具体情况使用合适的存储结构。

数组可以看成是线性表在下述含义下的扩展：表中的数据元素本身也是一个数据结构，几乎所有的程序设计语言都允许用数组来描述数据。因此，数组已经是我们非常熟悉的数据类型。

本章将讨论串的存储方法、基本运算及其实现，同时简单地讨论数组的逻辑结构定义及其存储方式。

4.1　串及基本运算

串是由零个或多个字符组成的有限序列，一般记为 S = "$a_0a_1\cdots a_{n-1}$"。其中，S 是串名，用两个双引号括起的字符序列是串值，a_i 可以是字母、数字或其他字符。串中所包含的字符个数称为串的长度。长度为零的串称为空串，它不包含任何字符。在 C 语言中，串一般使用不可显示的字符 '\0' 作为串的结束符。

串中任意个连续的字符组成的子序列称为串的**子串**，包含子串的串称为**主串**。子串的第一个字符在主串中的序号定义为子串在主串中的位置，该位置索引(或序号)从 0 开始。特别地，空串是任意串的子串，任意串是其自身的子串。

例如，有两个串 A 和 B，如下所示：

A = "This is a string"

B = "string"

则串 A 和串 B 的长度分别为 16 和 6。B 是 A 的子串，B 在 A 中的位置是 10(位置下标从 0 开始计数，下同)。

值得一提的是，在 C 语言中串值必须用一对双引号括起来，但双引号本身不属于串，它的作用只是为了避免串与变量名或数的常量混淆而已。

串的逻辑结构与线性表极为相似，区别仅在于串的数据对象约束为字符集。然而，串的基本操作与线性表有很大差别。在线性表的基本操作中，大多以“单个元素”作为操作对象，如在线性表中查找某个元素、读取某个元素和删除一个元素等；而在串的基本操作中，通常以“串的整体”作为操作对象，如在串中查找某个子串、取某个子串或删除一个子串等。

下面给出串的抽象数据类型的定义：

ADT String{

数据对象：$D=\{a_i \mid a_i \in \text{CharacterSet}, i = 0, 1,2,\cdots, n-1, n>0\}$

数据关系：$R=\{<a_{i-1}, a_i> \mid a_{i-1}, a_i \in D, i = 1, \cdots, n-1\}$

操作集合：

StrAssign(&T，chars)

初始条件：chars 是字符串常量

操作结果：生成一个其值等于 chars 的串 T

StrCopy(&T，S)

初始条件：串 S 存在

操作结果：由串 S 复制到串 T

StrEmpty(S)

初始条件：串 S 存在

操作结果：若 S 为空串，则返回 TRUE，否则返回 FALSE

StrCmp(S，T)

初始条件：串 S、T 存在

操作结果：若 S>T，则返回值>0；若 S=T，则返回值=0；若 S<T，则返回值<0

StrLen(S)

初始条件：串 S 存在

操作结果：返回 S 的元素个数，称为串的长度

StrCat(&T，S)

初始条件：串 T 和 S 存在

操作结果：用 T 返回 T 和 S 连接而成的新串

SubStr(&Sub，S，pos，len)

初始条件：串 S 存在，0≤pos<StrLength(S)且 0≤len≤StrLength(S)−pos+1

操作结果：用 Sub 返回串 S 的第 pos 个字符起长度为 len 的子串

StrIndex(S，T，pos)

初始条件：串 S 和 T 存在，T 是非空串，0≤pos≤StrLength(S)−1

操作结果：若主串 S 中存在与串 T 值相同的子串，则返回它在主串 S 中第 pos 个字符之后第一次出现的位置；否则函数返回 0

Replace(&S，T，V)

初始条件：串 S、T、V 存在，T 为非空串

操作结果：用串 V 替换主串 S 中出现的所有与 T 相等的不重叠的子串

StrInsert(&S，pos，T)

初始条件：串 S、T 存在，0≤pos≤StrLength(S)

操作结果：在串 S 的第 pos 个字符之前插入串 T

StrDelete(&S，pos，len)

初始条件：串 S 存在，0≤pos≤StrLength(S)−len

操作结果：从串 S 中删除第 pos 个字符起长度为 len 的子串

}ADT String

串的基本运算有九种。下面为了介绍叙述方便，假设：

S1="$a_0a_1\cdots a_n$"

S2="$b_0b_1\cdots b_m$"

其中，0≤m≤n，在串 S1 的长度需要扩充的时候，需要保证 S1 具有足够的存储空间。

1．赋值(StrCopy)

StrCopy(S1, S2)表示将串 S2 的值赋给串变量 S1。S2 既可以是一个串变量，也可以是串常量。例如 S2="beijing"，则 StrCopy(S1, S2)的结果是使 S1 的值也为"beijing"。

2．连接(StrCat)

StrCat(S1, S2)表示将串 S2 紧接着放在串 S1 的末尾，组成一个新的串 S1。例如：

S1="beijing";　S2=" shanghai";

StrCat(S1, S2);

则

S= "beijing shanghai"

3．求串长(StrLen)

StrLen(S1)表示求串 S1 的长度。例如：

S1="beijing";

则

StrLen(S1)=7

4．求子串(SubStr)

SubStr(S1, i, j)表示从 S1 中 i 位置的字符开始抽出 j 个字符构成一个新的串。这个新串是 S1 的子串，其中的参数应满足：

0≤i≤StrLen(S1)−1, 1≤j≤StrLen(S1)

例如：

S1="abcdefg";

则

SubStr(S1, 1, 4)= "bcde"

利用求子串和连接运算可以完成对串的插入、删除和修改。

5．比较串的大小(StrCmp)

StrCmp(S1，S2)表示比较两个串 S1 和 S2 的大小，其函数值是一个整数，大于 0 表示 S1 > S2，小于 0 表示 S1 < S2，等于 0 表示 S1 = S2。

串中出现字符的大小取决于该字符在机器表示的字符集中出现的位置，一般字符在机器中是用 ASCII 码表示的。常用的字符集都规定：数字字符 0，1，…，9 在字符集中是顺序排列的，字母字符 A，B，…，Z(或者 a，b，…，z)在字符集中也是顺序排列的。

串的比较过程为：从两个串的第一个字符起，逐个比较相应字符，直至找到两个不等的字符为止，这两个不等的字符即可确定串的大小。例如：

```
"there" < "this";   "there" > "the"
```

6．插入(StrInsert)

StrInsert(S1，i，S2)(其中 i≥0 且小于 S1 串长)表示把串 S2 插入到 S1 的 i 处，S1 的存储空间必须足够大。例如：

```
S1="abcabc";    S2="def";
StrInsert(S1, 3, S2) ;
```

则结果

```
S1="abcdefabc"
```

7．删除(StrDelete)

StrDelete(S1, i, j)(其中 i≥0，j≥1)表示从串 S1 中删除位置 i 及以后的连续 j 个字符。例如：

```
S1="Beijing";   StrDelete(S, 3, 4);
```

则结果

```
S1="Bei"
```

8．子串定位(StrIndex)

StrIndex(S1，S2)是一个求子串在主串中位置的定位函数，表示在主串 S1 中查找是否存在等于 S2 的子串，若有，结果为 S2 在 S1 中首次出现的位置，否则，函数值为 −1。例如：

```
StrIndex("abcdef", "cd")=2
StrIndex("abcdef", "xy")=-1
```

9．置换(Replace)

Replace(S1, i, j, S2)(其中 i≥0，j≥1)表示用 S2 置换 S1 中位置 i 字符开始的连续 j 个字符。例如：

```
S="this is a book";   Replace(S, 2, 2, "at");
```

则结果

```
S="that is a book"
```

上述串运算都是基本的运算，利用这些基本运算可以完成串在各类需求下的操作。

4.2　串的存储实现

存储串的方法也就是存储线性表的一般方法，但是由于组成串的结点是单个字符，因此在存储时有一些特殊的技巧。

4.2.1　顺序存储

串的顺序存储结构简称为顺序串。顺序串的字符被依次存放在一片连续的单元中。由于一个字符只占一个字节，因此串中相邻的字符是顺序存放在相邻的字节中的。

顺序串可用以下类型描述：

```
#define  MAXSIZE  100 //假设串可能的最大长度为100
typedef  struct{
   char  ch[MAXSIZE];  //存放串值
   int len;  //串的长度
}SeqString;
```

可以用一个特定的、不会出现在串中的字符作为串的终结符，放在串的尾部，表示串的结束。在C语言中用字符'\0'作为串的终结符。例如串S = "this is a string"，其顺序存储结构如图4-1所示(其中符号Φ表示该处内容为空格)。

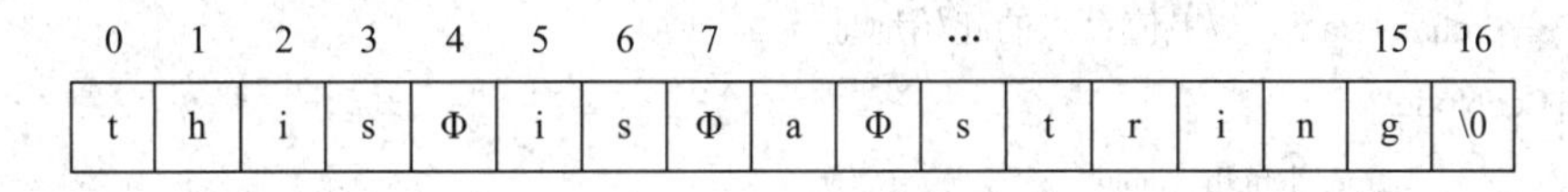

图4-1 顺序串示意图

4.2.2 链式存储

串的链式存储结构简称为链串。链串的类型定义如下：

```
typedef struct linknode{
    char data;
    struct linknode *next;
}LinkString;
LinkString *S;
```

一个链串通常是由头指针唯一确定的。例如 S="abcdefg"，其链式存储结构如图 4-2(a)所示。这种结构便于进行插入和删除运算，但存储空间利用率较低。比如，若指针占 4 个字节，则链串的存储密度只有 20%。为了提高存储密度，可以让每个结点存放多个字符，如图4-2(b)所示。但这又引起进行插入和删除运算时大量字符的移动，给运算带来不便。像这样的问题如何解决，取决于具体问题的具体要求。

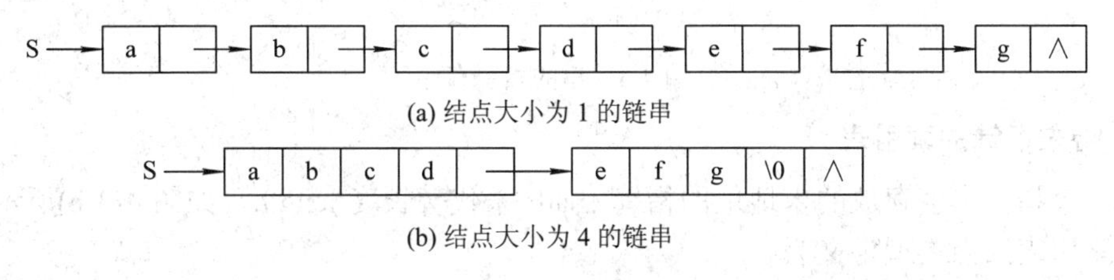

图4-2 链串示意图

4.2.3 索引存储

在索引存储中，除了存放串值外，还要建立一个串名和串值之间对应关系的索引表。索引表中的项目可根据不同的需要来设置，只要能为存取串值提供足够的信息即可。

例如在链式存储方式下，索引表中要含有串名及存储串值的链表的头指针；在顺序存储方式下，索引表中要含有串名以及指示串值存放的起始地址的首指针和指示串值存放结束的末地址，其中末地址信息可以是串值末尾结束地址、串长等。下面给出三种索引表的说明。

1. 带长度的索引表

带长度的索引表如图 4-3(a)所示。带长度的索引表结点类型为

```
#define MAXSIZE 1024
typedef struct{
        char name[MAXSIZE];   //串名
        int length;   //串长
        char *stadr;   //串值存入的起始地址
}LenNode;
```

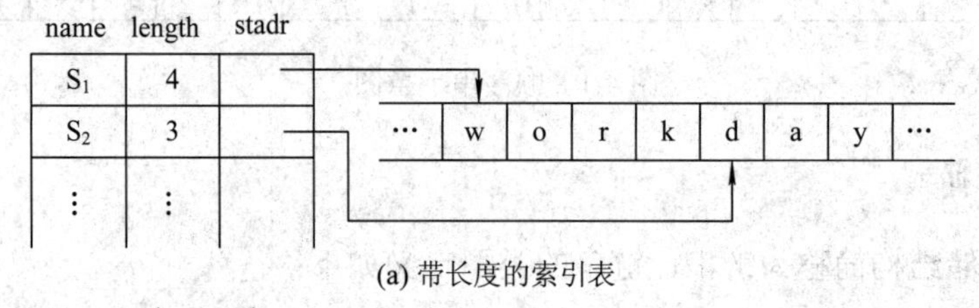

(a) 带长度的索引表

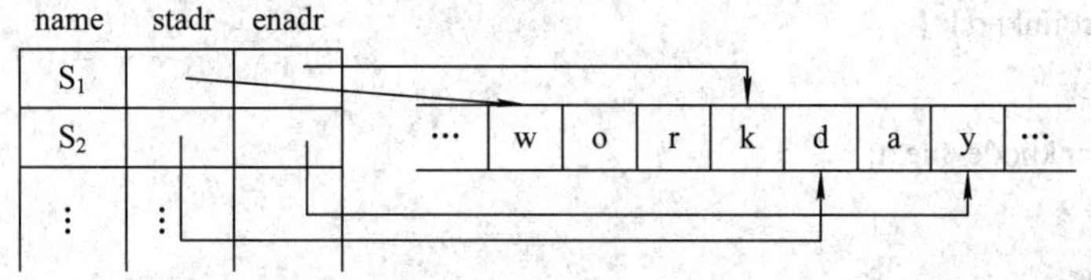

(b) 带末指针的索引表

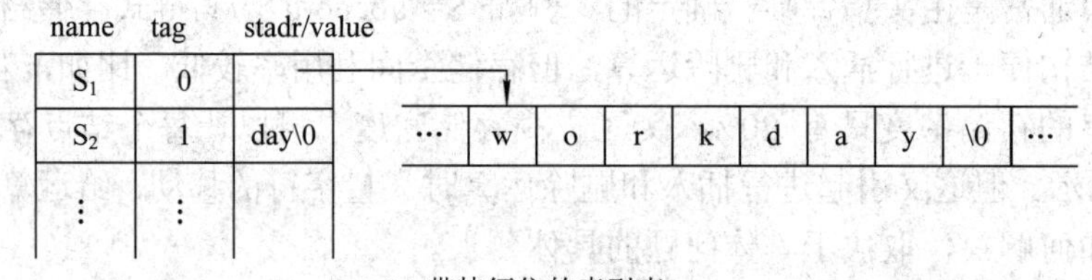

(c) 带特征位的索引表

图 4-3　串的索引存储

2. 带末指针的索引表

用一个指向串值存放的末地址的指针 enadr 来代替长度 length，如图 4-3(b)所示。带末指针的索引表结点类型定义为

```
#define MAXSIZE 1024
typedef struct{
    char name[MAXSIZE];
    char *stadr,*enadr;
}EndNode;
```

3. 带特征位的索引表

当串值只需要一个指针域的空间就能存放时，可将串值放在 stadr 域中。这样既节约了存储空间，又可以提高查找速度，但是，这时要增加一个特征位 tag 来指出 stadr 域中是指针还是串值，如图 4-3(c)所示。带特征位的索引表结点类型定义为

```
#define MAXSIZE 1024
typedef struct{
        char name[MAXSIZE];
        int tag;   //特征位
        union{
          char *stadr;
          char value[4];
        }uval;
}TagNode;
```

需要注意的是，在进行串的存储中还必须考虑到串长度的变化。由于在串的顺序存储中，串值空间的大小是在程序的说明部分定义的，因此程序运行期间串的长度变化范围不能超过它，否则会产生溢出。如果一个程序需要使用很多串，显然不宜为每个串都分配一个最大的空间。有一种解决办法是：在程序执行过程中产生串时，才按其所需分配存储空间(即动态存储分配)。在此，我们仅简单介绍在串的索引存储表示下实现串值空间的动态分配，而对动态存储分配中所要解决的具体问题不作介绍。

假设用一个较大的向量 store[MAXSIZE]表示可供动态分配用的连续的存储空间，用一个指针指示尚未分配存储空间的起始位置，其初值为 0。当程序执行过程中每产生一个新串，就从 free 指针起进行存储分配，同时在索引表中建立一个相应的结点，在该结点中填入新串的名字、分配到的串值空间的起始位置、串值的长度等信息，然后修改 free 指针。

例如在图 4-4 中，S_1 和 S_2 为已建立串值的两个字符串，可以看出，S_1 和 S_2 是一个源程序的两行(图中“↙”是换行符)。实际上，在一个简单的文本编辑程序中，可以将一个文本看成是一个字符串，称为文本串。文本串由换行符划分成若干行，每一行都是文本串的子串。若用图 4-4 所示的存储分配方式作为文本串的存储结构，则 store 是文本缓冲区，索引表的名字域 name 用来存放行号，此时索引表又称为行表。

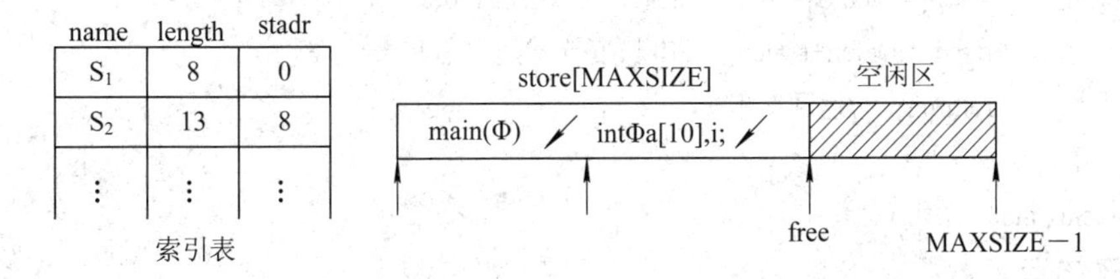

图 4-4　在索引存储下串的动态分配示意图

上述的存储分配方法可使多个串的串值共享一个大容量的存储空间。但是，要高效地使用该存储空间，还必须解决许多具体问题，例如，对于已删除的串所占用的串值空间如何回收利用；对一个串做插入操作时，如何扩充该串的串值空间等。

4.3 串运算的实现

串是特殊的线性表，在实际应用中所需要的存储空间都比较大，在多数情况下采用的存储方式都是顺序存储，这时关于串的运算往往是通过元素的移动来实现的。下面讨论顺序存储串值时部分基本运算的实现。

4.3.1 基本运算的实现

顺序串的类型定义如下：

```
#define MAXSIZE 1024   //串可能的最大长度
typedef struct{
    char ch[MAXSIZE];   //存放串值
    int len;   //串的长度
}SeqString;
```

1. 串的连接运算

将两个串 s 和 t 首尾相接连成一个新串 r，其中 s 在前，t 在后，具体算法如下：

```
SeqString *StrCat(SeqString *s, SeqString *t){
    int i;
    SeqString *r=(SeqString *)malloc(sizeof(SeqString));
    if(s->len+t->len>MAXSIZE) {   //若两串长度之和大于 MAXSIZE，则进行溢出处理
        printf("上溢\n"); return NULL;
    }
    else{
        for(i=0;i<s->len;i++)   //将 s 串传给 r
            r->ch[i]=s->ch[i];
        for(i=0;i<t->len;i++)   //将 t 串传给 r
            r->ch[s->len+i]=t->ch[i];
        r->ch[s->len+i]='\0' ;   //最后一个位置赋'\0'
        r->len=s->len+t->len;   //串长度等于两串之和
        return r;   //返回新串
    }
} //StrCatat
```

2. 求子串运算

设 s 为主串，现从 s 中的第 i(i≥1)个字符起，抽取 j(j≥1)个字符构成一个子串，结果存放在 t 串中，具体算法如下：

```
SeqString *SubStr(SeqString *s,int i,int j){
    int k;
    SeqString *t;
```

```
    t=(SeqString *) malloc(sizeof(SeqString));
    if(i+j-1>s->len) {   //若 i、j 的值超出允许的范围，则进行“超界”处理
        printf("超界\n");
        return NULL;
    }
    else{
        for(k=0;k<j;k++)
            t->ch[k]=s->ch[i+k-1];   //将 s 中指定的子串传给 t
        t->len=j;   //将子串长度赋给 t 的长度域
        t->ch[t->len]='\0';
        return t;
    }
} //SubStr
```

3. 子串定位

子串定位运算又称为串的**模式匹配**，是串处理中最重要的运算之一。

设有两个串 S 和 T，S = "$s_0s_1\ldots s_{n-1}$"，T = "$t_0t_1\ldots t_{m-1}$"，其中 $0<m\leqslant n$。子串定位是要在主串 S 中找出一个与子串 T 相同的子串。一般将主串 S 称为目标，子串 T 称为模式，把从目标 S 中查找模式 T 的过程称为模式匹配。模式匹配成功是指在目标 S 中找到模式 T(第一次出现)；不成功则是指目标 S 中不存在模式 T。

目标 S：s_0　$s_1\ \ldots\ s_{m-1}\ \ldots\ s_{n-1}$

　　　　↑　↑　　↑
　　　　↓　↓　　↓

模式 T：t_0　$t_1\ \ldots\ t_{m-1}$

朴素的模式匹配思想是：从目标 S 中的第一个字符开始和模式 T 中的第一个字符比较，用 i 和 j($i\geqslant0,\ j\geqslant0$)分别指示 S 串和 T 串中正在比较的字符位置。若相等，则继续逐个比较后续字符，否则从目标 S 的第二个字符开始再重新与模式串的第一个字符比较。以此类推，直至模式 T 中的每个字符依次和目标 S 中的一个连续字符序列相等为止，则匹配成功，返回模式 T 中第一个字符在目标 S 中的位置，否则匹配失败，返回−1 值。

这个算法又称为布鲁特-福斯算法，其匹配过程简单，易于理解。

图 4-5 展示了以 S = $s_0s_1s_2s_3s_4s_5$ = "abbaba"，T = $t_0t_1t_2$ = "aba"为例的模式匹配过程。

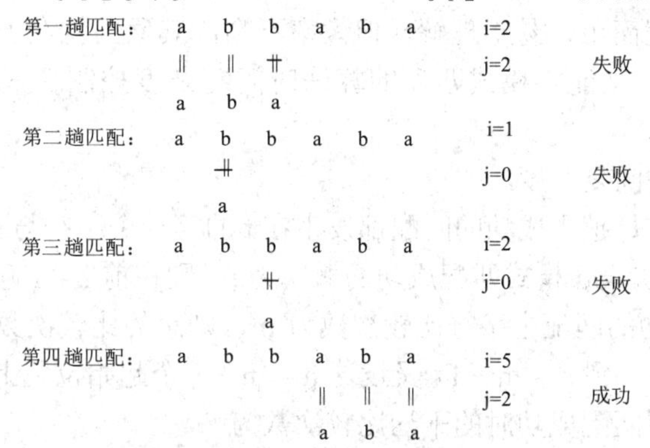

图 4-5　朴素的模式匹配过程

从图4-5中可以看出：第一趟匹配是从S中的第一个字符(i = 0)与T中的第一个字符(j=0)开始比较；第二趟匹配是从S中的第二个字符(i = 1)与T中的相应字符开始比较；类推下去，第k趟比较是从S中的第k个字符(i = k – 1)开始比较。那么如何从上一趟失败的匹配中得到新的一趟匹配目标 S 的开始比较位置 i 呢？由于在某一趟失败的匹配中必定存在一个j(0≤j≤m–1)使得 $s_i \neq t_j$，因此必有 $t_{j-1} = s_{i-1}$，$t_{j-2} = s_{i-2}$，…，$t_0 = s_{i-j}$，即 t_0 和 S 的 s_{i-j} 字符对应。因此，新的一趟匹配 T 串右移一个位置后，使得与 t_0 对应的 S 的开始比较位置是 i – j + 1，故新的一趟匹配开始时，i 应从当前值回溯到该位置，其具体算法如下：

```
int Index(SeqString *s, SeqString *t){
    int i = 0, j = 0;
    while(i < s->len && j < t->len){
        if(s->ch[i] == t->ch[j]){
            i++;
            j++;
        }
        else{
            i = i-j+1;
            j = 0;
        }
    }
    if(j == t->len)
        return i - t->len;
    else
        return -1;
} //Index
```

在上述算法中，若 s->len = n，t->len = m，则匹配成功时 j = m，i 的值相应地对应于 t_m 的后一个位置，故返回值是 i – m，而不是 i – m + 1。

另外，上述算法还可改进，当某一趟匹配已失败，i 值回溯后，可加入一个判断，若

i>s->len – t->len

则串 s 中剩余子串的长度已小于模式 t 的长度，此时匹配不可能成功，故可直接在此返回–1。

虽然上述算法过程简单，易于理解，但效率不高，其原因就在于回溯。如果利用已匹配过的结果而不回溯，则能将模式匹配的算法时间复杂度控制在 O(n + m)(这时 n 等于s->len，m 等于 t->len)。

下面分析算法的时间复杂度。

在最好的情况下，每趟不成功的匹配都发生在 t 的第一个字符与 s 中相应字符的比较。设从 s 的第 i 个位置开始与 t 模式匹配成功的概率为 p_i，则在前 i – 1 趟匹配中字符共比较了 i – 1 次。若第 i 趟成功的匹配中字符比较次数为 m，则总的比较次数为 i – 1 + m。对于成功匹配的 s 起始位置是 1 到 n – m + 1，又设这 n – m + 1 个起始位置上匹配成功的概率都是相等的，则最好情况下匹配成功时的平均比较次数为

$$\sum_{i=1}^{n-m+1} p_i(i-1+m) = \frac{1}{n-m+1}\sum_{i=1}^{n-m+1}(i-1+m) = \frac{1}{2}(n+m) \tag{4-1}$$

即最好情况下算法的平均时间复杂度为 $O(n+m)$。

在最坏的情况下，每一趟不成功的匹配都发生在模式串 t 的最后一个字符与 s 中相应字符的比较不相等，则新一趟的起始位置为 $i-m+2$。若设第 i 趟匹配成功，则前 $i-1$ 趟不成功的匹配中，每趟都比较了 m 次，总共比较了 $i \times m$ 次。因此最坏情况下的平均比较次数为

$$\sum_{i=1}^{n-m+1} p_i(i \times m) = \frac{m}{n-m+1}\sum_{i=1}^{n-m+1} i = \frac{m}{n-m+1} \times \frac{1}{2} \times (n-m+1)(n-m+2) = \frac{m(n-m+2)}{2} \tag{4-2}$$

由于 n>>m，因此在最坏情况下算法的时间复杂度为 $O(m \times n)$。

例 4-1 设串采用链式存储结构，写出模式匹配的算法。

用结点等于 1 的单链表做串的存储结构时，实现朴素的匹配算法较简单。只要用一个指针 first，记住每一趟匹配开始时目标串起始比较结点的地址。若某一趟匹配成功，则返回 first 的值；若整个匹配失败，则返回空指针，其具体算法如下：

```
LinkString Indexl(LinkString *s, LinkSting *t){
    LinkString *first, *sptr,* tptr;   //s, t 是不带头结点的链串
    first=s;   //first 指向 s 的起始比较位置
    sptr=first; tptr=t;
    while(sptr&&tptr){
        if(sptr->data == tptr->data){   //继续比较后继结点的字符
            sptr=sptr->next;
            tptr=tptr->next;
        }
        else{   //本趟匹配失败，回溯
            first=first->next;
            sptr=first;
            tptr=t;
        }
    }
    if(tptr==NULL)
        return first;  //匹配成功
    else
        return NULL;   //匹配失败
} //Indexl
```

该算法的时间复杂度与前面讨论的顺序串的朴素匹配算法的相同。

4.3.2 KMP 算法

KMP 算法是一种改进的模式匹配算法，它是由 D.E.Knuth、J.H.Morris 和 V.R.Pratt 同时发现的，因此，人们称它为克努特-莫里斯-普拉特操作(简称 KMP 算法)。这种算法可以在 $O(n + m)$的时间数量级上完成串的模式匹配操作，它的改进之处在于：每当一趟匹配过程中出现字符比较不相等时，不需回溯 i 值，而是利用已经得到的“部分匹配”的结果将模式向右“滑动”尽可能远的一段距离后，继续进行比较。下面通过具体例子来说明。

在图 4-5 中可以看到，$s_0 = t_0$，$s_1 = t_1$，$s_2 \neq t_2$，而 $t_0 \neq t_1$，则 $s_1 \neq t_0$，所以将 T 串右移一位后的下一趟比较一定不相等；再由 $t_0 = t_2$，可以推出 $s_2 \neq t_0$，所以将 T 再右移一位后的下一趟比较也一定不相等；因此便可直接将 T 右移三位，从 s_3 开始与 t_0 进行比较，这样的匹配过程对 S 而言就消除了回溯。

为方便理解与说明解释，目标串 S 表示为 $s_1s_2\cdots s_n$，模式串 T 表示为 $t_1t_2\cdots t_m$。要设计一个无回溯的匹配算法，关键在于匹配过程中，一旦 $s_i(i\geqslant 1)$与 $t_j(j\geqslant 1)$比较不相等，存在有下列条件：

$$\begin{cases} \text{SubStr}(S, i-j+1, j-1) = \text{SubStr}(T, 1, j-1) \\ s_i \neq t_j \end{cases}$$

时能立即确定右移的位数和继续(无回溯)比较的字符，也就是说，能确定 T 中哪一个字符应和 S 中的 s_i 进行比较。将这个字符记为 t_k，显然有 $k<j$，且对于不同的 j 值，k 值也不相同。

Knuth 等人发现，这个 k 值仅仅依赖于模式串 T 本身的前 j 个字符的组成，而与目标 S 无关。一般使用 next[j]表示与 j 对应的 k 值，即若 next[j]>0，表示一旦匹配过程中出现 $s_i \neq t_j$，可用 T 中的字符 t_k(k 存放在 next[j]中)与 s_i 进行比较；若 next[j] = 0，则下一趟将 t_1 与 s_{i+1} 进行比较。可见，对于任何的模式 T 而言，只要能确定 next[j](j = 1, 2, …, m)的值，就可以用来加速匹配过程。

如何正确地计算 next 数组，是实现无回溯匹配算法的关键。下面通过分析 next[j]的性质，找出 next[j]必须满足的条件，从而给出 next 数组的生成算法。

对 next[j]性质进行分析的步骤如下：

(1) next[j]是一个整数，并且满足 $0\leqslant next[j]<j$。

(2) 匹配过程中，一旦有 s_i 与 t_j 比较不相等，根据 next[j]的意义，用 $t_k(k = next[j] \neq 0)$与 s_i 继续比较，也可以看作将 T 右移 j – next[j]位，如图 4-6 所示。

$$\begin{array}{cccccccccc}
s_1 & s_2\cdots & s_{i-j+1} & \cdots & s_{i-2} & s_{i-1} & s_i & s_{i+1}\cdots \\
 & & \| & \cdots & & \| & \nparallel & \| \\
 & & t_1\cdots & t_k\cdots & t_{j-2} & t_{j-1} & t_j & \\
 & & & t_1 & \cdots & t_{k-1} & t_k & t_{k+1}\cdots
\end{array}$$

图 4-6 t 右移 j – next[j]位示意图

若新一趟匹配是 s_i 与 t_k 比较，那么为了保证下一步比较是有效的，则 T 中前 k–1 个字符的子串需满足：

$$t_1 t_2 \cdots t_{k-1} = s_{i-k+1} s_{i-k+2} \cdots s_{i-1}$$

由上一趟的部分匹配结果，s_i 之前的 k–1 个字符构成的子串满足：

$$t_{j-k+1}\, t_{j-k+2} \cdots t_{j-1} = s_{i-k+1}\, s_{i-k+2} \cdots s_{i-1}$$

从上述表示中可得出：

$$t_1\, t_2 \cdots t_{k-1} = t_{j-k+1}\, t_{j-k+2} \cdots t_{j-1}$$

即 k 的取值应使得 $t_1t_2\cdots t_{j-1}$ 的首尾 k – 1 个字符组成的子串相等，也就是说

$$\text{SubStr}(T, 1, k-1) = \text{SubStr}(T, j-k+1, k-1)$$

(3) 为使 T 的右移不丢失任何匹配成功的可能，对于同时存在多个满足(2)的 k 值应取其中的最大值，如图 4-7 所示，这样移动的位数 j – k 最小。例如，S = "aaaabb"，T = "aaab"，当 s_4 = a 与 t_4 = b 发生比较不相等时，k 可取 1、2 和 3，但只有 k 取 3 时才能保证不丢失成功的可能匹配。

```
S:     a a a a b b
T:     a a a b
T右移    a a a b
             ↑t(k=3)
```

图 4-7 k 取最大值

(4) 如果在 $t_1t_2\cdots t_{j-1}$ 的首尾不存在相同的子串，即子串长度为零，则 k = 1，表示一旦有 $t_j \neq s_i$，则用 t_1 与 s_i 进行比较。特殊情况，当 j = 1 时，即 $t_1 = s_i$ 比较不相等，则不能再像上面那样进行右移了，可将 t_1 与 s_{i+1} 进行比较后进入新一趟的匹配，故 next[j] = 0。若 t_j 与 s_i 比较不相等，则可用 t_k(k = next[j])与 s_i 比较；如果已知 $t_j = t_k$，则相比较必有 $t_k \neq s_i$，此时可根据 next[j]的意义再取 k'= next[k] ≠ 0，用 $t_{k'}$与 s_i 继续比较。所以当 $t_j = t_k$ 时，next[j] = next[k]。

下面可以给出 next 函数的定义：

$$\text{next}[j]=\begin{cases}0 & j=1\\ \max\{\, k \mid 0<k<j，\text{且使得 } t_1t_2\cdots t_{k-1}=t_{j-k+1}\cdots t_{j-1} \text{ 成立}\,\} & \text{当此集合不空时}\\ 1 & \text{其他情况}\end{cases}$$

由 next 函数的定义可以推出模式串的 next 值，下面给出具体算法。需要说明的是，由于 C 语言中的数组下标是从 0 开始的，故指向目标 S 串和模式 T 串的 i 和 j 的初值均为 0，这和上述讨论中的表示稍有差异，请读者注意。

```
int Index(SeqString *s, SeqString *t){
    int i = 0, j = 0;
    while(i < s->len && j < t->len){
        if ((j == -1) || (s->ch[i] == t->ch[j])){
            i++; j++;
        }else{
            j=next[j];  //模式串 T 向右移动
        }
    }
    if(j == t->len)
        return i - t->len;  //匹配成功
    else
        return -1;  //匹配失败
```

```
} //Index
```

下面给出求 next 数组的算法(next[]的下标索引从 0 开始)：

```
void GetNext(SeqString *t, int next) {
    int i = 0, j = -1;
    next[0] = -1;
    while(i < t->len){
        if(j == -1 || t->ch[i] == t->ch[j]){
            ++i;
            ++j;
            next[i] = j;
        }else
            j = next[j];
    }
} //GetNext
```

上述算法的时间复杂度为 O(m)。通常，模式串 T 的长度 m 比目标串的长度 n 要小得多，因此，对整个匹配算法来说，所增加的这点儿时间是值得的。

例 4-2 计算 T="abaabcac"的 next 值。

根据 next 函数的定义，可求得：

j=1 next[1]=0;

j=2 没有首尾相等的子串，next[2]=1;

j=3 同 j=2，next[3]=1

j=4 有首尾相等的子串"a"，则有 next[4]=2

依次类推，最终的结果如表 4-1 所示。

表 4-1 模式串的 next 值

j	1	2	3	4	5	6	7	8
模式	a	b	a	a	b	c	a	c
next[j]	0	1	1	2	2	3	1	2

需要说明的是，虽然朴素模式匹配算法的时间复杂度是 O(n × m)，但在一般情况下，其实际的执行时间复杂度近似于 O(n + m)，因此至今仍被采用。Knuth 等人提出的快速模式匹配算法仅在模式与主串之间存在许多“部分匹配”的情况下，才显得比朴素匹配算法快得多。但是，快速匹配的最大特点是指示目标串的指针不需要回溯，在整个匹配过程中，对目标串仅须从头至尾扫描一遍，这对处理从外设输入的庞大文件很有效，可以边读入边匹配，而无须回头重读。

4.4 多维数组的存储实现

一维数组[a_0, a_1, …, a_{n-1}]由固定的 n 个元素构成，每个元素除具有值以外，还带有一个

下标值，以确定该元素在表中的位置。二维数组

$$A_{2\times3}=\begin{pmatrix} a_{00} & a_{01} & a_{02} \\ a_{10} & a_{11} & a_{12} \end{pmatrix}$$

也由固定的六个元素构成，每个元素由值与一对下标构成。此外，二维数组也可看作是由两个一维数组与一对下标元素定义的一维数组，这时每个数据元素受到两个下标关系约束，数据元素之间在每一个关系中仍具有线性特性，而在整个结构中呈非线性。例如二维数组

$$A_{m\times n}=\begin{bmatrix} a_{00} & a_{01} & \cdots & a_{0,n-1} \\ a_{10} & a_{11} & \cdots & a_{1,n-1} \\ a_{20} & a_{21} & \cdots & a_{2,n-1} \\ \vdots & \vdots & & \vdots \\ a_{m-1,0} & a_{m-1,1} & \cdots & a_{m-1,n-1} \end{bmatrix}$$

又可以写成

$$A_{m\times n}=[[a_{00}a_{01}\cdots a_{0,n-1}],\ [a_{10}a_{11}\cdots a_{1,n-1}],\ \cdots,\ [a_{m-1,0}a_{m-1,1}\cdots a_{m-1,n-1}]]$$

或

$$A_{m\times n}=[[a_{00}a_{10}\cdots a_{m-1,0}],\ [a_{01}a_{11}\cdots a_{m-1,1}],\ \cdots,\ [a_{0,n-1}a_{1,n-1}\cdots a_{m-1,n-1}]]$$

可以发现，当维数为 1 时，数组是一种元素数目固定的线性表；当维数大于 1 时，数组可以看作是线性表的推广。

同样，一个三维数组可以看成是其元素用二维数组来定义的特殊线性表。以此类推，n 维数组是由 n－1 维数组定义的，每个数据元素受到 n 个下标约束。可见，数组是一种复杂的数据结构，它可以由简单的数据结构辗转合成得到。

总结前面的数组定义关系，可以说数组是由值与下标构成的有序对，结构中的每一个数据元素都与其下标有关。

数组结构具有的性质如下：

(1) 数据元素数目固定。一旦说明了一个数组结构，其中的元素数目就不再有增减变化。

(2) 数据元素具有相同的类型。

(3) 数据元素的下标关系具有上下界的约束，并且下标有序。

对于数组，通常只有两种运算：

(1) 给定一组下标，存取相应的数据元素。

(2) 给定一组下标，修改相应数据元素中的某个数据项的值。

下面给出数组抽象数据类型的定义：

ADT Array{

数据对象：$j_i=0,\ \cdots,\ b_{i-1}$，$i=1$，2，…，n

$R=\{a_{j_1j_2\cdots j_n}\mid n(>0)$称为数组的维数，$b_i$是数组第 i 维的长度，$j_i$是数组元素的第 i 维下标，$a_{j_1j_2\cdots j_n}\in ElemSet$, ElemSet 为元素集合}

数据关系：$R=\{R_1,\ R_2,\ \cdots,\ R_n\}$

$R_i=\{<a_{j_1\cdots j_i\cdots j_n},\ a_{j_1\cdots j_{i+1}\cdots j_n}>\mid 0\leqslant j_k\leqslant b_{k-1}$，$1\leqslant k\leqslant n$ 且 $k\neq i,\ 0\leqslant j_i\leqslant b_{i-2}$,

$a_{j_1\cdots j_i\cdots j_n}$，$a_{j_1\cdots j_{i+1}\cdots j_n}$ $\in$D，i = 2，…，n}

操作集合：

InitArray(&A，n，bound1，…，boundn)

初始条件：无

操作结果：若维数 n 和各维长度合法，则构造相应的数组 A，并返回 OK

DestroyArray(&A)

初始条件：A 存在

操作结果：销毁数组 A

Value(A，&e，index1，…，indexn)

初始条件：A 是 n 维数组，e 为元素变量，随后是 n 个下标值

操作结果：若各下标不越界，则将 A 中指定的元素赋值给 e，并返回 OK

Assign(&A，e，index1，…，indexn)

初始条件：A 是 n 维数组，e 为元素变量，随后是 n 个下标值

操作结果：若下标不越界，则将 e 的值赋给所指定 A 的元素，并返回 OK

}ADT Array

由于数组一般不做插入和删除运算，也就是说，一旦建立了数组，则结构中的数据元素个数和元素之间的关系就不再发生变动，因此，采用顺序存储结构表示数组是自然的事了。

我们知道，存储单元是一维的结构，而数组是多维的结构，那么用一组连续存储单元存放数组的数据元素就必然有个次序约定问题。二维数组的顺序存储具体又可分为以行为主序的优先存储和以列为主序的优先存储。由于多维数组的下标不止两个，因此存储时规定了以下标顺序为主序的优先存储或逆下标顺序为主序的优先存储。

以行为主序的优先存储是将数组元素按行优先关系排列，第 i + 1 行中的数据元素紧跟在第 i 行中数据元素的后面，同一行中元素以列下标次序排列。

以列为主序的优先存储是将数组元素按列优先关系排列，第 j + 1 列中的数据元素紧跟在第 j 列中数据元素的后面，同一列中元素以行下标次序排列。

二维数组 $A_{m\times n}$ 的两种存储方式如图 4-8 所示。

多维数组中，以下标顺序为主序表示先排最右的下标，从右向左直到排到最左的下标；而以逆下标顺序为主序，则表示从最左开始向右排列。

在 C 语言中，数组是按行优先顺序存储的，但也有的程序设计语言是以列为主序存储的。

按以行为主序和以列为主序的两种方式顺序存储的数组，只要知道开始结点的存储地址(即基地址)，维数和每维的上、下界，以及每个数组元素所占用的单元数，就可以将数组元素的存储地址表示为其下标的线性函数。因此，数组中的任意一个元素可以在相同的时间内

(a) 以行为主序	(b) 以列为主序
a_{11}	a_{11}
a_{12}	a_{21}
⋮	⋮
a_{1n}	a_{m1}
a_{21}	a_{12}
a_{22}	a_{22}
⋮	⋮
a_{2n}	a_{m2}
⋮	⋮
a_{m1}	a_{1n}
a_{m2}	a_{2n}
⋮	⋮
a_{mn}	a_{mn}

图 4-8　二维数组的两种存储方式

存取，即顺序存储的数组是一个随机存取结构。

例如，二维数组 $A_{m\times n}$ 按行优先顺序存储在内存中，假设每个数据元素占用 d 个存储单元，则有

$$Loc(a_{ij}) = Loc(a_{11}) + [(i-1) * n + (j-1)] * d \tag{4-3}$$

式(4-3)的推导思路是：结构中第 a_{ij} 个元素，其前面已存放了 i − 1 行共(i − 1) ∗ n 个元素，在第 i 行中其前面已存放了 j − 1 个元素，因而总共占用的空间为[(i − 1) ∗ n + (j − 1)] ∗ d，再以 a_{11} 的存储地址作为起始位置，即可推得。

同理，可推出二维数组 $A_{m\times n}$ 以列为主序的优先存储地址计算公式为

$$Loc(a_{ij}) = Loc(a_{11}) + [(j-1) * m + (i-1)] * d \tag{4-4}$$

同样，三维数组 $A_{m\times n\times p}$ 按行优先顺序存储，其地址计算公式为

$$Loc(a_{ijk}) = Loc(a_{111}) + [(i-1) * n * p + (j-1) * p + (k-1)] * d \tag{4-5}$$

读者不难推广出多维数组的情况。

上述讨论均假设数组的下界是 1，而一般的二维数组是 $A[c_1 \cdots d_1, c_2 \cdots d_2]$，这里 c_1、c_2 不一定是 1。a_{ij} 前一共有 $i - c_1$ 行，一共有 $d_2 - c_2 + 1$ 列，故 $i - c_1$ 行共有 $(i - c_1) * (d_2 - c_2 + 1)$ 个元素，第 i 行上 a_{ij} 前一共有 $j - c_2$ 个元素，因此，a_{ij} 的地址计算公式为

$$Loc(a_{ij}) = Loc(a_{c_1c_2}) + [(i-c_1) * (d_2-c_2+1) + (j-c_2)] * d \tag{4-6}$$

值得注意的是，在 C 语言中，数组下标的下界是 0，因此二维数组的地址计算公式为

$$Loc(a_{ij}) = Loc(a_{00}) + [i*(d_2+1) + j]*d \tag{4-7}$$

以下讨论数组的存储结构时，均以 C 语言的下界(即 0)表示。

4.5 矩阵的压缩存储

在科学计算和工程应用中，经常要用到矩阵的概念。由于矩阵具有元素数目固定以及元素按下标关系有序排列这样的特点，因此在用高级语言编程时很自然地想到用二维数组来描述矩阵。在矩阵的这种存储表示之下，可以对其元素进行随机存取，各种矩阵运算也比较简单，并且存储的密度为 1。但是，在矩阵中非零元素呈某种规律分布或者矩阵中出现大量零元素的情况下，看起来存储密度仍为 1，实际上却占用了许多单元存储重复的非零元素或零元素，这对高阶矩阵会造成极大的浪费。为了节省空间，可以对这类矩阵进行压缩存储。

所谓**压缩存储**，是指对多个值相同的元素只分配一个空间，对零元素不分配空间。

4.5.1 特殊矩阵

对于值相同的元素或者零元素的分布具有一定规律的矩阵，称之为**特殊矩阵**。下面分别讨论几种特殊矩阵的压缩存储。

1. 对角矩阵

在对角矩阵中，所有非零元素都集中在以主对角线为中心的带状区域中，即除了主对角线上和主对角线相邻近的上、下方以外，其余元素均为 0。图 4-9 所示就是一个三对角

矩阵。

现在考虑最简单的一种，即只在主对角线上含有非零元素的对角矩阵，如图 4-10 所示。

$$\begin{bmatrix} a_{00} & a_{01} & 0 & \cdots & \cdots & 0 \\ a_{10} & a_{11} & a_{12} & \cdots & \cdots & 0 \\ 0 & a_{21} & a_{22} & a_{23} & \cdots & 0 \\ \vdots & \vdots & \vdots & \vdots & & \vdots \\ 0 & 0 & 0 & \cdots & a_{n-1,\ n-2} & a_{n-1,\ n-1} \end{bmatrix}$$

图 4-9　三对角矩阵

$$\begin{bmatrix} a_{00} & & \\ & a_{11} & 0 \\ 0 & & \ddots \\ & & & a_{n-1,n-1} \end{bmatrix}$$

图 4-10　最简单的对角矩阵

对于 $n \times n$ 的方阵来说，只含有 n 个非零元素，也就是说只要用几个存储单元来存储即可，显然可以采用一维数组 A[0 … n－1]，并且非零元素的下标与一维数组的下标也可找到唯一的对应关系，有 $A[0] = a_{00}$, $A[1] = a_{11}$，…, $A[n-1] = a_{n-1,\ n-1}$，即 A[k] 与 a_{ii} 的对应关系是 $k = i$。通过这种关系，就可以对矩阵中的元素进行随机存取。

2. 三角矩阵

以主对角线划分，三角矩阵有上三角和下三角两种。上三角矩阵是指矩阵的下三角(不包含对角线)中的元素均为常数(或 0)的 n 阶矩阵；下三角矩阵与之相反。图 4-11 给出了两种三角矩阵的表示形式。

$$\begin{bmatrix} a_{00} & a_{01} & \cdots & a_{n-1,0} \\ & a_{11} & & \\ 0 & & \ddots & \vdots \\ & & & a_{n-1,n-1} \end{bmatrix} \qquad \begin{bmatrix} a_{00} & & \\ a_{10} & \ddots & 0 \\ \vdots & & \\ a_{n-1,0} & \cdots & a_{n-1,n-1} \end{bmatrix}$$

(a) 上三角矩阵　　(b) 下三角矩阵

图 4-11　三角矩阵

在三角矩阵中，值相同的元素可共享一个存储空间，若重复元素值为 0，则可以不分配空间；其余的元素共有 $n*(n+1)/2$ 个。

在元素存储时，可考虑用 A[0 … $n*(n+1)/2-1$]这样的数组来存储矩阵中的 $n*(n+1)/2$ 个非零元素。由于这些元素的排列是一个三角形，因此须采用一种规定将其排成一个线性序列。为此，也可以使用 4.5 节中介绍的行列优先存储的设计思想。

下面找出数组元素 A[k] 与 a_{ij} 的关系。

在下三角矩阵中，对于 a_{ij} 元素，前面已存放了 i 行，元素的总数为 $i*(i+1)/2$，a_{ij} 处在第 $i+1$ 行的第 $j+1$ 个元素，则其前面已存放的元素数目为 $i*(i+1)/2+j$，也就是说，a_{ij} 应是数组 A 的第 $k+1$ 个元素，$k = i*(i+1)/2+j$。A[k]与 a_{ij} 的对应关系为

$$k = \begin{cases} \dfrac{i*(i+1)}{2} + j & i \geqslant j \\ \dfrac{n*(n+1)}{2} & i < j \end{cases}$$

3. 对称矩阵

在n阶方阵A中，若A中的元素满足$a_{ij} = a_{ji}(0 \leqslant i, j \leqslant n-1)$，则称A是对称矩阵。图4-12给出了一个六阶对称矩阵。

$$\begin{bmatrix} 3 & 1 & 4 & 2 & 9 & 7 \\ 1 & 2 & 3 & 5 & 8 & 6 \\ 4 & 3 & 0 & 1 & 1 & 2 \\ 2 & 5 & 1 & 2 & 0 & 7 \\ 9 & 8 & 1 & 0 & 3 & 4 \\ 7 & 6 & 2 & 7 & 4 & 0 \end{bmatrix}$$

图4-12 六阶对称矩阵

由于对称矩阵中的元素关于对角线对称，因此在存储时只需存储矩阵中上三角或下三角中的元素，使得对称的元素共享一个存储空间。假如要存储下三角中的元素，则元素的总数为$n*(n+1)/2$，按行优先关系存储，可得A[k]与a_{ij}的对应关系为

$$k = i*(i+1)/2+j \quad 0 \leqslant k < n*(n+1)/2, \ i \geqslant j$$

当$i<j$时，a_{ij}在上三角矩阵中，由于$a_{ij}=a_{ji}$，因此

$$k = j*(j+1)/2+i \quad i<j$$

最后一个统一的k，i，j的对应关系为

$$k = i*(i+1)/2+j$$

其中，$i=\max(i, j)$；$j=\min(i, j)$。

对于这些特殊矩阵，总能找到一个关系将其压缩存储到一维数组中，通过这个关系可以对矩阵的元素进行随机存取。

4.5.2 稀疏矩阵

由于特殊矩阵中非零元素的分布都是有规律的，因此总可以找到矩阵中的元素与一维数组下标之间的对应关系。还有一类矩阵，其中也含有非零元素及较多的零元素，但非零元素的分布没有任何规律，这就是**稀疏矩阵**。

若矩阵$A_{m \times n}$中有s个非零元素，t个零元素，且s<<t，则称该矩阵为稀疏矩阵。

对于s与t的比较数量级，人们只能靠感觉来判定，这与实际问题及对存储的要求有关。由于非零元素的分布一般是没有规律的，因此，在存储非零元素的同时，还必须存储适当的辅助信息，才能迅速确定一个非零元素是矩阵中的哪一个元素。下面仅讨论用三元组表来表示两种稀疏矩阵的压缩存储方法。

若将表示稀疏矩阵的非零元素的三元组按行优先(或列优先)的顺序排列(跳过零元素)，则得到一个其结点均是三元组的线性表。我们将该线性表的顺序存储结构称为三元组表。因此，三元组表是稀疏矩阵的一种顺序存储结构。在下面的讨论中，均假定三元组是按行优先顺序排列的。

显然，要唯一地确定一个稀疏矩阵，还必须存储该矩阵的行数和列数。为了运算方便，还要将非零元素的个数与三元组表存储在一起。因此，稀疏矩阵类型说明如下：

```
#define SMAX 16    //最大非零元素个数的常数
typedef int Datatype;
typedef struct{
    int i,j;   //行号，列号
    Datatype v;   //元素值
}Node;
typedef struct{
    int m,n,t;   //行数，列数，非零元素个数
```

```
        Node data[SMAX];   //三元组表
    }Spmatrix;   //稀疏矩阵类型
```

图 4-13(a)所示的稀疏矩阵 A 的三元组表如图 4-13(b)所示。在图 4-13(b)中，a 是 Spmatrix 型的指针变量。

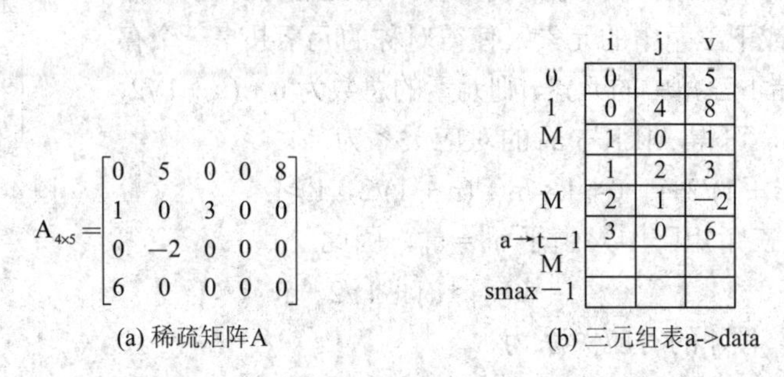

$$A_{4\times5}=\begin{bmatrix}0&5&0&0&8\\1&0&3&0&0\\0&-2&0&0&0\\6&0&0&0&0\end{bmatrix}$$

	i	j	v
0	0	1	5
1	0	4	8
M	1	0	1
	1	2	3
M	2	1	−2
a→t−1	3	0	6
M			
smax−1			

(a) 稀疏矩阵A　　(b) 三元组表a->data

图 4-13　稀疏矩阵 A 及三元组表

下面以矩阵的转置为例，说明在这种压缩存储结构中如何实现矩阵的运算。

一个 m×n 的矩阵 A，它的转置矩阵 B 是一个 n×m 矩阵，且 A[i][j] = B[j][i]，0⩽i⩽m－1，0⩽j⩽n－1，即 A 的行是 B 的列，A 的列是 B 的行。

将 A 转置为 B，就是将 A 的三元组表 a->data 置换为 B 的三元组表 b->data，如果只是简单地交换 a->data 中 i 和 j 中的内容，那么得到的 b->data 将是一个按列优先顺序存储的稀疏矩阵 B。要得到如图 4-14(b)所示的按行优先顺序存储的 b->data，就必须重新排列三元组的顺序。

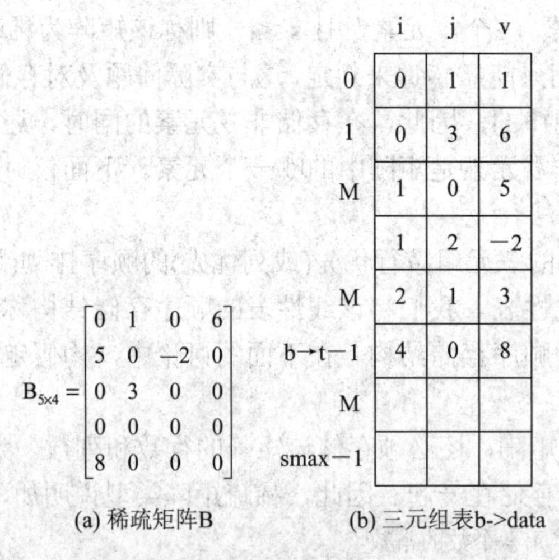

$$B_{5\times4}=\begin{bmatrix}0&1&0&6\\5&0&-2&0\\0&3&0&0\\0&0&0&0\\8&0&0&0\end{bmatrix}$$

	i	j	v
0	0	1	1
1	0	3	6
M	1	0	5
	1	2	−2
M	2	1	3
b→t−1	4	0	8
M			
smax−1			

(a) 稀疏矩阵B　　(b) 三元组表b->data

图 4-14　稀疏矩阵 B 及三元组表

稀疏矩阵转置

由于 A 的列是 B 的行，因此，按 a->data 的列序转置，所得到的转置矩阵 B 的三元组表 b->data 必定是按行优先存放的。为了找到 A 的每一列中所有的非零元素，需要对三元组表 a->data 从第一行起整个扫描一遍，由于 a->data 是按 A 的行优先顺序存放的，因此得到的恰是 b->data 应有的次序，其算法描述如下：

```
    Spmatrix *TransMat(Spmatrix *a){
        int i, j, bno = 0;
```

```
        Spmatrix *b;
        b = (Spmatrix *) malloc(sizeof(Spmatrix));
        b->m = a->n;
        b->n = a->m;
        b->t = 0;
        if(a->t == 0)
            return NULL;
        for(i = 0; i < a->n; i++){   //遍历列
            for(j = 0; j < a->t; j++){
                if(a->data[j].j == i){
                    b->data[bno].i = a->data[j].j;
                    b->data[bno].j = a->data[j].i;
                    b->data[bno].v = a->data[j].v;
                    bno++;
                }
            } //for(j=0; …
        } // for(i=0; …
        b->t = bno;
        return b;
    } //TransMat
```

上述算法的时间主要耗费在 i 和 j 的二重循环上。若 A 的列数为 n，非零元素个数为 t，则执行时间复杂度为 $O(n \times t)$，即与 A 的列数和非零元素个数的乘积成正比。通常用二维数组表示矩阵时，其转置算法的执行时间复杂度是 $O(m \times n)$，它正比于行数和列数的乘积。由于非零元素个数一般远远大于行数，因此，上述稀疏矩阵转置算法的执行时间，大于非压缩存储的矩阵转置算法的执行时间。

4.6 应用实例

4.6.1 稀疏矩阵的运算

1. 问题描述及要求

前面已经讨论过稀疏矩阵的三元组表示，并以矩阵的转置为例，说明在这种压缩存储结构中如何实现矩阵的运算。在这节的应用实例中，除了给出矩阵转置的完整代码，还实现了矩阵的加法运算。

2. 数据结构

稀疏矩阵均采用 4.5 节介绍的三元组表来表示，即所有非零元素的三元组按行优先依次排列存储于顺序表中，具体类型说明如下：

```
    typedef struct   {   //三元组结点
```

```
        int row; //行
        int col; //列
        int val; //值
    }Node;
    typedef struct {
        int m,n,t;   //矩阵行数，列数，非零元素个数
        Node data[SMAX];   //三元组表
    }Spmatrix;   //稀疏矩阵类型
```

3. 算法设计

稀疏矩阵的转置运算已在4.5节讨论，下面讨论矩阵的加法运算。

矩阵加法是指对两个行列数相同的矩阵A和B，将其对应位置的元素相加，结果是一个具有相同行列数的新矩阵。在具体实现时，可以将结果存储于另一个矩阵C中，C同样用三元组表c来表示。

若矩阵A、B分别压缩存储于三元组表a和b中，两个矩阵相加，需从头扫描a、b和i、j分别指示对应的三元组结点。

(1) a->data[i]和 b->data[j]的行、列号均相同，则将其值相加。若和不为零，将和元素存放于c，同时i、j指向下一个三元组结点。

(2) a->data[i]和b->data[j]的行号相同，但列号不同。若a->data[i]列号小，那么a->data[i]即作为和元素存放于三元组表c中，i指向下一个三元组结点；若b->data[j]的列号小，那么b->data[j]就将作为和元素存放于三元组表c中，j指向下一个三元组结点。

(3) 若三元组表a或b，有一个先被扫描处理完，那么另一个三元组表的剩余结点都将作为和元素存放于c中。

4. 程序代码

以下主要子函数分别是建立稀疏矩阵三元表、矩阵的转置、矩阵的相加和矩阵的输出。下面给出相关函数的实现代码，程序的完整代码请扫描附录中的二维码。

```
    Spmatrix *Creat() {   //建立稀疏矩阵的三元组表
        int m,n,i,value,row,col,mno=0;
        Spmatrix *matrix;
        matrix=(Spmatrix *) malloc(sizeof(Spmatrix));
        printf("\n 输入矩阵的行数和列数:\n");
        scanf("%d %d",&matrix->m,&matrix->n);
        printf("输入非零元素个数:\n");
        scanf("%d",&matrix->t);
        printf("输入非零元素: 行号  列号  值\n");
        for(i=0; i<matrix->t; i++) {
            scanf("%d %d %d",&row,&col,&value);
            matrix->data[mno].val=value;
            matrix->data[mno].row=row;
```

```
            matrix->data[mno].col=col;
            mno++;
        }
        return matrix;
    } //Creat

    Spmatrix *TransMat(Spmatrix *a) {   //将矩阵 A 转置
        int i,j,bno=0;
        Spmatrix *b;
        b=(Spmatrix *) malloc(sizeof(Spmatrix));
        b->m=a->n;
        b->n=a->m;
        b->t=a->t;
        if(a->t==0)
            return b;
        for(i=0; i<a->n; i++) {   //遍历列
            for(j=0; j<a->t; j++) {
                if(a->data[j].col==i) {
                    b->data[bno].row=a->data[j].col; //B 元素的行等于 A 元素的列
                    b->data[bno].col=a->data[j].row;//B 元素的列等于 A 元素的行
                    b->data[bno].val=a->data[j].val;
                    bno++;
                }
            }
        } // for(i=0... )
        b->t=bno;
        return b;   //返回转置后的矩阵 B
    } //TransMat

    void AddElement(Spmatrix *matrix, int row, int col, int val,int mno) {
      //将元素组添加到稀疏矩阵，row 行号，col 列号，val 元素值
        matrix->data[mno].row=row;
        matrix->data[mno].col=col;
        matrix->data[mno].val=val;
     } //AddElement */

    Spmatrix *SumMat(Spmatrix *a, Spmatrix *b) {   //稀疏矩阵相加
        Spmatrix *c,*temp;
        int i,j,k,row,col,val,cno;
```

```
    c=(Spmatrix *) malloc(sizeof(Spmatrix));
    c->m=a->m;
    c->n=a->n;
    i=0; j=0; cno=0;
    while(i<a->t && j<b->t) {   //扫描三元组表 a 和 b
        if(a->data[i].row==b->data[j].row) {   //A、B 稀疏矩阵元素的行号相同
            if(a->data[i].col==b->data[j].col) {
                val=a->data[i].val+b->data[j].val;   //元素相加
                if(val!=0) {
                    AddElement(c,a->data[i].row,a->data[i].col,val,cno);
                    cno++;
                }
                i++;
                j++;
            } //if (a->data[i].col==b->data[j].col)
            else if(a->data[i].col<b->data[j].col) {
                AddElement(c,a->data[i].row,a->data[i].col,a->data[i].val,cno);
                i++;
                cno++;
            }
            else {
                AddElement(c,a->data[i].row,b->data[j].col,b->data[j].val,cno);
                j++;
                cno++;
            }
        } //if(a->data[i].row==b->data[j].row)
        else if(a->data[i].row<b->data[j].row) {   //A 矩阵元素的行号小于 B 矩阵
            AddElement(c, a->data[i].row, a->data[i].col, a->data[i].val, cno);
            i++;
            cno++;
        }
        else {   //A 矩阵元素的行号大于 B 矩阵
            AddElement(c, b->data[j].row, b->data[j].col, b->data[j].val, cno);
            j++;
            cno++;
        }
    } //while
    if(i<a->t) {   //矩阵 A 还有剩余非零元素
        temp=a;
```

```
            k=i;
        }
        else {  //矩阵 B 还有剩余非零元素
            temp=b;
            k=j;
        }
        while(k<temp->t) {
            AddElement(c, temp->data[k].row, temp->data[k].col, temp->data[k].val, cno);
            k++;
            cno++;
        }
        c->t=cno;
        return c;
    } //SumMat
```

程序运行如下：

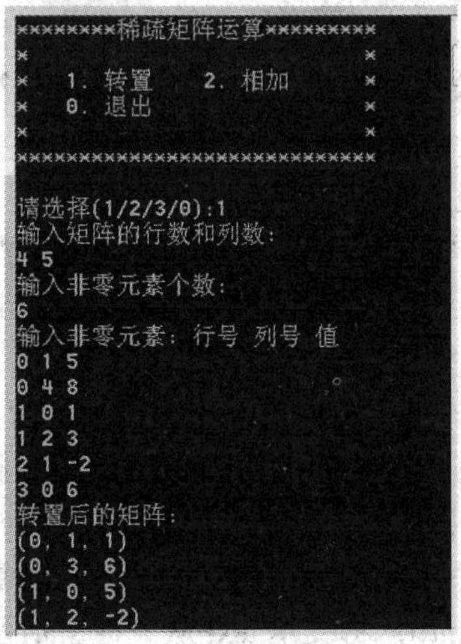

```
********稀疏矩阵运算*********
*                          *
*   1. 转置    2. 相加      *
*   0. 退出                 *
*                          *
****************************

请选择(1/2/3/0):1
输入矩阵的行数和列数:
4 5
输入非零元素个数:
6
输入非零元素: 行号 列号 值
0 1 5
0 4 8
1 0 1
1 2 3
2 1 -2
3 0 6
转置后的矩阵:
(0, 1, 1)
(0, 3, 6)
(1, 0, 5)
(1, 2, -2)
```

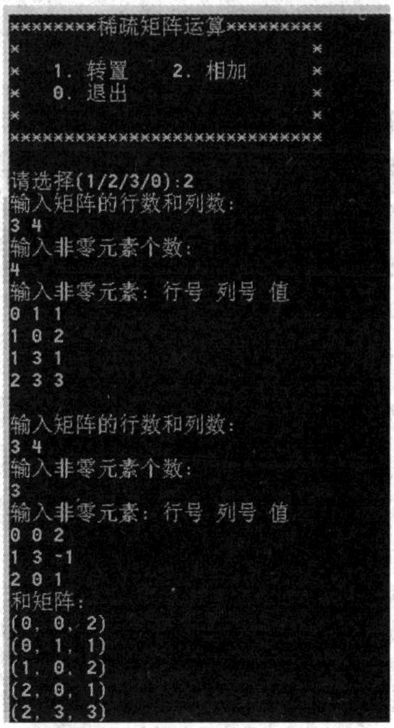

```
********稀疏矩阵运算*********
*                          *
*   1. 转置    2. 相加      *
*   0. 退出                 *
*                          *
****************************

请选择(1/2/3/0):2
输入矩阵的行数和列数:
3 4
输入非零元素个数:
4
输入非零元素: 行号 列号 值
0 1 1
1 0 2
1 3 1
2 3 3

输入矩阵的行数和列数:
3 4
输入非零元素个数:
3
输入非零元素: 行号 列号 值
0 0 2
1 3 -1
2 0 1
和矩阵:
(0, 0, 2)
(0, 1, 1)
(1, 0, 2)
(2, 0, 1)
(2, 3, 3)
```

4.6.2 文本编辑

文本编辑程序用于文本的输入、修改和排版等，并能实现文件的存取。虽然各种文本编辑软件的功能有强弱差别，但其实质都是修改字符数据的形式和格式，基本操作都包括输入、查找、替换、删除、插入等功能。

1. 问题描述及分析

若文本包含若干英文单词，各单词间由空格、逗号或句点分隔，现设计程序模拟编辑软件实现如下功能：对文本中的某个英文单词计数；替换文本中的字符串，如果有多个相同字符串，允许用户选择替换或者不替换；删除文本中的某个串；在某单词前插入一个词。

要实现文本编辑，字符串查找是其中一个核心操作。字符串查找即模式匹配，可以采用朴素的模式匹配算法或 KMP 算法。字符串的删除和插入则需通过移动字符串实现。

2．数据结构

文本段可当作字符串处理，用堆存储结构来存放文本。为了简化处理，程序设定文本和单词的最大堆空间，并保证在编辑中不会产生空间溢出。堆空间的开辟可利用 malloc 函数实现。

```
#define MAXSIZE 20000   //文本空间大小
#define WORD 50   //单词最大长度
char *text=(char *) malloc(MAXSIZE*sizeof(char));   //文本堆空间
```

3．算法设计

模式匹配可采用 4.3 节介绍的朴素模式匹配算法或 KMP 算法，区别在于 KPM 算法在匹配过程中因为没有回溯，所以效率较高，尤其是在模式存在部分匹配的情况。

要实现单词计数，在找到与单词匹配的串时，还需判定该串是否为一个独立的单词，即匹配串的前面和后面的字符应该是空格，或者是逗号，或者是句点，否则不予计数。

在进行串替换操作时，需先找到匹配的串，如果选择替换，则先通过移动字符为新串空出位置，然后将新串复制到空出的位置上，并继续查找文本的下一个匹配串。

串的删除是在找到匹配串后，通过移动字符实现删除的。

单词的插入功能是将新词插入到文本中的某个单词前，因此需先通过模式匹配找到插入位置，再根据新词的长度移动文本中的字符，空出插入位置，最后将新词复制到空出的位置空间。

程序中的主要函数如下：

- int Kmp(char *s, char *t, int start)：在 s 串中从 start 处查找 t 串，返回 t 串在 s 串的起始下标。
- int Count(char *text, char *word)：在文本 text 中查找 word 并计数，返回计数值。
- void Replace(char *text, char *str, int start, int end)：将文本 text 从下标 start 到 end 之间的字符串用 str 替换。
- void Delete(char *text, char *old)：删除文本 text 中出现的第一个串 old。
- void Insert(char *text, char *old, char *word)：在文本 text 中的串 old 前插入单词 word。

4．程序代码

以下是程序中的主要函数代码，完整程序请扫描附录中的二维码。

```
int Kmp(char *s, char *t,int start){   //模式匹配(快速)
    int next[WORD],length;
    length=strlen(t);   //串的长度
    Get_next(t,next);   //调用函数，生成对应的 next 值
    int i=start;   //主串的起始位置
```

```
    int j=0;   //模式串的下标
    while(s[i]!='\0' && j<length) {
        if(j==-1 || s[i]==t[j]) {   //考虑到第一个不相等的情况
            ++i;
            ++j;
        }
        else   //不等，则从 next 值开始下一次比较
            j=next[j]; //模式串的右移
    } //while
    if(t[j]=='\0' && j!=-1)
        return i-length;
    else
        return -1;
} // Kmp

int Count(char *text, char *word){   //在 text 查找单词 word 并计数
    int i=0,j,index,textlen,wordlen,sum=0;
    char pre=' ',next;
    textlen=strlen(text); //文本长度
    wordlen=strlen(word); //单词长度
    while(i<textlen) {
        while(*(text+i)==' ')
            i++; //跳过单词前的空格
        index=Kmp(text, word, i);
        if(index!=-1) {   //找到匹配串
            if(index>0)
                pre=*(text+index-1);   //匹配串前一字符
            next=*(text+index+wordlen);   //匹配串后一字符
            if(pre==' '||pre==','||pre=='.' && (next==' '||next==','||next=='.'||next=='\0'))   //是单词
                sum++; //单词计数
            i=index+wordlen; //继续向后查找
        }
        else
            break;
    } //while
    return sum;
} //Count

void Replace(char *text, char *str, int start, int end){   //用 str 替换 text 子串，从 start 到 end
```

```
    int i,j,dis,len;
    dis=end-start+1;  //被替换串的串长
    len=strlen(str);  //新串的串长
    if(dis!=len) {  //需移动元素空出位置
        if(dis>len){  //end 后的文本需前移
            for(i=start+len; i<strlen(text); i++)
                *(text+i)=*(text+i+dis-len);
        }
        else{  //end 后的文本需后移
            for(i=strlen(text); i>end; i--)
                *(text+i+len-dis)=*(text+i);
        }
    } //if(dis!=len)
    for(i=start,j=0; j<len; i++,j++)      //复制新串
        *(text+i)=*(str+j);
} //Replace

void Modify(char *text, char *old, char *str){   //串的查找并选择替换
    int i=0,length,index,count=0;
    char ans;
    length=strlen(text);
    while(i<length) {
        index=Kmp(text,old,i);
        if(index!=-1){
            count++;
            printf("\n 找到匹配的第%d 个串,位置%d,是否替换(y/n)?",count,index);
            ans=getche();
            if(ans=='Y'||ans=='y')  //替换
                Replace(text, str, index, index+strlen(old)-1);
            i=index+strlen(old);
        }
        else
            break;
    }
    printf("\n 替换结束\n");
} // Modify

void Delete(char *text, char *old){   //删除 text 中出现的第一个 old 串
    int i,j,len,index;
```

```
        len=strlen(old);    //待删除串长度
        index=Kmp(text, old, 0);
        if(index!=-1){
            for(i=index; i<strlen(text)-len; i++)
            *(text+i)=*(text+i+len);
        }
        *(text+i)='\0';
    } // Delete
```

程序运行如下：

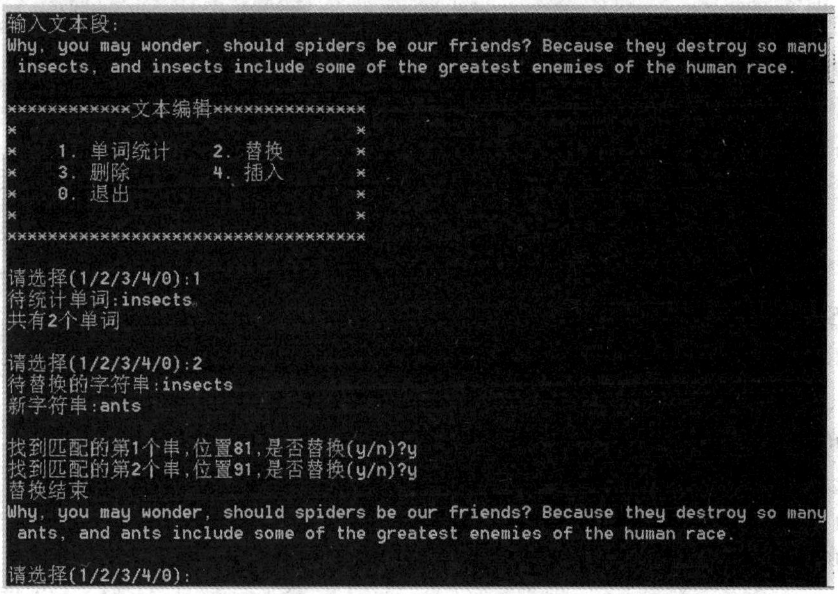

```
输入文本段:
Why, you may wonder, should spiders be our friends? Because they destroy so many
 insects, and insects include some of the greatest enemies of the human race.

************文本编辑**************
*                                *
*    1. 单词统计     2. 替换     *
*    3. 删除         4. 插入     *
*    0. 退出                     *
*                                *
**********************************

请选择(1/2/3/4/0):1
待统计单词:insects
共有2个单词

请选择(1/2/3/4/0):2
待替换的字符串:insects
新字符串:ants

找到匹配的第1个串,位置81,是否替换(y/n)?y
找到匹配的第2个串,位置91,是否替换(y/n)?y
替换结束
Why, you may wonder, should spiders be our friends? Because they destroy so many
 ants, and ants include some of the greatest enemies of the human race.

请选择(1/2/3/4/0):
```

本 章 小 结

本章介绍了串、多维数组的存储方式及稀疏矩阵的压缩存储。

串在本质上仍是线性表，其特殊性在于每个数据元素均是字符数据。串的存储方式可以采用顺序存储、链式存储和索引存储。串的基本操作包括串的复制、连接、比较、子串的查找等。子串的查找也称为模式匹配，模式匹配是文本操作中经常使用的一种运算，不同的算法的效率有较大的差异，如KMP算法因在查找中无需回溯，故与普通的模式匹配算法相比效率较高。

多维数组采用顺序存储，但因是多维结构，其顺序存放可分为以行下标为主序和以列下标为主序两种方式。多维数组中元素的存储地址均可用线性公式表示。

矩阵的压缩存储可针对特殊矩阵和稀疏矩阵两类，特殊矩阵可压缩存放至一个长度为非零元素个数的一维数组中；稀疏矩阵的压缩存储可以采用三元组表的形式。

习　题

概念题

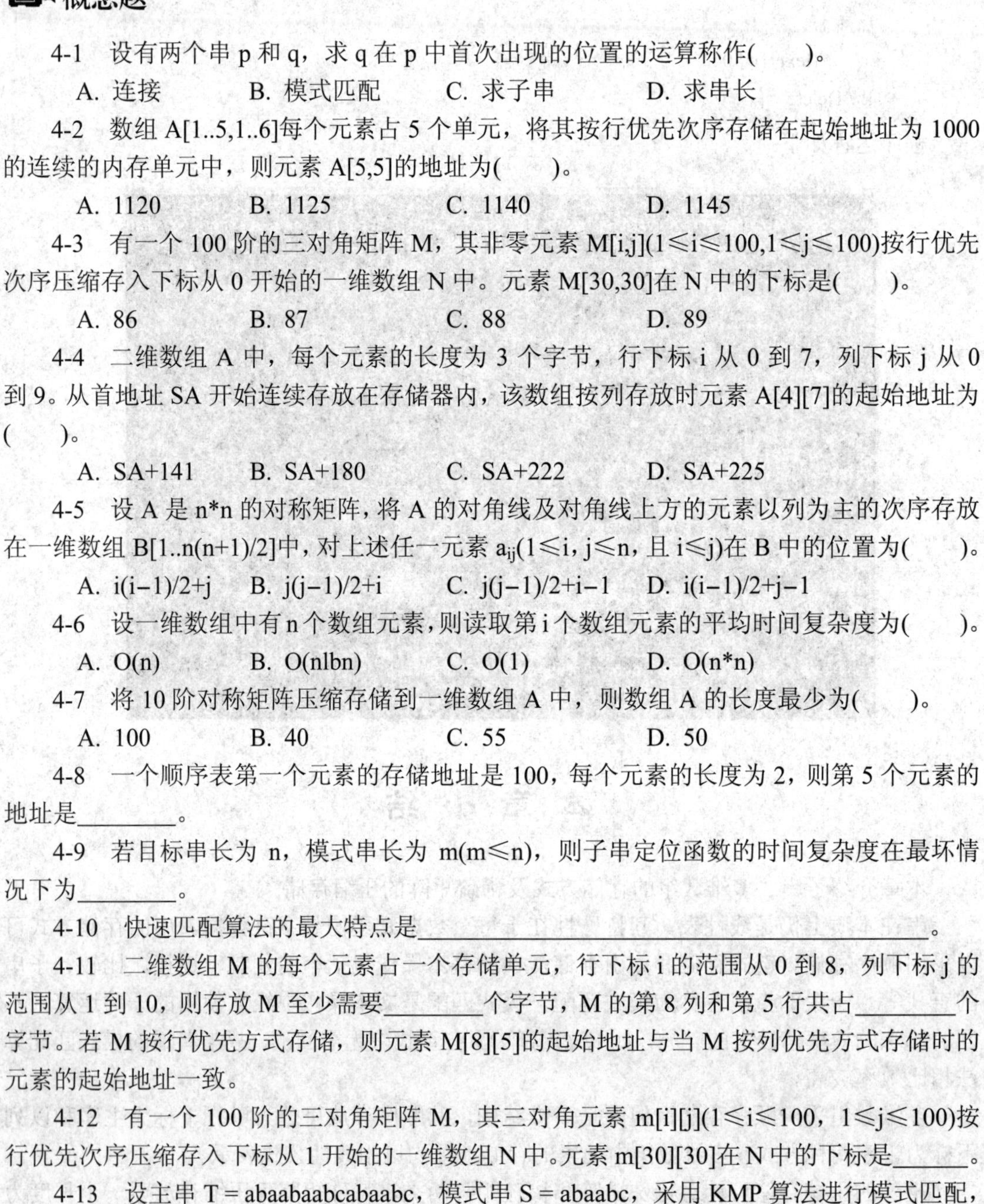

4-1　设有两个串 p 和 q，求 q 在 p 中首次出现的位置的运算称作(　　)。

A. 连接　　B. 模式匹配　　C. 求子串　　D. 求串长

4-2　数组 A[1..5,1..6]每个元素占 5 个单元，将其按行优先次序存储在起始地址为 1000 的连续的内存单元中，则元素 A[5,5]的地址为(　　)。

A. 1120　　B. 1125　　C. 1140　　D. 1145

4-3　有一个 100 阶的三对角矩阵 M，其非零元素 M[i,j](1≤i≤100,1≤j≤100)按行优先次序压缩存入下标从 0 开始的一维数组 N 中。元素 M[30,30]在 N 中的下标是(　　)。

A. 86　　B. 87　　C. 88　　D. 89

4-4　二维数组 A 中，每个元素的长度为 3 个字节，行下标 i 从 0 到 7，列下标 j 从 0 到 9。从首地址 SA 开始连续存放在存储器内，该数组按列存放时元素 A[4][7]的起始地址为(　　)。

A. SA+141　　B. SA+180　　C. SA+222　　D. SA+225

4-5　设 A 是 n*n 的对称矩阵，将 A 的对角线及对角线上方的元素以列为主的次序存放在一维数组 B[1..n(n+1)/2]中，对上述任一元素 a_{ij}(1≤i, j≤n，且 i≤j)在 B 中的位置为(　　)。

A. i(i−1)/2+j　　B. j(j−1)/2+i　　C. j(j−1)/2+i−1　　D. i(i−1)/2+j−1

4-6　设一维数组中有 n 个数组元素，则读取第 i 个数组元素的平均时间复杂度为(　　)。

A. O(n)　　B. O(nlbn)　　C. O(1)　　D. O(n*n)

4-7　将 10 阶对称矩阵压缩存储到一维数组 A 中，则数组 A 的长度最少为(　　)。

A. 100　　B. 40　　C. 55　　D. 50

4-8　一个顺序表第一个元素的存储地址是 100，每个元素的长度为 2，则第 5 个元素的地址是________。

4-9　若目标串长为 n，模式串长为 m(m≤n)，则子串定位函数的时间复杂度在最坏情况下为________。

4-10　快速匹配算法的最大特点是____。

4-11　二维数组 M 的每个元素占一个存储单元，行下标 i 的范围从 0 到 8，列下标 j 的范围从 1 到 10，则存放 M 至少需要________个字节，M 的第 8 列和第 5 行共占________个字节。若 M 按行优先方式存储，则元素 M[8][5]的起始地址与当 M 按列优先方式存储时的元素的起始地址一致。

4-12　有一个 100 阶的三对角矩阵 M，其三对角元素 m[i][j](1≤i≤100，1≤j≤100)按行优先次序压缩存入下标从 1 开始的一维数组 N 中。元素 m[30][30]在 N 中的下标是______。

4-13　设主串 T = abaabaabcabaabc，模式串 S = abaabc，采用 KMP 算法进行模式匹配，到匹配成功时为止，在匹配过程中进行的单个字符间的比较次数是______。

4-14　已知三维数组 M[2…3, −4…2, −1…4]，且每个元素占用 2 个存储单元，起始地

址为100，按行下标优先顺序存储，

(1) M所含的数据元素个数为________。

(2) M[2, 2, 2]和M[3, −3, 3]的存储地址分别为________和________。

4-15 设三对角矩阵 $A_{n\times n}$ 按行优先顺序压缩存储在数组B[3*n − 2]之中，求：

(1) k的下标变换公式(用i，j表示)为____________。

(2) 用k表示i，j的下标变换公式分别为___________和____________。

4-16 设A是一个上三角矩阵，重复元素c可共享一个存储空间，其余元素压缩存储到A[n * (n + 1)/2 + 1]中，重复元素存放在最后一个分量中。试求：数组元素A[k]与 a_{ij} 的对应关系。

4-17 已知模式串t1 = "aaab"，模式串t2 = "abcabaa"，试分别求出快速匹配中函数next的值。

算法设计题

4-18 若x和y是两个采用顺序结构存储的串，编写一个比较两个串是否相等的函数。

4-19 若s是一个采用顺序结构存储的串，串长为n，编写一个函数，要求从s中删除从第i(n≥i≥1)个字符开始的，长度为j的子串。

4-20 若x是采用单链表存储的串，编写一个函数将其中的所有字符c替换成字符s。

4-21 采用顺序存储结构串，编写一个实现串通配符匹配的函数Pattern ()，其中的通配符只有'?'，它可以和任一字符匹配成功。

4-22 采用顺序结构存储串，编写一个函数计算一个子串在一个字符串中出现的次数，如果该子串不出现则为0。

4-23 若s和t是两个单链表存储的串，编写一个函数找出s中第一个不在t中出现的字符。

4-24 设对于二维数组A[m][n](m≤80，n≤80)，读入数组的全部元素，对如下三种情况分别编写相应函数：

(1) 求数组A四周靠边元素之和。

(2) 求从A[0][0]开始的互不相邻元素之和。

(3) 当m = n时，分别求两条对角线上的元素之和；否则打印出m ≠ n的信息。

4-25 若矩阵 $A_{m\times n}$ 中存在一个元素A[i − 1][j − 1]满足：A[i − 1][j − 1]是第i行元素中最小值，且又是第j列元素中最大值，则称此元素为该矩阵的一个马鞍点。假设以二维数组存储矩阵 $A_{m\times n}$，试设计求出矩阵中马鞍点的算法，并分析所设计算法在最坏情况下的时间复杂度。

4-26 已知稀疏矩阵A[M][N]和B[M][N]均用三元组表示，编写算法实现C = A+B。假设矩阵A和B的维度相同。

第5章 树

树又称为树形(数据)结构，是一类很重要的非线性数据结构。树形结构的元素结点之间存在着明显的分支和层次关系，非常类似于自然界中的树。树形结构在客观世界中大量存在，例如人类社会中的家谱、各种社会组织机构等。树在计算机中也有着广泛的应用，例如操作系统中的多级目录、源程序中的语法结构和数据中的层次结构等都可以用树形结构来表示。

本章将介绍树的基本概念，讨论二叉树的存储表示和各种运算以及二叉树的应用实例。

5.1 树的基本概念

树是一种按层次关系组织起来的分支结构，例如一个学校由若干个学院组成，而每个学院又可由若干个教研室组成。这样一个学校的教学组织机构可用图 5-1 来表示。它很像一棵倒画的树，“树根”是学校，树的“分支点”是各学院，而各教研室则是“树叶”。从图 5-1 中也可以看出，学校结点构成了整个树的根，而各学院又构成了学校结点的子树。

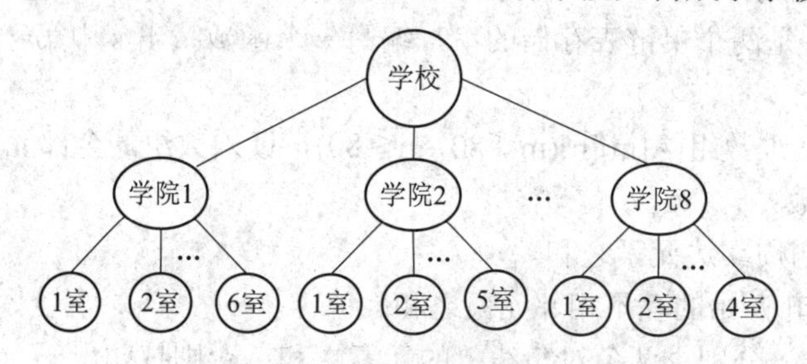

图 5-1 学校的教学组织机构

定义 1 树(Tree)是 n(n≥0)个结点的有限集合 T，它满足如下两个条件：

(1) 有且仅有一个特定的称为根(Root)的结点，它没有前趋。

(2) 其余的结点可分成 m 个互不相交的有限集合 T_1，T_2，…，T_m，其中每个集合又是一棵树，并称为根的子树。

将 n = 0 时的空集合定义为空树(有的书上将 n = 1 的集合定义为空树)。

定义 1 是一个递归的定义，即树的定义中又用到了树的概念。树的递归定义刻画了树的固有特性。

树的直观表示通常采用直观表示法：使用圆圈表示结点，连线表示结点之间的关系，结点的名字可写在圆圈内或圆圈旁，如图 5-1 所示。

在树形结构的描述中，常用到以下术语，其中有些术语借用了家族谱中的一些习惯用语。

• 结点：指树中的一个元素，包含数据项及若干指向其子树的分支。

• 结点的度：指结点拥有的子树个数。例如图 5-1 中学校结点的度为 8，学院 1 结点的度为 6。

• 树的度：指树中最大结点度数。例如图 5-1 中树的度为 8。

• 叶子：指度为零的结点，又称为终端结点。例如图 5-1 中的 1 室、2 室结点。

• 孩子节点：一个结点的子树的根称为该结点的孩子。例如图 5-1 中的学院 1、学院 2 是学校的孩子。

• 双亲节点：一个结点的直接上层结点称为该结点的双亲。例如图 5-1 中的学校是学院 1、学院 2 的双亲。

• 兄弟节点：同一双亲的孩子互称为兄弟节点。例如图 5-1 中的学院 1、学院 2 互为兄弟。

• 结点的层次：从根结点开始，根结点为第一层，根的孩子为第二层，根的孩子的孩子为第三层，以此类推。图 5-1 中共分了三层。

• 树的深度：树中结点的最大层次数。例如图 5-1 的树的深度为 3。

• 堂兄弟节点：双亲在同一层上的结点互称为堂兄弟。例如图 5-1 中学院 1 的 1 室和学院 2 的 1 室互为堂兄弟。

• 路径：若存在一个结点序列 k_1，k_2，…，k_j，可使 k_1 到达 k_j，则称这个结点序列是 k_1 到达 k_j 的一条路径。

• 子孙和祖先节点：若存在 k_1 到 k_j 的一条路径 k_1，k_2，…，k_j，则 k_1，…，k_{j-1} 为 k_j 的祖先，而 k_2，…，k_j 为 k_1 的子孙。在图 5-1 中，学校和各学院是教研室的祖先，而学院和教研室是学校的子孙。

• 森林：$m(m\geqslant 0)$棵互不相交的树的集合构成森林。当删除一棵树的根时，就得到子树构成的森林；当在森林中加上一个根结点时，则森林就变为一棵树。

• 有序树和无序树：若将树中每个结点的各个子树都看成是从左到右有次序的(即不能互换)，则称该树为有序树；否则为无序树。

根据不同的应用，树的存储结构可以有多种形式，但主要使用顺序存储和链式存储两种存储结构。顺序存储时，首先必须对树形结构的结点进行某种方式的线性化，使之成为一个线性序列，然后将其存储。链式存储时，使用多指针域的结点形式，每一个指针域指向一棵子树的根结点。

5.2 二 叉 树

二叉树是树形结构的一种重要类型，在实际应用中具有重要的意义，体现在以下三个方面：第一，许多实际问题抽象出来的数据结构往往具有二叉树的形式；第二，任何树都可通过简单的转换得到与之对应的二叉树；第三，二叉树的存储结构和算法都比较简单。

二叉树的定义可由以下的递归形式给出。

定义 2 二叉树是 n(n≥0)个结点的有限集，它或为空树(n = 0)，或由一个根结点及两棵互不相交的、分别称作这个根的左子树和右子树的二叉树构成。

由二叉树的定义可以给出二叉树的五种基本形态，如图 5-2 所示。当 n = 0 时得到空二叉树；n = 1 时得到仅有一个根结点的二叉树；当根结点的右子树为空时，得到一个仅有左子树的二叉树；当根结点的左子树为空时，得到一个仅有右子树的二叉树；当左、右子树均非空时，得到一般的二叉树。

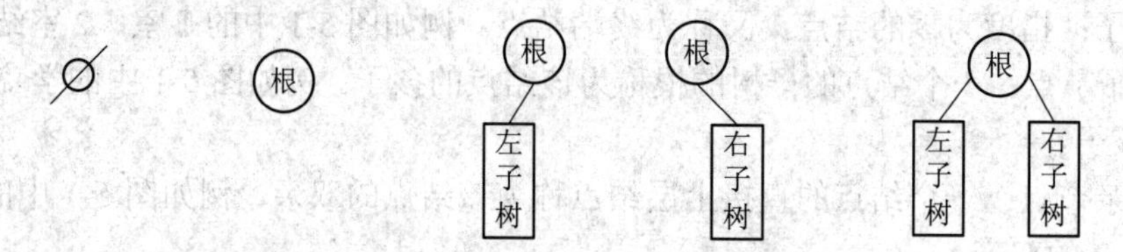

图 5-2 二叉树的基本形态

二叉树除了具有五种基本形态外，它还有两种常用的特殊形态：满二叉树和完全二叉树。

一棵深度为 k 且有 2^k-1 个结点的二叉树称为满二叉树。满二叉树的特点是每一层的结点数都达到该层可具有的最大结点数，因而满二叉树中不存在度数为 1 的结点。

当对满二叉树中的结点按照从根结点开始，自上而下、从左至右进行连续编号时，可得到带有编号的满二叉树。例如图 5-3(a)所示 k = 3 的满二叉树。

如果一个深度为 k 的二叉树，它的结点也按上述规则进行编号后，得到的顺序与满二叉树相应结点编号顺序一致，则称这个二叉树为完全二叉树。从上面关于完全二叉树的描述可以给出完全二叉树的另一种描述形式：若一棵二叉树至多只有最下面两层上的结点度数可以小于 2，并且最下面一层的结点都集中在该层最左边的若干位置上，则称此二叉树为完全二叉树。图 5-3(b)所示是一个有 6 个结点的完全二叉树，而图 5-3(c)所示是一个非完全二叉树。

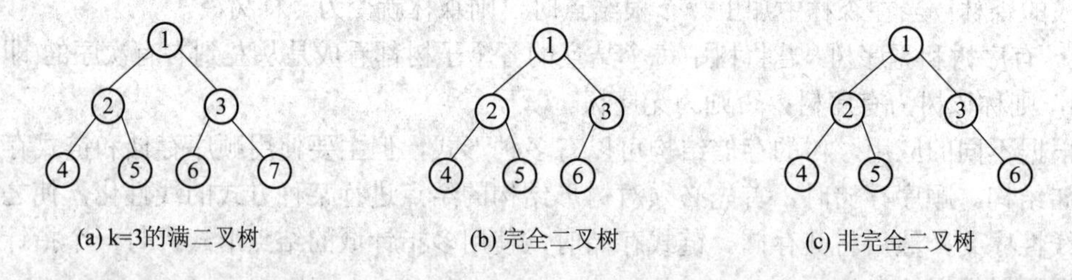

图 5-3 满二叉树、完全二叉树和非完全二叉树

二叉树与无序树的不同在于无序树的子树无次序可分并且可以相互交换；而二叉树的子树则有次序可分并且不能相互交换。二叉树与有序树也不同，若某个结点只有一个孩子时，则有序树不区分左、右次序；而二叉树要区分左、右次序。

二叉树具有以下重要性质：

性质 1 在二叉树的第 i 层上至多有 2^{i-1} 个结点(i≥1)。

证明：可用数学归纳法予以证明。

当 $i = 1$ 时，有 $2^{i-1} = 2^0 = 1$，同时第一层上只有一个根结点。故命题成立。

设当 $i = k$ 时成立，即第 k 层上至多有 2^{k-1} 个结点。当 $i = k + 1$ 时，由于二叉树的每个结点至多有两个孩子，因此第 $k + 1$ 层上至多有 $2 \times 2^{k-1} = 2^k$ 个结点。故命题成立。

性质 2　深度为 k 的二叉树至多有 $2^k - 1$ 个结点($k \geqslant 1$)。

$$\sum_{i=1}^{k} 2^{i-1} = 2^k - 1 \tag{5-1}$$

证明：性质 1 给出了二叉树每一层中含有的最大结点数，深度为 k 的二叉树的结点总数至多为 $2^k - 1$ 个。故命题成立。

性质 3　对任一棵二叉树，若其终端结点数为 n_0，度为 2 的结点数为 n_2，则 $n_0 = n_2 + 1$。

证明：设度为 1 的结点数为 n_1，则一棵二叉树的结点总数为

$$n = n_0 + n_1 + n_2 \tag{5-2}$$

除根结点外，其余结点都有一个进入的分支(边)，设 B 为分支总数，则 $n = B + 1$。又考虑到分支是由度为 1 和 2 的结点发出的，故有 $B = 2n_2 + n_1$，即

$$n = 2n_2 + n_1 + 1 \tag{5-3}$$

比较式(5-2)与式(5-3)可得 $n_0 = n_2 + 1$。命题成立。

性质 4　具有 n 个结点的完全二叉树的深度为 $\lfloor \text{lb}n \rfloor + 1$ 或 $\lceil \text{lb}(n + 1) \rceil$。

注：$\lfloor x \rfloor$表示不大于 x 的最大整数；$\lceil x \rceil$表示不小于 x 的最小整数。

证明：由完全二叉树的定义可知，一个 k 层的完全二叉树的前 $k - 1$ 层共有 $2^{k-1} - 1$ 个结点，第 k 层上还有若干结点，所以结点总数 n 满足关系：

$$2^{k-1} - 1 < n \leqslant 2^k - 1 \tag{5-4}$$

可推出 $2^{k-1} \leqslant n < 2^k$，取底数 2 的对数后可得 $k - 1 \leqslant \text{lb}n < k$。因为 k 为整数，所以有 $k - 1 = \lfloor \text{lb}n \rfloor$，即 $k = \lfloor \text{lb}n \rfloor + 1$。同样利用式(5-4)有 $2^{k-1} < n + 1 \leqslant 2^k$，取对数得 $k - 1 < \text{lb}(n + 1) \leqslant k$，因而 $k = \lceil \text{lb}(n + 1) \rceil$。命题成立。

二叉树的抽象数据类型定义如下：

ADT BinaryTree{

数据对象 D：D 是具有相同特性的数据元素的集合

数据关系 R：

若 $D = \varnothing$，则 $R = \varnothing$，称 BinaryTree 为空二叉树

若 $D \neq \varnothing$，则 $R = \{H\}$，H 是如下的二元关系：

(1) 在 D 中存在唯一的称为根的元素 root，它在关系 H 下无前趋。

(2) 若 $D - \{root\} \neq \varnothing$，则存在 $D - \{root\} = \{D_l, D_r\}$，且 $D_l \cap D_r = \varnothing$。

(3) 若 $D_l \neq \varnothing$，则 D_l 中存在唯一的元素 x_l，$\langle root, x_l \rangle \in H$，且存在 D_l 上的关系 $H_l \subset H$；若 $D_r \neq \varnothing$，则 D_r 中存在唯一的元素 x_r，$\langle root, x_r \rangle \in H$，且存在 D_r 上的关系 $H_r \subset H$；$H = \{\langle root, x_l \rangle, \langle root, x_r \rangle, H_l, H_r\}$。

(4) $(D_l, \{H_l\})$是一棵符合定义的二叉树，称为根的左子树；$(D_r, \{H_r\})$是一棵符合定义的二叉树，称为根的右子树。

操作集合：

InitBiTree(&T)

初始条件：无

操作结果：构造空二叉树 T

DestroyBiTree(&T)

初始条件：二叉树 T 存在

操作结果：销毁二叉树 T

CreateBiTree(&T，definition)

初始条件：definition 给出二叉树的定义

操作结果：按 definition 构造二叉树 T

ClearBiTree(&T)

初始条件：二叉树 T 存在

操作结果：将二叉树清为空树

BiTreeEmpty(&T)

初始条件：二叉树 T 存在

操作结果：若 T 为空二叉树，则返回 TRUE；否则返回 FALSE

BiTreeDepth(&T)

初始条件：二叉树 T 存在

操作结果：返回 T 的深度

Root(&T)

初始条件：二叉树 T 存在

操作结果：返回 T 的根

Value(&T，e)

初始条件：二叉树 T 存在，e 是 T 中的某个结点

操作结果：返回 e 的值

Assign(&T，&e，value)

初始条件：二叉树 T 存在，e 是 T 中的某个结点

操作结果：结点 e 赋值为 value

Parent(&T，e)

初始条件：二叉树 T 存在，e 是 T 中的某个结点

操作结果：若 e 是非根结点，则返回它的双亲；否则返回“空”

LeftChild(&T，e)

初始条件：二叉树 T 存在，e 是 T 中的某个结点

操作结果：返回 e 的左孩子；若没有则返回“空”

RightChild(&T，e)

初始条件：二叉树 T 存在，e 是 T 中的某个结点

操作结果：返回 e 的右孩子；若没有则返回“空”

LeftSibling(&T，e)

初始条件：二叉树 T 存在，e 是 T 中的某个结点

操作结果：返回 e 的左兄弟；若没有左兄弟则返回“空”

RightSibling(&T，e)

初始条件：二叉树 T 存在，e 是 T 中的某个结点

操作结果：返回 e 的右兄弟；若没有右兄弟则返回“空”

InsertChild(&T，p，LR，c)

初始条件：二叉树 T 存在，p 指向 T 中的某个结点，LR 为 0 或 1，非空二叉树 c 与 T 不相交且右子树为空

操作结果：根据 LR 的值，插入 c 为 T 中 p 所指结点的左或右子树。p 所指结点原来的左或右子树则成为 c 的右子树

DeleteChild(&T，p，LR)

初始条件：二叉树 T 存在，p 指向 T 中的某个结点，LR 为 0 或 1

操作结果：根据 LR 的值删除 T 中 p 所指结点的左或右子树

PreOrderTraverse(&T，Visit())

初始条件：二叉树 T 存在，Visit 是对结点操作的应用函数

操作结果：先序遍历 T，对每个结点调用函数 Visit 一次且仅此一次；一旦 Visit 失败，则操作失败

InOrderTraverse(&T，Visit())

初始条件：二叉树 T 存在，Visit 是对结点操作的应用函数

操作结果：中序遍历 T，对每个结点调用函数 Visit 一次且仅此一次；一旦 Visit 失败，则操作失败

PostOrderTraverse(&T，Visit())

初始条件：二叉树 T 存在，Visit 是对结点操作的应用函数

操作结果：后序遍历 T，对每个结点调用函数 Visit 一次且仅此一次；一旦 Visit 失败，则操作失败

LevelOrderTraverse(&T，Visit())

初始条件：二叉树 T 存在，Visit 是对结点操作的应用函数

操作结果：层序遍历 T，对每个结点调用函数 Visit 一次且仅此一次；一旦 Visit 失败，则操作失败

}ADT BinaryTree

5.3 二叉树的存储实现

二叉树是树形结构的一种，具有多种形式的存储结构，但经常用到的是顺序存储结构和链式存储结构。

5.3.1 顺序存储结构

顺序存储结构是将二叉树的所有结点，按照一定的顺序化方式，存储到一片连续的存储单元中。结点的顺序将反映出结点之间的逻辑关系。

在一棵完全二叉树中，按照从根结点起，自上而下，从左至右的方式对结点进行顺序编号，便可得到一个反映结点之间关系的线性序列。一个具有 n(n = 10)个结点的完全二叉

树，各结点的顺序编号如图 5-4 所示。这时只要按照结点的编号顺序依次将各结点存储到一个具有 n + 1 个单元的向量中，就实现了完全二叉树的顺序存储。图 5-4 所示完全二叉树的顺序存储结构如表 5-1 所示。

表 5-1　完全二叉树的顺序存储

编号	0	1	2	3	4	5	6	7	8	9	10
结点值		A	B	C	D	E	F	G	H	I	J

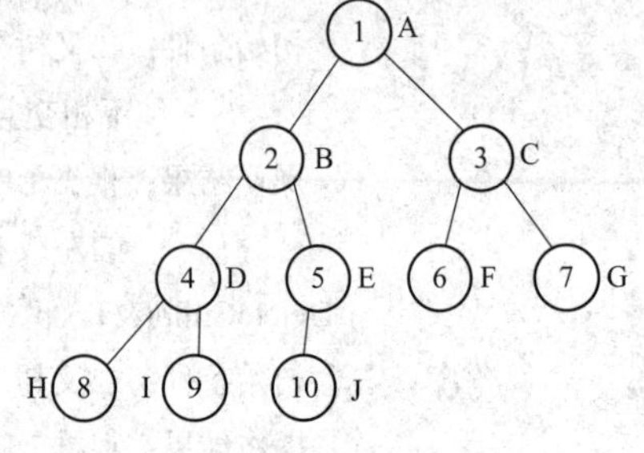

图 5-4　完全二叉树的结点编号

按照对结点顺序编号的方法，可以从一个结点的编号推得它的双亲，以及左、右孩子和兄弟等的编号。对一棵具有 n 个结点的完全二叉树，确定相应编号的规则如下：

(1) 若 i = 1，则 i 结点是根结点；若 i＞1，则 i 结点的双亲编号为⌊i/2⌋。

(2) 若 2i＞n，则 i 结点无左孩子，i 结点是终端结点；若 2i≤n，则 2i 是结点 i 的左孩子。

(3) 若 2i+1＞n，则 i 结点无右孩子；若 2i + 1≤n，则 2i + 1 是结点 i 的右孩子。

(4) 若 i 为奇数且 i ≠ 1，则结点 i 的左兄弟是 i − 1；否则结点 i 没有左兄弟。

(5) 若 i 为偶数且 i＜n，则结点 i 的右兄弟是结点 i + 1；否则结点 i 没有右兄弟。

对于完全二叉树这种特殊情况，结点的层次顺序序列反映了整个二叉树的结构，这样便可使用结点的编号对应存储单元的编号方式将各结点依次存储到线性表中。对完全二叉树采用顺序存储，既简单又节省存储空间。但对非完全二叉树，为了能用结点在向量中的相对位置来表示结点之间的逻辑关系，往往需要通过增添一些结点来构成完全二叉树，然后再按以上的方法进行存储。

图 5-5 和表 5-2 给出了非完全二叉树构成完全二叉树并用顺序存储结构存储的示例。其中方形结点为虚结点，并用符号@表示结点值。

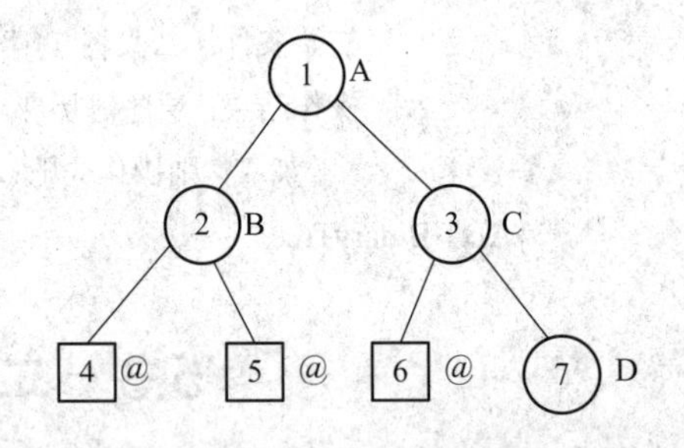

图 5-5　非完全二叉树的结点编号

对于非完全二叉树，通过虚结点来构成完全二叉树，虽然保持了结点间的逻辑关系，但也造成了存储空间的浪费。在最坏情况下，一个深度为 k 且只有 k 个结点的二叉树需要 2^k-1 个存储单元。

因为二叉树的顺序存储结构与顺序表的存储结构相似，所以二叉树的顺序存储结构的 C 语言描述与顺序表的 C 语言描述类似，如下所示：

表 5-2　非完全二叉树的顺序存储

编号	0	1	2	3	4	5	6	7
结点值		A	B	C	@	@	@	D

```
#define MAXSIZE 1024
typedef int Datatype;
    //Datatype 可为任何类型，在此为 int
typedef struct{
    Datatype data[MAXSIZE];
    int last;
```

```
    }SequenTree;
```

其中，last 表示最后一个结点在表中的位置。

5.3.2　链式存储结构

链式存储是二叉树的一种自然链接方法。在一定的条件下，链式存储可节省存储单元。因为二叉树的每个结点至多有两个孩子，所以采用链式存储结构来存储二叉树时，每个结点应至少包括三个域：结点数据域(data)、左孩子指针域(lchild)和右孩子指针域(rchild)。二叉树链式存储结构的结点逻辑结构如图 5-6 所示。

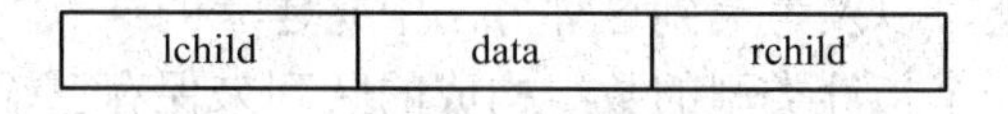

图 5-6　二叉树链式存储的结点结构

由于二叉树的链式存储结构中含有两个指针域来分别指向相应的分支，因此二叉树的链式存储结构也称为二叉链表。二叉链表结点的 C 语言逻辑描述为

```
typedef int Datatype;   //Datatype 可为任何类型，在此为 int
typedef struct node{
        Datatype data;
        struct node *lchild, *rchild;
} Bitree;
Bitree *root;
```

其中，root 是指向根结点的头指针。当二叉树为空时，root = NULL。若结点某个孩子不存在时，则相应的指针为空。

在具有 n 个结点的二叉树中，一共有 2n 个指针域，其中，n − 1 个用来指示结点的左、右孩子；其余的 n + 1 个指针域为空。

在二叉链表中，要寻找某结点的双亲是困难的。为了方便寻找，可在每个结点上再增加一个指向其双亲的指针域 parent，从而形成带双亲指针的二叉链表。这种具有三个指针域的二叉树链式存储结构也被称为三叉链表。图 5-7 给出了二叉链表和三叉链表的图形表示。

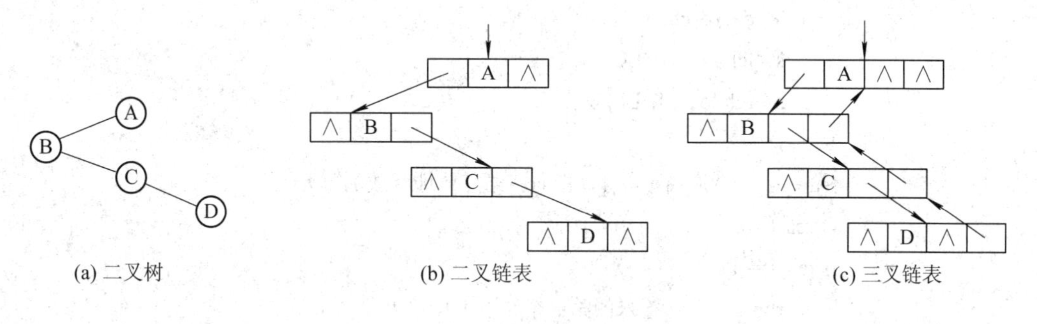

图 5-7　链表存储结构

5.3.3　二叉树的建立

二叉树的建立是指如何在内存中建立二叉树存储结构。二叉树顺序存储结构的建立比

较简单，只需将二叉树各个结点的(信息)值按原有的逻辑关系送入相应的向量单元中即可。

建立二叉树链式存储结构的算法有多种，它们依赖于按照何种形式来输入二叉树的逻辑结构信息。一种常见的算法是按照完全二叉树的层次顺序，依次输入结点信息来建立二叉链表。对于非完全二叉树，首先必须通过添加若干个虚结点使其成为完全二叉树，然后建立二叉链表。

建立二叉树链式存储结构算法的基本思想是：依次输入结点信息，若输入的结点不是虚结点，则建立一个新结点。若新结点是第 1 个结点，则令其为根结点；否则将新结点作为孩子链接到它的双亲结点上。如此反复进行，直到输入结束标志＃为止。为了使新结点能够与双亲结点正确相连，以及考虑到这种方法中先建立的结点，其孩子结点也一定要先建立的特点，可以设置一个指针类型的数组构成的队列来保存已输入结点的地址，并使队尾(rear)指向当前输入的结点；队头(front)指向这个结点的双亲结点。由于根结点的地址放在队列的第一个单元里，因此当 rear 为偶数时，rear 所指的结点应作为左孩子与其双亲的链接；否则 rear 所指的结点应作为右孩子与其双亲的链接。若双亲结点或孩子结点为虚结点，则无须链接。当一个双亲结点与两个孩子链接完毕，才进行出队操作，使队头指示指向下一个待链接的双亲结点。其具体算法如下：

二叉链表的建立

```
Bitree* CreateTree(){
    char ch;  //结点信息变量
    Bitree *Q[MAXSIZE];  //设置指针类型数组来构成队列
    int front, rear;  //队头和队尾指示变量
    Bitree *root, *s;  //根结点指针和中间指针变量
    root = NULL;  //二叉树置空
    front = 1, rear = 0;  //设置队列指示变量初值
    while((ch=getchar())!='#'){  //输入一个字符，当不是结束符时执行以下操作
        s = NULL;
        if(ch != '@'){
            s = (Bitree*) malloc(sizeof(Bitree));
            s->data = ch;
            s->lchild = NULL;
            s->rchild = NULL;
        }
        rear++;  //队尾指示增 1，指向新结点地址存放的单元
        Q[rear] = s;
        if(rear == 1)
            root = s;   //输入的第一个结点为根结点
        else{
            if(s && Q[front]){  //当前结点与双亲结点均不为空
                if(rear%2 == 0)
                    Q[front]->lchild = s;  //rear 为偶数，新结点是左孩子
```

```
                else
                    Q[front]->rchild = s;   //rear 为奇数，新结点是右孩子
            }
            if(rear%2 == 1)
                front++;    //结点*Q[front]的两个孩子处理完毕，出队
        }
    }
    return root;
} //CreateTree
```

5.4　二叉树的遍历

二叉树的遍历是指按某种搜索路线来巡访二叉树中的每一个结点，使每个结点被且仅被访问一次。这里的访问是指对结点所做的各种处理，如一种简单的处理是输出结点的信息。二叉树的遍历算法是二叉树运算中的基本算法，很多二叉树的操作都可以在遍历算法的基础上加以实现。按照搜索路线的不同，二叉树的遍历可分为按深度优先遍历和按广度优先遍历两种方式。

5.4.1　二叉树的深度优先遍历

根据二叉树的递归定义可知，二叉树由根结点、左子树和右子树三个基本部分组成。只要能依次遍历这三个基本部分，便可遍历整个二叉树。设以 L、D 和 R 分别表示遍历左子树、访问根结点和遍历右子树，则有 DLR、LDR、LRD、DRL、RDL 和 RLD 六种不同的二叉树深度优先遍历方案。若限定按先左后右进行遍历，则只有 DLR(先(前)序(根)遍历)、LDR(中序(根)遍历)和 LRD(后序(根)遍历)三种遍历方案。

因为遍历左、右子树的子问题和遍历整个二叉树的原问题具有相同的特征属性，所以可使用递归的方法来实现二叉树的深度优先遍历。下面介绍三种遍历方案的递归实现算法。

1. 先序遍历算法

先序遍历算法的遍历过程是，若二叉树非空，执行以下操作：

(1) 访问根结点。

(2) 先序遍历左子树。

(3) 先序遍历右子树。

假设访问根结点是打印结点信息，并以二叉链表作为二叉树的存储结构，则用 C 语言描述的先序遍历算法如下：

```
void PreOrder(Bitree *p){
    if(p != NULL){                                          (①)
        printf("%c", p->data);   //访问根结点               (②)
        PreOrder(p->lchild);    //访问结点左子树            (③)
        PreOrder(p->rchild);    //访问结点右子树            (④)
```

```
        }
    } //PreOrder                                                    (⑤)
```

为了便于理解递归算法 PreOrder，将 PreOrder 算法的执行步骤分为五步，记为标号①～⑤，然后结合图 5-8 来说明算法执行过程，如图 5-9 所示。对图 5-8 进行先序遍历，如标志“▲”所示，可得到先序遍历序列为 A, B, D, E, C, F, L, G。

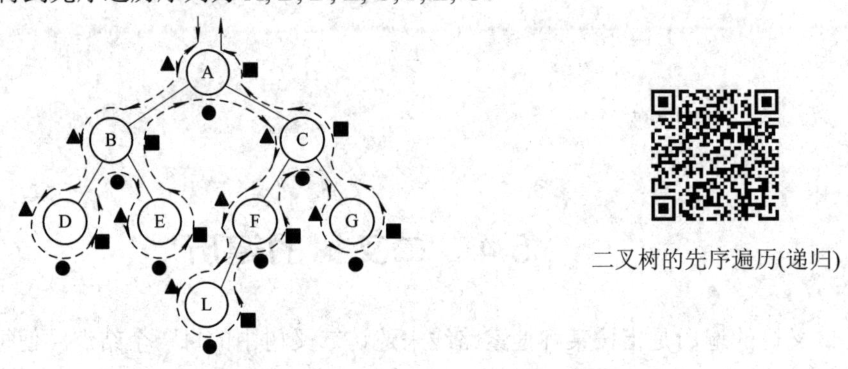

二叉树的先序遍历(递归)

图 5-8　二叉树的遍历过程

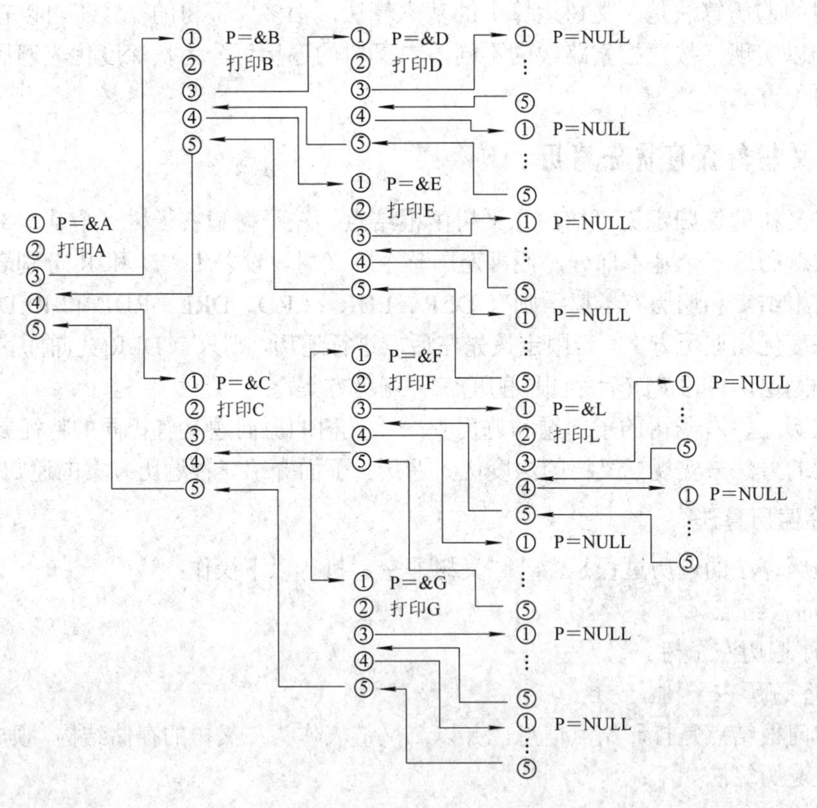

图 5-9　算法执行过程示意图

2. 中序遍历算法

中序遍历算法的遍历过程是，若二叉树非空，执行以下操作：

(1) 中序遍历左子树。

(2) 访问根结点。

(3) 中序遍历右子树。

中序遍历算法的 C 语言描述如下：

```
void InOrder(Bitree *p){
    if(p != NULL){
        InOrder(p->lchild);    //访问左子树
        printf("%c", p->data);    //访问根结点
        InOrder(p->rchild);    //访问右子树
    }
} //InOrder
```

对图 5-8 进行中序遍历，如标志“●”所示，可得到中序遍历序列为 D, B, E, A, L, F, C, G。

3. 后序遍历算法

后序遍历算法的遍历过程是，若二叉树非空，执行以下操作：

(1) 后序遍历左子树。

(2) 后序遍历右子树。

(3) 访问根结点。

后序遍历算法的 C 语言描述如下：

```
void PostOrder(Bitree *p){
    if(p != NULL){
        PostOrder(p->lchild);     //访问左子树
        PostOrder(p->rchild);     //访问右子树
        printf("%c", p->data);    //访问根结点
    }
} //PostOrder
```

对图 5-8 进行后序遍历，如标志“■”所示，可得到后序遍历序列为 D，E，B，L，F，G，C，A。

从遍历过程中看出，遍历时每个结点要途经三次，先序遍历是在第一次途经时访问结点(如图 5-8 中的标志“▲”所示)；中序遍历是在第二次途经时访问结点(如图 5-8 中的标志“●”所示)；后序遍历是在第三次途经时访问结点(如图 5-8 中的标志“■”所示)。

为了区别树形结构中的前趋结点和后继结点与遍历序列中的前趋结点和后继结点，在给出遍历序列时，应同时给出遍历方案的名称。

5.4.2　二叉树的广度优先遍历

二叉树的广度优先遍历又称为按层次遍历。这种遍历方式是先遍历二叉树的第一层结点，然后遍历第二层结点，……最后遍历最下层的结点。而对每一层的遍历是按从左至右的方式进行的。

按照广度优先遍历方式，在上层中先被访问的结点，它的下层孩子也必然先被访问，因此在这种遍历算法的实现时，需要使用一个队列。在遍历进行之前，先把二叉树的根结

点的存储地址入队，然后依次从队列中取出出队结点的存储地址，每出队一个结点的存储地址则对该结点进行访问，再依次将该结点的左孩子和右孩子的存储地址入队，如此反复，直到队空为止，其具体算法如下：

```
void Layer(Bitree *p){
    Bitree *Q[MAXSIZE], *s;
    int rear = 1, front = 0;   //队头、队尾的指示
    Q[rear] = p;
    while(front < rear){
        front++;
        s = Q[front];  //头结点出队
        printf("%c", s->data);   //访问出队节点
        if(s->lchild != NULL){
            rear++;
            Q[rear] = s->lchild;   //左孩子入队
        }
        if(s->rchild != NULL){
            rear++;
            Q[rear] = s->rchild;    //右孩子入队
        }
    }
} //Layer
```

对图 5-8 进行广度优先遍历，可得到广度优先遍历序列为 A，B，C，D，E，F，G，L。

5.4.3　深度优先遍历的非递归算法

前面描述的三种深度优先遍历算法都是用递归方式给出的。虽然递归算法比较紧凑，结构清晰，但它的运行效率比较低，通常可读性也较差。同时并非所有程序设计语言都允许递归，因此有时需要将一个递归算法转化为等价的非递归算法。

将递归算法转化为等价的非递归算法的一种简单方法就是通过对递归调用过程的考查而得来的。这种方法使用一个堆栈 stack[N]来保存每次调用的参数，这个堆栈的栈顶指示为 top，另设一个活动指针 s 来指向当前访问的结点。这里将讨论中序遍历的非递归算法，关于先序遍历和后序遍历的非递归算法，请读者自行设计。

中序遍历的非递归算法的基本思想是：当 s 所指的结点非空时，将该结点的存储地址进栈，然后将 s 指向该结点的左孩子结点；当 s 所指的结点为空时，从栈顶退出栈顶元素送 s，并访问该结点，然后将 s 指向该结点的右孩子结点；如此反复，直到 s 为空并且栈顶指示 top = –1 为止，其具体算法如下：

二叉树的中序遍历(非递归)

```
void NinOrder(Bitree *p){
    Bitree* stack[MAXSIZE];
    Bitree *s = p;
```

```
    int top = -1;
    while(top != -1 || s != NULL){
        while(s != NULL){
            if(top == MAXSIZE -1){
                printf("overflow");
                return;
            }
            else{
                top++;
                stack[top] = s;
                s = s->lchild;
            }
        }
        s = stack[top];
        top--;
        printf("%c", s->data);
        s = s->rchild;
    }
} //NinOrder
```

在上述算法中对每个结点都要进栈和出栈各操作一次，如果二叉树 p 有 n 个结点，则进栈和出栈的次数都是 n 次，所以这个算法的时间复杂度为 O(n)。

5.4.4 从遍历序列恢复二叉树

前面讨论了由二叉树得到遍历序列的问题，下面将讨论这个问题的逆问题，即在已知结点遍历序列的条件下恢复相应二叉树。在已知一棵任意二叉树的先序遍历序列和中序遍历序列，或者已知中序遍历序列和后序遍历序列的条件下，可以唯一地确定这棵二叉树。除了特殊的情况，不能用先序遍历序列和后序遍历序列来确定对应的二叉树。

由二叉树的定义可知，二叉树的先序遍历是先访问根结点，然后按先序遍历方式遍历根结点的左子树，最后按先序遍历方式遍历根结点的右子树，所以在先序遍历序列中，第一个结点必定是二叉树的根结点。中序遍历是先按中序遍历方式遍历根结点的左子树，然后访问根结点，最后按中序遍历方式遍历根结点的右子树，所以在中序遍历序列中，已知的根结点将中序序列分割成两个子序列。其中，在根结点左边的子序列，是根结点的左子树的中序序列；而在根结点右边的子序列，是根结点右子树的中序序列。再经过先序序列中对应的左子序列，确定其第一个结点是左子树的根结点；通过先序序列中对应的右子树序列，确定其第一个结点是右子树的根结点。这样就确定了二叉树的根结点和左子树及右子树的根结点。利用左子树和右子树的根结点，又可分别将左子序列和右子序列划分成两个子序列。如此反复，直到取尽先序序列中的结点为止，便得到了一棵二叉树。

例如，当已知一棵二叉树的先序序列为 A，B，D，G，C，E，F，H，而中序序列为 D，G，B，A，E，C，H，F，则可按以下方式来确定相应的二叉树，其构造过程如图 5-10 所示。

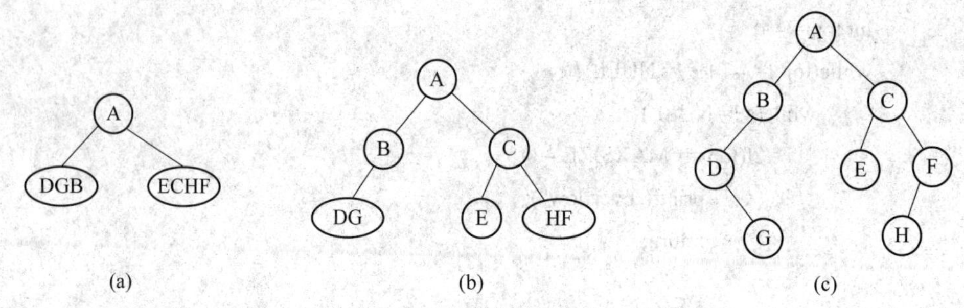

图 5-10 由先序和中序序列构造二叉树的过程

(1) 从先序序列可确定 A 是二叉树的根结点，再根据 A 在中序序列中的位置，可知结点 DGB 在 A 的左子树上，ECHF 在 A 的右子树上。

(2) 根据先序序列确定 B 和 C 分别是 A 的左子树和右子树的根，再根据 B 和 C 在 DGB 和 ECHF 中的位置，可知 DG 在 B 的左子树上且 B 的右子树为空，以及 C 的左子树仅有结点 E 和 C 的右子树包含结点 HF。

(3) 根据先序序列可知 D 是 B 的左子树的根和 G 是 D 的右子树的根，E 是 C 的左子树的根和 F 是 C 的右子树的根。

(4) 确定 H 是 F 的左子树的根。

从上面的叙述看出，构造过程具有明显的递归特征，故可以很容易地用递归算法来实现构造过程。

递归算法的基本思想是：先将先序序列和中序序列分别存在两个数组 preod[n]和 inod[n]中；然后取先序序列的第一个元素建立整个树的根结点，并利用中序序列确定根结点的左、右子树结点在先序序列中的位置；接着再用先序序列和中序序列分别对左子树和右子树进行构造，其具体算法如下：

```
/**********************************
preod:先序遍历数组
ps, pe:先序数组的首元素和末元素的索引
inod:中序遍历数组
is, ie:中序数组的首元素和末元素的索引
**********************************/
Bitree *BPI(Datatype preod[], Datatype inod[], int ps, int pe, int is, int ie){
    int m;
    Bitree *p;
    if(pe < ps)   return NULL;
    p = (Bitree*) malloc(sizeof(Bitree));
    p->data = preod[ps];
    m = is;
    while(inod[m] != preod[ps])   m++;
    p->lchild = BPI(preod, inod, ps + 1, ps + m - is, is, m-1);   //构造左子树
    p->rchild = BPI(preod, inod, ps + m - is +1, pe, m+1, ie);   //构造右子树
    return p;
```

```
} //BPI
```

关于已知二叉树的中序序列和后序序列构造相应的二叉树的算法，与先序序列和中序序列构造一棵二叉树的算法类似，只是在确定二叉树根结点时，它是从后序序列的最后一个元素开始的，其具体算法请读者自己设计。

5.4.5　遍历算法的应用

由于二叉树的遍历算法是许多二叉树运算的算法设计的基础，因此遍历算法的应用很广泛。下面将以遍历算法求二叉树的叶子数和深度为例，来加深对二叉树遍历算法的理解。

1. 统计一棵二叉树中的叶子结点数

因为叶子结点是二叉树中那些左孩子和右孩子均不存在的结点，所以可在二叉树的遍历过程中，对这种特殊结点进行计数，来完成叶子结点数的统计。这个统计可在任何一种遍历方式下给出。下面给出一种统计一棵二叉树叶子结点数的递归统计算法。

一棵树的叶子数目等于它的左子树叶子数加上右子树叶子数的总和。而当一个结点没有左子树也没有右子树的时候，即为叶子结点，其计算表达式如下：

$$f(p)=\begin{cases}0 & p==NULL\\ 1 & p->lchild==NULL\ \&\&\ p->rchild==NULL\\ f(p->lchild)+f(p->rchild) & \text{其他}\end{cases}$$

其具体实现如下：

```
int CountLeaf(Bitree *p){
    if(!p)
        return 0;
    else if(!p->lchild && !p->rchild)
        return 1;
    else
        return CountLeaf(p->lchild) + CountLeaf(p->rchild);
} //CountLeaf
```

2. 求二叉树深度

二叉树的深度是二叉树中结点层次的最大值。可通过先序遍历来计算二叉树中每个结点的层次，其中的最大值即为二叉树的深度。下面给出一种计算二叉树深度的递归计算的算法。

在二叉树中，取左子树深度和右子树深度中数值较大的深度加 1，就得到了二叉树的深度，其计算表达式如下：

$$f(p)\begin{cases}0 & p==NULL\\ f(p->lchild)+1 & f(p->lchild)>f(p->rchild)\\ f(p->rchild)+1 & f(p->lchild)<=f(p->rchild)\end{cases}$$

其具体实现如下：

```
int Height(Bitree *p){
    int lc, rc;
    if(p == NULL)   return 0;
    lc = Height(p->lchild) + 1;
    rc = Height(p->rchild) + 1;
    return   lc > rc? lc:rc;
} //Height
```

3. 表达式与二叉树的关系

表达式有三种表达方式：前缀表达式、中缀表达式和后缀表达式。这三种表达式分别对应其表达式树的先序遍历、中序遍历和后序遍历。我们一般使用的是中缀表达式，如 a*(((b + c) *(d*e)) + f)，与之对应的后缀表达式为 abc + de**f + *。下面主要讨论由后缀表达式生成表达式树的方法。

由后缀表达式生成表达式树算法的主要思想是：

(1) 维护一个操作数栈。

(2) 扫描后缀表达式，如果碰到操作数，则生成操作数结点入栈；若为操作符，则生成操作符结点，并将栈中头两个元素出栈，作为操作符结点的左右子树(注意：先出栈的为右子树，后出栈的为左子树)，然后将新生成的树作为操作数结点入栈。

(3) 重复(2)的操作直到后缀表达式结束为止。若后缀表达式语法正确，栈中将仅剩一个结点，该结点就是表达式树。该算法实现的核心代码如下：

```
Bitree *CreateExp(char *postexp){
    Bitree stack[MAXSIZE], t;
    int sp = -1;  //最顶端的有效数据索引
    while(*postexp != '\0'){
        t = (Bitree*) malloc(sizeof(Bitree));
        t->data = *postexp;
        t->lchild = t->rchild = NULL;
        if(*postexp == '*' || *postexp == '+'){
            if(sp < 1)  //此时栈中若无 1 个以上的数据则输入有误
                return NULL;
            t->rchild = stack[sp--] ;
              //遇到操作符则出栈 2 个操作数与新的操作符构成新树后将结果入栈
            t->lchild = stack[sp--];
            stack[sp] = t;
        }
        else{  //操作数入栈
            stack[++sp] = t;
        }
```

```
        postexp++;
    }
    if(sp == 0)
        return stack[0];
    else
        return NULL;
} //CreateExp
```

对于生成的表达式树，可以验证它的后续遍历即为该表达式的后缀表达式，中序遍历即为其中缀表达式，读者可以自行验证结果。

5.5 线索二叉树

利用前面介绍的几种遍历方式对二叉树进行遍历后，可将树中所有结点按一定的规则排列成一个线性序列，即对树这样一个非线性结构进行线性化操作，使每个结点(除第一个和最后一个)在这些线性序列中有且仅有一个直接前趋和直接后继。

如果希望很快找到某一个结点的前趋和后继，却又不希望每次都要对二叉树遍历一遍，这就需要把每个结点的前趋和后继信息记录下来。而这种前趋和后继的信息只有在遍历二叉树的动态执行过程中才能得到，为此我们引入**线索二叉树**。

5.5.1 线索二叉树的建立

为了记录结点的前趋和后继信息，可在原来的二叉链表中增加一个前趋指针域(pred)和一个后继指针域(succ)，分别指向该结点在某种次序下的前趋结点和后继结点，使结点的结构为

pred	lchild	data	rchild	succ

这样做显然会浪费不少存储空间。考虑到在 n 个结点的二叉链表中含有 n + 1 个空指针域，因此可以利用这些空指针域，存放指向结点在某种遍历次序下的前趋和后继结点的指针。这种附加的指针称为线索；加上了线索的二叉链表称为线索链表；相应的二叉树称为线索二叉树(Threaded Binary Tree)。为了区分一个结点的指针域是指向其孩子的指针，还是指向其前趋或后继的线索，可在每个结点中增加两个线索标志域。这样，线索链表中的结点结构为

lchild	ltag	data	rtag	rchild

其中

左线索标志 ltag= { 0：lchild 是指向结点的左孩子的指针；1：lchild 是指向结点的前趋的左线索 }

右线索标志 rtag= { 0：rchild 是指向结点的右孩子的指针；1：rchild 是指向结点的后继的右线索 }

图 5-11 给出了中序线索二叉树及其二叉链表。

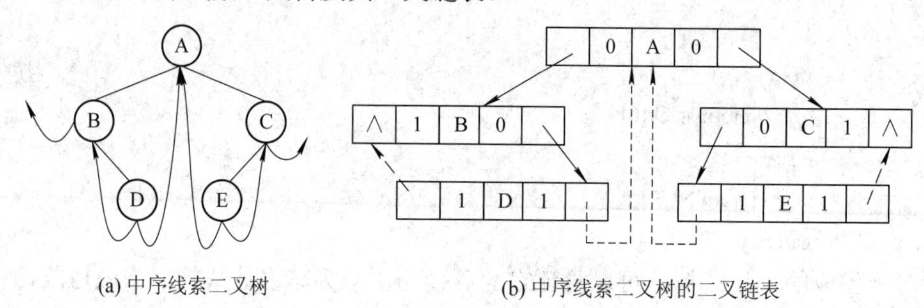

(a) 中序线索二叉树　　　　(b) 中序线索二叉树的二叉链表

图 5-11　中序线索二叉树及其二叉链表

图 5-11(b)中的实线表示指针；虚线表示线索。结点 B 的左线索为空，表示 B 是中序序列的开始结点，它没有前趋；结点 C 的右线索为空，表示 C 是中序序列的终端结点，它没有后继。显然在线索二叉树中，一个结点是叶子结点的充要条件为：结点的左、右线索标志均为 1。

将二叉树变为线索二叉树的过程称为**线索化**。那么，如何进行二叉树的线索化呢？

由于线索化的实质是将二叉链表中的空指针改为指向前趋或后继的线索，而前趋或后继的信息只有在遍历时才能得到，因此线索化的过程即为在遍历的过程中修改空指针的过程。为了记下遍历过程中访问结点的先后关系，附设一个指针 pre 始终指向刚刚访问过的结点，而指针 p 指示当前正在访问的结点。显然，结点 *pre 是结点 *p 的前趋，而 *p 是 *pre 的后继。下面给出将二叉树按中序进行线索化的算法。该算法与中序遍历算法类似，区别仅在于访问结点时所做的处理不同。在线索化算法中，访问当前根结点 *p 所做的处理如下：

(1) 若结点 *p 有空指针域，则将相应的标志置为 1。

(2) 若结点 *p 有中序前趋结点 *pre(即*pre! = NULL)，则

① 若结点 *pre 的右线索标志已建立(即 pre->rtag==1)，则令 pre->rchild 为指向其中序后继结点 *p 的右线索；

② 若结点 *p 的左线索标志已建立(即 p->ltag==1)，则令 p->lchild 为指向其中序前趋结点 *pre 的左线索。

(3) 将 pre 指向刚刚访问过的结点 *p(即 pre = p)。这样，在下一次访问一个新结点 *p 时，*pre 为其前趋结点。

上述算法描述如下：

```
typedef int Datatype;  //Datatype 是线索二叉树结点数据类型
typedef struct node{   //线索二叉树的结点结构
    int ltag, rtag;
    Datatype data;
    struct node *lchild, *rchild;
}Bithptr;
Bithptr *pre;  //全局变量

void InThread(Bithptr* p){  //将二叉树 p 中序线索化，线索标志初值为 0
```

```
    if(p!=NULL){
        InThread(p->lchild);    //左子树线索化
        if(p->lchild==NULL)   p->ltag=1;   //建立左线索标志
        if(p->rchild==NULL)   p->rtag=1;   //建立右线索标志
        if(pre!=NULL){
            if(pre->rtag==1)    //*pre 无右子树
                pre->rchild=p;   //右线索 pre->rchild 指向*p
            if(p->ltag==1)   //*p 无左子树
                p->lchild=pre;  //左线索 p->lchild 为 pre
        }
        pre=p;
        InThread(p->rchild);    //右子树线索化
    }
} //InThread
```

类似地可得前序线索化算法和后序线索化算法，请读者思考练习。

5.5.2　访问线索二叉树

1．查找某结点 *p 在指定次序下的前趋结点和后继结点

在建立了线索二叉树后，如何在线索二叉树中查找结点的后继或前趋呢？

在中序线索二叉树中，查找结点 *p 的中序后继结点分两种情况：

(1) 若 *p 的右子树为空，则 p->rchild 为右线索，直接指向 *p 的中序后继结点。

(2) 若 *p 的右子树非空，则 *p 的中序后继必是其右子树中第一个中序遍历到的结点，即从 *p 的右孩子开始沿左指针链向下找，直至找到一个没有左孩子的结点为止。这个结点是 *p 的右子树中“最左下”的结点，它就是 *p 的中序后继结点。如图 5-12 所示，其中 *p 的中序后继结点是结点 *s。

基于上述分析，可以给出中序线索二叉树中求中序后继结点的算法。

```
Bithptr *InOrderNext(Bithptr *p){    //函数返回指向中序后继的指针
    Bithptr *q=NULL;
    if(p->rtag==1)
        return p->rchild;  // *p 的右子树为空
    else{   // *p 的右子树非空
        q=p->rchild;   //从 *p 的右孩子开始查找
        while(q->ltag==0)   //当 *q 不是左下结点时，继续查找
            q=q->lchild;
    }
    return q;
} //InOrderNext
```

应用类似的方法，可以在中序线索树中查找结点 *p 的中序前趋结点。若 *p 的左子树

为空，则 p->lchild 为左线索，直接指向 *p 的中序前趋结点；若 *p 的左子树非空，则从 *p 的左孩子出发，沿右指针链往下查找，直至找到一个没有右孩子的结点为止。该结点是 *p 的左子树中“最右下”的结点，是 *p 的左子树中最后一个中序遍历到的结点，它就是 *p 的中序前趋结点。如图 5-13 所示，其中 *p 的中序前趋结点是结点 *t。

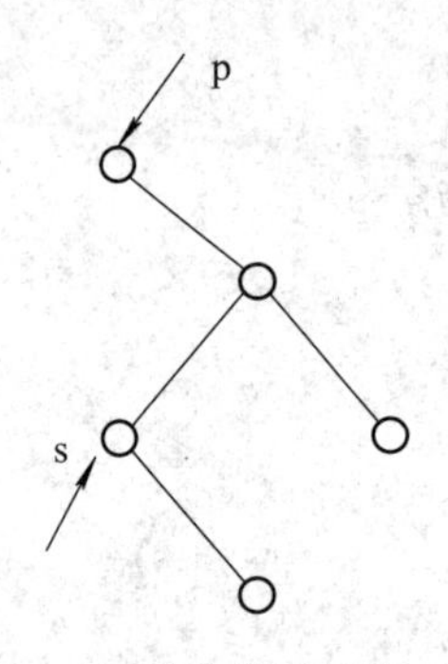

图 5-12 *p 的中序后继结点 *s

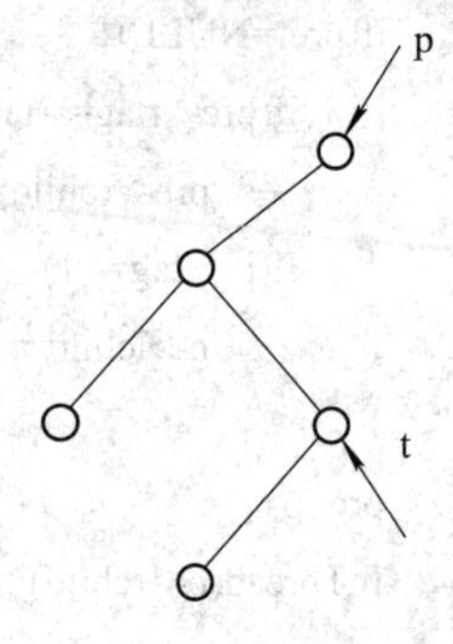

图 5-13 *p 的中序前趋结点 *t

由上述讨论可知：若结点 *p 的左子树(或右子树)非空，则 *p 的中序前趋(或中序后继)是从 *p 的左孩子(或右孩子)开始往下查找，由于二叉链表中结点的链域是向下链接的，因此在非线索二叉树中也同样容易找到 *p 的中序前趋(或中序后继)；若结点 *p 的左子树(或右子树)为空，则在中序线索二叉树中，通过 *p 的左线索(或右线索)找到 *p 的中序前趋(或中序后继)，但中序线索一般都是“向上”指向其祖先结点，而二叉链表中没有向上的链接，因此在这种情况下，对于非线索二叉树，仅从 *p 出发无法找到其中序前趋(或中序后继)，而必须从结点开始中序遍历，才能找到 *p 的中序前趋(或中序后继)。由此可见，线索使得查找中序前趋和中序后继变得容易，然而线索对于查找指定结点的前序前趋和后序后继却没有什么帮助。

在后序线索二叉树中，查找指定结点 *p 的后序前趋结点的方法是：

(1) 若 p->ltag = 1(左子树为空)，则 p->lchild 即为前趋结点。

(2) 若 p->ltag = 0(左子树非空)，则

① 当 p->rtag = 0(右子树非空)，则 p->rchild 为前趋结点；

② 当 p->rtag = 1(右子树为空)，则 p->lchild 为前趋结点。

如图 5-14 所示，其中的虚线表示线索，可以看出：H 的后序前趋结点是 B，C 的前趋是 F，A 的前趋是 C，F 的前趋是 G。

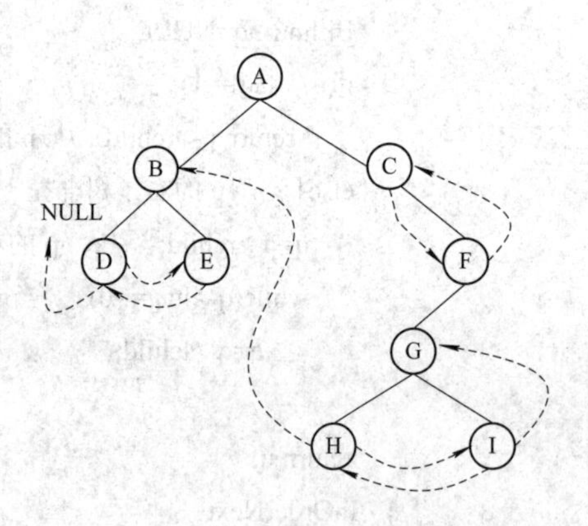

图 5-14 后序线索二叉树

在后序线索二叉树中，查找指定结点 *p 的后序后继结点的方法是：

(1) 若 *p 为根，则后继为空。

(2) 若 *p 是其双亲的右孩子，则其双亲即为后序后继结点。

(3) 若 *p 是其双亲的左孩子，但 *p 没有右兄弟时，则 *p 的后序后继结点是其双亲结点。

(4) 若 *p 是其双亲的左孩子，但 *p 有右兄弟

时，则 *p 的后序后继结点是其双亲的右子树中第一个后序遍历到的结点，它是该子树中“最左下”的叶子结点。

在图 5-14 中，G 的后序后继是 F，B 的后继是 H。

在先序线索二叉树中查找某一个结点的后继比较简单，仅从该结点出发就可以找到。但查找其前趋时，必须知道该结点的双亲，关于这方面的内容读者可自行分析。

2. 遍历线索二叉树

遍历某种次序的线索二叉树，只要从该次序的开始结点出发，查找结点在该次序下的后继，直至查找到终端结点为止。这对于中序和前序线索二叉树是十分简单的，无须像非线索树遍历那样，引入栈来保存留待以后访问的子树信息。下面给出按中序遍历中序线索二叉树的算法：

```
void TravInHread(Bithptr *p){
    if(p!=NULL){   //非空树
        while(p->ltag==0)   //找中序序列的开始结点
            p=p->lchild;
        do{
            printf("%t%d\n",p->data);   //访问结点
            p=InOrderNext(p);   //找 *p 的中序后继结点
        }while(p!=NULL);
    }
} //TravInHread
```

由于中序序列的终端结点的线索为空，因此 do 语句终止条件是 p == NULL。该算法的时间复杂度仍为 O(n)，但常数因子比 5.4 节讨论的遍历算法的要小，且不用设立栈。因此，在某些应用中的二叉树，若需经常遍历或查找结点在指定次序下的前趋和后继，其存储结构宜采用线索树。

5.6 树和森林

本节将讨论树的存储表示，并建立森林与二叉树的对应关系。一般树的表示方法如图 5-15 所示。

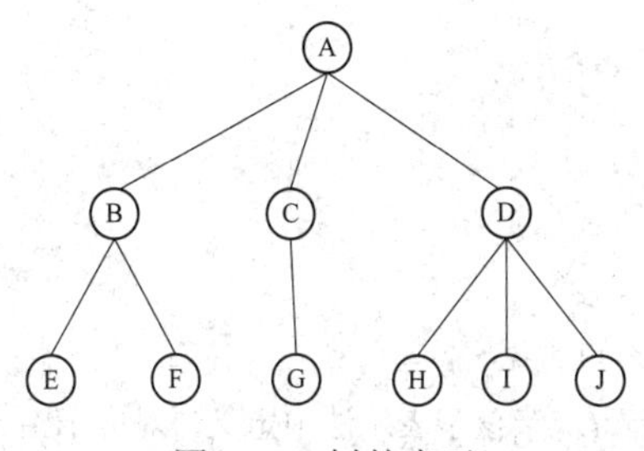

图 5-15　树的表示

5.6.1 树的存储结构

树可以用多种形式的存储结构来表示，经常用到的有以下三种方法。

1．双亲表示法

在树中，每个结点的双亲是唯一的。利用这个性质，可在存储结点信息的同时，为每个结点存储其双亲结点的地址信息。这种表示方法可用动态链表来实现，然而用静态链表实现更为方便，其类型说明如下：

```
#define MAXSIZE   32   //结点数目的最大值加 1
typedef char Datatype;   // Datatype 在此为 char 型
typedef struct{
    Datatype data;   //数据域
    int parent ;  //双亲结点的下标
}Ptree;
Ptree T[MAXSIZE];
```

图 5-15 中树的双亲表示法如表 5-3 所示。这种表示方法对于求指定结点的双亲或祖先都十分方便；对于求指定结点的孩子及子孙则可能要遍历整个数组。

表 5-3 双亲表示法

结点	0	1	2	3	4	5	6	7	8	9	10
data		A	B	C	D	E	F	G	H	I	J
parent	–1	0	1	1	1	2	2	3	4	4	4

2．孩子表示法

由于树中每个结点的子树数目不尽相同，因此在采用链式存储结构来表示树时，每个结点内要设置多少个指向其孩子的指针是难以确定的。若以整个树的度 k 来设置指针，则在 n 个结点的树中，其空指针域的数目是 $k*n-(n-1)=n(k-1)+1$，这将造成极大的空间浪费。若每个结点按其实际的孩子个数设置指针，并在结点内设置度数域 degree 来表示该结点所包含的指针数，则各结点不等长，虽然节省了存储空间，但会给运算带来不便。

上述两种孩子表示方法均不可取，较好的方法是为树中每个结点建立一个孩子链表，类型说明如下：

```
typedef char Datatype;
typedef struct cnode{
    int child; //孩子结点序号
    struct cnode *next;
}Link;   //孩子链表结点
typedef struct{
    Datatype data;   //树结点数据
    int parent;   //双亲指示(双亲孩子表示法中定义，对应于图 5-16(b))
    Link *headptr;   //孩子链表头指针
}Ctree;
```

```
Ctree T[MAXSIZE];
```

图 5-15 中树的孩子表示法如图 5-16(a)所示。结点 T[i]为叶子结点时，其孩子链表为空，即 T[i].headptr = NULL。与双亲表示法相反，孩子表示法便于实现涉及孩子及其子孙的运算，但不便于实现与双亲有关的运算。因此可考虑将这两种表示方法结合起来，形成双亲孩子表示法，如图 5-16(b)所示。

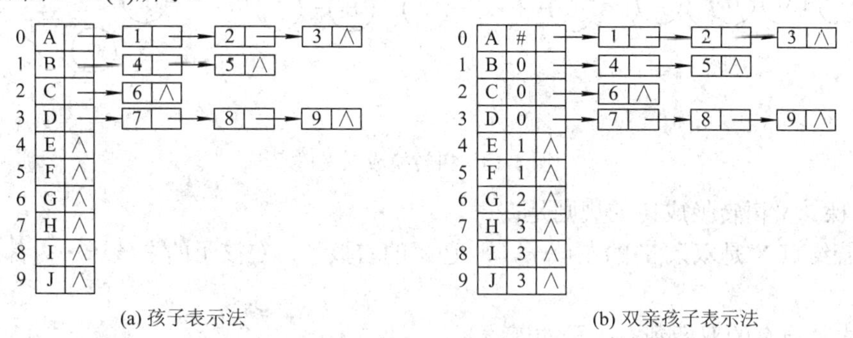

(a) 孩子表示法　　(b) 双亲孩子表示法

图 5-16　孩子和双亲孩子表示法

3. 孩子兄弟表示法

在存储结点信息的同时，附加两个分别指向该结点最左孩子和右邻兄弟的指针域 first 和 next，即可得到树的孩子兄弟表示法。图 5-15 中树的孩子兄弟表示法如图 5-17 所示。这种存储结构的最大优点是，它和二叉树的二叉链表表示完全一样，因此，可利用二叉树的算法来实现对树的操作。

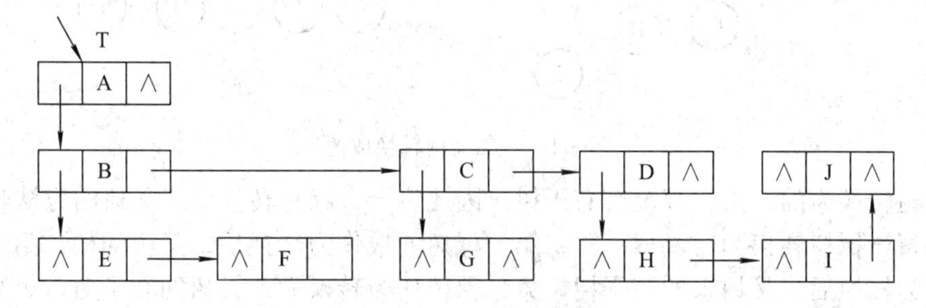

图 5-17　孩子兄弟表示法

5.6.2　树、森林和二叉树之间的转换

树、森林和二叉树之间有对应关系，它们之间可以互相进行转换，即任何一个森林或一棵树可以唯一地转换成一棵二叉树；而任意一棵二叉树也能唯一地对应于一个森林或一棵树。这种转换是具有唯一性的。

将一棵树转换为二叉树的方法是：

(1) 在兄弟之间增加一条连线。

(2) 对每个结点，除了保留与其左孩子的连线外，应除去与其他孩子之间的连线。

(3) 以树的根结点为轴心，将整个树顺时针旋转 45°。

图 5-18 给出了一棵树转换为二叉树的过程。从转换结果可以看出，任何一棵树转化为对应的二叉树后，二叉树的右子树为空。

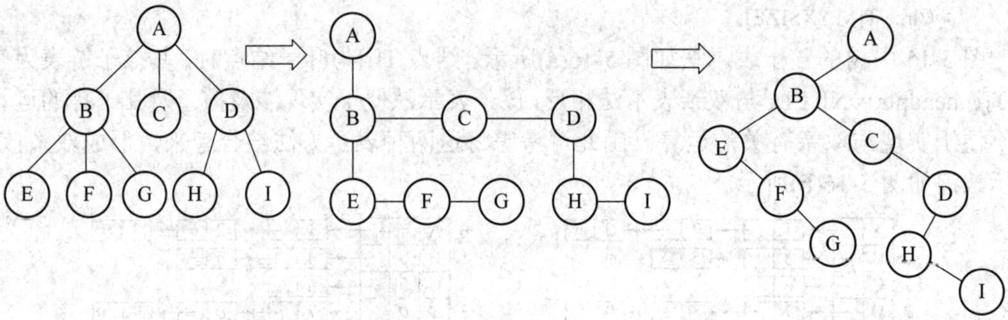

图 5-18　树转换成二叉树

将一棵二叉树转换成树的规则是：

(1) 若结点 X 是双亲 Y 的左孩子，则把 X 的右孩子，右孩子的右孩子……都与 Y 用连线相连。

(2) 去掉原有的双亲到右孩子的连线。

图 5-19 给出了一棵二叉树转化为树的过程。

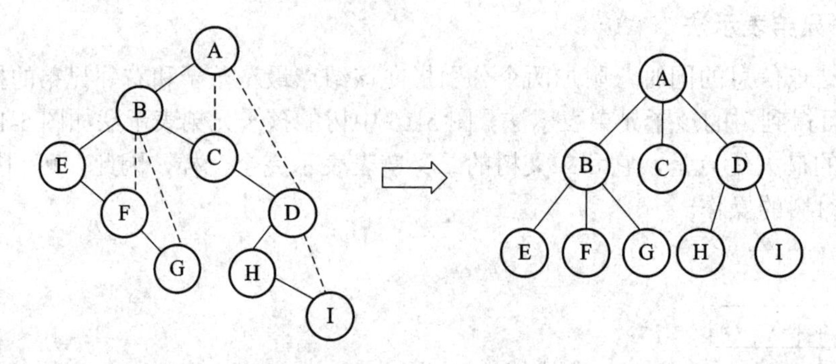

图 5-19　二叉树转换成树

由于树转换为的二叉树都没有右子树，因此将一个森林转换成二叉树的方法是：先将森林中的每一棵树转换为二叉树；再将第一棵树的根作为转换后二叉树的根，第一棵树的左子树作为转换后二叉树根的左子树，第二棵树作为转换后二叉树的右子树，第三棵树作为转换后的二叉树根的右子树的右子树，以此类推下去，就将一个森林转换为一棵二叉树，如图 5-20 所示。

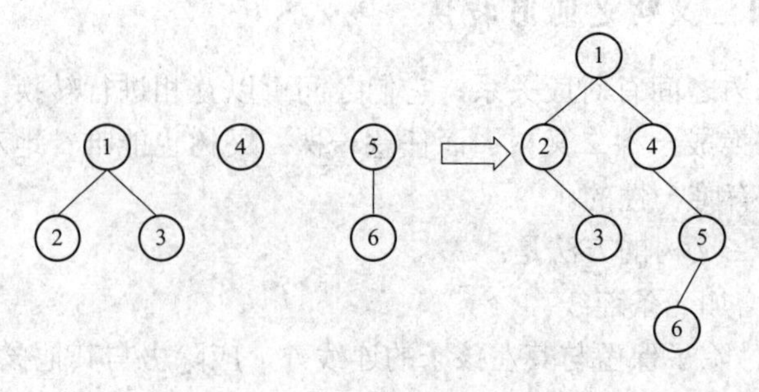

图 5-20　森林和对应的二叉树

5.7　二叉树的应用

二叉树结构在许多实际问题中都得到了应用。例如在通信中数据非等概率发送时，为使传送的代码长度最短，就使用了哈夫曼编码。下面将介绍几种典型二叉树的应用。

5.7.1　哈夫曼树及哈夫曼编码

哈夫曼树又称最优二叉树，是一类带权路径长度最短的树。

1. 基本概念

两个结点间的路径是指从树中一个结点到另一个结点之间的分支。

路径的长度是指从树中一个结点到另一个结点之间的分支数。例如 k_1，k_2，…，k_n 是一条路径，则该路径长度为 $n-1$。

树的路径长度是树根到树中每一结点的路径长度之和。在结点数目相同的二叉树中，完全二叉树的路径长度最短。当然，也可能有其他非完全二叉树具有同完全二叉树相同的路径长度，这可以从图 5-21 所示的具有四个结点构成的三种二叉树中看出。

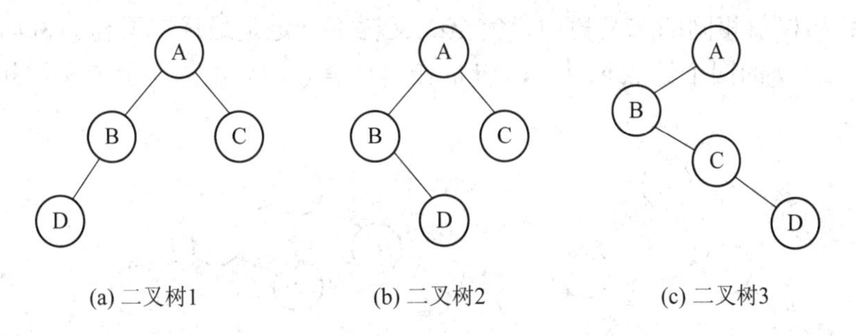

图 5-21　四个结点构成的三种二叉树

设路径长度用 PL 表示，则二叉树 1、二叉树 2 和二叉树 3 的路径长度分别为

$$PL_1 = 0+1+1+2 = 4，PL_2 = 0+1+1+2 = 4，PL_3 = 0+1+2+3 = 6$$

当树中的结点被赋予一个称之为权的有某种意义的实数时，则该结点的带权路径长度为结点到树根之间的路径长度与结点权值的乘积。树的带权路径长度为树中所有叶子结点的带权路径长度之和，记作

$$WPL=\sum_{i=1}^{n} w_i l_i \tag{5-5}$$

其中，n 为树中叶子结点的数目；w_i 为叶子结点 i 的权值；l_i 为叶子结点 i 到根结点之间的路径长度。

在有 n 个带权叶子结点的所有二叉树中，带权路径长度 WPL 最小的二叉树被称为**最优二叉树或哈夫曼树**。

由于 WPL 是所有叶子结点的权值与路径长度乘积的和，因此要使 WPL 尽可能地小，就必须使每个叶子结点的路径长度与权值之积尽可能小。但因为权值是确定的，所以只能通过调整叶子结点的路径长度来使结点的权值和路径长度之积尽可能小。也就是说，当一个叶子结点的权值比较大时，应让其尽可能接近根结点，这样就减少了路径长度，从而减少了 WPL。

对于具有权值为 w_1，w_2，…，w_n 的 n 个叶子结点形成的二叉树，可以具有多种形态，其中能被称为哈夫曼树的二叉树并不是唯一的。例如，对于四个权值分别为 3、4、5、7 的叶子结点 a、b、c、d 构造的二叉树，可以得到两棵哈夫曼树，如图 5-22 所示。

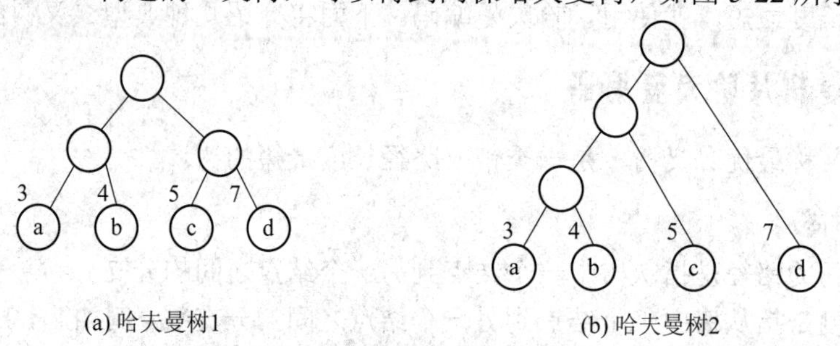

图 5-22 不同形态的哈夫曼树

可以计算出这两棵哈夫曼树的 WPL 分别为

$$WPL_1 = 3 \times 2 + 4 \times 2 + 5 \times 2 + 7 \times 2 = 38$$

$$WPL_2 = 3 \times 3 + 4 \times 3 + 5 \times 2 + 7 \times 1 = 38$$

在叶子数和权值相同的二叉树中，完全二叉树不一定是最优二叉树。例如，对于权值分别为 2、4、5、7 的四个结点 a、b、c、d 的集合而言，构造出的完全二叉树和哈夫曼树如图 5-23 所示。

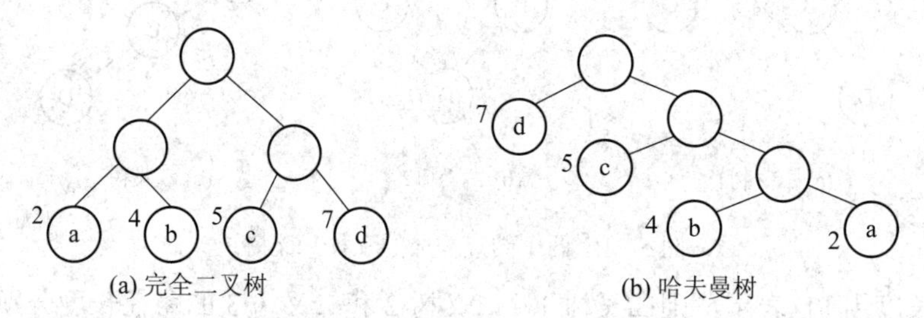

图 5-23 完全二叉树与哈夫曼树

可以计算出完全二叉树的带权路径长度为

$$WPL = 2 \times 2 + 4 \times 2 + 5 \times 2 + 7 \times 2 = 36$$

哈夫曼树的带权路径长度为

$$WPL = 2 \times 3 + 4 \times 3 + 5 \times 2 + 7 \times 1 = 35$$

2. 哈夫曼树的构造

哈夫曼最早给出了一个带有一般规律的算法来构造哈夫曼树。这个算法描述如下：

(1) 根据给定的 n 个权值$\{w_1, w_2, \cdots, w_n\}$构成 n 棵二叉树的集合 $F = \{T_1, T_2, \cdots, T_n\}$，其中，$T_i$ 中只有一个权值为 w_i 的根结点，左、右子树均为空。

(2) 在 F 中选取两棵根结点的权值为最小的树作为左、右子树构造一棵新的二叉树，且置新的二叉树的根结点的权值为左、右子树上根结点的权值之和。

(3) 在 F 中删除这两个棵权值为最小的树，同时将新得到的二叉树加入 F 中。

(4) 重复(2)、(3)直到 F 中仅剩一棵树为止。这棵树就是哈夫曼树。

下面通过对权值为 0.4、0.3、0.1、0.1、0.02、0.08 的 6 个叶子结点 A、B、C、D、E、F 构造哈夫曼树，以观察哈夫曼树的构造过程，如图 5-24 所示。

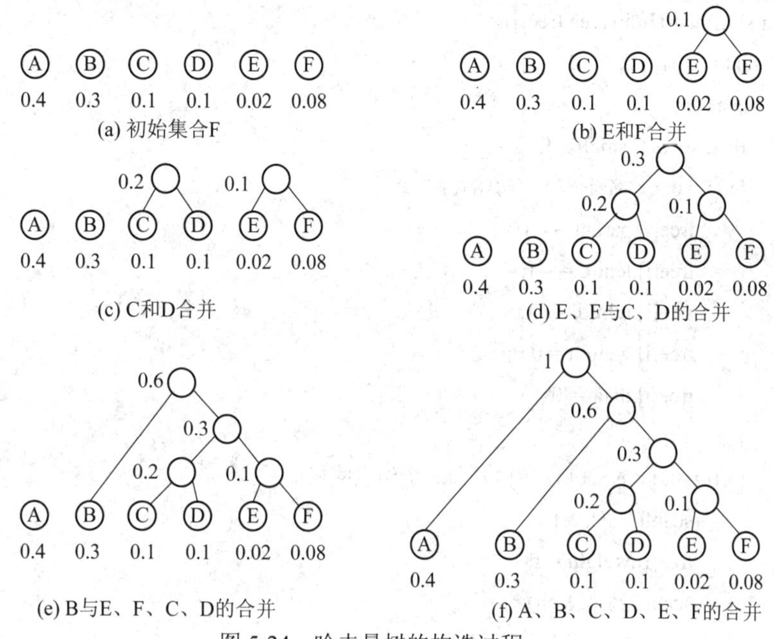

图 5-24　哈夫曼树的构造过程

从哈夫曼树的构造过程可以看出，每进行一次(2)和(3)都要生成一个新的结点，这个新结点是通过对两个具有最小权值的结点进行合并来产生的。一个有 n 个叶子结点的初始集合，要生成哈夫曼树总共要进行 n – 1 次合并，产生 n – 1 个新结点。最终求得的哈夫曼树共有 2n – 1 个结点，并且哈夫曼树中没有度为 1 的分支结点。我们常称没有度为 1 的结点的二叉树为严格二叉树。为了区别一个结点是否已经进行了合并操作，可以通过设置一个标志来标识，可将这个标志取名为 parent 变量。使这个变量在结点合并之前指出该结点是否进行了合并操作，合并之后用来指出该结点的双亲结点的地址。这样，一个结点的存储结构可由五个域组成，如图 5-25 所示。

lchild	data(结点值)	weight(权值)	rchild	parent

图 5-25　结点的存储结构

上述结点存储结构的 C 语言描述如下：

```
#define N 6   //叶子结点个数
#define M 2*N – 1   //结点总数
typedef char Datatype;
typedef struct{
    float weight;
    Datatype data;
    int lchild, rchild, parent;   //这些值取–1 表示没有父亲或孩子
}HufmTree;
HufmTree tree[M];
```

哈夫曼树的构造算法

按以上的存储结构构造哈夫曼树的算法如下：

```
#define EPS 1e-5
void Huffman(HufmTree tree[]){
    int i, j, p1, p2;
    char ch;
    float small1, small2, f;
    for(i = 0; i < M; i++){ //初始化
        tree[i].parent = –1;
        tree[i].lchild = –1;
        tree[i].rchild = –1;
        tree[i].weight = 0.0;
        tree[i].data = '0';
    }
    for(i = 0; i < N; i++){ //输入前 n 个结点的权值
        scanf("%f", &f);
        tree[i].weight = f;
        scanf("%c", &ch);
        tree[i].data = ch;
    }
    for(i = N; i < M; i++){ //进行 n – 1 次合并，产生 n – 1 个新结点
        p1 = p2 = -1;
        small1 = small2 = Maxval;  //Maxval 是 float 类型的最大值
        for(j = 0; j < i; j++){
            if(tree[j].parent == –1){
                if(tree[j].weight–small1 < EPS){ //改变最小值与次小值
                    small2 = small1;
                    small1 = tree[j].weight;
                    p2 = p1;
                    p1 = j;
                }
                else if(tree[j].weight– small2 < EPS){  //改变次小值
                   small2 = tree[j].weight;
                   p2 = j;
                }
            }
        }
        tree[p1].parent = i;
        tree[p2].parent = i;
        tree[i].lchild = p1;
```

```
        tree[i].rchild = p2;
        tree[i].parent =–1;
        tree[i].weight = tree[p1].weight + tree[p2].weight;
    }
} //Huffman
```

用上述算法对图 5-24 中的叶子结点集合构造哈夫曼树的初始状态如图 5-26(a)所示，第一次合并状态如图 5-26(b)所示，结果状态如图 5-26(c)所示。

数组下标	lchild	data	weight	rchild	parent
0	−1	'A'	0.4	−1	−1
1	−1	'B'	0.3	−1	−1
2	−1	'C'	0.1	−1	−1
3	−1	'D'	0.1	−1	−1
4	−1	'E'	0.02	−1	−1
5	−1	'F'	0.08	−1	−1
6	−1	'0'	0	−1	−1
7	−1	'0'	0	−1	−1
8	−1	'0'	0	−1	−1
9	−1	'0'	0	−1	−1
10	−1	'0'	0	−1	−1

(a) 哈夫曼树的初始状态

数组下标	lchild	data	weight	rchild	parent
0	−1	'A'	0.4	−1	−1
1	−1	'B'	0.3	−1	−1
2	−1	'C'	0.1	−1	−1
3	−1	'D'	0.1	−1	−1
4	−1	'E'	0.02	−1	6
5	−1	'F'	0.08	−1	6
6	4	'0'	0.1	5	−1
7	−1	'0'	0	−1	−1
8	−1	'0'	0	−1	−1
9	−1	'0'	0	−1	−1
10	−1	'0'	0	−1	−1

(b) 哈夫曼树第一次合并的状态

数组下标	lchild	data	weight	rchild	parent
0	−1	'A'	0.4	−1	10
1	−1	'B'	0.3	−1	9
2	−1	'C'	0.1	−1	7
3	−1	'D'	0.1	−1	7
4	−1	'E'	0.02	−1	6
5	−1	'F'	0.08	−1	6
6	4	'0'	0.1	5	8
7	2	'0'	0.2	3	8
8	7	'0'	0.3	6	9
9	1	'0'	0.6	8	10
10	0	'0'	1	9	−1

(c) 哈夫曼树的结果状态

图 5-26　构造哈夫曼树

可以看出，在算法中每次合并时，都是将具有较小权值的结点置为合并后结点的左孩子，而具有较大权值的结点置为合并后结点的右孩子。

3. 哈夫曼编码

哈夫曼树的应用很广泛，下面讨论哈夫曼树在通信编码中的应用。

在电报通信中，总是将电文中的字符转换成二进制数 0、1 序列传送，并在接收端将收到的 0、1 串转换为对应的字符序列，这就是编码和译码。

编码的方法有等长编码和不等长编码。等长编码是指每个字符的二进制码长相同。例如，若电文内容为 abaccda，其中出现的字符为 a、b、c、d，若采用等长编码，则每个字符的编码为 a/00、b/01、c/10、d/11，发送码串为 '00010010101100'。译码时两位一分割即得相应的字符。

这种等长编码方法的译码十分方便，但编出的码串过长，因此可考虑采用不等长编码。在实际使用中，有些字符频繁使用，而有些字符极少使用，为此可以让使用频率较高的字符的编码尽可能短，使传送电文的总长减少。如果设计 a、b、c 和 d 的编码分别为 0、00、1 和 01，则电文 abaccda 可转换成总长为 9 的码串 '000011010'，但是，这样的电文无法翻译。例如，传送过去的字符串中前四个字符的子串 '0000' 就有多种译法，或是 'aaaa'，或是 'aba'，也可以是 'bb' 等。因此，若要设计长短不等的编码，则必须是任意一个字符的编码都不是另一个字符的编码的前缀，这种编码称作前缀编码。

如何构造前缀编码，并且使传送的电文长度最小呢？

利用二叉树来设计二进制的前缀编码。例如，有一棵二叉树如图 5-27 所示，其四个叶子结点分别表示 a、b、c 和 d 这四个字符，且约定左分支表示字符 0，右分支表示字符 1，则可以从根结点到叶子结点的路径上分支字符组成的字符串作为该叶子结点字符的编码，这样得到的一定是二进制前缀编码。由图 5-27 所得 a、b、c 和 d 的二进制前缀编码分别为 0、10、110 和 111。

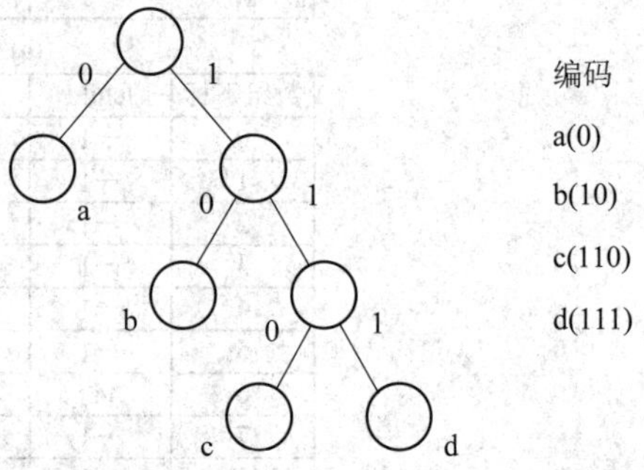

图 5-27　前缀编码示例

如何保证电文总长最短呢？

我们知道电文总长应为 $\sum_{i=1}^{n} c_i l_i$，其中，l_i 为编码长度；c_i 为字符在电文中出现的次数；n 为电文中出现的字符的种数。对应到二叉树上，l_i 可以看作是叶子的长度；c_i 可以看作是叶子结点的权值。由此可见，$\sum_{i=1}^{n} c_i l_i$ 就是树的带权路径长度。因此，设计电文总长最短的二进制前缀编码，就相当于以 n 种字符出现的频率作权，设计一棵哈夫曼树的问题，由此得到的二进制前缀编码便称为哈夫曼编码。

例如，组成电文的字符集及概率分布为

$$D = \{a, b, c, d, e\}$$
$$W = \{0.25, 0.30, 0.12, 0.25, 0.08\}$$

则该字符集D上的字符前缀码为

a:00，b:01，c:100，d:11，e:101

即哈夫曼编码。

在构成哈夫曼树后，先从哈夫曼树根结点开始，对左子树分配代码0，右子树分配代码1，一直到达叶子结点为止；然后将从树根沿每条路径到达叶子结点的代码排列起来，便得到了哈夫曼编码。

由于从树根向叶子搜索进行哈夫曼编码时，每遇到一个分支都需要将所经过的代码分别存入不同的编码数组中，而具体对应于哪一个叶子结点的编码数组又不易确定，因此在计算机中实现时有一定的困难。

因为每个叶子结点将对应一个编码数组，每个结点都有指向双亲的地址域，所以可以从叶子结点出发向上回溯到根结点来确定叶子结点对应的编码。由于形成哈夫曼树的每一次合并操作都将对应一次代码分配，因此n个叶子结点的最大编码长度不会超过n－1，故可为每个叶子结点分配一个长度为 n 的编码数组。从叶子结点向上回溯时生成的代码序列与实际编码时的代码序列顺序相反，这就需要使用一个整型量来指出代码序列在编码数组中的起始位置，以便按实际编码时的代码序列顺序输出。

具体的编码数组结构描述如下：

```
typedef char Datatype;
typedef struct{
    char bits[N];   //编码数组位串，其中n为叶子结点数目
    int start;   //编码在位串中的起始位置
    Datatype data;   //结点数据
}Codetype;
Codetype code[N];
```

哈夫曼编码算法的基本思想是：从叶子tree[i]出发，利用双亲地址找到双亲结点tree[p]，再利用tree[p]的lchild和rchild指针域判断tree[i]是tree[p]的左孩子还是右孩子，然后决定是分配代码'0'还是代码'1'，接着以tree[p]为出发点继续向上回溯，直到根结点为止，其具体算法描述如下：

哈夫曼编码

```
void HuffmanCode(Codetype code[], HufmTree tree[]){
    int i, c, p;
    Codetype cd;   //缓冲变量
    for(i = 0; i < N; i++){   //n为叶子结点数目
        cd.start = N;
        c = i;
        cd.data = tree[c].data;
        p = tree[c].parent;
        while(p != -1){
            cd.start--;
            if(tree[p].lchild == c)
                cd.bits[cd.start] = '0';
            else
```

```
                cd.bits[cd.start] = '1';
            c = p;
            p = tree[c].parent;
        }
        code[i] = cd;
    }
} //HuffmanCode
```

对图 5-24 所示的哈夫曼树进行编码，可得到表 5-4 所示的编码表。

表 5-4　code 数组中的编码表

下标	bits						start	data
0	—	—	—	—	—	0	5	A
1	—	—	—	—	1	0	4	B
2	—	—	1	1	0	0	2	C
3	—	—	1	1	0	1	2	D
4	—	—	1	1	1	0	2	E
5	—	—	1	1	1	1	2	F

4. 哈夫曼树译码

哈夫曼树译码是指由给定的代码求出代码所表示的结点值，它是哈夫曼编码的逆过程。哈夫曼树译码的过程是：从根结点出发，逐个读入电文中的二进制代码，若代码为 0 则走向左孩子；否则走向右孩子。一旦到达叶子结点，便可译出代码所对应的字符。然后又重新从根结点开始继续译码，直到二进制电文结束为止。其具体的译码算法如下：

```
void HuffmanDecode(Codetype code[ ], HufmTree tree[ ]){
    int   i, c, p, b;
    int endflag=-1;   //电文结束标志取-1
    i=m-1;     //从根结点开始向下搜索
    scanf ( "%d", &b);   //读入一个二进制代码
    while ( b != endflag){
        if( b= =0)   i=tree[i].lchild;   //走向左孩子
        else   i=tree[i].rchild;   //走向右孩子
        if ( tree[i].lchild= =-1 ){   // tree[i]是叶子结点
            putchar( code[i].data);
            i=m-1;   //回到根结点
        }
        scanf("%d", &b);   //读入下一个二进制代码
    }
    if (i!=m-1)   //电文读完尚未到叶子结点
        printf( "\n ERROR\n");   //输入电文有错
} //HuffmanDecode
```

上述算法中使用 tree[i].lchild=-1 来判定 tree[i] 是否为叶子结点，其原因是哈夫曼树是严

格二叉树，树中没有度数为 1 的结点。

5.7.2　二叉排序树

树形结构的一个重要应用是用来组织目录。树形结构的目录称为树目录。

对于具有不等长表目的线性表，可以把每个表目的关键码值和其他属性数据分开存放，并将每个表目的关键码值和其他属性数据的地址组织在一个目录表中。这样，对于不等长表目线性表的检索、排序等运算，就可以在等长表目的目录表上进行，给操作带来了方便。利用二叉排序树，可以将目录表组织成二叉树的形式，既具有顺序表那样较高的检索效率，又具有链表那样的插入、删除运算灵活的特性。

1. 二叉排序树的概念

如果一棵二叉树的每个结点对应一个关键码，并且每个结点的左子树中所有结点的码值都小于该结点的关键码值，而右子树中所有结点的关键码值都大于该结点的关键码值，则这个二叉树称为二叉排序树。图 5-28 给出了一个二叉排序树的示例，其中每个结点的关键码值是以关键码字母的 ASCII 码来决定的。两个关键码值的比较按以下方式进行：若第一个字母的 ASCII 码值相同，则比较第二个字母的 ASCII 码值；若第二个字母的 ASCII 码值也相同，则比较第三个字母的 ASCII 码值……一直到最后一个字母为止，从而确定两个关键码值的大小关系。

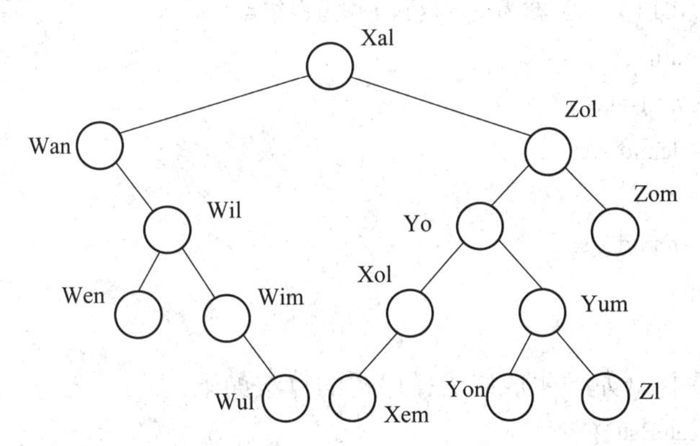

图 5-28　二叉排序树的示例

在对二叉树排序树进行中序遍历时，可以发现所得到的中序序列是一个递增有序序列。这是二叉排序树的一个重要性质，也是二叉排序树名称的由来。

对图 5-28 所示二叉排序树进行中序遍历，可得到序列 Wan，Wen，Wil，Wim，Wul，Xal，Xem，Xol，Yo，Yon，Yum，Zl，Zol，Zom。

在二叉排序树的操作中，使用二叉链表作为存储结构，其结点结构描述如下：

```
typedef int Keytype;
typedef struct node{
    Keytype key;  //关键字项
    Datatype other;  //其他数据数据项
    struct node *lchild, *rchild;   //左、右指针
} Bstnode;
```

2. 二叉排序树的构造

二叉排序树的构造是指将一个给定的数据元素序列构造为相应的二叉排序树。

对于任意的一组数据元素{R_1，R_2，…，R_n}，可按以下方法来构造二叉排序树：

(1) 令 R_1 为二叉树的根。

(2) 若 $R_2<R_1$，令 R_2 为 R_1 左子树的根结点；否则 R_2 为 R_1 右子树的根结点。

(3) 对于 R_3，…，R_n 结点，依次与前面生成的结点比较以确定输入结点的位置。

在二叉排序树中插入一个结点，可用以下的非递归插入算法来实现：

```
Bstnode *InsertBst(Bstnode *t, Bstnode *s){   //t 为二叉树根指针，s 指向待插入结点
        Bstnode *p, *f;
        p = t;
        while(p != NULL){
            f = p;
            if(s->key == p->key)   return t;   //树中已有该结点，无须插入
            if(s->key < p->key)   p = p->lchild;   //在左子树中查找插入位置
            else
                p = p->rchild;
        }
        if(t == NULL)   //原树为空，返回 s 作为根结点
            return s;
        if(s->key < f->key)
            f->lchild = s;
        else
            f->rchild = s;
        return t;
} //InsertBst
```

从空的二叉排序树开始，生成二叉排序树的算法如下：

```
Bstnode *CreateBst(){
        Bstnode *t, *s;
        Keytype key, endflag = 0;   //endflag 为结点结束标志
        Datatype data;
        t = NULL;   //设置二叉排序树为空树
        scanf("%d", &key);
        while(key != endflag){
            s = (Bstnode*) malloc(sizeof(Bstnode));   //分配新结点
            s->lchild = s->rchild = NULL;
            s->key = key;
            scanf("%d", &data);
            s->other = data;
            t = InsertBst(t, s);
```

```
            scanf("%d", &key);
        }
        return t;
    } //CreateBst
```

将一个关键字序列 10，18，3，8，12，2，7，3 生成二叉排序树的过程，如图 5-29 所示。

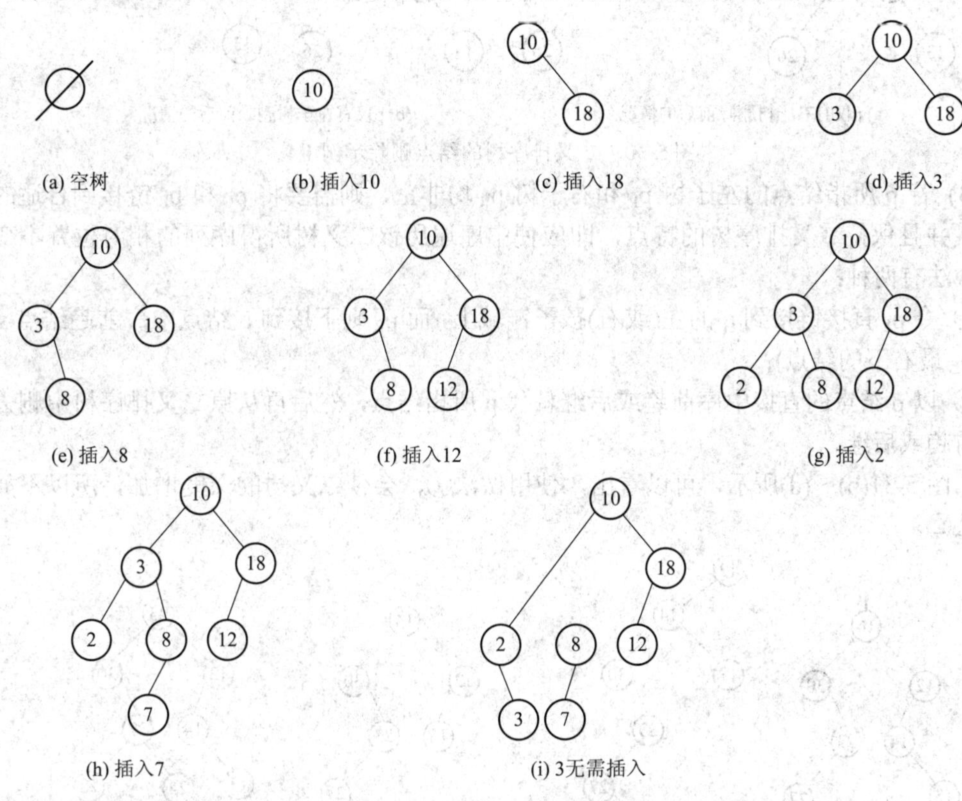

图 5-29 排序二叉树生成过程

从上述的插入过程可以看出，每次插入的新结点都是二叉排序树的叶子结点，并且不需要移动其他结点，所以插入操作比向量(线性表)操作更方便。由于对二叉排序树进行中序遍历时，可以得到一个按关键字大小排列的有序序列，因此对一个无序序列可通过构造二叉排序树和对这个排序树进行中序遍历来产生一个有序序列。

3. 二叉排序树中的结点删除

在二叉排序树中删除某个结点之后，要求保留下来的结点仍然保持二叉排序树的特点，即每个结点的左子树中所有结点的关键码值都小于该结点的关键码值；而右子树中的所有结点的关键码值都大于该结点的关键码值。

若要删除的结点由 p 指出，双亲结点由 q 指出，则二叉排序树中结点删除分三种情况考虑：

(1) 若 p 指向叶子结点，则直接将该结点删除。

(2) 若 p 所指结点只有左子树 p_L 或只有右子树 p_R，此时只要使 p_L 或 p_R 成为 q 所指结点的左子树或右子树即可，如图 5-30(a)和(b)所示。

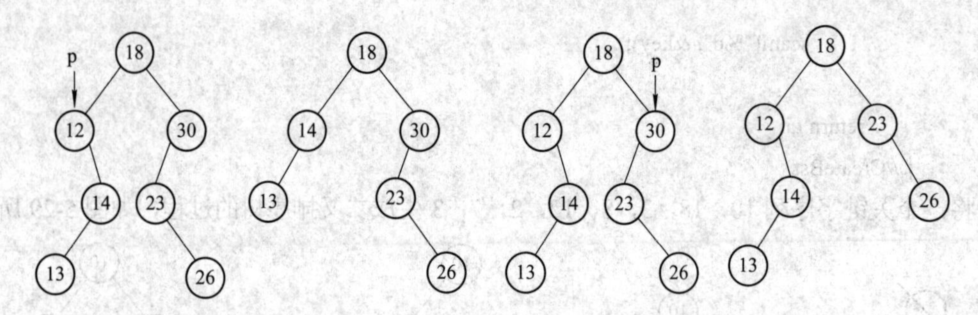

图 5-30 二叉排序树的结点删除示例 1

(3) 若 p 所指结点的左子树 p_L 和右子树 p_R 均非空，则需要将 p_L 和 p_R 链接到合适的位置上，并且保持二叉排序树的特点，即应使中序遍历该二叉树所得序列的相对位置不变。具体做法有两种：

① 令 p_L 直接链接到 q 的左(或右)孩子链域上，而 p_R 则下接到 p 结点中序前趋结点 s 上(s 是 p_L 最右下的结点)；

② 以 p 结点的直接中序前趋或后继替代 p 所指结点，然后再从原二叉排序树中删去该直接前趋或后继。

如图 5-31(b)～(d)所示，可以看出，使用做法①，会使二叉树的深度增加，所以不如使用做法②。

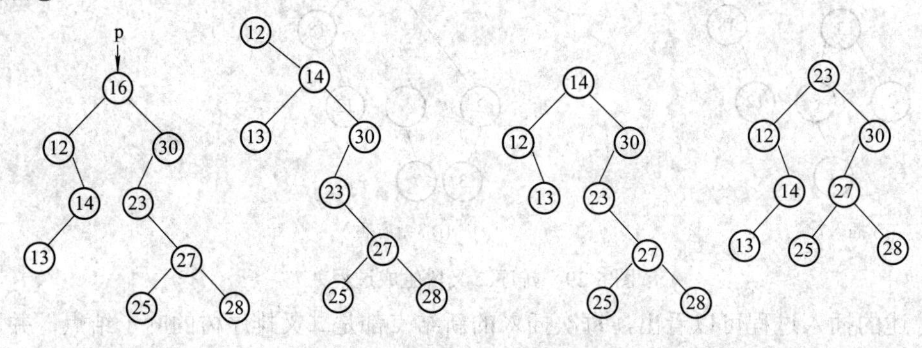

图 5-31 二叉排序树的结点删除示例 2

综合以上几种情况，给出二叉排序树中删除一个结点的算法如下：

```
Bstnode *DelBstNode(Bstnode *t, Keytype k){    //t 为二叉树根指针
        Bstnode *p, *q, *s, *f;
        p = t;
        q = NULL;
        while(p != NULL){    //查找关键字为 k 的待删结点
              if(p->key == k) break;
              q = p;
              if(p->key > k)
                    p = p->lchild;
              else
```

```
            p = p->rchild;
    }
    if(p == NULL)   return t;   //找不到结点，返回原树
    if(p->lchild == NULL){   // p 所指结点的左子树为空
        if(q == NULL)
            t = p->rchild;   // p 为原树的根
        else if(q->lchild == p){
            q->lchild = p->rchild;
        }else
            q->rchild = p->rchild;
        free(p);
    }else{   // p 所指结点有左子树时，按图 5-31(c)方法进行
        f = p;
        s = p->lchild;
        while(s->rchild != NULL){  //在 pl 中查找最右下的结点，即查找 p 的先序结点
            f = s;
            s = s->rchild;
        }
        if(f == p)
            f->lchild = s->lchild;   //将 s 所指结点的左子树链接到*f 上
        else
            f->rchild = s->lchild;
        p->key = s->key;
        p->other = s->other;
        free(s);
    }
    return t;
} //DelBstNode
```

5.8　应用实例

5.8.1　数据的压缩与解压缩

在通信传输中，为提高传输效率及保证数据传输的安全性，需要对数据进行压缩及加密。哈夫曼编码作为一种最常用的不等长无损压缩编码方法，压缩比高，在数据压缩程序中具有非常重要的应用，被广泛用于数据的远距离通信传输。

1. 问题描述及分析

哈夫曼编码是一种变长编码，即通过使用较短的码字给出现概率较高的信源符号编码，而出现概率较小的信源符号用较长的码字来编码，从而使平均码长最短，以达到数据压缩

的目的。由于哈夫曼编码只能对概率已知的信源符号编码，因此是一种统计编码。

我们将传输文件看作一个单符号信源，由于文本是由若干字节构成的，每一个字节就是一个字符，而字符只有 256 种，因此一个文件最多含有 256 种字符，文件中包含的每种字符就是一个信源符号。

要将文件进行压缩和解压，首先需计算出每种字符在该文件中出现的概率，并建立相应的哈夫曼编码表，即将每种字符对应一个二进制码串。文件压缩的过程就是从文件中每读出一个字符，查出该字符在哈夫曼编码表中对应的二进制码串，并用码字替换该字符。当文件中的所有字符都经过了码字替换, 就可得到一个比原文件要小的压缩文件。文件之所以能够被压缩, 是因为原文件中的每个字符都占 8 个二进制位的空间。而通过码字替换相应的字符后, 有的码字比相应的字符的码长要短, 有的码字比相应的字符的码长要长, 但文件在被压缩后总的长度比原来要短。

文件的解压过程则是编码的逆过程，即将一个压缩文件还原成它的本来面目。每读出压缩文件中的一个码字，就用哈夫码表中对应的字符替换，当文件中所有的码字被替换，解压过程也就完成了。

2．数据结构

在构造哈夫曼树前需先计算出文件中所出现字符的种类及概率。因字符种类最多 256 种，为此定义如下结构存放各字符在文件中的概率：

```
typedef struct {
    int count; //字符数量
    float pro; //字符在文本中的概率
}Pronode;
Pronode table[256];   //256 种字符的概率统计表
```

哈夫曼树和哈夫曼编码表的存储结构如下所述：

```
#define MAXSIZE 520   //哈夫曼树最大节点数
typedef struct{   //哈夫曼树结点结构
    float weight;   //结点权值
    int lchild,rchild,parent;   //左、右孩子及双亲
    char data;   //字符值
}HufmTree;
HufmTree tree[MAXSIZE];
typedef struct{   //哈夫曼编码表
    char bits[256];   //编码数组位串
    int   start;   //编码在位串中的起始位置
    char data;   //字符
}Codetype;
Codetype *code;   //指向编码表的指针
```

3．算法设计

在计算出文件中各字符的出现次数和概率后，即以这些字符的概率值作为叶子结点的

权值构造哈夫曼树，再根据哈夫曼树建立哈夫曼编码表。哈夫曼树和哈夫曼编码表的构造算法在 5.7.1 节有详细介绍，下面通过一个简单例子具体说明文件压缩和解压缩的过程。

假设现在有一个.txt 的小文件，内容是"aaabbbbccdddd"，各字符在文件中的概率分别为 a/0.23、b/0.31、c/0.15、d/0.31，以此为叶子结点权值构造的哈夫曼树如图 5-32 所示。如果左分支分配代码 0，右分支分配代码 1，则各字符相应的码字为 a/01、b/10、c/00、d/11。

压缩文件时，将文件中的每个字符用码字替换，这样原文件即被替换为 01010110101010000011111111，然后每 8 bit 存放在一个字节中，如果码字替换到最后不足 8 bit，则补 0 存放，其过程如图 5-33 所示。

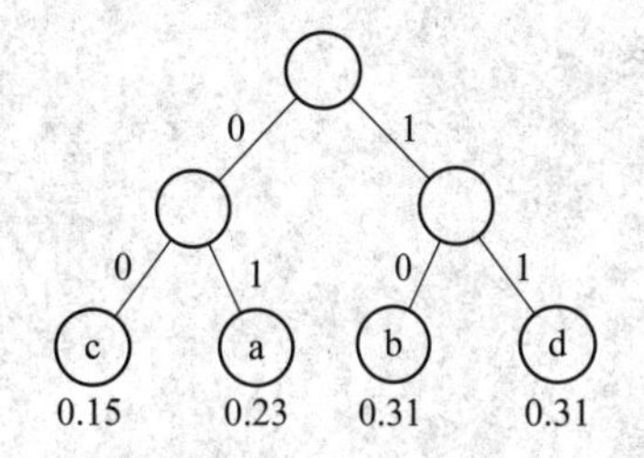

图 5-32　哈夫曼树

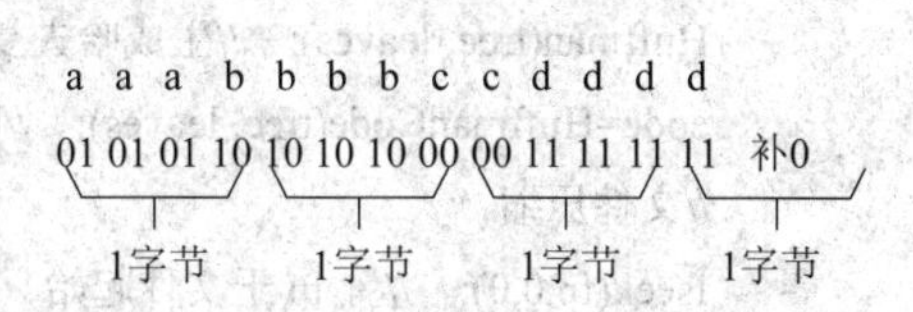

图 5-33　文件压缩示意图

文件解压过程就是从根向叶子结点的搜索过程，根据从压缩文件中读取的是 0 还是 1，决定是走左分支还是右分支。当走到叶子结点，就将之前读入的 0/1 序列还原为相应的字符。但考虑到若从上向下搜索，不易确定所经过的分支是哪个叶子结点的，因此在具体实现时，可以从叶子结点出发向上回溯到根结点。

需要注意的是，由于在压缩时会用 0 来代替空缺的比特位，这样带来的问题就是可能会多出解压字符。如图 5-33 所示的压缩后的编码为 26 比特：01010110101010000011111111，但计算机存储的最小单位为字节，因此最后不足 8 bit 的需补 0，这样压缩后存储的就是 32 比特：01010110 10101000 00111111 11000000，后面的 6 个 0 是多余的，在解压缩时如果不处理，就会多还原出 3 个 c。

要解决这个问题，可以统计文本字符的总数 chars，在解压缩时，每还原出一个字符，chars 就减 1，当 chars 为 0 时结束解压缩过程。

根据以上分析，可设计出以下主要函数：

- int Get_pro(FILE *fp); //计算字符概率，返回字符种类
- void Huffman(HufmTree tree[], int n); //建立哈夫曼树
- codetype *HuffmanCode(HufmTree tree[], int n); //建立哈夫曼编码表
- void *Zip(Codetype *code, int n,FILE *fp, FILE *zip); //文件压缩
- void Unzip(HufmTree tree[], int n, FILE *fp, FILE *unzip, int chars); //文件解压缩

4. 程序代码

下面给出主要的函数代码，完整程序请扫描附录中的二维码。

```
int main() {
    FILE *fp,*zip,*unzip;   //原文件指针，压缩文件指针，解压缩文件指针
    char filename[10],zipname[10],unzipname[10];   //文件名
    int i,leaves,m,chars;   //文件中字符数量、种类及概率
```

```
printf("原文件名:");
gets(filename);
if((fp=fopen(filename,"r"))==NULL) {   //读文本方式
    printf("无法打开文件!\n");
    exit(0);
}
leaves=Get_pro(fp);  //计算字符种类及概率，leaves 即叶子结点数
fseek(fp, 0, 0);   //置 fp 于文件起始
chars=Get_characters(fp);   //计算文件中的字符总数

Huffman(tree, leaves);   //生成哈夫曼树及编码表
code=HuffmanCode(tree, leaves);   //哈夫曼编码表
//文件压缩
fseek(fp,0,0);   //置 fp 于文件起始
printf("压缩文件名:");
gets(zipname); //压缩后写入哪个文件
if((zip=fopen(zipname,"wb"))==NULL) {   //写二进制方式
    printf("无法打开文件!\n");
    exit(0);
}
Zip(code, leaves, fp, zip);   //对 fp 压缩，写入 zip
fclose(fp);   //关闭 fp
fclose(zip);   //关闭 zip
//解压缩
if((zip=fopen(zipname,"rb"))==NULL) {   //读二进制方式
    printf("无法打开文件!\n");
    exit(0);
}
printf("存放解压后的文件:");
gets(unzipname);   //解压后存入哪个文件
if((unzip=fopen(unzipname,"w"))==NULL) {   //写文本方式
    printf("无法打开文件!\n");
    exit(0);
}
unzip=fopen(unzipname,"w");   //解压后写到新的文本文件
Unzip(tree, leaves, zip, unzip, chars); //对 zip 进行解压，解压到 unzip，chars 是文本字符总数
fclose(zip);
fclose(unzip);
return 0;
```

```
} //main

int Get_pro(FILE *fp) {   //字符概率计算，返回字符种类
      int i=0,n=0,chars=0;
      char ch;
      for(i=0; i<256; i++)
            table[i].count=0;   //字符统计表初始化
      while((ch=fgetc(fp))!=EOF){   //读文件
            table[(int)ch].count++;   //字符计数
            chars++;
      }
      for(i=0; i<256; i++){
            table[i].pro=table[i].count/(float)chars;
            if(table[i].pro!=0)
                  n++;   //文本中出现的字符种类
      }
      return n;
} //Get_pro

char *GetCode(Codetype *code, int n, char ch){   //从哈夫曼编码表中得到字符对应的码字
      int i=0;
      char *codestr=(char *) malloc(n*sizeof(char));
      while(i<n) {   //查码字表
            if(ch==(code+i)->data){
                  codestr=Sub((code+i)->bits,(code+i)->start,n);   //取出码字
                  break;
            }
            else i++;
      }
      return codestr;   //返回指向码字串的指针
} //GetCode

void *Zip(Codetype *code, int n,FILE *fp, FILE *zip){   //文件压缩
      int i,j,pos,len;
      char ch,*codestr,value;
      codestr=(char *)malloc(n*sizeof(char));
      pos=0;   //计位数
      value=0;   //存放字符对应的码字
      while((ch=fgetc(fp))!=EOF){   //读原文本文件
            codestr=GetCode(code, n, ch);   //得到字符 ch 对应的码字
```

```
        len=strlen(codestr);   //码字长度
        for(i=0;i<len;i++) {   //将码字中各 bit 顺序存至 value
            value <<= 1;
            if(*(codestr+i)=='1')
                value=value|1;
            else
                value=value|0;
            pos++;
            if(pos==8) {   //满 8 位就将 value 写进压缩文件 zip
                fputc(value,zip);
                pos=0;
                value=0;
            }
        }
    }
    if(pos) {   //pos==0，说明刚好存完 8 位；pos!=0，说明还有多余的位
        value <<= (8-pos);   //不够 8 位，低位补 0
        fputc(value,zip);
    }
}   //Zip

void Unzip(HufmTree tree[], int n, FILE *fp, FILE *unzip, int chars){   //文件解压缩
    int i,j,k,quitflag;
    char ch,b,*t;
    i=(2*n-1)-1;   //从哈夫曼树的根结点开始向下搜索
    k=0;
    quitflag=1;   //结束压缩标志
    while(quitflag){   //未压缩完
        fseek(fp, k*sizeof(char), 0);   //移动文件指针
        fread(&ch,1,1,fp);   //读 1 次，一次一个字节
        for(j=7; j>=0; j--) {   //顺次取出字节的各 bit
            if(((1<<j)&ch)!=0)   //若 1 左移 7 位，即 10000000，再&ch，可判断 ch 第 7 位
                b='1';
            else
                b='0';
            if(b=='0')
                i=tree[i].lchild;   //走向左孩子
            else
                i=tree[i].rchild;   //走向右孩子
```

```
                if(tree[i].lchild==-1) {    //已到叶子结点
                    fputc(tree[i].data,unzip);    //写入 unzip 文件
                    i=(2*n-1)-1;    //回到根结点继续
                    chars--;    //字符数减 1
                    if(!chars){
                        quitflag=0;
                        break;    //若已全部解压，忽略压缩时可能多写入的 bits
                    }
                }
            }
            k++;
        }
    } //Unzip
```

程序运行后，提示输入待压缩的文件名、压缩文件名及解压后的文件名。若 data.txt 是待压缩的文本文件，大小为 5945 字节；zip.dat 是压缩文件，大小是 3252 字节；unzip.txt 是根据 zip.dat 解压出的还原文件，其内容和大小与 data.txt 完全相同。图 5-34 是运行程序后文件的压缩和解压缩结果。

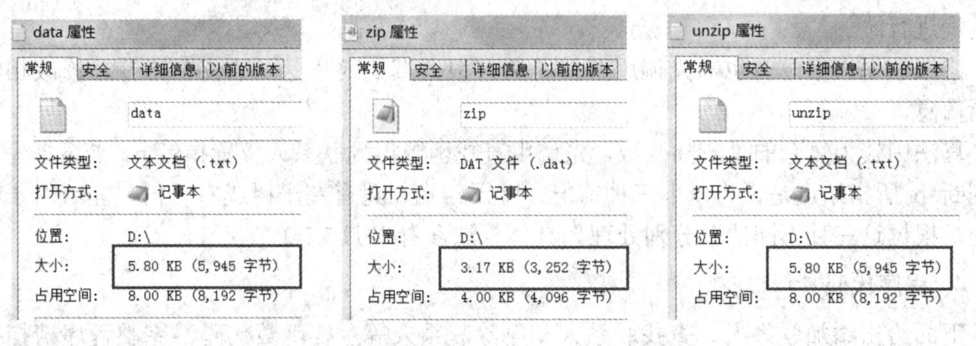

图 5-34　文件压缩及解压后的运行结果

5.8.2　基于二叉排序树的通讯录管理

1．问题描述及要求

二叉排序树也称二叉查找树或二叉搜索树，是一种动态树表，在现实中有着广泛的应用，尤其是对排序和查找。在此我们应用二叉排序树完成通讯录的管理。

通讯录的管理包括通讯录的添加、查找、修改和删除等基本功能。程序的功能模块如图 5-35 所示。

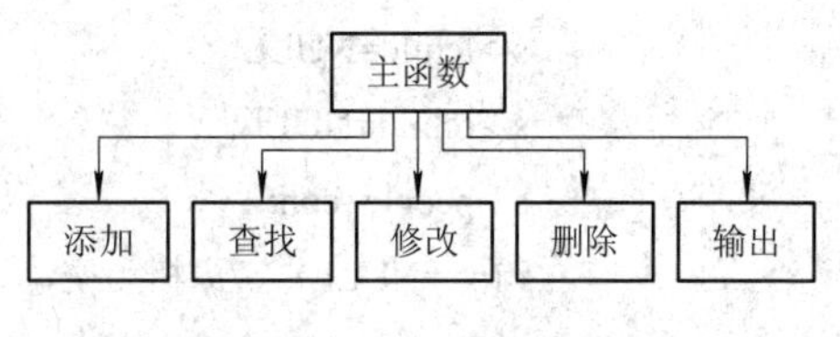

图 5-35　软件功能结构图

2．数据结构

通讯录以二叉链表形式存储，二叉排序树中的每个结点存放一个联系人的信息。每个

联系人的信息包括姓名和电话，数据结构定义如下：

```
#define M 100
typedef    struct {   //联系人信息
        char name[20];   //姓名
        char tele[20];   //电话
}Contact;
Contact cons[M];   //通讯录信息
typedef struct node{   //二叉排序树结点结构
        Contact people;   //联系人
        struct node *lchild;   //左指针
        struct node *rchild;   //右指针
}Bstree;
```

3. 算法设计

首先将二叉排序树初始化为空树，并将预先建立的通讯录数组中的联系人依次插入二叉树。在二叉排序树中结点插入时根据姓名查找正确位置。

联系人信息的查找算法设计为中序遍历查找，根据姓名查找。

添加联系人时，先调用查找函数，若联系人信息已存在，则退出添加，否则按结点插入过程进行添加。

修改联系人信息时也需先调用查找函数，根据查找函数返回的位置指针，修改相应的电话信息。

算法中较为复杂的是删除函数，先调用查找函数得到联系人位置指针 p，若 p 非空，还需判断 p 所指结点是否为以下三种情况：叶子结点、只有左子树或右子树、左或右子树均非空，根据这三种不同情况分别处理。具体算法参看本书 5.7.2 节。

4. 程序代码

下面给出添加联系人、查找联系人和删除联系人等主要函数代码，完整程序请扫描附录中的二维码。

```
Bstree *Insert(Bstree *root, Contact con){   //插入二叉排序树
        Bstree *p,*f=NULL,*s;
        p=root;
        s=(Bstree *) malloc(sizeof(Bstree));   //生成插入结点 s
        s->lchild=NULL;
        s->rchild=NULL;
        s->people=con;
        if(p==NULL)   //原树为空，返回 s 为根结点
            return s;
        while(p!=NULL) {   //按姓名插入
            f=p;
            if(strcmp(p->people.name,con.name)==0) {   //联系人存在
```

```
                printf("联系人已存在!\n");
                return root;   //直接返回
            }
            else {
                if(strcmp(p->people.name,con.name)>0)   //走左子树
                    p=p->lchild;
                else p=p->rchild;
            }
        }
        if(strcmp(s->people.name,f->people.name)<0) //插入
            f->lchild=s;
        else
            f->rchild=s;
        return root;
} //Insert

void InputContact(Bstree *root){   //添加联系人
        Contact temp;
        Bstree *s=NULL;
        printf("\n 联系人姓名:");
        gets(temp.name);
        printf("电话:");
        gets(temp.tele);
        root=Insert(root,temp);
} //InputContact

Bstree *Locate(Bstree *root,char *name){   //按中序遍历查找联系人
        Bstree *p;
        p=root;
        while(p!=NULL){
            if(strcmp(p->people.name,name)==0)   //找到结束查找
                break;
            if(strcmp(p->people.name,name)>0)   //在左子树中找
                p=p->lchild;
                else
                p=p->rchild;   //在右子树中找
            }
        return p;
} //Locate
```

```
Bstree *DeleContact(Bstree *p, char *name){    //删除联系人
    int flag;
    Bstree *s,*q,*f;
    while(p!=NULL){    //查找此人
        if(strcmp(p->people.name,name)==0)    //联系人存在
            break;
        q=p;
        if(strcmp(p->people.name,name)>0)
            p=p->lchild;
        else
            p=p->rchild;
    }
    if(p==NULL)    //未找到
        return root;
    if(p->lchild==NULL){    //p 所指结点的左子树为空
        if(q==NULL)
            root=p->rchild;    //p 为原树的根
        else if(q->lchild==p)
            q->lchild=p->rchild;
        else    q->rchild=p->rchild;
        free(p);
    }
    else{    //p 所指结点有左子树
        f=p;
        s=p->lchild;
        while(s->rchild!=NULL) {    //在 p 的左子树中查找最右下的结点，即 p 的先序结点
            f=s;
            s=s->rchild;
        }
        if(f==p)
            f->lchild=s->lchild;    //将 s 结点的左子树链接到*f 上
        else
            f->rchild=s->lchild;
        p->people=s->people;
        free(s);
    }
    return root;
} //DeleteContact
```

本章小结

本章的基本内容是：树的定义和表示；二叉树的定义、性质与抽象数据类型；二叉树的存储结构、遍历及其应用；线索二叉树的建立和访问；树的存储结构，树、森林和二叉树之间的转换；哈夫曼树与二叉排序树的应用。

树形结构是一种非常重要的非线性结构。在树形结构中，除了根节点外，每个节点只有一个直接前趋(它的父节点)，但可以有多个直接后继(它的孩子节点)。利用树形结构可以实现用更少的节点(祖先节点)分层次地、一对多地管理大量节点(子孙节点)，能很好地描述现实问题，因此被广泛应用。

二叉树是一种特殊的树形结构，它的特点是每个节点最多只有两棵子树，并且二叉树的子树有左右之分，其次序不能任意颠倒。要注意的是，二叉树不是树的特例。由于二叉树独特的简洁性，在树、森林和二叉树间进行相互转化，可以使复杂的问题简单化。

二叉树顺序存储结构和链式存储结构的实现，展示了如何利用一定的顺序化存储或输入方式构建非线性数据结构的物理结构。

二叉树的遍历是指按一定的规则和次序访问树中的每个节点，且每个节点只能被访问一次。主要有深度优先遍历和广度优先遍历两类方法。其中深度优先遍历又分先序遍历、中序遍历和后序遍历，由于其递归遍历代码的简洁性，使其成为很多二叉树算法设计的基础。

线索二叉树是二叉树链式存储的特殊形式，它充分利用了二叉树链式结构的空指针来指向节点的直接前趋和直接后继，这样就方便地解决了某一节点的直接前趋和直接后继问题。

哈夫曼树在现代通信中有较高的使用价值，应掌握它的构建方法及哈夫曼编码的应用。二叉排序树既具有链表的优点，也具有数组的优点，适合应用于处理大批量的动态数据。

习　题

概念题

5-1　树最适合用来表示(　　)。

A. 有序数据元素

B. 无序数据元素

C. 元素数据之间具有分支层次关系的数据

D. 元素之间无联系的数据

5-2　对一棵满二叉树，m 个树叶，n 个结点，深度为 h，则(　　　)。

A. $n = h + m$　　　　B. $h + m = 2n$

C. $m = h - 1$ D. $n = 2^h - 1$

5-3 在下面所示的四棵二叉树中，(　　)不是完全二叉树。

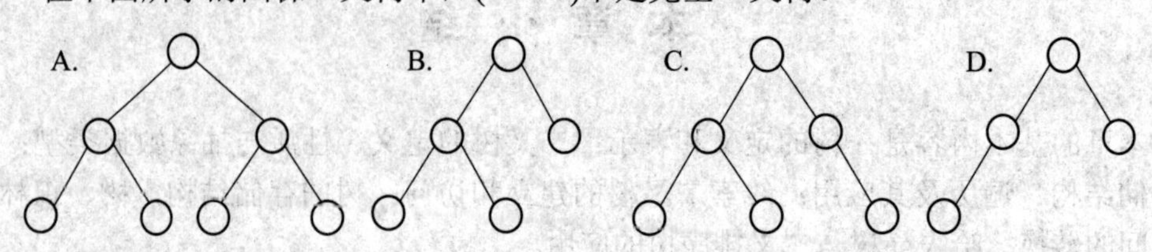

5-4 已知一棵树边的集合为{(i, m), (i, n), (e, i), (b,e), (b,d), (a,b), (g,j), (g,k), (c,g), (c,f), (h, l), (c, h), (a, c) }。画出该树，并回答下列问题。

(1) 根结点是__________。

(2) 叶子结点有__________。

(3) g 的双亲结点是__________。

(4) g 的祖先结点有__________。

(5) g 的孩子结点有__________。

(6) b 的子孙结点有__________。

(7) f 的兄弟结点是__________。

(8) 树的深度是__________，b 为根的子树的深度是__________。

(9) 结点 c 的度是__________，树的度是__________。

5-5 指出树和二叉树的两个主要差别。

5-6 一棵度为 2 的树与一棵二叉树的区别是__________。

5-7 一个深度为 L 的满 k 叉树有如下性质：第 L 层上的结点均为叶子，其余各层上每个结点均有 k 棵非空子树。如果按层次顺序从 1 开始对全部结点编号，问：

(1) 各层的结点数目是多少？

(2) 编号为 n 的结点的双亲结点(若存在)的编号是多少？

(3) 编号为 n 的结点的第 i 个孩子结点(若存在)的编号是多少？

(4) 编号为 n 的结点有右兄弟的条件是什么？右兄弟的编号是多少？

5-8 已知一棵度为 m 的树中有 n_1 个度为 1 的结点，n_2 个度为 2 的结点，…，n_m 个度为 m 的结点，问该树中有多少个叶子结点？

5-9 写出图 5-36 所示二叉树的先序、中序和后序遍历序列。

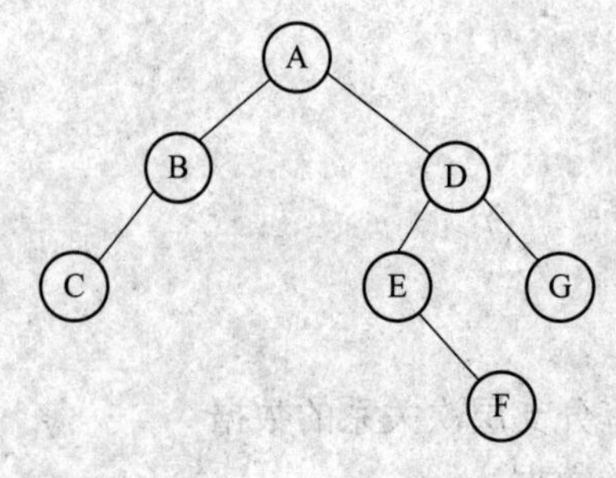

图 5-36 题 5-9 图

5-10 试找出分别满足下面条件的所有二叉树：

(1) 先序序列和中序序列相同。

(2) 中序序列和后序序列相同。

(3) 先序序列和后序序列相同。

5-11　已知先序遍历二叉树的结果为 ABC，试问有几种不同的二叉树可得到这个遍历结果？

5-12　设二叉树的存储结构如图 5-37 所示。

	1	2	3	4	5	6	7	8	9	10
left	0	0	2	3	7	5	8	0	10	1
data	j	h	f	d	b	a	c	e	g	i
right	0	0	0	9	4	0	0	0	0	0

图 5-37　题 5-12 图

其中，t 为根结点指针；left、right 分别为结点的左右孩子指针域；data 为数据域。请完成下列各题：

(1) 画出二叉树的逻辑结构。

(2) 画出二叉树的后序线索树。

5-13　已知一棵二叉树的中序序列和后序序列分别为 D，G，B，A，E，C，H，F 和 G，D，B，E，H，F，C，A，画出这棵二叉树。

5-14　假设用于通信的电文由十种不同的符号来组成，这些符号在电文中出现的频率为 8，21，37，24，6，18，23，41，56，14，试为这十个符号设计相应的哈夫曼编码。

5-15　试对结点序列{21，18，37，42，65，24，19，26，45，25}画出相应的二叉排序树，并且画出删除了结点 37 后的二叉排序树。

算法设计题

5-16　一棵 n 个结点的完全二叉树以向量作为存储结构，试编写非递归算法实现对该树进行先序遍历。

5-17　以二叉链表作存储结构，试编写非递归的先序遍历算法。

5-18　已知二叉树的先序序列与中序序列分别存放在 preod[n]和 inod[n]数组中，并且各结点的数据值均不相同。请写出构造该二叉链表结构的非递归算法。

5-19　在二叉树中查找值为 x 的结点，试编写算法打印值为 x 的结点的所有祖先。假设值为 x 的结点不多于 1 个。提示：利用后序遍历非递归算法，当找到值为 x 的结点时打印栈中有关内容。

5-20　已知二叉树采用二叉链表存储结构，指向根结点存储地址的指针为 t。试编写一个算法，判断该二叉树是否为完全二叉树。

5-21　已知二叉树采用二叉链表存储结构，试编写一个算法交换二叉树所有左、右子树的位置，即结点的左子树变成结点的右子树，右子树变为左子树。

5-22　已知二叉树采用二叉链表存储结构，根结点存储地址为 T。试编写一个算法删除该二叉树中数据值为 x 的结点及其子树。

第6章 图

图(Graph)是一种比线性表和树更为复杂的非线性数据结构。图中元素的关系既不像线性表中的元素只有一个直接前趋和直接后继，也不像树形结构中的元素具有明显的层次关系。图中元素的关系是任意的，每个元素(也称为顶点)具有多个直接前趋和后继，所以图可以表达数据元素之间广泛存在着的更为复杂的关系。

图结构的应用十分广泛，在人工智能、逻辑学、数学、物理、化学、通信和计算机科学等领域中都渗透了有关图的概念。

本章将介绍图的基本概念以及图的存储结构、相关算法和应用。

6.1 图的基本概念

图(G)是一种非线性数据结构，它由两个集合 V(G)和 E(G)组成，形式上记为 G = (V，E)。其中，V(G)是**顶点**(Vertex)的非空有限集合；E(G)是 V(G)中任意两个顶点之间的关系集合，又称为**边**(Edge)的有限集合。

当 G 中的每条边有方向时，则称 G 为**有向图**。有向边通常用由两个顶点组成的有序对来表示，记为〈起始顶点，终止顶点〉。有向边又称为**弧**，因此，弧的起始顶点就称为**弧尾**；终止顶点称为**弧头**。例如，图 6-1(a)给出了一个有向图的示例，该图的顶点集和边集分别为

$$V(G_1) = \{A, B, C\}$$

$$E(G_1) = \{<A, B>, <B, A>, <B, C>, <A, C>\}$$

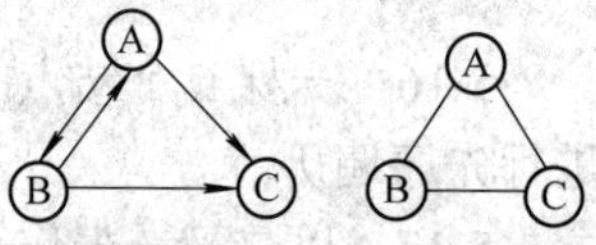

(a) 有向图G_1 (b) 无向图G_2

图 6-1 有向图和无向图示例

若 G 中的每条边是无方向的，则称 G 为**无向图**。这时两个顶点之间最多只存在一条边。无向边用两个顶点组成的无序对表示，记为(顶点 1，顶点 2)。图 6-1(b)给出了一个无向图的示例，该图的顶点集和边集分别为

$$V(G_2) = \{ A, B, C \}$$

$$E(G_2) = \{(A, B), (B, C), (C, A)\}$$

$$= \{(B, A), (C, B), (A, C)\}$$

在下面讨论的图中，我们不考虑顶点到其自身的边，也不允许一条边在图中重复出现，如图 6-2 所示。在这两条假设条件的约束下，图的边和顶点之间存在以下的关系：

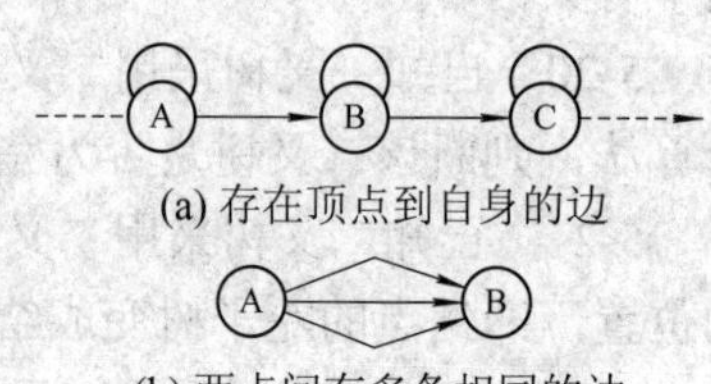

(a) 存在顶点到自身的边

(b) 两点间有多条相同的边

图 6-2 本章中不考虑的图边示例

(1) 一个无向图，它的顶点数 n 和边数 e 满足 $0 \leqslant e \leqslant n(n-1)/2$ 的关系。如果 $e = n(n-1)/2$，则该无向图称为**完**

全无向图。

(2) 一个有向图，它的顶点数 n 和边数 e 满足 $0 \leqslant e \leqslant n(n-1)$ 的关系。如果 $e = n(n-1)$，则称该有向图为**完全有向图**。

(3) 若图中的顶点为 n，边数为 e，如果 $e < n\text{lb}n$，则该图为**稀疏图**；否则为**稠密图**。

如果有两个同类型的图 $G_1 = (V_1, E_1)$ 和 $G_2 = (V_2, E_2)$，存在关系 $V_1 \subseteq V_2$，$E_1 \subseteq E_2$，则称 G_1 是 G_2 的子图。图 6-3 给出了 G_1 和 G_2 的子图示例。

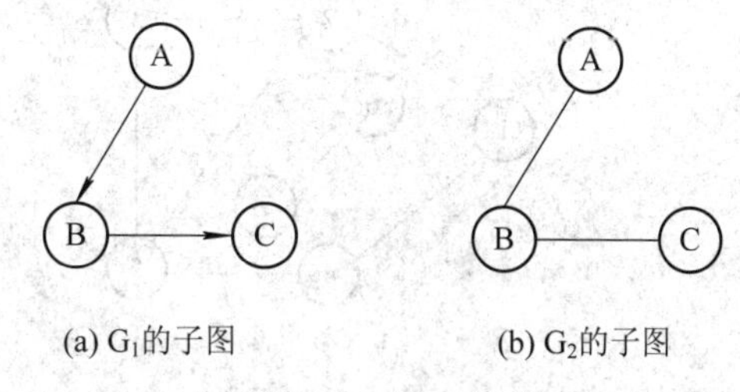

图 6-3　子图示例

在无向图 G 中，若边 $(v_i, v_j) \in E(G)$，则称顶点 v_i 和 v_j 相互邻接，互为邻接点；并称边 (v_i, v_j) 关联于顶点 v_i 和 v_j，或称边 (v_i, v_j) 与顶点 v_i 和 v_j 相关联。例如，在图 6-1(b)中的顶点 A 与顶点 B 和 C 互为邻接点，而关联于顶点 A 的边是(A，B)和(A，C)。在有向图 G 中，若边 $<v_i, v_j> \in E(G)$，则称为顶点 v_i 邻接到 v_j 或 v_j 邻接到 v_i；并称边 $<v_i, v_j>$ 关联于顶点 v_i 和 v_j 或称边 $<v_i, v_j>$ 与顶点 v_i 和 v_j 相关联。

在无向图中，关联于某一个顶点 v_i 的边的数目称为 v_i 的**度**，记为 $D(v_i)$。例如图 6-1(b)中的顶点 A 的度为 2。在有向图中，把以顶点 v_i 为终点的边的数目称为 v_i 的**入度**，记为 $ID(v_i)$；把以顶点 v_i 为起点的边的数目称为 v_i 的**出度**，记为 $OD(v_i)$；把顶点 v_i 的度定义为该顶点的入度和出度之和。例如在图 6-1(a)中，顶点 A 的入度为 1，出度为 2，则度为 3。

如果图 G 中有 n 个顶点，e 条边，且每个顶点的度为 $D(v_i)(1 \leqslant i \leqslant n)$，则存在以下关系：

$$e = \sum_{i=1}^{n} \frac{D(v_i)}{2} \tag{6-1}$$

在一个图中，如果图的边或弧具有一个与它相关的数时，这个数就称为该边或弧的**权**。权常用来表示一个顶点到另一个顶点的距离或耗费。如果图中的每条边都具有权时，这个带权图被称为**网络**，简称为网。图 6-4 给出了一个网络示例。

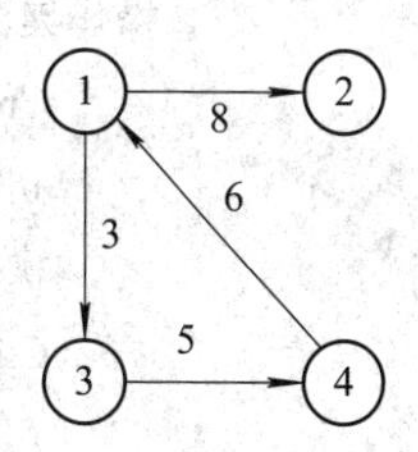

图 6-4　网络示例

在一个图中，若从顶点 v_1 出发，沿着一些边经过顶点 $v_1, v_2, \cdots, v_{n-1}$ 到达顶点 v_n，则称顶点序列 $(v_1, v_2, v_3, \cdots, v_{n-1}, v_n)$ 为从 v_1 到 v_n 的一条**路径**。

例如在图 6-1(b)中，(A，B，C)是一条路径。而在图 6-1(a)中，(A，C，B)就不是一条路径。对于无权图，沿路径所经过的边数称为该路径的**长度**。而对于有权图，则取沿路径各边的权之和作为此路径的长度。在图 6-4 中，顶点 1 到顶点 4 的路径长度为 8。

若路径中的顶点不重复出现，则这条路径被称为**简单路径**。起点和终点相同并且路径长度不小于 2 的简单路径，被称为**简单回路**或者**简单环**。例如图 6-1(b)所示无向图中，顶点序列(A，B，C)是一条简单路径，而(A，B，C，A)则是一个简单环。

在一个有向图中，若存在一个顶点 v，从该顶点有路径可到达图中其他的所有顶点，则称这个有向图为**有根图**；v 称为该**图的根**。例如图 6-1(a)就是一个有根图，该图的根是 A 和 B。

在无向图 G 中，若顶点 v_i 和 $v_j(i \neq j)$ 有路径相通，则称 v_i 和 v_j 是**连通**的。如果 v(G)

中的任意两个顶点都连通，则称 G 是**连通图**；否则为**非连通图**。例如图 6-1(b)就是一个连通图。

无向图 G 中的极大连通子图称为 G 的**连通分量**。对任何连通图而言，连通分量就是其自身；非连通图可有多个连通分量。

图 6-5 给出了一个无向图和它的两个连通分量。

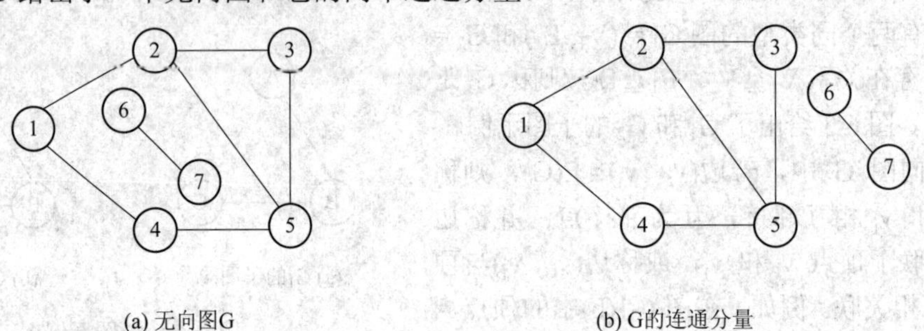

图 6-5 无向图及其连通分量

在有向图 G 中，若从 v_i 到 $v_j(i\neq j)$和从 v_j 到 v_i 都存在路径，则称 v_i 和 v_j 是**强连通**的。若有向图 V(G)中的任意两个顶点都是强连通的，则称该图为**强连通图**。有向图中的极大连通子图称作有向图的强连通分量。例如图 6-1(a)中的顶点 A 和 B 是强连通的，但该有向图不是一个强连通图。

图的抽象数据类型的定义如下：

ADT Graph{

数据对象 D：D 是具有相同特性的数据元素的集合，称为顶点集

数据关系 R：R = {<v, w>| v, w∈D 且 P(v, w), <v, w>表示从 v 到 w 的弧，谓词 P(v, w) 定义了弧<v, w>的意义或信息}

操作集合：

CreateGraph(G)

初始条件：图 G 的顶点集和弧的集合

操作结果：按顶点和弧的定义构造图 G

CreatAdjlist(ga)

初始条件：图的顶点集合弧的集合

操作结果：按顶点和弧的定义构造图的邻接表 ga

DestroyGraph(G)

初始条件：图 G 存在

操作结果：销毁图 G

InsertVex(G, v)

初始条件：图 G 存在，v 和图中顶点有相同特征

操作结果：在图 G 中增添新顶点 v

DeleteVex(G, v)

初始条件：图 G 存在，v 是 G 中某个顶点

操作结果：删除 G 中顶点 v 及其相关的弧

DFSA(G, i)

初始条件：图的邻接矩阵，v_i 是图中某个顶点
操作结果：从顶点 v_i 起深度优先遍历图
DFSL(ga, i)
初始条件：图的邻接表，v_i 是图中某个顶点
操作结果：从顶点 v_i 起深度优先遍历图
BFSA(G, k)
初始条件：图的邻接矩阵，v_k 是图中某个顶点
操作结果：从顶点 v_k 起广度优先遍历图
BFSL(ga, k)
初始条件：图的邻接表，v_k 是图中某个顶点
操作结果：从顶点 v_k 起广度优先遍历图
} ADT Graph

6.2　图的存储实现

由于图的结构复杂，任意两个顶点之间都可能存在联系，因此无法用数据元素在存储区中的物理位置来表示元素之间的关系，但仍可以借助一个二维数组中各单元的数据取值或用多重链表来表示元素之间的关系。无论采用什么存储方法，都需要存储图中各顶点本身的信息和存储顶点与顶点之间的关系。图的存储方法很多，常用的有邻接矩阵存储方法、邻接表存储方法、十字链表存储方法和多重邻接表存储方法。至于具体选择哪种存储方法，取决于具体的应用和所要施加的运算。下面仅介绍邻接矩阵存储方法和邻接表存储方法。

6.2.1　邻接矩阵

邻接矩阵是表示图中顶点之间相邻关系的矩阵。对一个有 n 个顶点的图 G，其邻接矩阵是一个 n × n 阶的方阵，矩阵中的每一行和每一列都对应一个顶点。矩阵中的元素 A[i, j] 可按以下规则取值：

$$A[i, j] = \begin{cases} 1: & 若(v_i, v_j)或 < v_i, v_j > \in E(G) \\ 0: & 若(v_i, v_j)或 < v_i, v_j > \notin E(G) \end{cases} \qquad 0 \leqslant i,\ j \leqslant n-1 \tag{6-2}$$

图 6-6(a)和(b)所示有向图 G_1 和无向图 G_2 的邻接矩阵分别为 A_1 和 A_2：

$$A_1 = \begin{bmatrix} 0 & 1 & 1 & 0 \\ 0 & 0 & 0 & 0 \\ 0 & 0 & 0 & 1 \\ 1 & 0 & 0 & 0 \end{bmatrix},\quad A_2 = \begin{bmatrix} 0 & 1 & 1 & 1 \\ 1 & 0 & 0 & 0 \\ 1 & 0 & 0 & 1 \\ 1 & 0 & 1 & 0 \end{bmatrix}$$

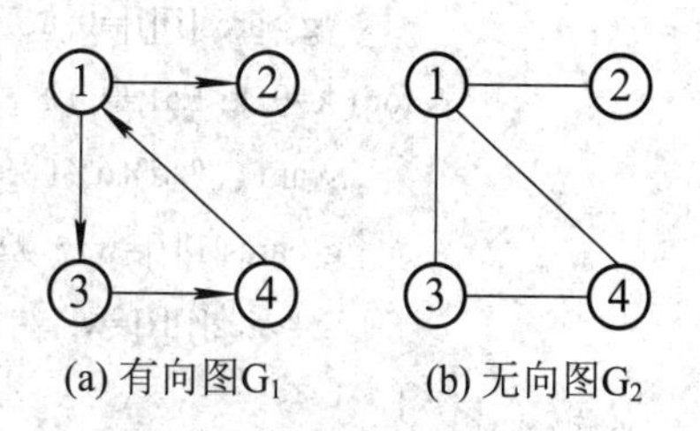

图 6-6　有向图 G_1 和无向图 G_2 示例

在无向图的邻接矩阵中，行或列中非零元素的个数

等于所对应顶点的度数；在有向图中，每行非零元素的个数对应于该顶点的出度，每列非零元素的个数对应于该顶点的入度。

对于网络，邻接矩阵元素 A[i, j]可按以下规则取值：

$$A[i,j]=\begin{cases}W_{ij}: 若(v_i,v_j)或<v_i,v_j>\in E(G)\\0或\infty：若(v_i,v_j)或<v_i,v_j>\notin E(G)\end{cases}\quad 0\leqslant i,\ j\leqslant n-1 \tag{6-3}$$

图 6-4 所示网络的邻接矩阵为

$$A=\begin{bmatrix}0&8&3&0\\0&0&0&0\\0&0&0&5\\6&0&0&0\end{bmatrix}$$

用邻接矩阵存储图时，除了存储用于表示顶点间相邻关系的邻接矩阵外，通常还需要一个顺序表来存储顶点信息，其形式说明如下：

```
#define N 8   //图的顶点数
#define E  10   //图的边数
typedef char Vextype;   //顶点的数据类型
typedef float Adjtype;   //边权值的数据类型
typedef struct {
    Vextype vexs[N];   //顶点数组
    Adjtype arcs[N][N];   //邻接矩阵
} Garph;
```

利用上述的类型说明，为一个无向网络建立邻接矩阵的算法如下：

```
void CreatGraph(Graph *g ) {   //建立无向网络
    int i, j, k;
    float w;
    for ( i=0; i<N; i++ )
        g->vexs[i]=getchar( );   //读入顶点信息，建立顶点表
    for ( i=0; i<N; i++ )
        for (j=0; j<N; j++)
        g->arcs[i][j]=0;   //邻接矩阵初始化
    for ( k=0; k<E; k++ ) {
        scanf ( "%d%d%f ", &i,&j,&w);   //读入边(vi, vj)上的权 w
        g->arcs[i][j]=w;   //写入邻接矩阵
        g->arcs[j][i]=w;
    }
} // CreatGraph
```

若要建立无向图，则在以上算法中改变 w 的类型，并使输入值为 1 即可；若要建立有

向网络，则将写入矩阵的两个语句中的后一个语句去除即可。在上述算法中，当邻接矩阵是一个稀疏矩阵时，会存在存储空间浪费现象。

上述算法的执行时间复杂度是 $O(n + n^2 + e)$。因为通常情况下 $e<<n^2$，所以该算法的时间复杂度是 $O(n^2)$。

6.2.2　邻接表

邻接表存储方法是一种顺序存储与链式存储相结合的存储方法。在这种方法中，因为只考虑非零元素，所以当图中的顶点很多而边又很少时，可以节省存储空间。

邻接表存储结构由顶点表和邻接链表两部分组成。对于每个顶点 v_i，使用一个具有两个域的结构体数组来存储，这个数组称为**顶点表**。其中，一个域称为顶点域(Vertex)，用来存放顶点本身的数据信息；另一个域称为指针域(Link)，用来存放依附于该顶点的边所组成的单链表的表头结点的存储位置。邻接于 v_i 的顶点 v_j 链接成的单链表称为 v_i 的邻接链表。邻接链表中的每个结点由两个域构成，一是邻接点域(Adjvex)，用来存放与 v_i 相邻接的顶点 v_j 的序号 j(可以是顶点 v_j 在顶点表中所占数组单元的下标)；二是链域(Next)，用来将邻接链表中的结点链接在一起。对于顶点表和邻接链表中的结点可用以下的数据类型来说明：

```
typedef char Vextype;   //定义顶点数据信息类型，在此为 char 型
typedef struct node{   //邻接链表结点
        int adjvex;   //邻接点域
        struct node *next;   //链域
} Edgenode;
typedef struct{
        Vextype vertex;   //顶点域
        Edgenode *link;   //指针域
} Vexnode;
Vexnode ga[n];   //顶点表
```

对于无向图，因为 v_i 的邻接链表中每个结点都对应于与 v_i 相关联的一条边，所以将无向图的邻接链表称为**边表**。对于有向图，v_i 的邻接链表中每个结点都对应于以 v_i 为起始点射出的一条边，所以有向图的邻接链表也称为**出边表**。有向图还有一种逆邻接表表示法，这种方法的 v_i 邻接链表中的每个结点对应于以 v_i 为终点的一条边，这种邻接链表称为**入边表**。对应于图 6-6(a)所示有向图的邻接表和逆邻接表如图 6-7(a)、(b)所示；对应于图 6-6(b)所示无向图的邻接表如图 6-7(c)所示，其中，邻接点域中均存放的是顶点 v_j 在顶点表中所占数组单元的下标，符号“∧”表示该域为空。

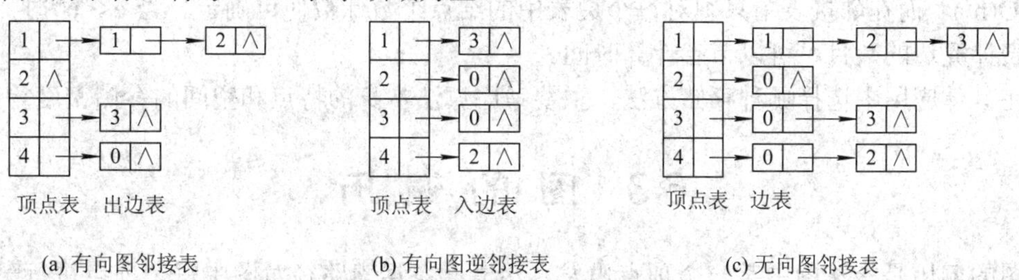

图 6-7　邻接表和逆邻接表示例

无论是无向图还是有向图，邻接表的建立都比较简单。下面给出无向图邻接表建立的算法：

```
void CreatAdjlist(Vexnode ga[ ]) {   //建立无向图的邻接表
    int i, j, k;
    Edgenode *s;
    for(i=0; i<N; i++) {
        ga[i].vertex=getchar( );   //读入顶点信息和边表头指针初始化
        ga[i].link=NULL;
    }
    for( k=0; k<E; k++) {   //建立边表
        scanf ("%d%d", &i, &j );   //读入边(vi, vj)的顶点序号
        s=(Edgenode *) malloc( sizeof(Edgenode));   //生成邻接点序号为 j 的边表结点*s
        s->adjvex=j;
        s->next=ga[i].link;
        ga[i].link=s;   //将*s 插入顶点 vi 的边表头部
        s=(Edgenode *) malloc(sizeof (Edgenode));   //生成邻接点序号为 i 的边表结点*s
        s->adjvex=i;
        s->next=ga[j].link;
        ga[j].link=s;   //将*s 插入顶点 vj 的边表头部
    }
} // CreatAdjlist
```

上述算法的执行时间复杂度是 O(n + e)。

如果要建立有向图的邻接表，那么只须去除上述算法中生成邻接点序号为 i 的边表结点 *s，并将*s 插入顶点 v_j 边表头部的那一段语句组即可。若要建立网络的邻接表，则只要在边表的每个结点中增加一个存储边上权的数据域即可。

邻接矩阵和邻接表是图中最常用的存储结构，它们各有所长，具体体现如下：

(1) 一个图的邻接矩阵表示是唯一的，而其邻接表表示不是唯一的。这是因为邻接链表中结点的链接次序取决于建立邻接表的算法和边的输入次序。

(2) 在邻接矩阵表示中，判定(v_i, v_j)或$<v_i, v_j>$是否是图中的一条边，只须判定矩阵中的第 i 行第 j 列的元素是否为 0 即可。而在邻接表中，则需要扫描 v_i 对应的邻接链表，最坏的情况下需要的时间复杂度为 O(n)。

(3) 求图中边的数目时，使用邻接矩阵必须检测整个矩阵才能确定，所消耗的时间复杂度为 $O(n^2)$。而在邻接表中只须对每个边表中的结点个数计数便可确定。当 $e<<n^2$ 时，使用邻接表计算边的数目，可以节省计算时间。

在具体应用中选择哪种存储方法，主要考虑算法本身的特点和空间的存储密度等。

6.3　图的遍历

图的遍历是指从图中某一个顶点出发，沿着某条搜索路径对图中每个顶点进行一次访问。图的遍历算法是求解图的连通性、拓扑排序和关键路径等算法的基础。

图中的任意一个顶点都可能和其他顶点相邻接，所以图的遍历比树的遍历复杂得多。在图中访问某个顶点之后，可能又会沿着某条路径回到该顶点上。为了避免对同一顶点的重复访问，需要使用一个辅助数组 visited[n](其中 n 为顶点数)来对顶点进行标识，如果顶点 i 被访问，则 visited[i]置 1；否则保持为 0。

常用图的遍历方法有两种：深度优先搜索遍历和广度优先搜索遍历。下面以无向图为例进行讨论。

6.3.1　深度优先搜索遍历

图的深度优先搜索遍历(DFS)类似于树的先序遍历，是树先序遍历的推广。这种方法的遍历过程是：在假设初始状态是图中所有顶点都未被访问的前提下，从图中某一个顶点 v_i 出发，访问此顶点，并进行标记；然后依次搜索 v_i 的每个邻接点 v_j，若 v_j 未被访问过，则对 v_j 进行访问和标记；然后依次搜索 v_j 的每个邻接点，若 v_j 的邻接点未被访问过，则访问 v_j 的邻接点，并进行标记；……直到图中和 v_i 有路径相通的顶点都被访问为止。若图中有顶点尚未被访问过(非连通的情况下)，则另选图中的一个未被访问的顶点作为出发点，重复上述过程，直到图中所有顶点都被访问为止。

这种方法在访问了顶点 v_i 后，访问 v_i 的一个邻接点 v_j；访问 v_j 之后，又访问 v_j 的一个邻接点；……尽可能地向纵深方向搜索，所以称为**深度优先搜索遍历**。显然，这种搜索方法具有递归的性质。图 6-8 给出了一个深度优先搜索遍历的示例，其中的虚线表示一种搜索路线，相应的顶点访问序列为 A，B，C，E，D。

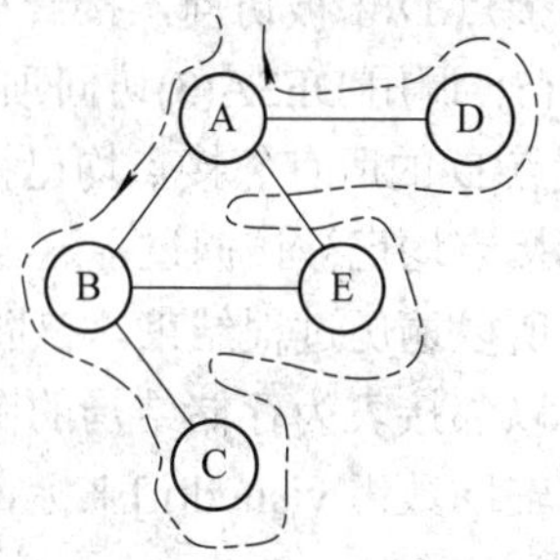

图 6-8　深度优先搜索遍历过程

当选择邻接矩阵作为图的存储结构时，深度优先搜索遍历算法如下：

```
int visited[n];   //定义 visited 为全局变量，n 为顶点数
Graph g; //g 为全局变量
void DFSA(int i) {   //从 vi 出发深度优先搜索图 g，g 用邻接矩阵表示
    int j;
    printf("node:%c\n", g.vexs[i]);   //访问出发点 vi
    visited[i]=1;   //标记 vi 已被访问
    for(j=0; j<n; j++)   //依次搜索 vi 的邻接点
        if( (g.arcs[i][j]= =1)&&( visited [j]= =0))
            DFSA(j);
        //若 vi 的邻接点 vj 未被访问过，则从 vj 出发进行深度优先搜索遍历
} // DFSA
```

在上述算法中，因为进行一次 DFSA(i)的调用，for 循环中 j 的变化范围从 0 至 n – 1，而 DFSA(i)要被调用 n 次，所以算法的时间复杂度为 $O(n^2)$。又因为它是递归调用的，需要使用一个长度为 n – 1 的工作栈和长度为 n 的辅助数组，所以算法的空间复杂度为 O(n)。

对于一个图，按深度优先搜索遍历先后顺序得到的顶点序列称为该图的**深度优先搜索遍历序列**，简称为 DFS 序列。一个图的 DFS 序列不一定是唯一的，它与算法、图的存储结

构和初始出发点有关。当确定了它有多个邻接点时，若按邻接点的序号从小到大进行选择，并指定初始出发点后，则邻接矩阵作为存储结构得到的 DFS 序列是唯一的。

在图 6-8 中，假设顶点 A，B，C，D，E 对应的标识数组元素为 visited[0]，…，visited[4](A，B，C，D，E 对应的序号分别是 0，1，2，3，4)，使用以上算法从顶点 A 开始进行的图的深度优先搜索遍历的过程如下：

(1) 调用 DFSA(0)访问顶点 A，并将 visited[0]置为 1，表示顶点 A 已被访问过；接着从 A 的一个未被访问的邻接点 B 出发，进行深度优先搜索遍历。

(2) 调用 DFSA(1)访问顶点 B，并将 visited[1]置为 1，表示顶点 B 已被访问过；接着从 B 的一个未被访问的邻接点 C 出发，进行深度优先搜索遍历。

(3) 调用 DFSA(2)访问顶点 C，并将 visited[2]置为 1，表示顶点 C 已被访问过。由于此时顶点 C 的所有邻接点均已被访问过，因而退回到进入顶点 C 之前的顶点 B，而顶点 B 的另一个邻接点 E 未被访问，接着从 E 出发进行深度优先搜索遍历。

(4) 调用 DFSA(4)访问顶点 E，并将 visited[4]置为 1，表示顶点 E 已被访问过。由于此时顶点 E 的所有邻接点均已被访问过，因而退回到进入顶点 E 之前的顶点 B；又因为顶点 B 的所有邻接点都已被访问过，所以又退回到进入顶点 B 之前的顶点 A，而顶点 A 的另一个邻接点 D 未被访问，接着从 D 出发进行深度优先搜索遍历。

(5) 调用 DFSA(3)访问顶点 D，并将 visited[3]置为 1，表示顶点 D 已被访问过。由于此时顶点 D 的所有邻接点均已被访问过，因而退回到进入顶点 D 之前的顶点 A，因为 A 的所有邻接点均已被访问过，这表明图中与顶点 A 相通的顶点都已被访问。图 6-8 是一个连通图，所以遍历过程结束。该图的 DFS 序列为 A，B，C，E，D。

以邻接表为存储结构的图的深度优先搜索遍历算法，在采用递归方式的同时，还需要使用辅助数组 visited[n]来标记顶点的访问情况，其具体算法如下：

```
int visited[n];
Vexnode ga[n];
void DFSL(int i) {   //从 vi 出发深度优先搜索图 ga，ga 用邻接表表示
    Edgenode *p;
    printf("node:%c\n", ga[i].vertex);   //访问顶点 vi
    visited[i]=1;   //标记 vi 已被访问
    p=ga[i].link;   //取 vi 的边表头指针
    while( p!=NULL ) {   //依次搜索 vi 的邻接点
        if (visited[p->adjvex]= =0)
                    DFSL(p->adjvex);//从 vi 的未曾访问过的邻接点出发进行深度优先搜索遍历
        p=p->next;
    }
} //DFSL
```

当图 6-8 采用图 6-9 所示的邻接表表示时，按以上算法进行深度优先搜索遍历得到的序列为 A，B，C，E，D。

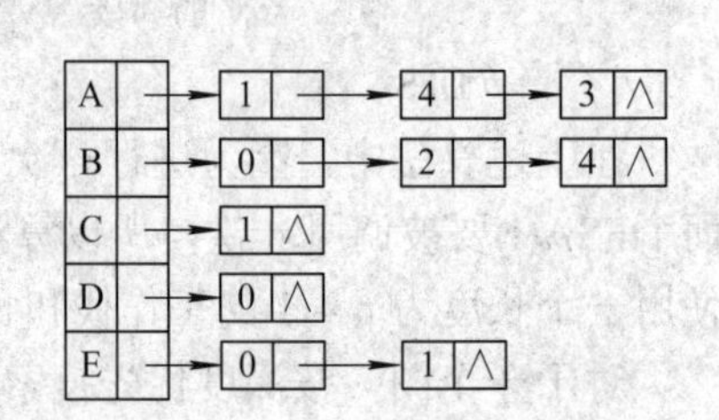

图 6-9 邻接表的一种表示

因为搜索 n 个顶点的所有邻接点需要对各边表结点扫描一遍，而边表结点的数目为 2e，所以算法的时间复

杂度为 O(2e + n)，空间复杂度为 O(n)。

在使用邻接表作为存储结构时，由于图的邻接表表示不是唯一的，因此 DFSL 算法得到的 DFS 序列也不是唯一的，它取决于邻接表中边表结点的链接次序。

6.3.2　广度优先搜索遍历

图的广度优先搜索遍历(BFS)类似于树的按层次遍历。这种方法的遍历过程是：在假设初始状态是图中所有顶点都未被访问的条件下，从图中某一个顶点 v_i 出发，访问 v_i；然后依次访问 v_i 的邻接点 v_j；在所有的 v_j 都被访问之后，再访问 v_j 的邻接点 v_k；……直到图中所有和初始出发点 v_i 有路径相通的顶点都被访问为止。若该图是非连通的，则选择一个未曾被访问的顶点作为起始点，重复以上过程，直到图中所有顶点都被访问为止。对于一个图，按广度优先搜索遍历先后顺序得到的顶点序列称为该图的**广度优先搜索遍历序列**，简称为 BFS 序列。

在图的广度优先搜索的遍历过程中，先被访问的顶点，其邻接点也先被访问，具有先进先出的特性，所以可以使用一个队列来保存已访问过的顶点，以确定被访问过的顶点的邻接点访问次序。为了避免重复访问一个顶点，还使用了一个辅助数组 visited[n]来标记顶点被访问的情况。下面分别给出以邻接矩阵和邻接表为存储结构的图的广度优先搜索遍历算法——BFSA 和 BFSL。

```
int visited[n];
Graph g;
SequenQueue *Q;   //Q 为顺序队列
void BFSA(int k) {   //从 vk 出发广度优先搜索遍历图 g，g 用邻接矩阵表示
    int i, j;
    SetNull(Q);   //Q 置为空队
    Printf("%c\n", g.vexs[k]);   //访问出发点 vk
    visited[k]=1;   //标记 vk 已被访问
    EnQueue(Q, k);   //访问过的顶点序号入队
    while( !Empty (Q) ) {   //队非空时执行下列操作
        i=DeQueueQ);   //队头元素序号出队
        for( j=0; j<n; j++)
        if ( (g.arcs[i][j]= =1)&&( visited[j]!=1 ) ) {
            printf("%c\n", g.vexs[j]);   //访问 vi 未曾访问的邻接点 vj
            visited[j]=1;
            EnQueue(Q, j);   //访问过的顶点入队
        }
    } //while( !Empty(Q) )
} // BFSA

int visited[n];
Vexnode ga[n];
```

```
SequenQueue *Q;   //Q 为顺序队列
void BFSL(k) {   //从 vk 出发广度优先搜索遍历图 ga，ga 采用邻接表表示
    int i;
    Edgenode *p;
    SetNull(Q);   //置空队
    printf("%c\n", ga[k].vertex);   //访问出发点 vk
    visited[k]=1;   //标记 vk 已被访问
    EnQueue(Q, k);   //访问过的顶点序号入队
    while( !Empty(Q) ){
        i=DeQueue(Q);   //队头元素序号出队
        p=ga[i].link;   //取 vi 的边表头指针
        while( p!=NULL) {   //依次搜索 vi 的邻接点
            if (visited[p->adjvex]!=1) {   //vi 的邻接点未曾访问
                printf ("%c\n", ga[p->adjvex].vertex);
                visited[p->adjvex]=1;
                EnQueue(Q, p->adjvex);   //访问过的顶点入队
            }
            p=p->next;
        }
    } // while( !Empty(Q) )
}  // BFSL
```

对于有 n 个顶点和 e 条边的连通图来说，BFSA 算法的 while 循环和 for 循环都需要执行 n 次，所以 BFSA 算法的时间复杂度为 $O(n^2)$；同时 BFSA 算法使用了一个长度均为 n 的队列和辅助标志数组，因此其空间复杂度为 O(n)。BFSL 算法的外 while 循环需要执行 n 次，而内 while 循环执行次数的总数是边表结点的总个数 2e，所以 BFSL 算法的时间复杂度为 $O(n+2e)$；同时 BFSL 算法也使用了一个长度均为 n 的队列和辅助标志数组，因此其空间复杂度也为 O(n)。

一个图的 BFS 序列不是唯一的，它与算法、图的存储结构和初始出发点有关。但当确定了它有多个邻接点时，按邻接点的序号从小到大进行选择和指定初始出发点后，以邻接矩阵作为存储结构得到的 BFS 序列是唯一的；而以邻接表作为存储结构得到的 BFS 序列并不是唯一的，它取决于邻接表中边表结点的链接次序。

在图 6-8 中，假设顶点 A，B，C，D，E 对应的标识数组元素为 visited[0]，…，visited[4]，使用算法 BFSA 对从顶点 A 开始的图的广度优先搜索遍历过程如下：

(1) 调用 BFSA(0)，访问顶点 A，并将 visited[0]置 1；然后将顶点 A 的序号 0 入队，第一个出队的顶点序号是 0，搜索到 A 的三个邻接点 B、D、E，对它们进行访问并将其序号 1、3、4 入队。

(2) 第二个出队的顶点序号是 1，搜索到 B 的三个邻接点 A、E、C，对未访问过的顶点 C 进行访问并将其序号 2 入队。

(3) 第三个出队的顶点序号是 3，搜索到 D 的一个邻接点 A，因已被访问过，故无顶点序号入队。

(4) 第四个出队的顶点序号是 4，搜索到 E 的两个邻接点 A 和 B，因均已被访问过，故无顶点序号入队。

(5) 第五个出队的顶点序号是 2，搜索到 C 的一个邻接点 B，因已被访问过，故无顶点序号入队。又因为此时队列中已无顶点序号，队列为空，所以搜索过程结束。最终得到的 BFS 序列是 A，B，D，E，C。

使用 BFSL 算法，对图 6-9 所示的图从顶点 A 开始进行广度优先搜索遍历的过程如下：

(1) 调用 BFSL(0)，访问顶点 A，将 visited[0]置 1；然后将顶点 A 的序号 0 入队，第一个出队的顶点序号是 0，搜索到 A 的邻接点 B、E、D，对它们进行访问，并将其序号 1、4、3 入队。

(2) 第二个出队的顶点序号是 1，搜索到 B 的邻接点 A、C、E，对未访问过的邻接点 C 进行访问，并将其序号 2 入队。

(3) 第三个出队的顶点序号是 4，搜索到 E 的两个邻接点 A 和 B，因都已被访问过，故无顶点序号入队。

(4) 第四个出队的顶点序号是 3，搜索到 D 的邻接点 A，因已被访问过，故无顶点序号入队。

(5) 第五个出队的顶点序号是 2，搜索到 C 的邻接点 B，因已被访问过，故无顶点序号入队。又因为此时队列中已无顶点序号，队列为空，所以搜索过程结束。最终得到的 BFS 序列是 A，B，E，D，C。

6.4　生成树和最小生成树

在图论中，树是指一个无回路存在的连通图，而一个连通图 G 的**生成树**指的是一个包含了 G 的所有顶点的树。对于一个有 n 个顶点的连通图 G，其生成树包含了 n－1 条边，从而生成树是 G 的一个极小连通的子图。所谓极小是指该子图具有连通所需的最小边数，若去掉其中的一条边，该子图就变成了非连通图；若任意增加一条边，该子图就有回路产生。

当给定一个无向连通图 G 后，如何找出它的生成树呢？可以从 G 的任意顶点出发，做一次深度优先搜索或广度优先搜索来访问 G 中的 n 个顶点，并将顺次访问的两个顶点之间的路径记录下来。这样，G 中的 n 个顶点和从初始点出发顺次访问余下的 n－1 个顶点所经过的 n－1 条边就构成了 G 的极小连通子图，也就是 G 的一棵生成树。

通常将深度优先搜索得到的生成树称为深度优先搜索生成树，简称为 DFS 生成树；将广度优先搜索得到的生成树称为广度优先搜索生成树，简称为 BFS 生成树。对于 6.3 节中介绍的 DFSA 和 BFSA 算法，只须在其中 if 语句中的 DFSA 调用语句前，或 if 语句中加入将(v_i，v_j)打印出来的语句，就构成了相应的生成树算法。

连通图的生成树不是唯一的，它取决于遍历方法和遍历的起始顶点。在对图进行遍历的方法确定之后，从不同的顶点出发进行遍历，可以得到不同的生成树。对于非连通图，可通过多次调用由 DFSA 算法或 BFSA 算法构成的生成树算法来求出非连通图中各连通分量对应的生成树，这些生成树构成了非连通图的生成森林。使用 DFSA 算法构成的生成树算法和 BFSA 算法构成的生成树算法，对图 6-8 所示的图从顶点 A 开始进行遍历得到的生成树如图 6-10 所示。

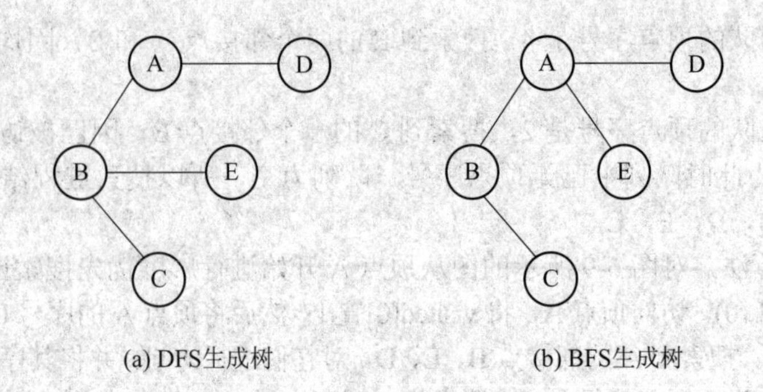

图 6-10　生成树的示例

当用一个连通网络来构造生成树时，可以得到一个带权的生成树。我们把生成树各边的权值总和作为生成树的权；而具有最小权值的生成树构成了连通网络的最小生成树。

最小生成树的构造是有实际应用价值的。例如要在 n 个城市之间建立通信网络，而不同城市之间建立通信线路需要一定的花费，设想用构造最小生成树，来对应于使用最少的经费建立相应的通信网络。也就是说，构造最小生成树，就是在给定 n 个顶点所对应的权矩阵(代价矩阵)的条件下，给出代价最小的生成树。

构造最小生成树的算法有多种，其中大多数算法都利用了最小生成树的一个性质(简称 MST 性质)。MST 性质指出：假设 G = (V，E)是一个连通网络，U 是 V 中的一个真子集，若存在顶点 u∈U 和顶点 v∈V－U 的边(u，v)是一条具有最小权的边，则必存在 G 的一棵最小生成树包括这条边(u，v)。MST 性质可用反证法加以证明：假设 G 中的任何一棵最小生成树 T 都不包含(u，v)，其中 u∈U，v∈V－U。由于 T 是最小生成树，则必然有一条边(u'，v')，其中 u'∈U 和 v'∈V－U 分别连接两个顶点集 U 和 V－U。当边(u，v)加入到 T 中时，T 中必然存在一条包含了边(u，v)的回路，如图 6-11 所示。如果在 T 中保留边(u，v)，去掉边(u'，v')，则得到另一棵生成树 T'。因为边(u，v)的权小于边(u'，v')的权，所以 T'的权小于 T 的权，这与假设矛盾，因此 MST 性质成立。

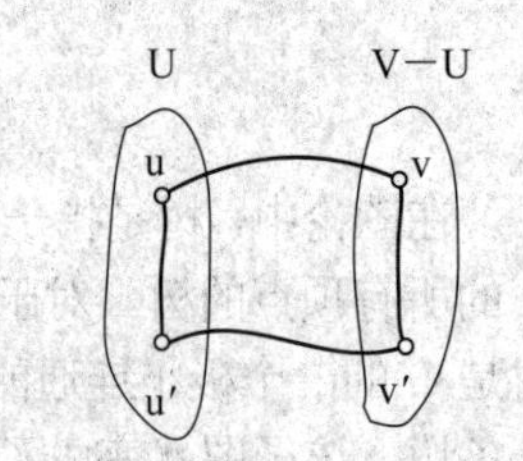

图 6-11　含有(u, v)的回路

下面介绍构造**最小生成树**的两种常用算法：Prim(普里姆)算法和 Kruskal(克鲁斯卡尔)算法。

1. Prim 算法

用 Prim 算法构造最小生成树的过程是：设 G(V, E)是有 n 个顶点的连通网络，T = (U，TE)是要构造的生成树，初始时 U = {∅}，TE = {∅}。首先，从 V 中取出一个顶点 u_0 放入生成树的顶点集 U 中作为第一个顶点，此时 T = ({u_0}，{∅})；然后，从 u∈U，v∈V－U 的边(u，v)中找一条代价最小的边(u*, v*)放入 TE 中，并将 v* 放入 U 中，此时 T = ({u_0，v*}，{(u_0，v*)})；继续从 u∈U，v∈V－U 的边(u，v)中找一条代价最小的边(u*，v*)放入 TE 中，并将 v* 放入 U 中，直到 U = V 为止。这时 T 的 TE 中必有 n－1 条边，构成所要构造的最小生成树。

显然，Prim 算法的关键是如何找到连接 U 和 V–U 的最短边(代价最小边)来扩充 T。设当前生成树 T 中已有 k 个顶点，则 U 和 V–U 中可能存在的边数最多为 k(n－k)条，在如此多的边中寻找一条代价最小的边是困难的。因为在寻找最小代价边的过程中，有些操作具有重复性，所以可将前一次寻找所得到的最小边存储起来，然后与新找到的边进行比较，如果新找到的边比原来已找到的边短，则用新找到的边代替原有的边；否则原有的边保持不变。Prim 算法的梗概描述如下：

(1) 置 T 为任意一个顶点，置初始候选边集；
(2) while(T 中顶点数目小于 n) {
(3) 　从候选边集中选取最短边(u，v)；
(4) 　将(u，v)扩充到 T 中，V − U 中的点 v 加入到 U 中；
(5) 　调整候选边集；
(6) }

对于图 6-12(a)所示的连通网络，按照上述算法思想形成最小生成树 T 的过程如图 6-12(b)～(f)所示。

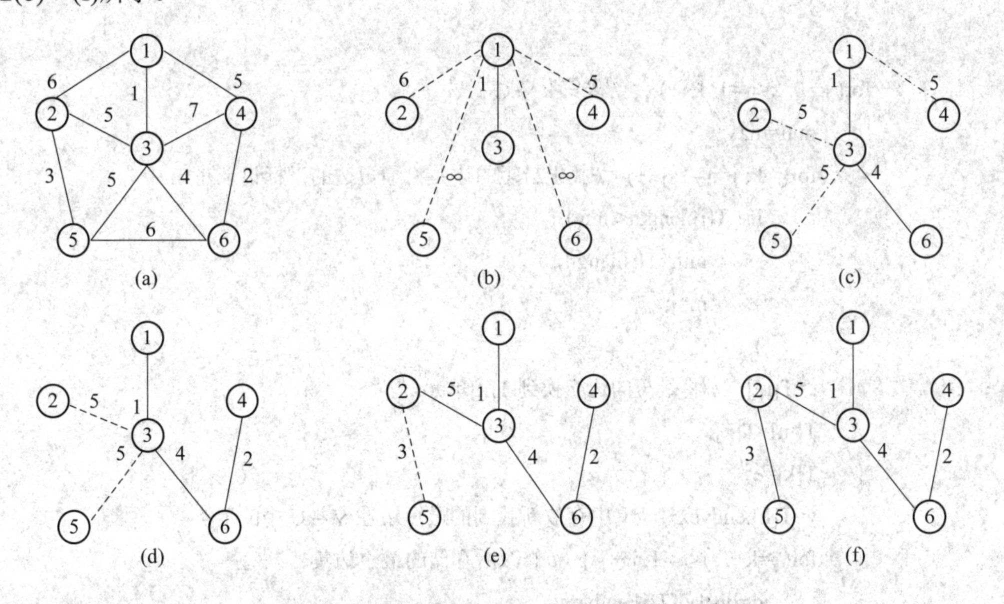

图 6-12　Prim 算法构造最小生成树的过程

在给出具体的 Prim 算法之前，先确定最小生成树的存储结构：

```
typedef struct {
    int fromvex, endvex;  //边的起点和终点
    float length;  //边的权值
} Edge;
float dist[n][n];  //连通网络的带权邻接矩阵
Edge T[n−1];  //生成树
```

最小生成树 Prim 算法

下面便可给出 Prim 算法描述。

```
void Prim (int i) { // i 给出选取的第一个顶点的下标，最终结果保存在 T[n − 1]数组中
    int j, k, m, v, min, max=100000;
    float  d;
    Edge e;
```

```
        v=i;  //将选定顶点送入中间变量 v
        for( j=0; j<=n-2; j++) {   //构造第一个顶点
            T[j].fromvex=v;
            if(j>=v) {
                T[j].endvex=j+1;
                T[j].length=dist[v][j+1];
            }
            else {
                T[j].endvex=j;
                T[j].length=dist[v][j];
            }
        }
        for( k=0; k<n-1; k++) {   //求第 k 条边
            min=max;
            for(j=k; j<n-1; j++)   //找出最短的边并将最短边的下标记录在 m 中
                if ( T[j].length<min ) {
                    min=T[j].length;
                    m=j;
                }
            e=T[m];   //将最短的边交换到 T[k]单元
            T[m]=T[k];
            T[k]=e;
            v=T[k].endvex;   // v 中存放新找到的最短边在 V－U 中的顶点
            for( j=k+1; j<n-1; j++) {   //修改所存储的最小边集
                d=dist[v][T[j].endvex];
                if(d<T[j].length) {
                    T[j].length=d;
                    T[j].fromvex=v;
                }
            } //for (j=k+1; j<n-1; j++)
        } //for( k=0; k<n-1; k++)
    } //Prim
```

在以上算法中，构造第一个顶点所需的时间复杂度是 O(n)，求 k 条边的时间复杂度大约为

$$\sum_{k=0}^{n-2}\left(\sum_{j=k}^{n-2} O(1)+\sum_{j=k+1}^{n-2} O(1)\right) \approx 2\sum_{k=0}^{n-2}\sum_{j=k}^{n-2} O(1) \tag{6-4}$$

其中，O(1)表示某个正常数 C。所以式(6-4)的时间复杂度是 $O(n^2)$。

下面结合图 6-13 所示的例子再来观察以上算法的工作过程。

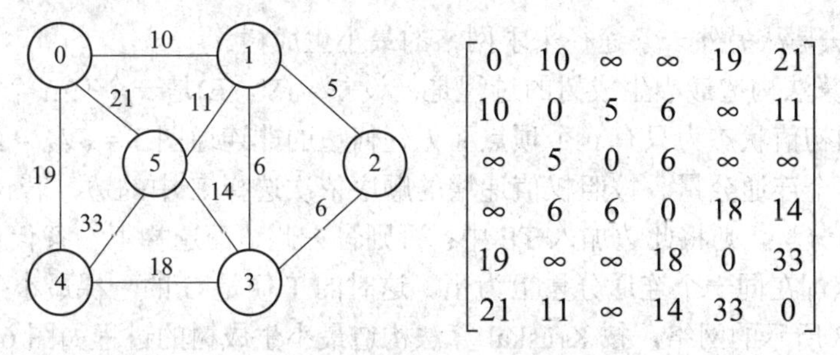

图 6-13 一个网络及其邻接矩阵

设选定的第一个顶点为 2，其工作过程如下：

(1) 将顶点值 2 写入 T[i].fromvex，并将其余顶点值写入相应的 T[i].endvex 中；然后从 dist 矩阵中取出第 2 行写入相应的 T[i].length 中，得到图 6-14(a)。

(2) 在图 6-14(a)中找出最小权值的边(2，1)，将其交换到下标值为 0 的单元中；然后从 dist 阵中取出第 1 行的权值与相应的 T[i].length 的值相比较。若取出的权值小于相应 T[i].length 的值，则进行替换；否则保持不变。其具体操作描述如下：

由于边(2，0)和(2，5)的权值大于边(1，0)和(1，5)的权值，因此进行相应的替换，得到图 6-14(b)；在图 6-14(b)中找出最小权值的边(2，3)，将其交换到下标值为 1 的单元，然后从 dist 矩阵中取出第 3 行的权值与相应的 T[i].length 的值相比较，因边(3，4)的权值小于边(2，4)的权值，故进行相应的替换，得到 6-14(c)；在图 6-14(c)中找出最小权值的边(1，0)，因其已在下标为 2 的单元中，交换后仍然保持不变，这时从 dist 矩阵中取出第 0 行的权值与相应的 T[i].length 的值比较，因边(0，4)和边(0，5)的权值大于边(3，4)和边(1，5)的权值，故不进行替换，得到图 6-14(d)；在图 6-14(d)中找出最小权值的边(1, 5)，将其交换到下标值为 3 的单元中，然后从 dist 矩阵中取出第 5 行的权值与相应的 T[i].length 的值相比较，因边(5，4)的权值大于边(3，4)的权值，故不进行替换，得到图 6-14(e)。至此整个算法结束，最终得到了如图 6-14(f)所示的最小生成树。

下标	0	1	2	3	4
fromvex	2	2	2	2	2
endvex	0	1	3	4	5
length	∞	(5)	6	∞	∞

(a) 初始化后的T数组

下标	0	1	2	3	4
fromvex	2	1	2	2	1
endvex	1	0	3	4	5
length	5	10	(6)	∞	11

(b) 找出最短边(2, 1)调整后的T数组

下标	0	1	2	3	4
fromvex	2	2	1	3	1
endvex	1	3	0	4	5
length	5	6	(10)	18	11

(c) 找出最短边(2, 3)并调整

下标	0	1	2	3	4
fromvex	2	2	1	3	1
endvex	1	3	0	4	5
length	5	6	10	18	(11)

(d) 找出最短边(1, 0)并调整

下标	0	1	2	3	4
fromvex	2	2	1	1	3
endvex	1	3	0	5	4
length	5	6	10	11	18

(e) 找出最短边(1, 5)并调整

(f) 最小生成树

图 6-14 T 数组变化情况及最小生成树

2. Kruskal 算法

Kruskal 算法是从另外一条途径来求网络的最小生成树。

用 Kruskal 算法构造最小生成树的过程是：设 G = (V，E)是一个有 n 个顶点的连通图，令最小生成树的初值状态为只有 n 个顶点而无任何边的非连通图 T = (V，{∅})，此时图中每个顶点自成一个连通分量。按照权值递增的顺序依次选择 E 中的边，若该边依附于 T 中两个不同的连通分量，则将此边加入 TE 中；否则舍去此边而选择下一条代价最小的边，直到 T 中所有顶点都在同一个连通分量上为止。这时的 T 便是 G 的一棵最小生成树。

对于图 6-13 所示的网络，按 Kruskal 算法构造最小生成树的过程如图 6-15 所示。

在图 6-15(c)中选择最短边时，可以选择边(2，3)，也可选择边(1，3)，这样所构造出的最小生成树是不同的，即最小生成树的形式不是唯一的，但权值的总和是相同的；在选择了最短边(2，3)之后，在图 6-15(d)中首先选择边(1，3)，因其顶点在同一个分量上，故舍去这条边而选择下一条代价最小的边(0，1)；在图 6-15(e)中选择最短边(1，5)；在图 6-15(f)中也是首先选择边(3，5)，但因顶点 3 和 5 在同一个分量上，故将其舍去而选择下一条代价最小边(3，4)。

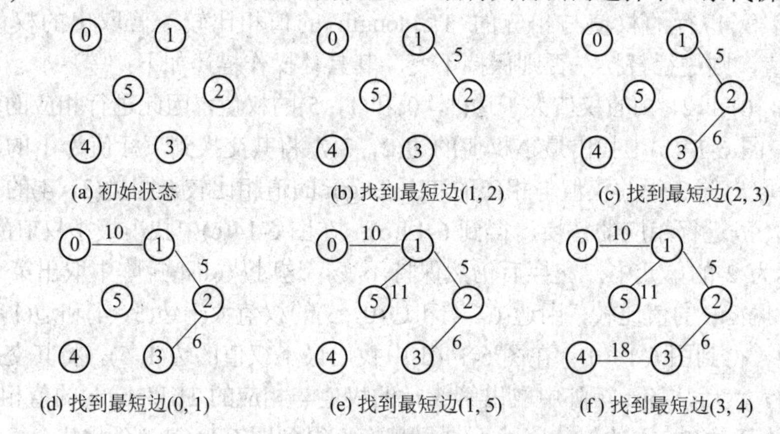

图 6-15 Kruskal 算法构造最小生成树的过程

在 Kruskal 算法中，每次都要选择所有边中最短的边，若用邻接矩阵实现时，则每找一条最短的边就需要对整个邻接矩阵扫描一遍，这样整个算法的复杂度太高。而使用邻接表时，由于每条边都被连接两次，这也使寻找最短边的计算时间加倍，因此我们采用以下的存储结构来对图中的边进行表示：

```
typedef struct {
    int fromvex, endvex;   //边的起点和终点
    float length;   //边的权值
    int sign;   //该边是否已选择过的标志信息
} Edge;
Edge g_T[e];   //e 为图中的边数
int g_G[n];   //判断该边的两个顶点是否在同一个分量上的数组中，n 为顶点数
```

在 Kruskal 算法中，如何判定所选择的边是否在同一个分量上，是整个算法的关键点和困难点。为此我们设置一个 G 数组，利用 G 数组的每一个单元中存放一个顶点信息的特性，通过判断两个顶点对应单元的信息是否相同来判定所选择的边是否在同一个分量上，其具体算法如下：

```
void Kruskal(int n,int e) {   //n 表示图中的顶点数目，e 表示图中的边数目
    int i, j, k, l, MinEdge,min ;
    for ( i=0; i<=n-1; i++)   //数组 G 置初值
        g_G[i]=i;
    for ( i=0; i<=e-1; i++) {   //输入边信息
        scanf (" %d%d%f ", &g_T[i].fromvex &g_T[i].endvex, &g_T[i].length);
        g_T[i].sign=0;
    }
    j=0;
    while(j<n-1) {
        min=1000;
        for ( i=0; i<=e-1; i++)   //寻找最短边
            if(g_T[i].sign= =0)
                if(g_T[i].length<min) {
                    min= g_T[i].length;
                    MinEdge=i;
                    k=g_T[i].fromvex;
                    l=g_T[i].endvex;
                    g_T[i].sigh=1;
                }
        g_T[MinEdge],sign=1;
        if(g_G[k]= =g_G[l])
            g_T[MinEdge].sign=2;   //在同一个分量上，舍去
        else {
            j++;
            for(i=0; i<n; i++)   //将最短边的两个顶点并入同一个分量
                if(g_G[i]= =g_G[l])
                    g_G[i]= g_G[k];
        } //else
    } //while(j<n-1)
} // Kruskal
```

如果边的信息是按权值从小到大依次存储到 T 数组中，则 Kruskal 算法的时间复杂度约为 O(e)。一般情况下，Kruskal 算法的时间复杂度约为 O(elbe)。Kruskal 算法的时间复杂度与网络中的边数有关，故适合于求边稀疏网络的最小生成树；而 Prim 算法的时间复杂度为 $O(n^2)$，与网络中的边数无关，适合于求边稠密网络的最小生成树。

6.5　最 短 路 径

一个实际的交通网络在计算机中可用图的结构来表示。在这类问题中经常考虑的问题

有两个：一是两个顶点之间是否存在路径；二是在有多条路径的条件下，哪条路径最短。由于交通网络中的运输路线往往是有方向性的，因此对其将按有向网络来进行讨论，而无向网络的情况与其类似。至于边上的权值，可以有不同的含义，例如可表示两城市间的距离、交通费用或途中所需的时间等。在对路径的讨论中，习惯上称路径的开始点为**源点**(Source)；路径的最后一个顶点为**终点**(Destination)；而**最短路径**意味着沿路径的各边权值之和最小。在求最短路径时，为方便起见，规定邻接矩阵中某一个顶点到自身的权值为 0，即当 i = j 时，dist[i][j] = 0。

最短路径问题的研究分为两种情况：一是从某个源点到其余各顶点的最短路径；二是每一对顶点之间的最短路径。

6.5.1 从某个源点到其余各顶点的最短路径

对于给定的有向网络 G = (V, E)及源点 v，计算从 v 到 G 的其余各顶点的最短路径。

例如，已知有向网络 G 如图 6-16 所示，假定以顶点 F 为源点，则源点 F 到其余各顶点 A、B、C、D、E 的最短路径如表 6-1 所示。

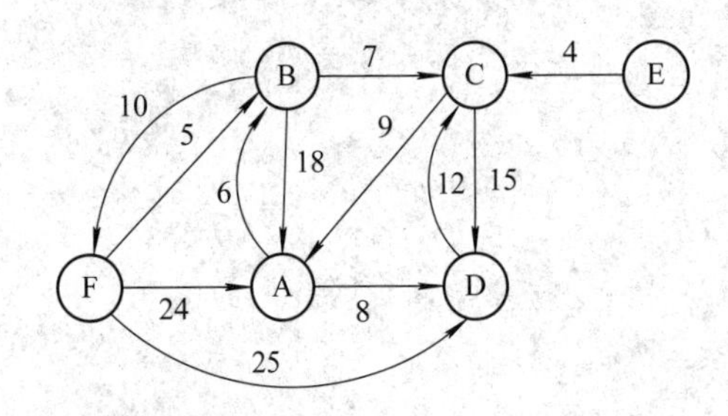

图 6-16 有向网络 G

表 6-1 G 中从顶点 F 到其余各顶点的最短路径

源 点	中间顶点	终点	最短路径长度
F	无	B	5
	B	C	12
	B，C	A	21
	无	D	25
	无	E	无路径

从有向网络 G 中可以看出，顶点 F 到顶点 B 有两条路径：FB 和 FAB，但 FB 这条路径较短。而顶点 F 到顶点 A 有三条路径：FA、FBA 和 FBCA，但 FBCA 这条路径较短。

那么如何求得最短路径呢？下面介绍迪 Dijkstra(迪杰斯特拉)算法。

Dijkstra 通过对图中某个源点到其余顶点的最短路径和路径长度之间关系的研究，首先提出按路径长度递增次序产生各顶点的最短路径算法，即若按长度递增的次序来产生源点到其余顶点的最短路径，则当前正要生成的最短路径除终点外，其余顶点的最短路径已生成。若设 A 为源点，U 为已求得的最短路径的终点的集合(初态时为空集)，则下一条长度较长的最短路径(设它的终点为 X)，或者是弧(A，X)，或者是在中间只经过 U 集合中的顶点，最后到达 X 的路径。例如，在图 6-16 所示的网络中，要生成从 F 点到其他顶点的最短路径，那么首先找到最短的路径是 F→B，然后找到的最短路径是 F→B→C，在这里除终点 C 以外，到其余顶点的路径中最短路径 F→B 确已生成。

Dijkstra 算法的基本思想是：对有 n 个顶点的有向连通网络 G = (V, E)，求最短路径网络 S=(U, SE)。首先从 V 中取出源点 u_0 放入最短路径顶点集合 U 中，这时的最短路径网络 S = ({u_0}，{∅})；然后从 u∈U 和 v∈V−U 中找出一条代价最小的边(u*，v*)加入到 S 中去，此时 S = ({u_0，v*}，{(u_0，v*)})。每向 U 中增加一个顶点，都要对 V−U 中各顶点的权值进行一次修正。若加进去的顶点 v*作为中间顶点，使得从 u_0 到其他属于 V−U 的顶点 v_i 的最短路径比不加 v* 时的短，则修改 u_0 到 v_i 的权值，即以(u_0，v*)的权值加上(v*，v_i)的权值来代替原有的(u_0，v_i)的权值；否则不修改 u_0 到 v_i 的权值。接着再从权值修正后的 V–U 中选择最短的边加入 S 中，如此反复，直到 U = V 为止。

对图 6-16 所示的有向网络按以上算法思想处理，所求得的从源点 F 到其余顶点的最短路径的过程如图 6-17 所示。其中，单圆圈表示 U 中的顶点；双圆圈表示 V–U 中的顶点；连接 U 中两个顶点的有向边用实线表示；连接 U 和 V–U 中两个顶点的有向边用虚线表示；圆圈旁的数字为源点到该顶点当前的距离值。

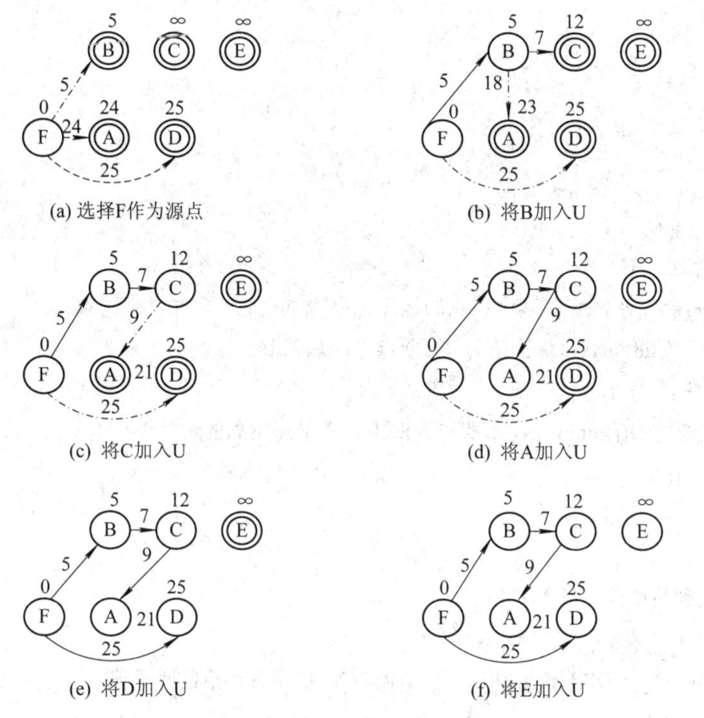

(a) 选择F作为源点　(b) 将B加入U　(c) 将C加入U　(d) 将A加入U　(e) 将D加入U　(f) 将E加入U

图 6-17　Dijkstra 算法求最短路径示例

最短路径 Dijkstra 算法

在图 6-17 中，初始时最短路径网络 S 中只有一个源点 F，它到 V-U 中各顶点的路径如图 6-17(a)所示，选择其中最小代价边(F，B)，这时由于路径(F，A)大于(F，B，A)，路径(F，C)大于(F，B，C)，因此进行相应的调整得到图 6-17(b)；在图 6-17(b)中选择最小代价边(B，C)，这时由于路径(F，B，A)大于(F，B，C，A)，因此进行相应调整得到图 6-17(c)；在图 6-17(c)中选择最小代价边(C，A)，得到图 6-17(d)；在图 6-17(d)中选择最小代价边(F，D)，得到图 6-17(e)；最后选择(F，E)得到图 6-17(f)。

在计算机上实现 Dijkstra 算法时，需要设置一个用于存放源点到其他顶点的最短距离数组 D[n]，以便从其中找出最短路径。因为我们不仅希望得到最短路径长度，而且也希望能给出最短路径具体经过哪些顶点的信息，所以设置一个路径数组 p[n]，其中 p[i]表示从源点到达顶点 i 时，顶点 i 的前趋顶点。为了防止对已经生成的最短路径进行重复操作，需要使用一个标识数组 s[n]来记录最短路径生成情况。若 s[i] = 1，则表示源点到顶点 i 的最短路径已产生；若 s[i] = 0，则表示最短路径还未产生。当顶点 A，B，C，D，E，F 对应的标号为 0，1，2，3，4，5 时，其具体算法描述如下：

```
float D[n];   //D[]存放各条最短路径的长度
```

```
int p[n], s[n];
//求源点 v 到其余顶点的最短路径长度
void Dijkstra(int v, float dist[][n]) { // dist[][n]为有向图的带权邻接矩阵
    int i, j, k, v1, min, max=10000, pre;   //max 中的值用于表示 dist 矩阵中的值∞
    v1=v;
    for( i=0; i<n; i++) {   //各数组进行初始化
        D[i]=dist[v1][i];
        if(D[i] != max)
            p[i]= v1+1;
        else p[i]=0;
        s[i]=0;
    }
    s[v1]=1;   //将源点送入 U
    for( i=0; i<n-1; i++) {   //求源点到其余顶点的最短距离
        min= max+1;   //min>max，保证值为∞的顶点也能加入 U
        for( j=0; j<n; j++)
            if ( ( ! s[j] )&&( D[j]<min) ) {   //找出到源点具有最短距离的边
                min= D[j];
                k=j;
            }
        s[k]=1;   //将找到的顶点 k 送入 U
        for (j=0; j<n; j++)
            if ( (!s[j])&&( D[j]> D[k]+dist[k][j]) ) {   //调整 V–U 中各顶点的距离值
                D[j]= D[k]+dist[k][j];
                p[j]=k+1;   //k 是 j 的前趋
            }
    } //所有顶点已扩充到 U 中
    for( i=0; i<n; i++) {
        printf(" %f %d ", D[i], i)
        pre= p[i];
        while ((pre!=0)&&(pre!=v+1)) {
            printf (" <-%d ", pre–1);
            pre= p[pre–1];
        }
        printf(" <-%d ", v);
    } //for
}   // Dijkstra
```

对于图 6-16 所示的有向网络 G，以 F 点为源点执行上述算法时，数组 D、p、s 的变化状况如表 6-2 所示。

表 6-2　Dijkstra 算法动态执行情况

循 环	U	k	D[0], …, D[5]	p[0], …, p[5]	s[0], …, s[5]
初始化	{ F }	—	24 5 max 25 max 0	6 6 0 6 0 6	0 0 0 0 0 1
1	{ F, B }	1	23 5 12　25 max 0	2 6 2 6 0 6	0 1 0 0 0 1
2	{ F, B, C}	2	21 5 12　25 max 0	3 6 2 6 0 6	0 1 1 0 0 1
3	{F, B, C, A }	0	21 5 12　25 max 0	3 6 2 6 0 6	1 1 1 0 0 1
4	{F, B, C, A, D }	3	21 5 12　25 max 0	3 6 2 6 0 6	1 1 1 1 0 1
5	{F, B, C, A, D, E }	4	21 5 12　25 max 0	3 6 2 6 0 6	1 1 1 1 1 1

最终打印输出的结果如下：

```
21      0<- 2<- 1<- 5
5       1<- 5
12      2<- 1<- 5
25      3<- 5
max     4<- 5
0       5<- 5
```

Dijkstra 算法的时间复杂度为 $O(n^2)$，占用的辅助空间复杂度是 O(n)。

6.5.2　每一对顶点之间的最短路径

在一个有 n 个顶点的有向网络 G = (V，E)中，求每一对顶点之间的最短路径。可以依次把有向网络 G 的每个顶点作为源点，重复执行 Dijkstra 算法 n 次，从而得到每对顶点之间的最短路径。这种方法的时间复杂度为 $O(n^3)$。弗洛伊德(Floyd)于 1962 年提出了解决这个问题的另外一种算法，它在形式上比较简单，易于理解，而时间复杂度同样为 $O(n^3)$。

Floyd 算法是根据给定有向网络的邻接矩阵 dist[n][n] 来求顶点 v_i 到顶点 v_j 的最短路径。这个算法的基本思想是：假设 v_i 和 v_j 之间存在一条路径，但这并不一定是最短路径，试着在 v_i 和 v_j 之间增加一个顶点 v_k 作为中间顶点，若增加 v_k 后的路径(v_i，v_k，v_j)比路径(v_i，v_j)短，则以新的路径来代替原路径，并且修改 dist[i][j]的值为新路径的权值；若增加 v_k 后的路径比路径(v_i，v_j)更长，则维持 dist[i][j]不变。然后在修改后的 dist 矩阵中，另选一个顶点作为中间顶点，重复以上的操作，直到除顶点 v_i 和 v_j 外其余顶点都做过中间顶点为止。当我们对初始的邻接矩阵 dist[n][n]，依次以顶点 v_1，v_2，…，v_n 为中间顶点实施以上操作时，将递推产生一个矩阵序列 $dist^{(k)}$[n][n](k = 0, 1, 2, …, n)。其中，初始邻接矩阵 dist[n][n]被看作 $dist^{(0)}$[n][n]，它给出每一对顶点之间的直接路径的权值；$dist^{(k)}$[n][n](1≤k<n)则给出了中间顶点的序号不大于 k 的最短路径长度；而 $dist^{(n)}$[n][n]给出了每一对顶点之间的最短路径长度。为了给出每一对顶点之间最短路径所经过的具体路径，可用一个矩阵 path 来记录具体路径。其中，$path^{(0)}$给出了每一对顶点之间的直接路径；而 $path^{(n)}$给出了每一对顶点之间的最短路径。在矩阵 path 中，每个元素 path[i][j]

所保存的值是顶点 v_i 到顶点 v_j 时 v_j 的前趋顶点。

为了在 Floyd 算法中始终保持初始邻接矩阵 dist[n][n]中的元素值不变，可设置一个 A[n][n]矩阵来保存每步所求得的所有顶点对之间的当前最短路径长度。这样可给出以下算法：

```
int   path[n][n];   //路径矩阵
void Floyd(float A[ ][n], dist[ ][n]) {   //A 是路径长度矩阵, dist 是有向网络 G 的带权邻接矩阵
    int i, j, k, pre, max=10000;
    for(i=0; i<n; i++)   //设置矩阵 A 和 path 的初值
        for (j=0; j<n; j++) {
            if (dist[i][j] !=max )
                path[i][j]=i+1; //i 是 j 的前趋
            else
                path[i][j]=0;
            A[i][j]=dist[i][j];
        }
    for(k=0; k<n; k++)   //以 0，1，…，n – 1 为中间顶点做 n 次
        for (i=0; i<n; i++)
            for (j=0; j<n; j++)
                if (A[i][j]>(A[i][k]+A[k][j])) {
                    A[i][j]=A[i][k]+A[k][j];   //修改路径长度
                    path[i][j]=path[k][j];   //修改路径
                }
    for(i=0; i<n; i++)   //输出所有顶点对 i，j 之间最短路径的长度和路径
        for (j=0; j<n; j++) {
            printf( " %f%d ", A[i][j], j);
            pre=path[i][j];
            while((pre!=0)&&(pre!=i+1)){
                printf(" <-%d ", pre-1);
                pre=path[i][pre-1];
            }
            printf("<-%d\n ", i);
        }
} // Floyd
```

对图 6-16 所示的有向网络 G 执行以上算法后，矩阵 A 和矩阵 path 的变化状况如图 6-18 所示。

$$A^{(0)}=\begin{bmatrix}0&6&\infty&8&\infty&\infty\\18&0&7&\infty&\infty&10\\9&\infty&0&15&\infty&\infty\\\infty&\infty&12&0&\infty&\infty\\\infty&\infty&4&\infty&0&\infty\\24&5&\infty&25&\infty&0\end{bmatrix}\quad path^{(0)}=\begin{bmatrix}1&1&0&1&0&0\\2&2&2&0&0&2\\3&0&3&3&0&0\\0&0&4&4&0&0\\0&0&5&0&5&0\\6&6&0&6&0&6\end{bmatrix}\quad A^{(1)}=\begin{bmatrix}0&6&\infty&8&\infty&\infty\\18&0&7&26&\infty&10\\9&15&0&15&\infty&\infty\\\infty&\infty&12&0&\infty&\infty\\\infty&\infty&4&\infty&0&\infty\\24&5&\infty&25&\infty&0\end{bmatrix}$$

$$path^{(1)}=\begin{bmatrix}1&1&0&1&0&0\\2&2&2&1&0&2\\3&1&3&3&0&0\\0&0&4&4&0&0\\0&0&5&0&5&0\\6&6&0&6&0&6\end{bmatrix}\quad A^{(2)}=\begin{bmatrix}0&6&13&8&\infty&16\\18&0&7&26&\infty&10\\9&15&0&15&\infty&25\\\infty&\infty&12&0&\infty&\infty\\\infty&\infty&4&\infty&0&\infty\\23&5&12&25&\infty&0\end{bmatrix}\quad A^{(3)}=\begin{bmatrix}0&6&13&8&\infty&16\\16&0&7&22&\infty&10\\9&15&0&15&\infty&25\\21&27&12&0&\infty&37\\13&19&4&19&0&29\\21&5&12&25&\infty&0\end{bmatrix}$$

$$path^{(3)}=\begin{bmatrix}1&1&2&1&0&2\\3&2&2&3&0&2\\3&1&3&3&0&2\\3&1&4&4&0&2\\3&1&5&3&5&2\\3&6&2&6&0&6\end{bmatrix}\quad A^{(4)}=\begin{bmatrix}0&6&13&8&\infty&16\\16&0&7&22&\infty&10\\9&15&0&15&\infty&25\\21&27&12&0&\infty&37\\13&19&4&19&0&29\\21&5&12&25&\infty&0\end{bmatrix}\quad path^{(4)}=\begin{bmatrix}1&1&2&1&0&2\\3&2&2&3&0&2\\3&1&3&3&0&2\\3&1&4&4&0&2\\3&1&5&3&5&2\\3&6&2&6&0&6\end{bmatrix}$$

图 6-18　Floyd 算法迭代过程中矩阵 A 和 path 的变化情况

在图 6-18 中，由于 $A^{(4)} = A^{(5)} = A^{(6)}$，$path^{(4)} = path^{(5)} = path^{(6)}$，因此省略了 $A^{(5)}$、$A^{(6)}$、$path^{(5)}$和 $path^{(6)}$，最终打印输出的结果如下：

```
0     0<-0
6     1<-0
13    2<-1<-0
8     3<-0
max 4<--0
16    5<-1<-0
⋮       ⋮
25    3<-5
max   4<-5
0     5<-5
```

6.6　拓 扑 排 序

无论是一项工程的进行，还是一个产品的生产或一个专业课程的学习，都是由许多按一定次序进行的活动来构成的。这些活动既可以是一个工程中的子工程，一个产品生产中的部件生产，也可以是课程学习中的一门课程。对于这些按一定顺序进行的活动，可以用有向图的顶点表示活动，顶点之间的有向边表示活动间的先后关系，这种有向图称为**顶点表示活动网络(Activity On Vertex network)**，简称 **AOV 网**。AOV 网中的顶点也可带有权值，用于表示一项活动完成所需要的时间。

AOV网中的有向边表示了活动之间的制约关系。例如，计算机软件专业的学生必须学完一系列的课程才能毕业，其中一些课程是基础课，学习基础课程无须先学习其他课程，而另一些课程的学习，则必须在完成其他基础先修课的学习之后才能进行学习。这些课程和课程之间的关系如表6-3所示。它们也可以用图6-19所示的AOV网表示，其中有向边 $<C_i, C_j>$ 表示了课程 C_i 是课程 C_j 的先修课程。

表6-3 计算机软件专业课程设置及其关系

课程代号	课程名称	先修课程	课程代号	课程名称	先修课程
C_1	程序设计基础	无	C_7	编译方法	C_5, C_3
C_2	离散数学	C_1	C_8	操作系统	C_3, C_6
C_3	数据结构	C_1, C_2	C_9	高等数学	无
C_4	汇编语言	C_1	C_{10}	线性代数	C_9
C_5	语言的设计和分析	C_3, C_4	C_{11}	普通物理	C_9
C_6	计算机原理	C_{11}	C_{12}	数值分析	C_1, C_9, C_{10}

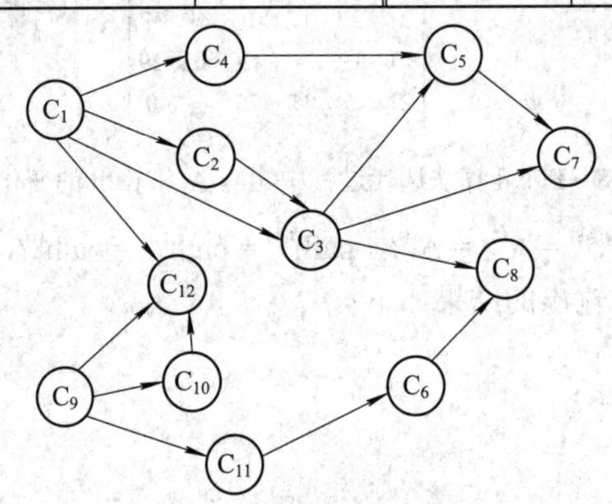

图6-19 表示课程先后关系的AOV网

当限制各个活动只能串行进行时，如果可以将AOV网中的所有顶点排列成一个线性序列 v_{i1}，v_{i2}，…，v_{in}，并且这个序列同时满足关系：若在AOV网中从顶点 v_i 到顶点 v_j 存在一条路径，则在线性序列中 v_i 必在 v_j 之前，我们就称这个线性序列为**拓扑序列**；把对AOV网构造拓扑序列的操作称为**拓扑排序**。

AOV网的拓扑排序序列给出了各个活动按序完成的一种可行方案。并非任何AOV网的顶点都可排成拓扑序列，当AOV网中存在有向环时，就无法得到该网的拓扑序列。在实际的意义上，AOV网中存在有向环就意味着某些活动是以自己为先决条件的，这显然是荒谬的。例如，对于程序的数据流图而言，AOV网中存在环就意味着程序中存在一个死循环。

任何一个无环的AOV网中的所有顶点都可排列在一个拓扑序列里，拓扑排序的基本操作如下：

(1) 从网中选择一个入度为0的顶点并且输出它。

(2) 从网中删除该顶点及所有由它发出的边。

(3) 重复上述两步，直到网中再没有入度为0的顶点为止。

以上操作会产生两种结果：一种是网中的全部顶点都被输出，整个拓扑排序完成；另一种是网中顶点未被全部输出，剩余的顶点的入度均不为 0，说明网中存在有向环。

用以上的拓扑排序操作，对图 6-19 所示的 AOV 网拓扑排序的过程如图 6-20 所示。最终得到了一种拓扑序列为 C_1，C_2，C_3，C_4，C_5，C_7，C_9，C_{10}，C_{12}，C_{11}，C_6，C_8。

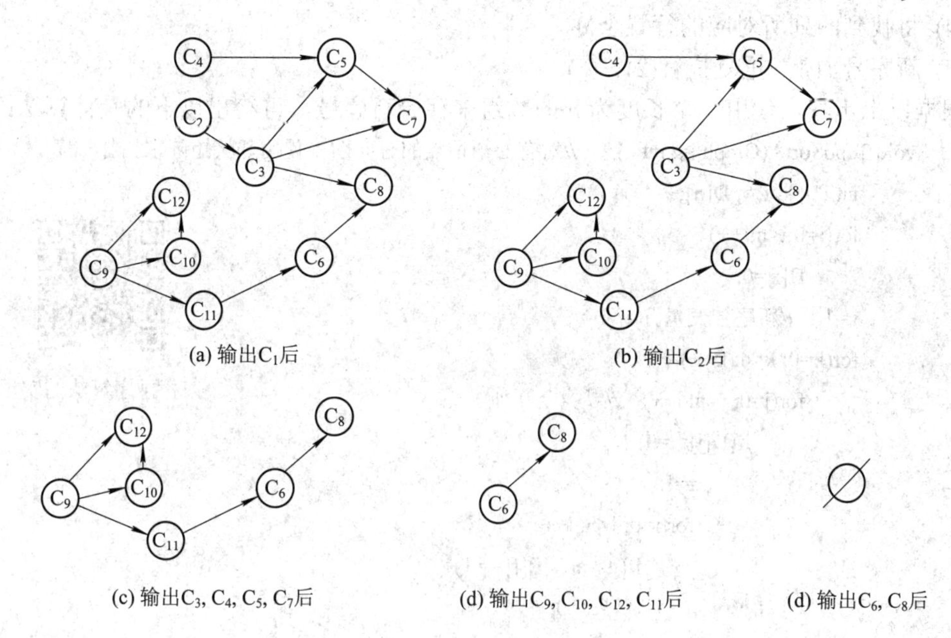

图 6-20　AOV 网拓扑排序过程

从构造拓扑序列的过程中可以看出，在许多的情况下，入度为 0 的顶点不止一个，这样就可以给出多种拓扑序列。若按所给出的拓扑序列的顺序进行课程学习，都可保证在学习任何一门课程时，这门课程的先修课程已经学过。

拓扑排序可在有向图的不同存储结构表示方法上实现。下面针对图 6-21(a)所给出的 AOV 网进行讨论。

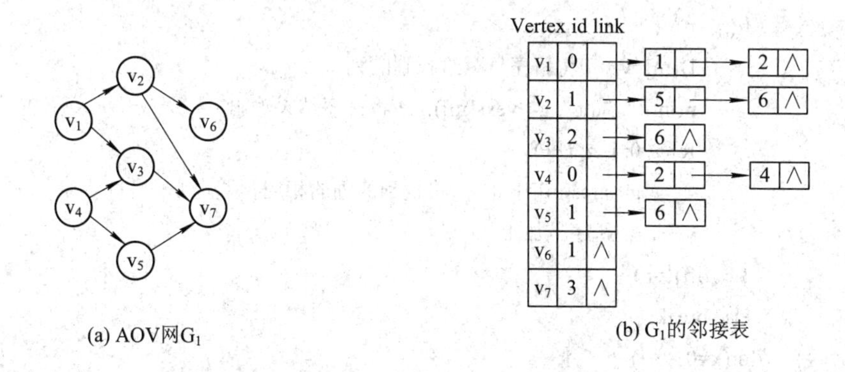

图 6-21　AOV 网 G1 及其邻接表

在邻接矩阵中，由于某个顶点的入度由这个顶点相对应的列上的 1 的个数所确定，而它的出度由顶点所对应的行上的 1 的个数所确定，因此在这种存储结构上实现拓扑排序算法的步骤是：

(1) 取 1 作为第 1 个新序号。

(2) 找一个没有得到新序号的全 0 矩阵列，若没有则停止寻找。这时如果矩阵中所有的列都得到了新序号，则拓扑排序完成；否则说明该有向图中有环存在。

(3) 把新序号赋给找到的列，并将该列对应的顶点输出。

(4) 将找到的列所对应的行置全 0。

(5) 新序号加 1，重复执行(2)～(5)。

根据以上步骤，使用一个长度为 n 的数组来存放新序号，可给出以下的具体算法：

```
void TopoSortA(Graph *g,int n) {   //对有 n 个顶点的有向图，使用邻接矩阵求拓扑排序
        int i, j, k, t, v, D[n];
        for(i=0;i<n;i++)
            D[i]=0;
        v=1;   //新序号变量置 1
        for(k=0; k<n; k++) {
            for(j=0; j<n; j++)   //寻找全 0 列
                if(D[j]= =0) {
                    t=1;
                    for(i=0; i<n; i++)
                        if(g->arcs[i][j]= =1) {
                            t=0;
                            break;
                        } //第 j 列上有 1 跳出循环
                    if(t= =1) {
                        m=j;
                        break;
                    }   //找到第 j 列为全 0 列
                }// if(D[j]= =0)
            if( j!=n ) {
                D[m]=v;   //将新序号赋给找到的列
                printf(" %d\t ", g->vexs[m]);   //将排序结果输出
                for(i=0; i<n; i++)
                    g->arcs[m][i]=0;   //将找到的列的相应行置全 0
                v++;   //新序号加 1
            }   //if(j!=n)
            else break;
        }   //for(k=0; …)
        if(v<n)
            printf(" \n The network has a cycle \n ");
} // TopoSortA
```

拓扑排序算法的实现

对图 6-21(a)所示 AOV 网 G_1 的邻接矩阵，应用以上算法得到的拓扑排序序列为 v_1，v_2，v_4，v_3，v_5，v_6，v_7。

在利用邻接矩阵进行拓扑排序时，程序虽然简单，但效率不高，算法的时间复杂度约为 $O(n^3)$。而利用邻接表会使寻找入度为 0 的顶点的操作简化，从而提高了拓扑排序算法的效率。

在邻接表存储结构中，为了便于检查每个顶点的入度，可在顶点表中增加一个入度域(id)，这样的邻接表如图 6-21(b)所示，因此只须对由 n 个元素构成的顶点表进行检查就能找出入度为 0 的顶点。为了避免对每个入度为 0 的顶点重复访问，可用一个链栈来存储所有入度为 0 的顶点。在进行拓扑排序前，只要对顶点表进行一次扫描，便可将所有入度为 0 的顶点都入栈，以后每次从栈顶取出入度为 0 的顶点，并将其输出。一旦排序过程中出现新的入度为 0 的顶点，同样又将其入栈。在入度为 0 的顶点出栈后，根据顶点的序号找到相应的顶点和以该顶点为起点的出边，再根据出边上的邻接点域的值使相应顶点的入度值减 1，便完成了删除所找到的入度为 0 的顶点出边的功能。

在邻接表存储结构中实现拓扑排序算法的步骤如下：

(1) 扫描顶点表，将入度为 0 的顶点入栈。

(2) 当栈非空时，执行以下操作：

{ 将栈顶顶点 v_i 的序号弹出，并输出之；
  检查 v_i 的出边表，将每条出边表邻接点域所对应的顶点入度域值减 1，若该顶点入度为 0，则将其入栈；
}

(3) 若输出的顶点数小于 n，则输出“有回路”；否则拓扑排序正常结束。

在具体实现该算法时，链栈无须占用额外空间，只须利用顶点表中入度域值为 0 的入度域来存放链栈的指针(即指向下一个存放链栈指针的单元的下标)，并用一个栈顶指针 top 指向该链栈的顶部即可。由此得到链栈的初始逻辑状态图，如图 6-22 所示。

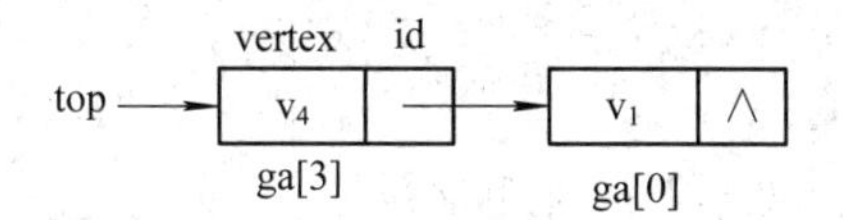

图 6-22　链栈的初始逻辑状态图

下面给出类型说明及具体算法：

```
typedef int datatype;
typedef int Vextype;
typedef struct {
        int adjvex;   //邻接点域
        struct node *next;   //链域
} Edgenode;   //边表结点
typedef struct {
        Vextype vertex;   //顶点信息
        datatype id;   //入度域
        Edgenode *link;   //边表头指针
} Vexnode;   //顶点表结点

Vexnode ga[n];   //全程量邻接表
```

```
void TopoSortB (Vexnode ga[ ]     ) {   //AOV 网的邻接表
      int i, j, k, m=0, top=-1;   //m 为输出顶点个数计数器，top 为栈指针
      for (i=0; i<n; i++)   //初始化，建立入度为 0 的顶点链栈
           if (ga[i].id= =0) {
                ga[i].id=top;
                top=i;
           }
      while( top!= -1 ) { //栈非空执行排序操作
           j=top;
           top=ga[top].id;   //第 j+1 个顶点退栈
           printf(" %d\t ", ga[j].vertex);   //输出退栈顶点
           m++;   //输出顶点计数
           p=ga[j].link
           while(p) {   //删去所有以 v(j+1) 为起点的出边
                k=p->adjvex;
                ga[k].id--;   //v(k+1) 入度减 1
                if(ga[k].id= =0) {   //将入度为 0 的顶点入栈
                     ga[k].id=top;
                     top=k;
                }
                p=p->next;   //找 v(j+1) 的下一条边
           } // while(p)
      } // while( top!= -1)
      if(m<n)   //输出顶点数小于 n，有回路存在
           printf(" \n The netwook has a cycle\n ");
} // TopoSortB
```

对图 6-21(b)所示的邻接表执行以上算法，其入度域的变化情况如图 6-23 所示。这时得到的拓扑序列为 v_4，v_5，v_1，v_3，v_2，v_7，v_6。

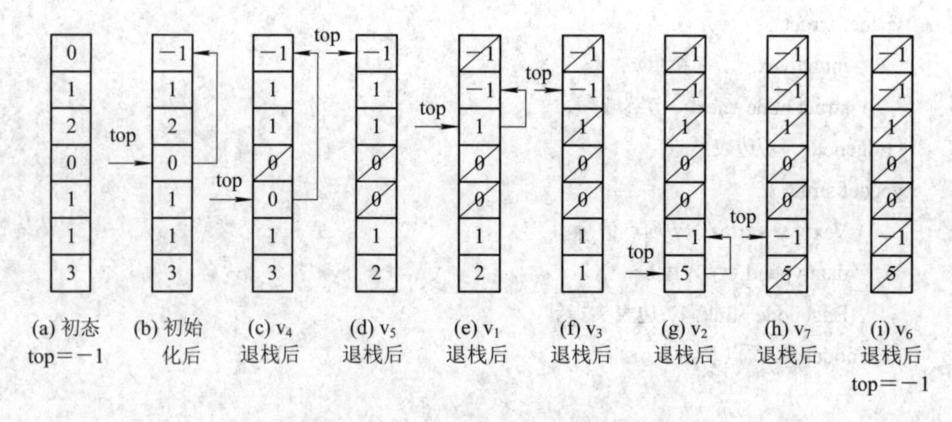

图 6-23　排序过程中入度域变化示例

对一个具有 n 个顶点，e 条边的 AOV 网来说，初始化部分的执行时间复杂度是 O(n)。在排序中，若 AOV 网无回路，则每个顶点入栈和出栈各一次，每个边表结点检查一次，执行时间复杂度为 O(n + e)，故总的算法时间复杂度为 O(n + e)。

6.7　关键路径

在实际应用中，我们不仅关心一个大的工程中许多子工程的顺序进行，而且关心完成整项工程至少需要多少时间，哪些子工程的加速可以减少整个工程所需的时间，这就是本节将要研究的关键路径问题。

为了便于对以上问题的研究，常使用一个带权的有向网络来表示整项工程；每条有向边表示一个子工程(一个子工程称为一个活动)；边上的权值表示一个活动持续的时间。用顶点表示事件，它表示了一种状态，即它的入边所表示的活动均已完成，它的出边所表示的活动可以开始。这种带权的有向网络称为 **AOE 网络**(Activity On Edge network)，即**边表示活动网络**。

因为一项工程只有一个开始点和一个结束点，所以 AOE 网络中只有一个入度为 0 的顶点(称作源点)表示开始和一个出度为 0 的顶点(称作汇点)表示结束。同时，AOE 网络应该是不存在回路并相对源点连通的网络。图 6-24 给出了一个 AOE 网络的例子，它包括了 7 个事件和 10 个活动。其中，顶点 v_1 表示整个工程开始；顶点 v_7 表示整个工程结束；边$<v_1, v_2>$，$<v_1, v_3>$，…，$<v_6, v_7>$分别表示一个活动，并分别用 a_1，a_2，…，a_{10} 来表示。

有时为了反映某些活动之间在时序上的制约关系，可增加时间花费为 0 的虚活动。为使虚活动区别于实际活动，虚活动将用虚线表示。例如，想使活动 a_5 和 a_6 在事件 v_2 和 v_3 发生之后才开始，则可在顶点 v_2 和顶点 v_3 之间增加一个虚活动$<v_2, v_3>$。

由于 AOE 网中的某些活动可以平行地进行，因此完成整个工程的最短时间是从源点到汇点的最长路径长度(这里的路径长度是指沿着该路径上的各个活动所需持续时间之和)。这个从源点到汇点的具有最大路径长度的路径称为**关键路径**(Critical Path)。在图 6-24 中，v_1，v_2，v_5，v_7 是一条关键路径，同时 v_1，v_2，v_4，v_5，v_7 也是一条关键路径，这两条关键路径的长度都是 20。

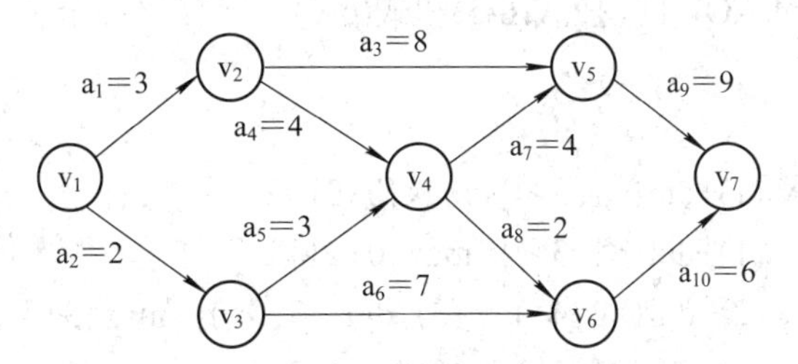

图 6-24　一个 AOE 网络的示例

从源点 v_1 到 v_j 的最长路径长度称为事件 v_j 可能的最早发生时间，记为 $v_e(j)$。因为 $v_e(j)$ 也是以 v_j 为起点的出边$<v_j, v_k>$所表示的活动 a_i 的最早开始时间 e(i)，所以 $v_e(j) = e(i)$。例如在图 6-24 中，v_2 的最早发生时间 $v_e(2) = 3$，这也是以 v_2 为顶点的两条出边所表示的活动 a_3 和 a_4 的最早开始时间，故有 $v_e(2) = e(3) = e(4) = 3$。

在不推迟整个工程完成的前提下，一个事件 v_k 允许的最迟发生时间，记为 $v_l(k)$。它等于汇点 v_n 的最早发生时间 $v_e(n)$减去 v_k 到 v_n 的最长路径长度。v_k 的最迟发生时间也是所有以 v_k 为终点的入边$<v_j, v_k>$所表示的活动 a_i 的最迟完成时间。活动 a_i 的最迟开始时间 l(i)等于 $v_l(k)$减去 a_i 的持续时间，即 $l(i)=v_l(k) - dur(<j, k>)$。

活动 a_i 的最迟开始时间 l(i)减去 a_i 的最早开始时间 e(i)，表明了完成活动 a_i 的时间余量。它是在不延误整个工程工期的情况下，活动 a_i 可以延迟的时间。如果 l(i) = e(i)，则说明活动 a_i 完全不能延迟，否则将影响整个工程的完成。通常将 l(i) = e(i)的活动定义为**关键活动**。例如，图 6-24 中的 e(5) = 2，l(5) = 4，这意味着如果 a_5 推迟 2 天完成也不会延误整个工程的进度。

由于完成整个工程所需的时间是由关键路径上的各个活动所需持续时间之和来确定，所以关键活动就是关键路径上的各个活动。在明确了哪些活动是关键活动以后，就可以设法提高关键活动的功效，以便缩短整个工程的工期。

从以上的讨论可以看出：提前完成非关键活动不能加快工程的进度；提前完成关键活动有可能加快工程进度；只有提前了包含在所有路径上的那些关键活动，才一定能加快工程的进度。例如在图 6-24 中，提前完成关键活动 a_4 不能加快工程的进度，而提前完成活动 a_9 才一定能够加快工程的进度。

对一个由边$<v_j, v_k>$表示的活动 a_i，确定它是否为关键活动就需要判断 e(i)是否等于 l(i)。为了求得 e(i)和 l(i)，则要先求出 $v_e(j)$和 $v_l(j)$的值。

$v_e(j)$的计算可从源点开始，利用以下的递推公式求得

$$\begin{cases} v_e(1) = 0 \\ v_e(j) = \max\{v_e(i) + dur(<i, j>)\} \quad <v_i, v_j> \in E_1, 2 \leqslant j \leqslant n \end{cases} \tag{6-5}$$

其中，E_1 是网络中以 v_j 为终点的入边集合；dur(<i，j>)是有向边$<v_i, v_j>$上的权值。

$v_l(j)$的计算可从汇点开始，向源点逆推计算，其公式为

$$\begin{cases} v_l(n) = v_e(n) \\ v_l(j) = \min\{v_l(k) - dur(<j, k>)\} \quad <v_j, v_k> \in E_2, 2 \leqslant j \leqslant n-1 \end{cases} \tag{6-6}$$

其中，E_2 是网络中以 v_j 为起点的出边集合。

对于图 6-24 所示的 AOE 网，按式(6-5)和式(6-6)可计算出各个事件最早发生时间和最迟发生时间：

$v_e(1)=0$

$v_e(2)=\max\{v_e(1)+dur(<1, 2>)\}=\max\{0+3\}=3$

$v_e(3)=\max\{v_e(1)+dur(<1, 3>)\}=\max\{0+2\}=2$

$v_e(4)=\max\{v_e(2)+dur(<2, 4>), v_e(3)+dur(<3, 4>)\}=\max\{3+4, 2+3\}=7$

$v_e(5)=\max\{v_e(4)+dur(<4, 5>), v_e(2)+dur(<2, 5>)\}=\max\{7+4, 3+8\}=11$

$v_e(6)=\max\{v_e(3)+dur(<3, 6>), v_e(4)+dur(<4, 6>)\}=\max\{2+7, 7+2\}=9$

$v_e(7)=\max\{v_e(5)+dur(<5, 7>), v_e(6)+dur(<6, 7>)\}=\max\{11+9, 9+6\}=20$

$v_l(7)= v_e(7)=20$

$v_l(6)=\min\{v_l(7)-dur(<6, 7>)\}=\min\{20-6\}=14$

$v_l(5)=\min\{v_l(7)-dur(<5, 7>)\}=\min\{20-9\}=11$

$v_l(4)=\min\{v_l(5)-dur(<4, 5>), v_l(6)-dur(<4, 6>)\}=\min\{11-4, 14-2\}=7$

$v_l(3)=\min\{v_l(4)-dur(<3, 4>), v_l(6)-dur(<3, 6>)\}=\min\{7-3, 14-7\}=4$

$v_l(2)=\min\{v_l(4)-dur(<2, 4>), v_l(5)-dur(<2, 5>)\}=\min\{7-4, 11-8\}=3$

$v_l(1)=\min\{v_l(2)-dur(<1, 2>), v_l(3)-dur(<1, 3>)\}=\min\{3-3, 4-2\}=0$

利用 $v_e(j) = e(i)$和 $l(i) = v_l(k) - dur(<j, k>)$，对图 6-24 中的各活动进行计算，其结果如表 6-4 所示。

表 6-4　各活动的计算结果

活动 a_i	1	2	3	4	5	6	7	8	9	10
e[i]	0	0	3	3	2	2	7	7	11	9
l[i]	0	2	3	3	4	7	7	12	11	14
l[i]-e[i]	0	2	0	0	2	5	0	5	0	5

从表 6-4 中可以看出，关键活动是 a_1、a_3、a_4、a_7、a_9，相应的关键路径可用图 6-25 表示。

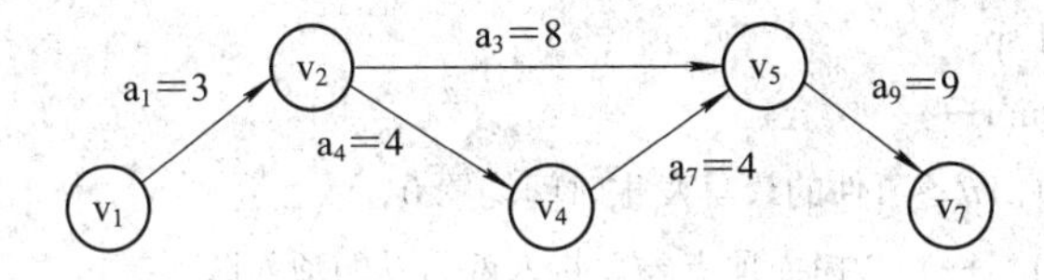

图 6-25　AOE 网络关键路径

由于 $v_e(j)$是从源点按各顶点的拓扑排序顺序依次计算的，因此求关键活动算法主要由以下步骤组成：

(1) 对 AOE 网进行拓扑排序，同时按拓扑排序顺序求出各顶点事件的最早发生时间 v_e，若网中有回路，则算法终止；否则执行(2)。

(2) 按拓扑序列的逆序求出各顶点事件的最迟发生时间 v_l。

(3) 根据 v_e 和 v_l 的值求出 a_i 的最早开始时间 e(i)和最迟开始时间 l(i)。若 l(i) = e(i)，则 a_i 为关键活动。

因为计算各顶点的 v_e 值是在拓扑排序的过程中进行的，所以可通过对拓扑排序算法进行一些修正来实现求关键路径的算法，具体的修正是：

(1) 在拓扑排序前令 $v_e[i]=0$ $(0\leqslant i<n)$。

(2) 设置一个顺序队列 tpord[n]来保存入度为 0 的顶点，将原算法中的有关栈操作改为相应的队列操作。

(3) 在删除 v_j 为起点的出边$<v_j, v_k>$时，若 $v_e[j]+dur(<j, k>)>v_e[k]$，则 $v_e[k]=v_e[j]+dur(<j, k>)$。

(4) 利用拓扑排序的逆序顺序，计算 $v_l[j]$的值。

(5) 利用 $e[i]=v_e[j]$和 $l[i]=v_l[k]-dur(<j, k>)$计算活动 a_i 的有关信息和判断关键活动。

拓扑排序算法的具体实现如下：

```
typedef char Vextype; //顶点数据类型，在此为 char 型
typedef struct node1 {
    int adjvex;    //邻接点域
```

```
        int dur;  //权值
        struct nodel *next;  //链域
    } Edgenodel;  //边表结点
    typedef struct {
        Vextype vertex;  //顶点信息
        int id;  //入度
        Edgenodel  *link;  //边表头指针
    } Vexnodel;  //顶点表结点
    Vexnodel digl[n];       //全程量邻接表
    int CriticalPath (Vexnodel digl[ ]) {  //digl 是 AOE 网的带权邻接表
        int i, j, k, m;
        int front = -1, rear=-1;  //顺序队列的首尾指针置初值-1
        int tpord[n], vl[n], ve[n];
        int l[maxsize], e[maxsize];
        Edgenodel *p;
        for(i=0; i<n; i++)
            ve[i]=0;  //各事件的最早发生时间均置 0
        for(i=0; i<n; i++)  //扫描顶点表，将入度为 0 的顶入队
            if (digl[i].id= =0)
                tpord[++rear]=i;
        m=0;  //计数单元置 0
        while( front!=rear) {  //队非空
            front++;
            j=tpord[front];  //vj+1 出队，即删去 vj+1
            m++;  //对出队的顶点个数计数
            p=digl[j].link  //p 指向 vj+1 为起点的出边表中结点的下标

            while(p) { //删去所有以 vj+1 为起点的出边
                k=p->adjvex;  //k 是边 <vj+1, vk+1>终点 vk+1 的下标
                digl[k].id--;  //vk+1 入度减 1
                if(ve[j]+p->dur>ve[k])
                ve[k]=ve[j]+p->dur;  //修改 ve[k]
                if(digl[k].id= =0)
                    tpord[++rear]=k;  //新的入度为 0 的顶点 vk+1 入队
                p=p->next;  //找 vj+1 的下一条边
            } //while(p)
        } //while( front!=rear )
        if(m<n) {  //网中有回路，终止算法
            printf(" The AOE network has a cycle\n ");
```

```
        return 0;
    }
    for(i=0; i<n; i++)   //为各事件 vi+1 的最迟发生时间 vl[i]置初值
        vl[i]=ve[n−1]
    for(i=n-2; i>=0; i−−) { //按拓扑序列的逆序取顶点
        j=tpord[i];
        p=digl[j].link;   //取 vj+1 的出边表上第一个结点
        while(p) {
            k=p->adjvex;   //k 为<vj+1, vk+1>的终点 vk+1 的下标
            if( (vl[k]−p->dur)<vl[j] )
                vl[j]=vl[k]−p->dur;   //修改 vl[j]
            p=p->next;   //找 vj+1 的下一条边
        }
    }// for
    i=0;   //边计数器置初值
    for(j=0; j<n; j++) {   //扫描顶点表，依次取顶点 vj+1
        p=digl[j].link;
        while(p) { //扫描顶点 vj+1 的出边表，计算<vj+1, vk+1>所代表的活动 ai+1 的 e[i]和 l[i]
            k=p->adjvex;
            e[++i]=ve[j];
            l[i]=vl[k]−p->dur;
            printf("%d\t%d\t%d\t%d\t%d\t ",digl[j].vertex,digl[k].vertex,e[i],l[i], l[i]−e[i]);
            if(l[i]= =e[i])   //关键活动
                printf(" CRITICAL ACTIVITY ");
            printf("\n");
            p=p->next;
        }
    } //for
    return 1;
} // CriticalPath
```

由于关键活动组成的路径就是关键路径，因此以上算法也就是求关键路径的算法。

在上述算法中，初始化时间复杂度为 O(n)，其中三个循环的执行时间复杂度均为 O(e)，所以总的执行时间为 O(n + e)。

6.8　应 用 实 例

图并不存储通用数据，这和我们之前学过的数组、链表、树及后续将学习的哈希表有所不同。但图最大的特点是可以直接模拟现实世界中的情况，例如城市交通图、社交网络

关系图及工程项目管理等。下面将通过具体的应用实例进一步理解图结构在实际中的应用。

6.8.1 社交关系网络聚合性问题

随着互联移动网络的迅速发展，社交网络也成为人们生活中的一部分。在社交网络中，个人或单位之间通过某些关系连接起来，那么在这样的社交网络中，两个互不相识的人之间的间隔是几个人？1967 年哈佛大学的心理学教授斯坦利·米尔格拉姆提出六度分隔理论(如图 6-26 所示)，认为世界上任意两个人之间建立联系，最多只需通过 5 个人，即两个陌生人之间所间隔的人数不会超过 6 个。根据这一理论，米尔格拉姆做过一次连锁信件实验。米尔格拉姆把信随机发送给住在美国各城市的一部分居民，信中写有一个波士顿股票经纪人的名字，并要求每名收信人把这封信寄给自己认为是比较接近这名股票经纪人的朋友。这位朋友收到信后，再把信寄给他认为更接近这名股票经纪人的朋友。最终，大部分信件都寄到了这名股票经纪人手中，每封信平均经手 6.2 次到达。

图 6-26　六度分隔理论示意图

这种现象并不是说任何人与其他人之间的联系都必须通过六个层次才会产生，而是表达了这样一个重要的概念：任何两个素不相识的人，通过一定的方式，总能够产生必然联系或关系。

“六度分隔”和社交网络的亲密结合，逐渐显露出商业价值，很多网络软件开始支持人们建立更加互信和紧密的社会关联，以便更容易在全球找到和自己有共同志趣的人、更容易发现商业机会、更容易达到不同族群之间的理解和交流等。

1．问题描述及要求

如果用无向图 G 来表示 N 个人的社交网络图(如图 6-27 所示)，图 G 有 N 个顶点，两个顶点之间是否有边就表示了两个人之间是否“认识”。现在要对“六度空间”理论做一个验证，即验证图中任意两个顶点之间是否都有一条距离不超过 6 的路径。

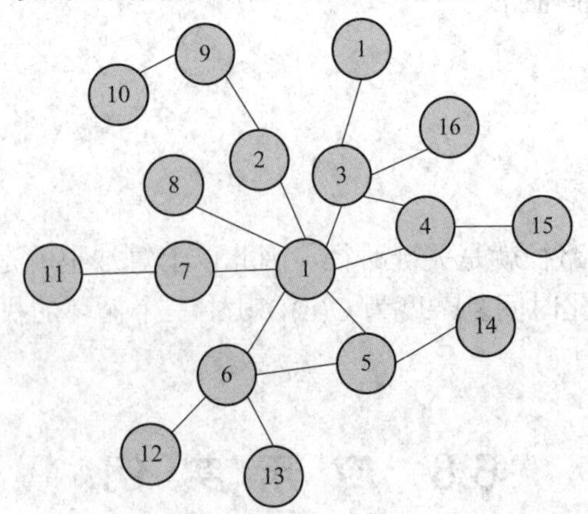

图 6-27　无向图表示的社交网络

但考虑在现实情况中，由于社交方式的多样化，很难获取完整性的数据，例如生活在一起的两个人可能从不在网上联系，甚至从不打电话。在这种情况下，很难对“六度空间”

理论进行完全充分地验证。

因此我们将“六度空间”理论的验证问题，描述为计算网络中各顶点与其余顶点间的最小间隔人数，并对符合“六度空间”理论的结点计数，计算其占结点总数的百分比。

2. 数据结构

用无向图表示的社交网络用邻接矩阵存储，图中的结点表示社交网络中的社会人，边则表示两人认识。为简单起见，图中的顶点信息直接用整数序号表示。具体无向图的数据结构定义如下：

```
typedef   struct {
      int vexs[N];   //顶点数组
      int arcs[N][N];   //邻接矩阵
}Graph;
```

3. 算法设计

由于要统计到某结点距离不超过 6 的结点总数(不包括该结点自身)，实际上就是要从某个结点开始进行广度优先搜索，在遍历中统计邻接层次不超过 6 的结点数。

我们知道，广度优先搜索可以理解为按层次遍历，需要用一个队列来保存已访问过的结点，以确定被访问过的顶点的邻结点访问次序。为了统计邻接层次，可以设置一个计数变量 level 累计层次，初值为 0。再设两个变量 j 和 last 分别记录同一层的开头和结尾。

例如图 6-28 所示的无向图 G1，从顶点 1 出发进行广度遍历，last 的初值即为 1。此时队列非空(顶点 1)且 level(=0)小于 6，结点 1 出队并记录在变量 j 中，这就是当前层(0)的开头；接下来查找顶点 1 的所有未被访问的邻接点(顶点 2、4、5)并入队，接着判断 last 和 j 的值是否相同，此时 last 和 j 都是 1，说明广度遍历已经扩展了 1 层，因此变量 level 加 1，并将此时的队尾结点 5 保存在 last 中。这时队列有顶点 2、4、5，因为队列不空且 level(=1)小于 6，队中元素再依次出队并查找其邻接点，但只有顶点 5 出队后，j 的值才与 last 相同，说明同层遍历结束，广度遍历继续扩展下一层。

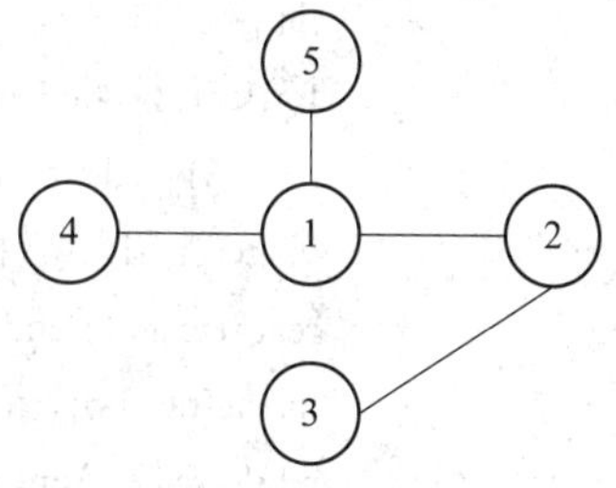

图 6-28　无向图 G1

4. 程序代码

以下是验证“六度空间”理论的程序代码，完整代码请扫描附录中的二维码。

```
#include<stdio.h>
#include<stdlib.h>
#define N 100   //图顶点数
typedef struct{
      int vexs[N];   //顶点数组
      int arcs[N][N];   //邻接矩阵
}Graph;
Graph *g=(Graph*) malloc(sizeof(Graph));
int visited[N];
```

```
void CreatGraph(Graph *g,int n,int e){   //建立邻接矩阵
    int i, j, k;
    for(i=1; i<=n; i++)   //建立顶点表(顶点序号从 1 开始)
        g->vexs[i]=i;
    for(i=1; i<=n; i++)   //邻接矩阵初始化(0 行、0 列不用)
        for(j=1; j<=n; j++)
            g->arcs[i][j]=0;
       printf("人社交网络中的关系...\n");
    for(k=1; k<=e; k++) {   //建立邻接关系
        scanf("%d %d",&i,&j);
        g->arcs[i][j]=1;
        g->arcs[j][i]=1;
    }
} //GreatGraph

int BFSA(int i,int n) {   //从顶点 i 开始广度搜索，返回距离不超过 6 的结点数
    int queue[n];   //广度搜索使用的队列
    int rear=-1,front=-1;
    int level=0;   // level  与结点 i 的距离
    int last=i;   //last 从某结点出发 BFSA 时，其相邻结点的最后一个(入队的最后一个)
    int count=0;   //与结点 i 距离不超过 6 的结点个数
    int j, k;
    for(k=1; k<=n; k++)
        visited[k]=-1;   //访问初始化标志数组
    visited[i]=1;   //  标记结点 i 已访问
    rear=(rear+1)%n;
    queue[rear]=i; //结点 i 入队列
    while(rear!=front && level<6) {   //队列非空且距离不超过 6
        front=(front+1)%n;
        j=queue[front];   //记录出队结点
        for(k=1; k<=n; k++)   //访问出队结点的所有邻接点
            if(g->arcs[j][k]==1 && visited[k]!=1) {
                visited[k]=1;
                rear=(rear+1)%n;
                queue[rear]=k;
                count++;
            }
        if(last==j) {   //last 总是存放同层结点的最后一个
            last=queue[rear];
                //取出出队结点 j 的最后一个邻接点，相当于出队结点的下一层结点
```

```
                level++;
            }
        } //while
        return count;
    } //BFSA

    int main() {
        int n,e;   //n 社交网络中人数(图顶点数)，e 社交网络的关系数(图边数)
        int i,j;
        printf("社交网络中的人数和关系数:\n");
        scanf("%d %d",&n,&e);
        CreatGraph(g, n, e);   //建立 n 个结点，e 条边的邻接矩阵
        printf("结点   距离小于 6 的结点数   占比\n");
        for(i=1; i<=n; i++) {   //从每个结点出发 BFSA
            printf("% -3d %8d",i,BFSA(i,n));
            double ratio=BFSA(i,n)/(double)n;
            printf("                    %.2f%%\n",ratio*100);
        }
        return 0;
    } //main
```

以下是验证图 6-29 无向图 G2 的运行结果：

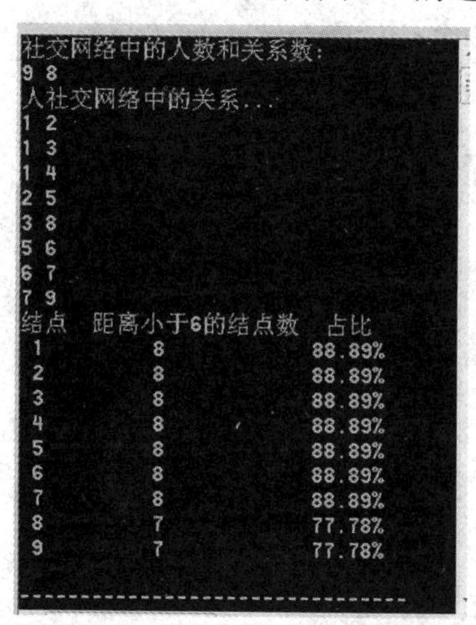

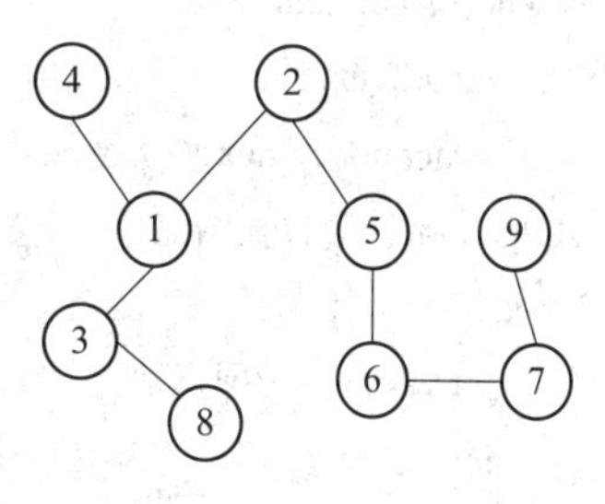

图 6-29　无向图 G2

6.8.2　课程学习实施方案的设计

在工程实践中，一个工程项目往往由若干个子项目组成。这些子项目间有的具有先后关系，即必须在某个项目完成之后才能开始实施另一个子项目；有的子项目间互不影响，可以同时进行。那么如何安排各子项目的实施流程，以保证工程的顺利进行，就是拓扑排序算法的典型应用背景。

1．问题描述及要求

一个计算机专业的学生必须完成表 6-5 所列出的全部课程。如果学习一门课程就表示进行一项活动，课程之间的关系可用图 6-30 的 AOV 网表示。如“高等数学”是基础课程，没有先修课程，因此可随时安排，但“数据结构”课程就必须在学完“程序设计语言”之后才能进行。

表 6-5 计算机专业学生的课程设置

课程代号	课程名称	先修课程
C1	高等数学	无
C2	程序设计语言	无
C3	数据结构	C2
C4	编译原理	C2, C3
C5	操作系统	C3, C6
C6	计算机组成原理	C7
C7	大学物理	C1

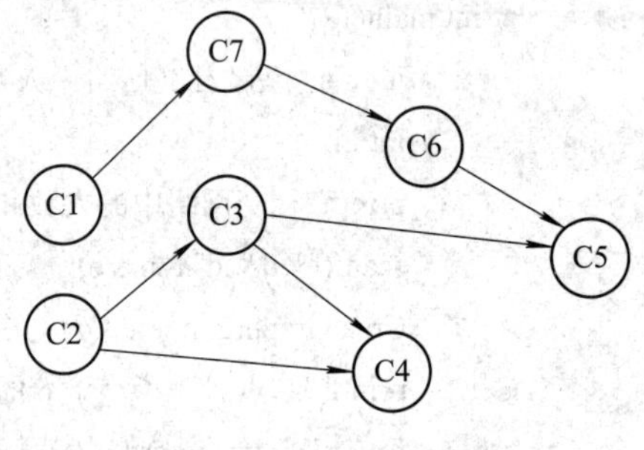

图 6-30 课程关系的 AOV 网

现在要设计上述课程的实施方案，保证在学习每门课程时，其先修课程均已学过。课程的实施顺序，可以通过构造 AOV 网的拓扑序列得到。

2．数据结构

有向图表示的 AOV 网既可以采用邻接矩阵表示，也可以采用邻接表存储，在下面的实现中我们用邻接表。由于拓扑排序过程需查找入度为 0 的顶点，为了便于检查每个顶点的入度，在顶点表中增加一个入度域。数据结构定义如下：

```
typedef struct node {
    int adjvex[N];  //邻接点域
    struct node *next;  //链域
}Edgenode;  //边表结点
typedef struct {
    int vertex;  //顶点信息
    int id;  //入度域
    Edgenode *link;  //边表头指针
}Vexnode;  //顶点表结点
```

3．算法设计

首先需要建立邻接表。课程间的先后关系即代表了 AOV 网中的弧，与建立普通邻接表不同的是，每输入一条弧，都需将弧尾顶点的入度域加 1。这样在邻接表建立之后，顶点表中各顶点的入度域也就有了相应的初值。

考虑到拓扑排序过程需多次查找入度为 0 的顶点，为避免重复扫描顶点表，可将入度为 0 的顶点存放至某数据结构专门处理，如栈或队列。由于栈结构的特点是先进后出，而队列的特点是先进先出，所以这两种结构虽然都可以解决避免重复扫描的顶点表的问题，但区别在于最终产生的拓扑序列中的顶点次序可能有所不同。

在下面的代码实现中，我们采用栈结构。前面的课程中已经介绍了如何利用模拟栈来存放所有入度为 0 的顶点，具体思路可参看 6.6 节。

程序的主要功能由以下两个函数实现：

- CreatAdj (int n)：建立含 n 个顶点的 AOV 网的邻接表。
- TopSort(int n)：对 AOV 网构造拓扑序列并输出。

4. 程序代码

下面给出 CreatAdj 函数和 TopSort 函数的代码，完整程序请扫描附录中的二维码。

```
void CreatAdj(int n) {   //建立 AOV 网的邻接表
    int i, tail;
    Edgenode *r,*s;
    for(i=0; i<n; i++) {   //初始化邻接表
        ga[i].vertex=i+1;   //课程号从 1 开始
        ga[i].indegree=0;
        ga[i].link=NULL;
    }
    printf("依次输入各课程的先修课程,空格分隔，以 0 结束\n");
    for(i=0; i<n; i++) {
        r=ga[i].link;
        while(scanf("%d",&tail) && tail) {   //弧<i, tail>, tail 为 0 结束输入
            ga[tail-1].indegree++;   //结点 tail 的入度加 1
            s=(Edgenode *) malloc(sizeof(Edgenode));   //产生边结点
            s->adjvex=tail;
            s->next=NULL;
            if(ga[i].link==NULL)   //将边结点链在顶点表的对应结点后
                ga[i].link=s;
            else
                r->next=s;
            r=s;
        }
    } //for
} //CreatAdj

void TopSort(int n) {   //拓扑排序，输出课程学习方案
    int i,j,k,top=-1,m=0;
    Edgenode *p;
    for(i=0; i<n; i++) {   //初始化建立入度为 0 的顶点“链栈”
        if(ga[i].indegree==0) {
```

```
                ga[i].indegree=top;
                top=i;
            }
        } //for
    printf("各门课程的学习可按以下顺序进行:\n");
    while(top!=-1) {
        j=top;
        top=ga[top].indegree;
        printf("%d   ",ga[j].vertex);
        m++;   //输出顶点计数
        p=ga[j].link;   //p 指向边表
        while(p) {
            k=p->adjvex-1;   //出边的终点下标
            ga[k].indegree--;   //出边终点的入度减 1
            if(ga[k].indegree==0) {   //入度为 0 的顶点入栈
                ga[k].indegree=top;
                top=k;
            }
            p=p->next;
        } //while(p)
    } //whiel(top!=-1)
    if(m<n)
        printf("\n AOV 网中存在环，无法设计学习方案！ \n");
} //TopSort
```

输入表 6-6 和图 6-30 所表示的 AOV 网的课程信息后，程序的运行结果如下：

```
课程数：7
依次输入各课程的先修课程,空格分隔，以0结束
7 0
3 4 0
4 5 0
0
0
5 0
6 0
各门课程的学习可按以下顺序进行:
2  3  4  1  7  6  5
-----------------------------
```

本 章 小 结

图结构是除树结构之外的另一种非线性结构，因其具有更强的描述复杂问题的能力，因此在实际应用中有着更广泛的应用。

图的存储方法主要有邻接矩阵和邻接表两种。邻接矩阵属于顺序存储，利用维数与图

顶点数相同的二维数组描述图中各顶点之间的邻接关系；而邻接表采用顺序存储与链式存储相结合的存储方式。邻接表结构由顶点表和邻接链表两部分组成，顶点表存储图中的顶点信息，邻接链表则表示与顶点的邻接关系。由于邻接矩阵的大小仅与顶点数 n 相关，大小为 n^2，而邻接表的大小由顶点数 n 和边数 e 决定，因此对于 $e<<n^2$ 的稀疏图，用邻接表存储会更节省空间。当然，图存储方式的选择，还需综合考虑对图所实施运算的特点。

图的遍历算法是图的各种应用算法的基础，常用的图遍历方法有两种：深度优先搜索遍历(DFS)和广度优先搜索遍历(BFS)。前者类似于树的先序遍历，其实现需要一个辅助的堆栈结构；后者类似于树的层次遍历，算法的实现需要一个辅助队列。如果仅是为了访问图中的顶点，那么选择哪种遍历方法都可以。如果遍历的目的是为了寻找具有某个特点的顶点，那就需要根据具体的运算特点选择更为合适的遍历方法。

本章介绍了几个图的应用算法。最小生成树算法可用于解决一般的最小连通成本问题。普利姆(Prim)算法和克鲁斯卡尔(Kruskal)算法分别从顶点出发和边出发，不断扩展顶点和边，最终生成一棵最小生成树。从时间效率来看，Prim 算法更适合稠密图，而 Kruskal 算法更适合稀疏图。

最短路径是图的典型应用问题，可以利用最短路径算法解决生活中常见的路径选择问题，如汽车导航等。最短路径问题有两种：一种是单源点最短路径；另一种是顶点对之间的最短路径。迪杰斯特拉(Dijkstra)算法是单源点最短路径的经典算法，求顶点对之间的最短路径，可以利用弗洛依德(Floyd)算法。

拓扑排序在工程进度规划问题中有着大量的应用。如果用一个无环有向图来表示一个工程中各子工程之间的先后关系，那么拓扑排序的实际意义就是：若按拓扑序列中的顶点次序来进行各项子工程，就能保证在开始每项子工程时，其先期工程都已完成，从而使整个工程顺利进行。

关键路径分析法是现代项目管理中最重要的一种管理工具，可以解决类似“整个工程需要多少时间”“哪些子工程是影响工程进度的关键”等问题。在关键路径分析中，同样是用有向图来描述问题的，但与拓扑排序中用顶点表示活动、边表示活动间先后关系的 AOV 网不同，关键路径使用的是用边表示活动、顶点表示事件的有向图，也称为 AOE 网。

习　　题

概念题

6-1　在一个无向图中，所有顶点的度数之和等于所有边数的________倍。

6-2　n 个顶点的连通图至少有________条边。

6-3　对于一个具有 n 个顶点和 e 条边的无向图，若采用邻接表表示，则表头向量的大小为________，所有邻接表中的结点总数是________。

6-4　已知一个图的邻接矩阵表示，计算第 i 个结点入度的方法是________________。

6-5　已知一个图的邻接矩阵表示，删除所有从第 i 个结点出发的边的方法是__________。

6-6　无向图 G 有 23 条边，度为 4 的顶点有 5 个，度为 3 的顶点有 4 个，其余都是度为 2 的顶点，则图 G 最多有_____个顶点。

6-7　如果具有 n 个顶点的图是一个环，则它有_____棵生成树。

6-8　n 个顶点的无向图的邻接表最多有_____个边表结点。

6-9　对一个有 n 个顶点 e 条边的图采用邻接表表示时，进行 DFS 遍历的时间复杂度为(　　)，空间复杂度为(　　)；进行 BFS 遍历的时间复杂度为(　　)，空间复杂度为(　　)。

A. O(n)　　B. O(e)　　C. O(n+e)　　D. O(1)

6-10　若将 n 个顶点 e 条弧的有向图采用邻接表存储，则拓扑排序算法的时间复杂度是(　　)。

A. O(n)　　B. O(n+e)　　C. $O(n^2)$　　D. O(n*e)

6-11　对图 6-31 所示的有向图进行拓扑排序，得到的拓扑序列可能是(　　)。

A. 3,1,2,4,5,6

B. 3,1,2,4,6,5

C. 3,1,4,2,5,6

D. 3,1,4,2,6,5

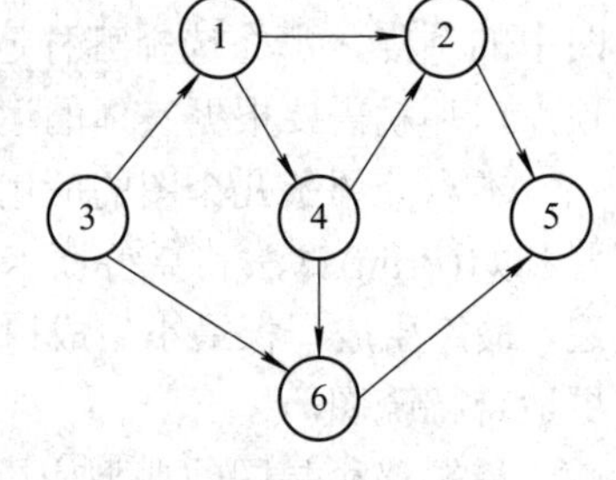

图 6-31　题 6-11 图

6-12　以下(　　)图的邻接矩阵是对称矩阵。

A. 有向网　　B. 无向网　　C. AOV 网　　D. AOE 网

6-13　判定一个有向图是否存在回路，除了可利用拓扑排序方法外，还可利用(　　)。

A. 求关键路径的方法　　B. 求最短路径的方法

C. 广度优先遍历算法　　D. 深度优先遍历算法

6-14　对 n 个顶点的无向图 G，采用邻接矩阵表示，如何判别下列有关问题：

(1) 图中有多少条边?

(2) 任意两个顶点 v_i 和 v_j 是否有边相连?

(3) 任意一个顶点的度是多少?

6-15　给定有向图如图 6-32 所示，试回答以下问题：

(1) 每个顶点的入度与出度。

(2) 相应的邻接矩阵与邻接表。

(3) 强连通分量。

6-16　给定一个如图 6-33 所示的无向图，画出它的邻接表，写出用深度优先搜索和广度优先搜索算法遍历该图时，从顶点 v_1 出发所经过的顶点和边序列，并画出该图的连通分量。

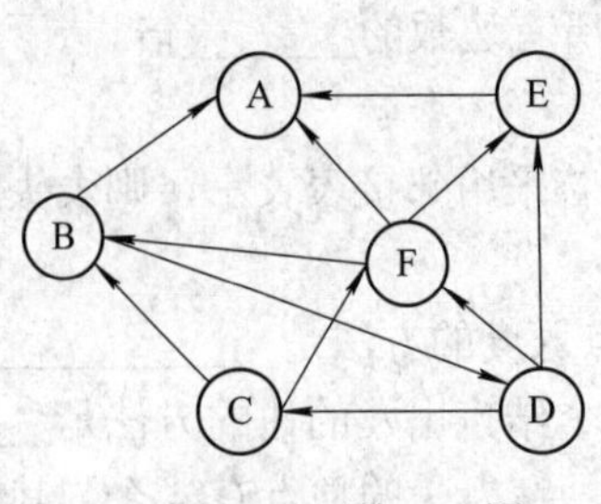

图 6-32　题 6-15 图

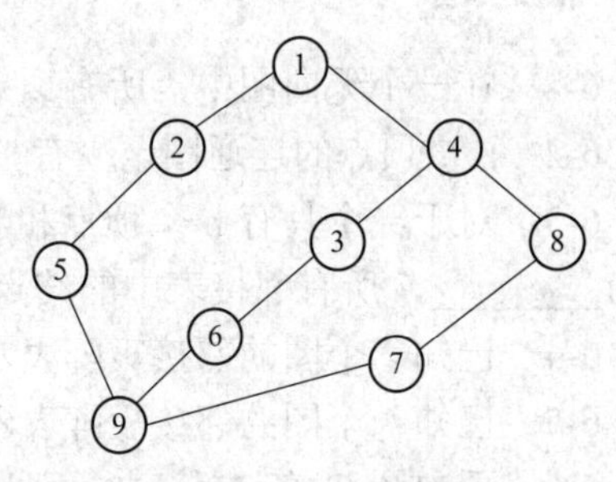

图 6-33　题 6-16 图

6-17　对图 6-34 所示的连通网络，请分别用 Prim 算法和 Kruskal 算法构造该网络的最小生成树。

6-18　对图 6-35 所示的有向图，试利用 Dijkstra 算法求从顶点 v_1 到其他各顶点的最短路径，并写出执行算法过程中每次循环的状态。

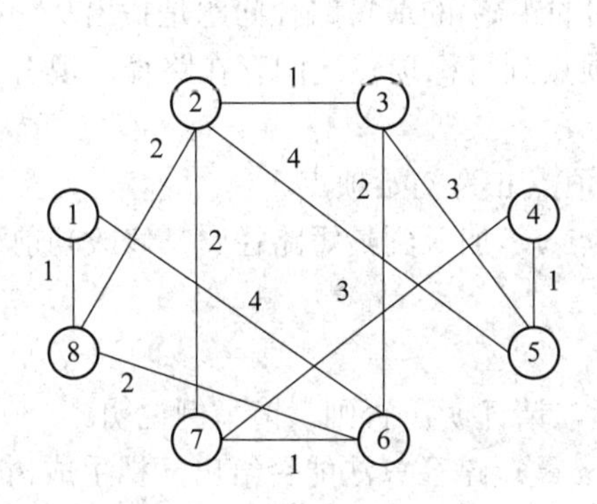

图 6-34　题 6-17 图

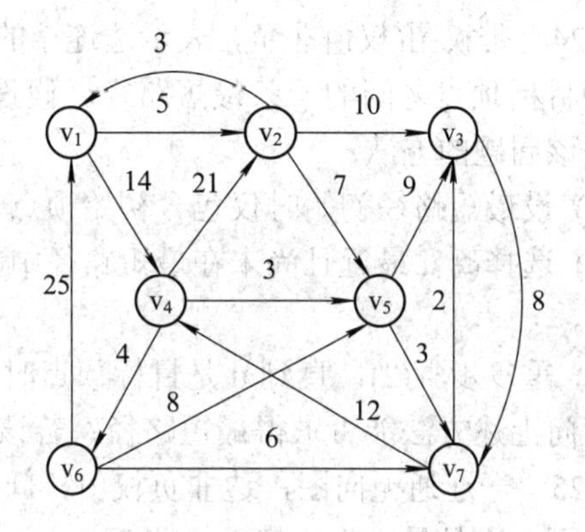

图 6-35　题 6-18、6-19 图

6-19　对图 6-35 所示的有向图，试利用 Floyd 算法求出各对顶点之间的最短路径，并写出执行过程中路径长度矩阵和路径矩阵的变化过程。

6-20　对图 6-36 所示的 AOV 网，列出全部可能的拓扑序列，并给出使用 ToposortB 算法求拓扑排序时的入度域的变化过程和得到的拓扑排序序列。

6-21　对 6-37 所示的 AOE 网求出：

(1) 各活动的最早开始时间与最迟开始时间。

(2) 所有的关键路径。

(3) 该工程完成的最短时间是多少?

(4) 是否可通过提高某些活动的速度来加快工程的进度?

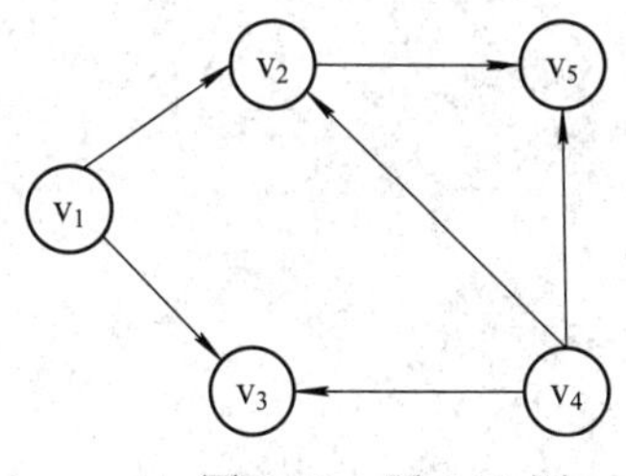

图 6-36　题 6-20 图

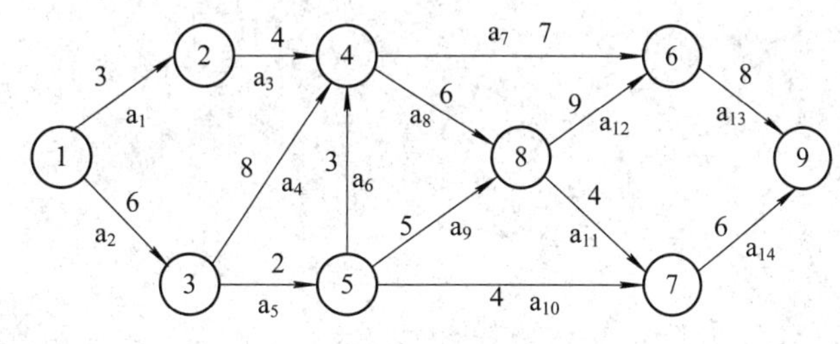

图 6-37　题 6-21 图

6-22　已知有 6 个顶点(顶点编号为 0～5)的有向带权图 G，其邻接矩阵 A 为上三角矩阵，按行为主序(行优先)保存在如下的一维数组中。

4	6	∞	∞	∞	5	∞	∞	∞	4	3	∞	∞	3	3

要求：

(1) 写出图 G 的邻接矩阵 A。

(2) 画出有向带权图 G。

(3) 求图 G 的关键路径，并计算该关键路径的长度。

算法设计题

6-23　试设计一个算法，判断一个无向图 G 是否为一棵树。若是一棵树，则算法返回 true，否则返回 false。

6-24　带权图(权值非负，表示边连接的两顶点间的距离)的最短路径问题是找出从初始顶点到目标顶点之间的一条最短路径。假设从初始顶点到目标顶点之间存在路径，现有一种解决该问题的方法：

(1) 设最短路径初始时仅包含初始顶点，令当前顶点 u 为初始顶点。

(2) 选择离 u 最近且尚未在最短路径中的一个顶点 v，加入到最短路径中，修改当前顶点 u=v。

(3) 重复步骤(2)，直到 u 是目标顶点时为止。

请问上述方法能否求得最短路径？若该方法可行，请证明；否则，请举例说明。

6-25　一连通无向图，边非负权值，问用 Dijkstra 最短路径算法能否给出一棵生成树，该树是否一定是最小生成树？说明理由。

6-26　编写一个函数,根据用户输入的偶对(以输入 0 表示结束)建立其有向图的邻接表。

6-27　利用图的深度优先搜索和广度优先搜索各写一个算法,判别以邻接表方式表示的有向图中是否存在由顶点 v_i 到顶点 v_j 的路径($i \neq j$)。

6-28　已知一个以邻接表方式存储的网络及网络中的两个顶点，试设计一个算法：

(1) 求出这两个顶点之间的路径数目。

(2) 求出这两个顶点之间的某个已知长度的路径数目。

6-29　利用深度优先搜索遍历，编写一个对 AOV 网进行拓扑排序的算法。

6-30　编写一个函数，求出无向图中连通分量的个数。

第 7 章　索引结构与散列技术

本书在第 1 章中介绍了四种常用的存储方法，其中的顺序存储和链式存储方法在学习各种线性或非线性数据结构中已经做了详细的介绍。在本章中，我们将讨论另外两种在实际应用中大量使用的存储方法——索引结构和散列技术，在进行数据的查找运算时会经常用到这两种存储技术。

7.1　索引结构及查找

索引结构包括两部分：索引表和数据表。用索引方法存储数据时，在存储结点信息的同时，还需要另外建立一张表，它将指明结点与其存储位置之间的对应关系，这张表就叫作**索引表**。数据表是用于存储结点信息的，索引结构中常用的数据表是线性表。

索引表中的每一项称作**索引项**。索引项的一般形式是：(关键字，地址)。其中，关键字是能唯一标识一个结点的那些数据项。一般情况下，索引表中的索引项是按关键字顺序排列的，而数据表中的数据可以按关键字有序或无序。

如果数据表中的记录按关键字顺序排列，这时的索引结构称为索引顺序结构；若数据表中的数据未按关键字顺序排列，则称此时的索引结构为索引非顺序结构。

7.1.1　线性索引

1．线性索引的定义

对于索引非顺序结构，由于数据表中的记录是无序的，因此必须为每个记录建立一个索引项。这种一个索引项对应数据表中一个对象的索引结构称为**稠密索引**，如图 7-1 所示。

索引表

关键字	地址
21	50
29	80
30	20
34	140
38	110
42	210
53	170

学生数据表

	学号	姓名	性别	籍贯
20	30	张祺	女	陕西
50	21	王军	男	山东
170	53	江丽	女	北京
110	38	周强	男	北京
140	34	刘晓飞	男	陕西
80	29	王江平	男	浙江
210	42	陈娟	女	陕西

图 7-1　学生数据表的稠密索引结构

对于索引顺序结构，由于数据表中的记录按关键字有序，因此可对一组记录建立一个索引项，这种索引称为**稀疏索引**。

在稠密索引中，索引项中的地址将指出结点所在的存储位置；而在稀疏索引中，索引项中的地址指出的是一组结点的起始存储位置。无论是稠密索引，还是稀疏索引，它们都属于线性索引。

在索引结构上的检索分两步进行：第一步，查找索引表；第二步，若索引表上存在该记录，则根据索引项的指示在数据表中读取数据，否则说明数据表中不存在该记录，也就不需要访问数据表。由于索引表是有序的，因此对索引表的查找既可顺序查找，又可折半查找。在多数情况下，索引表的长度比数据表小得多，尤其是在数据表中的记录个数 n 很大时，这种检索更为有效。正因如此，索引结构是文件中很重要的一种组织形式。

对于索引结构，我们将介绍一种常用的查找方法——分块查找，这是一种性能介于顺序查找和二分查找之间的查找方法，又称为索引顺序查找。它是将数据表 R[n]均分成 b 块，前 b – 1 块每块记录个数为 $S = \lceil n/b \rceil$，第 b 块的记录数不大于 S；每一块中的关键字不一定有序，但前一块中的最大关键字必须小于后一块中的最小关键字，即要求表是“分块有序”的；抽取各块中的最大关键字及其起始位置构成一个索引表 ID[b]，即 ID[i]($0 \leq i < b$)中存放着第 i 块的最大关键字及该块在表 R 中的起始位置。由于该表是分块有序的，因此索引表是递增有序表。例如图 7-2 就是满足上述要求的存储结构。其中，表 R 只有 18 个记录，被分成 3 块，每块中有 6 个记录；第一块中最大关键字 22 小于第二块中最小关键字 24；第二块中最大关键字 48 小于第三块中最小关键字 49。

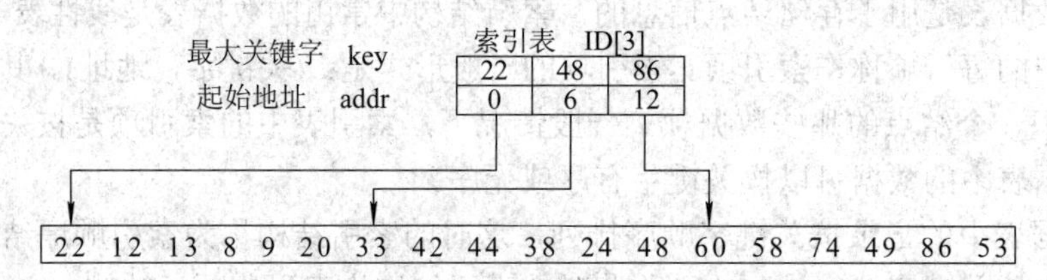

图 7-2 分块有序表的索引存储结构

分块查找的基本思想是：(1) 查找索引表，因为索引表是有序表，所以可进行顺序查找或折半查找，以确定待查找的记录在哪一块中；(2) 在已确定的那一块中进行顺序查找，例如在索引表中查找关键字 K = 24 的记录，因为索引表较小，所以用顺序方法进行查找，即将 K 依次和索引表中各关键字比较，直至找到第一个关键字不小于 K 的结点为止，由于 K<48，因此若关键字为 24 的记录存在的话，则必定在第二块中；(3) 由 ID[1].addr 找到第二块的起始地址 6，从该地址开始进行顺序查找，直到 R[10].key = K 为止。若给定关键字 K = 30，同理在先确定了第二块后，再在该块中查找，若查找不成功，则说明数据表中不存在关键字为 30 的记录。

由于分块查找实际上是进行了两次查找，因此分块查找的算法即为这两种算法的简单合成，而整个算法的平均查找长度，就是两次查找的平均查找长度之和。下面给出索引表的类型说明，其算法请读者自行完成。

```
typedef int Keytype;   // Keytype 为关键字类型，在此为 int 型
typedef struct {   //索引表的结点类型
    Keytype key;
    int addr;
```

```
}IdTable;
IdTable ID[b];   //索引表
```

2. 多级索引

若数据表中的记录数 n 很大，索引表也很大，在内存中放不下时，需要分批多次读取外存才能把索引表搜索一遍。在这种情况下，可以建立索引的索引，称为二级索引，如图 7-3 所示。二级索引可以常驻内存。在二级索引中，一个索引项对应一个索引块，用于登记该索引块的最大关键字及该索引块的存储地址。在搜索时，先在二级索引中搜索，确定索引块地址；再把该索引块读入内存，确定数据结点的地址；最后读入该数据结点。

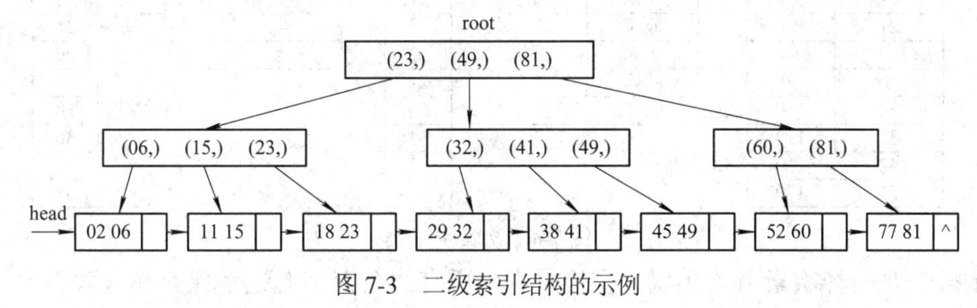

图 7-3　二级索引结构的示例

当二级索引自身在内存中放不下，也需要分为许多块多次从外存读入时，为了减少搜索时间，还需要建立二级索引的索引，叫作三级索引。在三级索引的情况下，访问外存的次数等于读入索引的次数加上 1 次读取数据。在必要的时候，也可以建立四级索引，五级索引，……这种多级索引结构形成一种 m 叉树，也称为 m 路搜索树。

这种多级索引结构是一种静态结构，各级索引表均为顺序表，其结构简单，但修改很不方便，每次修改都要重组索引。因此，当数据表在使用过程中其记录变动较多时，应采用动态索引，例如二叉排序树、B-树等，这些都是树表结构，进行插入、删除都很方便。由于它们本身是层次结构，因而无须建立多级索引，而且建立索引表的过程就是排序过程。通常，当数据文件的记录数不是很多时，内存容量足以容纳整个索引表，可采用二叉排序树做索引。若数据文件很大，索引表(树表)自身也在外存中，则在查找索引时尚需多次访问外存，并且访问外存的次数恰好为查找路径上的结点数。显然，为减少访问外存的次数，就应尽量减少索引表的深度。在这种情况下宜采用 m 叉的 B- 树(或其变形)作索引表，其中 m 的选择取决于索引项的多少和缓冲区的大小。

7.1.2　倒排表

在对含有大量记录的数据表进行检索时，最常用的是针对记录的主关键字(关键字)建立索引，如图 7-1 中的“学号”。因为每个学生的学号不会重复，所以用它作为关键字可以保证在检索时能够找到唯一的对象。

但是，在实际应用中有时需要针对其他属性进行检索。例如查询如下的学生信息：

(1) 列出所有籍贯为陕西的学生名单。

(2) 列出所有的女生名单。

这些信息在数据表中都存在，对它们进行查询是允许的，但所查询的属性，如籍贯、性别都不是关键字。为完成以上信息的查询，只能到数据表中顺序查找，但其效率极低。因此，为了便于查找，我们可以把一些经常查询的属性设定为次关键字，并针对每一个次关键字属性，建立一个称为次索引的索引表。在次索引表中，列出该属性的所有取值，并对每一个取值建立有序链表，把所有具有相同属性值的数据按存放地址递增的顺序或按关键字递增的顺序链接在一起。

次索引表的索引项由次关键字、链表长度和链表本身三部分组成。为了实现上述的查询，可以分别建立如图 7-4 所示"籍贯"和"性别"的次索引。通过顺序访问"籍贯"次索引中的链表，就可以完成上述学生信息(1)的查询；而通过顺序访问"性别"次索引中的链表，则可以完成上述学生信息(2)的查询。

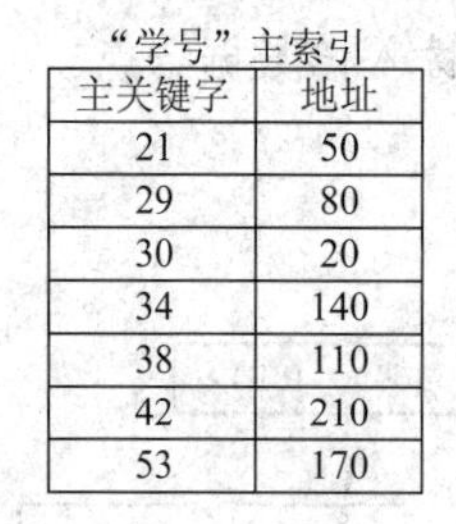
"学号"主索引

主关键字	地址
21	50
29	80
30	20
34	140
38	110
42	210
53	170

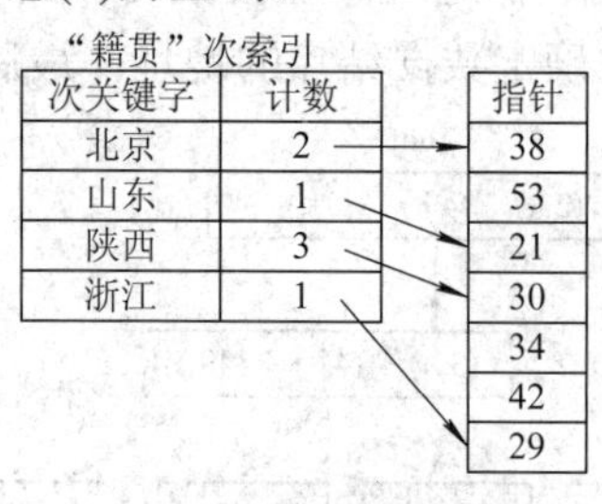

"籍贯"次索引
次关键字
计数
北京
2
山东
1
陕西
3
浙江
1
指针
38
53
21
30
34
42
29

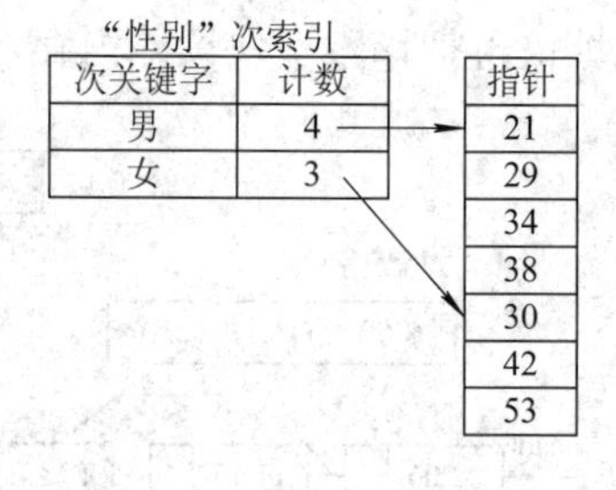

图 7-4 次索引示例

倒排表是一种次索引的实现。在倒排表中所有次关键字的链都保存在次索引中，仅通过搜索次索引就能找到所有具有相同属性值的记录。在次索引中记录存放位置的指针可以用主关键字表示。若要查找原始记录，可以先通过搜索次索引以确定该记录的主关键字，再通过搜索主索引来确定记录的存放地址。这样做虽然比直接使用记录存放地址作指针的搜索速度慢些，但是一旦记录的存放地址发生变化，那么修改索引指针的工作量要少得多。这时，只需修改主索引，次索引可以不用改动。

7.2 散列技术

在现实生活中，按给定的值进行查询是一个经常进行的操作。例如在电话号码本中查找某单位的电话号码、在学生名册中按学生姓名查询某个学生的分数、在图书馆检索厅按照书名查询某本书的索书号等。由于查找运算的使用频率很高，几乎在任何一个计算机应用系统软件中都会涉及，因此查找方法的好坏将直接影响到系统的效率。根据数据表中记录的组织方式，可以选取不同的查找方法，如顺序查找、折半查找和分块查找(在 7.1 节中已介绍)等，但这些查找方法的效率都与查找过程中关键字的比较次数有关。本节将介绍一种不用比较而直接计算出记录所在地址，从而可直接进行数据存取的方法——散列技术。

7.2.1 散列的概念

散列(Hashing)是一种重要的存储方法，也是一种常见的查找方法。散列的基本思想是：以结点的关键字 k 为自变量，通过一个确定的函数关系 f，计算出对应的函数值，把这个函数值解释为结点的存储地址，将结点存入 f(k)所指示的存储位置上，在查找时再根据要查找的关键字，用同样的函数计算地址，然后到相应的单元里读取。因此，散列法又称为关键字—地址转换法。用散列法存储的线性表叫作**散列表**(Hash Table)或**哈希表**；上述函数称为散列函数或哈希函数；f(k)称为散列地址或哈希地址。

通常散列表的存储空间是一个一维数组，散列地址是数组的下标，在不至于混淆的情况下，我们将这个一维数组空间简称为散列表。下面介绍几个简单的例子。

例 7-1　假设要建立一张全国 30 个地区各民族人口统计表，每个地区为一个记录，记录的各数据项为

编号	地区	总人口	汉族	回族	…

显然，可用一个一维数组 R[30]来存放这张表，其中 R[i] 是编号为 i 地区的人口情况，那么编号 i 便为记录的关键字，由它唯一地确定记录的存储位置 R[i]。

例 7-2　已知一个含有 70 个结点的线性表，其关键字都由两位十进制数字组成，则可将此线性表存储在做如下说明的散列表中：

```
datatype   HT1[100]
```

其中，HT1[i]用于存放关键字为 i 的结点，即散列函数为

$$H_1(key) = key \tag{7-1}$$

例 7-3　已知线性表的关键字集合为

S={and, begin, do, end, for, go, if, repeat, then, until, while}

则设散列表为

```
char HT2[26][8]
```

散列函数 $H_2(key)$的值取关键字 key 中第一个字母在字母表{a, b, …, z}中的序号(序号范围是 0 至 25)，即

$$H_2(key) = key[0]-'a' \tag{7-2}$$

其中，key 的类型是长度为 8 的字符数组。利用散列函数 H_2 构造的散列表如表 7-1 所示。

表 7-1　关键字集合 S 对应的散列表

散列地址	关键字	其他数据项
0	and	
1	begin	
2		
3	do	
4	end	
5	for	
6	go	
7		
8	if	
⋮	⋮	⋮
17	repeat	
18		
19	then	
20	until	
21		
22	while	
⋮	⋮	⋮

由上面的例子可以看出：

(1) 在建立散列表时，若散列函数是一个一对一的函数，则在查找时，只需根据散列函数对给定值进行某种运算，即可得到待查结点的存储位置，无须进行关键字比较。例如在例 7-2 中查找关键字为 i(0≤i≤99)的结点，若 HT1[i]非空，则它就是待查结点；否则查找失败。

(2) 在一般情况下，散列表的空间必须比结点的集合大，此时虽然浪费了一定的空间，但却提高了查找的效率。设散列表空间大小为 m，填入表中的结点数是 n，则称$\alpha = n/m$为散列表的**装填因子**(Load Factor)。在实际使用时，α的取值常在区间为[0.65, 0.9]的范围中。

(3) 散列函数的选取原则是：运算应尽可能简单；函数的值域必须在表长的范围之内；尽可能使关键字不相同，其散列函数值亦不相同。例如在例 7-3 中，集合 S 中关键字的第一个字母均不相同，则可取关键字的首字母在字母表中的序号，作为散列函数 H_2 的函数值。

(4) 若某个散列函数 H 对于不相等的关键字 key_1 和 key_2 得到相同的散列地址(即 $H(key_1) = H(key_2)$)，则将该现象称为**冲突**(Collision)；而将发生冲突的这两个关键字称为该散列函数 H 的**同义词**(Synonym)。例对于关键字集合 S，增加了关键字 else、array 之后，再使用例 7-3 中的散列函数 H_2 就会发生冲突：H_2(else)和 H_2(end)冲突，H_2(array)和 H_2(and)冲突。因此，应重新构造一个散列函数。但在实际应用中，理想化的、不产生冲突的散列函数极少存在，这是因为通常关键字的取值集合远远大于表空间的地址集。例如要在某种语言的编译程序中，对源程序中的标识符建立一张散列表，而一个源程序中出现的标识符是有限的，那么设置表长为 1000 即可！然而，不同的源程序中使用的标识符一般也不相同，若按该语言规定，标识符是长度不超过 8 且以字母打头的字母数字串，则关键字(即标识符)取值的集合大小为

$$C_{26}^{1} * C_{36}^{7} * 7! = 1.093\ 88 \times 10^{12}$$

于是，共有 $1.093\ 88 \times 10^{12}$ 个可能的标识符要映射到 10^3 个可能的地址上，难免产生冲突。通常情况下，散列函数是一个多对一的函数，冲突是不可避免的。一旦发生冲突，就必须采取相应的措施及时予以解决。

综上所述，散列法查找必须解决下面两个主要问题：

(1) 选择一个计算简单且冲突尽量少的“均匀”的散列函数。

(2) 确定一个解决冲突的方法，即寻求一种方法存储产生冲突的同义词。

7.2.2 散列函数

散列函数是一个映射，它的设定很灵活，只要使任何关键字的散列函数值都出现在表长允许的范围内即可。

一般情况下，选取散列函数时应使其运算尽可能地简单，且函数的值域在表长的范围内。另外，应尽可能地使不同的关键字的散列函数值不同，也就是尽可能地减少冲突。为此下面将介绍常用的构造方法。

1. 数字选择法

若事先已知关键字集合，且关键字的位数比散列表的地址位数多，则可选取数字分布

比较均匀的若干位作为散列地址。

例如，有一组由 8 位数字组成的关键字及其相应的散列地址表，如表 7-2 所示。

表 7-2　关键字及其相应的散列地址表

关　键　字	散列地址 1(0～999)	散列地址 2(0～99)
87142653	465	99
87172232	723	04
87182745	874	32
87107156	015	57
87127281	228	03
87157394	539	47

分析表 7-2 中的 6 个关键字会发现：前三位都是 871，第五位也只取 2、7 两个值，数字分布不均匀，故这四位都不可取；第四、第六、第七、第八位数字分布较为均匀，因此，可根据散列表的长度取其中几位或它们的组合作为散列地址。比如，若表长为 1000(即地址为 0～999)，则可取第四、第六、第七位的三位数字作为散列地址；若表长为 100(即地址为 0～99)，则可将第四、第六位组成一个数，第七、第八位组成一个数，取它们的和并舍去进位作为散列地址等。其结果见表 7-2 中的散列地址 1 和散列地址 2。

这种方法的使用前提是：必须能预先估计所有关键字每一位上各种数字的分布情况。

2. 平方取中法

通常，要预先估计关键字的数字分布并不容易，要找出数字均匀分布的位数则更难。例如，(0100，0110，1010，1001，0111)这组关键字就无法使用数字选择法得到较均匀的散列函数。

在这种情况下，可采用平方取中法，即先通过关键字的平方值扩大差别，然后，再取中间的几位或其组合作为散列地址。因为一个乘积的中间几位数和乘数的每一位都相关，所以由此产生的散列地址也较为均匀，所取位数由散列表的表长决定。

例如，上述一组关键字的平方结果是：

(0010000, 0012100, 1020100, 1002001, 0012321)

若表长为 1000，则可取中间三位作为散列地址集：

(100, 121, 201, 020, 123)

3. 折叠法

若关键字位数较多，也可将关键字分割成位数相同的几段(最后一段的位数可以不同)，段的长度取决于散列表的地址位数，然后将各段的叠加和(舍去进位)作为散列地址。折叠法又分移位叠加和边界叠加两种。移位叠加是将各段的最低位对齐，然后相加；边界叠加则是将两个相邻的段沿边界来回折叠，然后对齐相加。例如关键字 key = 58242324169，散列表长度为 1000，则将此关键字分成三位一段，两种叠加结果如下：

移位叠加	边界叠加
582	582
423	324
241	241
+ 69	+ 96
[1]315	[1]243
H(key) =315	H(key) = 243

4. 除留余数法

选择适当的正整数 p，用 p 去除关键字，取所得余数作为散列地址，即

$$H(key) = key\%p \tag{7-3}$$

这是一种最简单，也最常用的散列函数构造方法，它可以对关键字直接取模，也可以结合折叠法、平方取中法等运算方法。这个方法的关键是取适当的 p。如果选择 p 为偶数，则它总是把奇数的关键字转换到奇数地址，把偶数的关键字转换到偶数地址，这当然不好；选择 p 是关键字基数的幂次也不好，这相当于选择关键字的最后几位数字作为地址。例如关键字是十进制数，若选择 p = 100，则实际上就是取关键字最后两位作为地址。一般地，选择 p 为不大于散列表长度 m 的某个最大素数比较好。例如：

m = 8, 16, 32, 64, 128, 256, 512, 1024

p = 7, 13, 31, 61, 127, 251, 503, 1019

5. 基数转换法

把关键字看成是另一种进制的数后，再把它转换成原来进制的数，取其中的若干位作为散列地址。一般取大于原来基数的数作为转换的基数，并且两个基数要互为素数。例如给定一个十进制数的关键字$(210485)_{10}$，把它看成以 13 为基数的十三进制$(210485)_{13}$，再把它转换为十进制：

$$(210485)_{13} = 2\times13^5 + 1\times13^4 + 0\times13^3 + 4\times13^2 + 8\times13 + 5 = (771932)_{10}$$

假设散列表长度 10000，则可取低四位 1932 作为散列地址。

6. 随机数法

选择一个随机函数，取关键字的随机函数值为它的散列地址，即

$$H(key) = random(key) \tag{7-4}$$

其中，random 为随机函数。

通常，当关键字长度不相等时，采用随机数法构造散列地址较为恰当。

7.2.3 解决冲突的方法

解决冲突的方法又称为溢出处理技术，因为任何一种散列函数都不能完全避免冲突，所以选择解决冲突的方法十分重要。

1. 开放地址法

用开放地址法解决冲突的方法是：当发生冲突时，使用某种方法在散列表中形成一个探查序列，沿着此序列逐个单元进行查找，直至找到一个空的单元时将新结点放入为止，

因此在造表开始时先将表置空。那么如何形成探查序列呢？

(1) 线性探查法。设表长为 m，关键字个数为 n。线性探查法的基本思想是：将散列表看成是一个环形表，若发生冲突的单元地址为 d，则依次探查 d + 1, d + 2, …, m − 1, 0, 1, …, d − 1，直至找到一个空单元为止。开放地址公式为

$$d_i = (d + i)\%m \quad 1 \leqslant i \leqslant m - 1 \tag{7-5}$$

其中，d = H(key)。

例 7-4　已知一组关键字集(26, 36, 41, 38, 44, 15, 68, 12, 06, 51, 25)，用线性探查法解决冲突，试构造这组关键字的散列表。

为了减少冲突，通常令装填因子$\alpha < 1$，在此取$\alpha = 0.75$。因为 n = 11，所以，散列表长 $m = \lceil n/\alpha \rceil = 15$，即散列表为 HT[15]。利用除留余数法构造散列函数，选 p = 13，即散列函数为

$$H(key) = key\%13$$

在插入操作时，首先用散列函数计算出散列地址 d，若该地址是开放的，则插入结点；否则用式(7-5)求下一个开放地址。第一个插入的是 26，它的散列地址 d 为 H(26) = 26%13 = 0，因为这是一个开放地址，所以将 26 插入 HT[0]中。类似地，依次插入 36、41、38 和 44 时，它们的散列地址 10、2、12 和 5 都是开放的，故将它们分别插入 HT[10]、HT[2]、HT[12]和 HT[5]中。当插入 15 时，其散列地址为 d = H(15) = 2，由于 HT[2]已被关键字 41 占用(即发生冲突)，因此利用式(7-5)进行探查。显然，$d_1 = (2 + 1)\%15 = 3$ 为开放地址，故将 15 插入 HT[3]中。类似地在 68 和 12 均经过一次探查后，才分别插入到 HT[4]和 HT[13]中。06 是直接插入 HT[6]中。51 的散列地址为 12，与 HT[12]中的 38 发生冲突，故由式(7-5)求得 $d_1 = 13$，仍然冲突，再次探查下一个地址 $d_2 = 14$，该地址是开放的，故将 51 插入 HT[14]。最后一个插入的是 25，它的散列地址也是 12，经过了四次探查 $d_1 = 13$，$d_2 = 14$，$d_3 = 0$，$d_4 = 1$ 之后才找到开放地址 1，将 25 插入 HT[1]中。由此构造的散列表见表 7-3，其中最末一行的数字表示查找该结点时所进行的关键字比较次数。

表 7-3　用线性探查法构造散列表

散列地址	0	1	2	3	4	5	6	7	8	9	10	11	12	13	14
关键字	26	25	41	15	68	44	06				36		38	12	51
比较次数	1	5	1	2	2	1	1				1		1	2	3

在例 7-4 中，H(15) = 2，H(68) = 3，即 15 和 68 不是同义词，但在处理 15 和同义词 41 的冲突时，15 抢先占用了 HT[3]，这就使得插入 68 时，这两个本来不应该发生冲突的非同义词之间也会发生冲突。一般地，用线性探查法解决冲突时，当表中 i, i + 1, …, i + k 位置上已经有结点时，一个散列地址为 i, i + 1, …, i + k + 1 的结点都将插入在位置 i + k + 1 上，我们把这种散列地址不同的结点，争夺同一个后继散列地址的现象称为“堆积”。这将造成不是同义词的结点处在同一个探查序列之中，从而增加了探查序列的长度。若散列函数选择不当，或装填因子过大，都可能使堆积的机会增加，从而增加了探查序列的长度。

(2) 二次探查法。二次探查法的探查序列依次是 1^2，-1^2，2^2，-2^2，……也就是说，发生冲突时，将同义词来回散列在第一个地址 d = H(key)的两端。由此可知，发生冲突时，求下一个开放地址的公式为

$$d_{2i-1} = (d + i^2)\%m$$

$$d_{2i} = (d - i^2)\%m \quad 1 \leqslant i \leqslant (m-1)/2 \tag{7-6}$$

这种方法虽然减少了堆积，但不容易探查到整个散列表空间，只有当表长 m 为 4j + 3 的素数时，才能探查到整个表空间，其中 j 为某一个正整数。

(3) 随机探查法。采用一个随机数作为地址位移计算下一个单元地址，即求下一个开放地址的公式为

$$d_i = (d + R_i)\%m \quad 1 \leqslant i \leqslant m-1 \tag{7-7}$$

其中，d = H(key)；R_1，R_2，…，R_{m-1} 是 1，2，…，m − 1 的一个随机序列。如何得到随机序列，涉及随机数的产生问题。在实际应用中，常常用移位寄存器序列代替随机数序列。

2. 拉链法

拉链法解决冲突的方法是：将所有关键字为同义词的结点链接到同一个单链表中。若选定的散列函数的值域为 0～m − 1，则可将散列表定义为一个由 m 个头指针组成的指针数组 HTP[m]，凡是散列地址为 i 的结点，均插入到以 HTP[i] 为头指针的单链表之中。

例 7-5　已知一组关键字和选定的散列函数和例 7-4 相同，用拉链法解决冲突并构造这组关键字的散列表。

因为散列函数 H(key) = key%13 的值域为 0 至 12，所以散列表为 HTP[13]。当把 H(key) = i 的关键字插入第 i 个单链表中时，既可插在链表的头上，也可以插在链表的尾上。若采用将新关键字插入链尾的方式，依次把给定的这组关键字插入表中，则得到的散列表如图 7-5 所示。

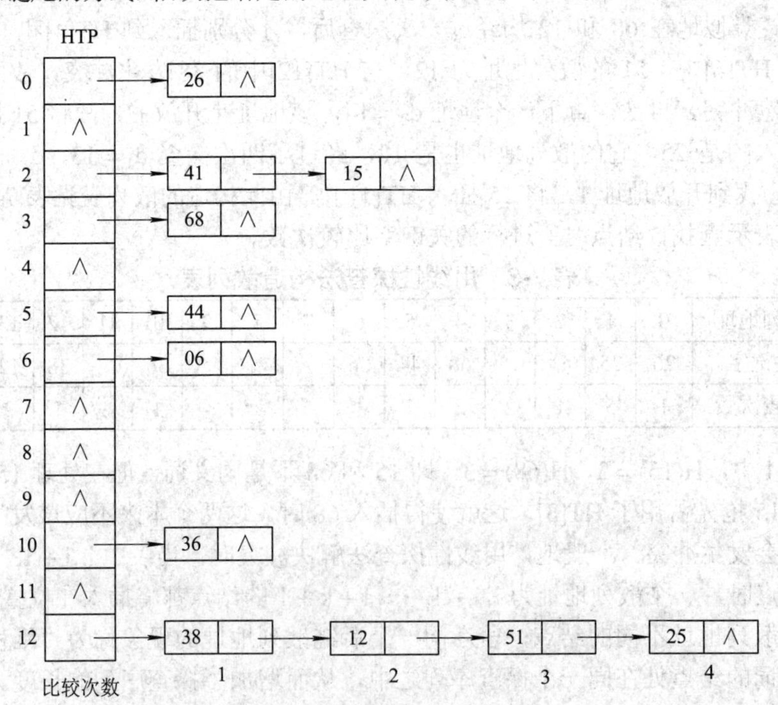

图 7-5　拉链法构造散列表

与开放地址法相比，拉链法的优点如下：

(1) 拉链法不会产生堆积现象，平均查找长度较短。

(2) 拉链法中各单链表的结点是动态申请的，它更适合于造表前无法确定表长的情况。

(3) 在用拉链法构造的散列表中，删除结点的操作易于实现，只要简单地删去链表上相应的结点即可。

在开放地址法构造的散列表中，删除结点不能简单地将被删结点的空间置为空，否则将截断在它之后填入散列表的同义词结点的查找路径。这是因为各种开放地址法中，空地址单元(即开放地址)都是查找失败的条件。因此在用开放地址法处理冲突的散列表上执行删除操作，只能在被删结点上做删除标记，而不能真正删除结点。

散列表的构造

当装填因子 α 较大时，拉链法所用的空间比开放地址法多，但是 α 越大，开放地址法所需的探查次数越多，所以，拉链法所增加的空间开销是合算的。

7.2.4　散列表的查找及分析

散列表的查找过程和建表过程相似。假设给定的值为 k，根据建表时设定的散列函数 H，计算出散列地址H(k)，若表中该地址对应的空间未被占用，则查找失败，否则将该地址中的结点与给定值 k 比较；若它们相等则查找成功，否则按建表时设定的处理冲突方法找下一个地址。如此反复下去，直到某个地址空间未被占用(查找失败)或者关键字比较相等(查找成功)为止。

下面以线性探查法和拉链法为例，给出散列表上的查找和插入算法。

(1) 利用线性探查法解决冲突的查找和插入算法及其有关说明如下：

```
# define NIL 0     //NIL 为空结点标记
# define M 18    //假设表长 M 为 18
typedef int Keytype;   //Keytype 为关键字类型，在此为 int 型
typedef char Datatype;   //Datatype 为其他数据域类型，在此为 char 型
typedef struct {   //散列表结点结构
      Keytype key;
      Datatype other;
} HashTable;
HashTable HT[M];   //散列表
int LinSearch(HashTable HT[], Keytype k) {    //在散列表 HT[M]中查找关键字为 k 的结点
      int d,i=0;   //i 为冲突时的地址增量
      d=H(k);   // d 为散列地址
      while ((i<M) && (HT[d].key ! =k) && (HT[d].key ! =NIL)) {
            i++;
            d=(d+i) % M;
      }
      return d;   //若 HT[d].key=k，查找成功；否则失败
} //LinSearch

void   LinInsert(HashTable HT[], HashTable s) {    //将结点 s 插入散列表 HT[M]中
      int d;
```

```
        d= LinSearch (HT[],s.key);   //查找 s 的插入位置
        if (HT[d].key= =NIL)
            HT[d]=s;   //d 为开放地址，插入 s
        else
            printf("ERROR");   //结点存在或表满
    } //LinInsert
```

(2) 利用拉链法解决冲突的查找和插入算法及其有关说明如下：

```
    typedef struct nodetype {
        Keytype key;
        Datatype other;
        struct nodetype   *next;
    }ChainHash;
    ChainHash *HTC[M];   //定义散列表 HTC[]
    ChainHash *ChnSearch(ChainHash   *HTC[ ], Keytype k) { //在 HTC[M]中查找关键字 k 的结点
         ChainHash   *p;
        p=HTC[H(k)];   //取 k 所在链表的头指针
        while (p && (p->key! =k))
            p=p->next;   //顺序查找
        return p;   //查找成功，返回结点指针；否则返回空指针
    } //ChnSearch
    void ChnInsert(ChainHash   *HTC[], ChainHash   *s) {   //将结点*s 插入散列表 HTC[M]中
        int d ;
        ChainHash *p;
        p=ChnSearch(HTC,s->key);   //查看表中有无待插结点
        if (p)
            printf("ERROR");   //表中已有该结点
        else {
            d=H(s->key);   //插入*s
            s->next=HTC[d];
            HTC[d]=s;
        }
    } //ChnInsert
```

从上述查找过程可知，虽然散列表在关键字和存储位置之间直接建立了对应关系，但是，由于冲突的产生，散列表的查找过程仍然是一个和关键字比较的过程，不过散列表的平均查找长度比顺序查找要小得多，比折半查找也小。例如在例 7-4 和例 7-5 的散列表中，在等概率的情况下查找成功的平均查找长度分别如下。

散列表的查找

线性探查法(参见表 7-3)：

$$ASL = (1 + 5 + 1 + 2 + 2 + 1 + 1 + 1 + 1 + 2 + 3)/11 = 20/11 \approx 1.82$$

拉链法(参见图 7-5)：

$$ASL = (1 \times 7 + 2 \times 2 + 3 \times 1 + 4 \times 1)/11 = 18/11 \approx 1.64$$

当 n = 11 时，顺序查找和折半查找的平均查找长度分别为

$$ASL_{sq}(11) = (11 + 1)/2 = 6$$

$$ASL_{bn}(11) = (1 \times 1 + 2 \times 2 + 3 \times 4 + 4 \times 4)/11 = 33/11 = 3$$

对于不成功的查找，顺序查找和折半查找所需进行的关键字比较次数仅取决于表长，而散列查找所需进行的关键字比较次数和待查结点有关。因此，在等概率的情况下，也可将散列表在查找不成功时的平均查找长度定义为查找不成功时对关键字需要执行的平均比较次数。

下面仍以表 7-3 和图 7-5 为例，分析在等概率的情况下，查找不成功时线性探查法和拉链法的平均查找长度。

在表 7-3 所示的线性探查法中，假设待查关键字 k 不在该表中，H(k) = 0，则必须依次将 HT[0]到 HT[7]中的关键字和 k 或 nil 进行比较后，才发现 HT[7]为空，即比较次数为 8；若 H(k) = 1，则需比较 7 次才能确定查找不成功。类似地对 H(k) = 2，3，…，12 进行分析，可得不成功的平均查找长度为

$$ASK_{unsucc} = (8 + 7 + 6 + 5 + 4 + 3 + 2 + 1 + 1 + 1 + 2 + 1 + 11)/13 = 52/13 = 4$$

请读者注意，散列函数 H(key)%13 的值域为 0 到 12，它与表空间的地址集 0 到 14 不同。

在图 7-5 所示的拉链法中，若待查关键字 k 的散列地址为 d = H(k)，且第 d 个链表上具有 k 个结点，则当 k 不在此表上时，须做 k 次关键字比较(不包括空指针判定)，因此，查找不成功的平均查找长度为

$$ASL_{unsucc} = (1 + 0 + 2 + 1 + 0 + 1 + 1 + 0 + 0 + 0 + 1 + 0 + 4)/13 = 11/13 \approx 0.85$$

从上述例子可以看出，由同一个散列函数、不同解决冲突方法构成的散列表，平均查找长度是不相同的，而散列表技术具有很好的平均性能，优于一些传统的技术，如平衡树。但是，散列表在最坏情况下性能很不好。如果对一个有 n 个关键字的散列表执行一次搜索或插入操作，最坏情况下需要的时间复杂度为 O(n)。

Kunth 在他的“The Art of Computer Programming:Sorting and Searching”中，对不同的溢出处理方法进行了概率分析，其结果如表 7-4 所示。

表 7-4　用几种不同方法解决冲突时散列表的平均查找长度

解决冲突的方法	平均查找长度	
	成功的查找	不成功的查找
线性探查法	$(1 + 1/(1 - \alpha))/2$	$(1 + 1/(1 - \alpha)^2)/2$
二次探查法，随机探查法	$-\ln(1 - \alpha)/\alpha$	$1/(1 - \alpha)$
拉链法	$1 + \alpha/2$	$\alpha + \exp(-\alpha)$

从表 7-4 可见，散列表的平均查找长度不是结点个数 n 或表长 m 的函数，而是装填因子 α 的函数。显然，α 越大，说明表越满，再插入新元素时发生冲突的可能性就越大；但 α 过小，空间的浪费就会过多。不论表的长度有多大，总能选择一个合适的装填因子，把平均查找长度限制在一定的范围内。例如，当 α = 0.9 时，对于成功的查找，线性探查法的平均查找长度是 5.5；二次探查法和随机探查法的平均查找长度是 2.56；拉链法的平均查找长

度为 1.45。

7.3 应用实例

由于散列表是通过将关键码值映射到表中某个特定位置的方式来存取记录的，因此存取速度快，在海量数据处理中有着广泛的应用。散列表除了应用于搜索等需快速查找的典型场景外，散列技术中的哈希算法还广泛地应用于信息安全领域中的加密算法、网络传输中的数据校验、负载均衡应用中的负载均衡策略及分布式存储应用中的分布式扩容等。

这一节将通过两个具体的应用实例进一步理解并掌握散列函数设计、冲突解决方法等散列表的关键技术，其中一个实例取数字关键词，另一个实例取字符串关键词。

7.3.1 银行账户的管理

1. 问题描述及要求

设计一个支持银行账户管理的应用软件，软件可添加或删除顾客账户，并实现顾客查询账户以及存款、取款等业务。

在选择数据结构之前，先对问题进行基本分析。由于添加或删除账户，即相当于银行的开户或销户业务，一般情况下，每个顾客都不会频繁开户或销户，但存款、取款等常规业务是顾客经常进行的，因此软件对插入或删除操作的效率要求不高，但对查找和修改操作的效率却有较高的要求，而用散列表存储账户信息就是一个有效的解决方案。

2. 数据结构

为了简化问题实现，客户的身份证号即作为唯一的银行账号，每个客户信息包括身份证号、姓名和余额。身份证号共计 18 位，最后一位校验码可能是字母，因此将身份证定义为字符串。

散列函数的设计采用除留余数法。身份证号是每个顾客的唯一标识，可作为散列函数的关键字，虽然身份证号定义为字符串，但可以根据身份证各位数字的含义和特点，选取随机性较好的若干位进行散列计算。冲突的处理采用线性探测再散列，由于开放地址法处理冲突的散列表在执行删除操作时不能真正删除结点，以免截断之后填入的同义词结点的查找路径，所以只能做删除标记，为此可为每个客户结点增加一个状态位 status，以此标记结点的状态是空单元、已填单元，还是已删除单元。

若银行开户客户不超过 1000 人，则散列表的具体定义如下：

```
#define M 1000   //散列表的大小
#define P 997   //散列函数中的质数 P
typedef struct {
    char ID[20];   //身份证号
    char name[20];   //客户姓名
    double balance;   //余额
}Customer;
```

```
typedef struct {
        Customer client;
        int status;   // 0—空，1—非空，-1—删除标记
}HashTable;
HashTable HTC[M];
```

3．算法设计

根据问题描述，软件主要包括账户管理(开户和销户)、存款和取款等功能，程序模块结构如图 7-6 所示。初始化模块完成对散列表的初始化。账户管理模块包括开户、销户和查看客户信息，其中销户操作只有在账户余额为 0 时才能销户。

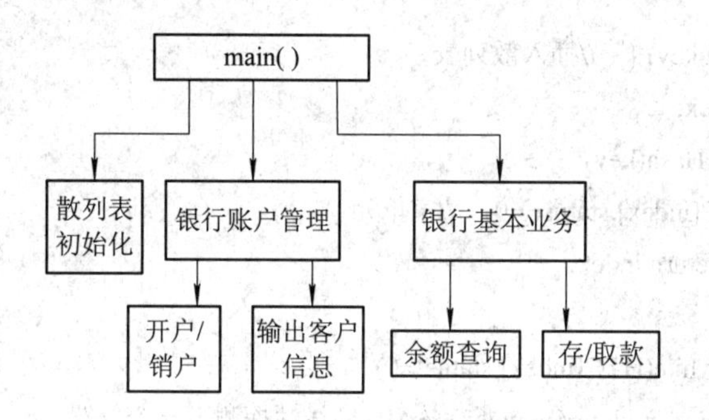

图 7-6　程序功能模块图

要保证散列表的查找效率，散列函数的设计就是关键。身份证号码有一定的规律性，要想得到均匀的散列地址，需要仔细分析各位数字代表的含义。身份证号的前 4 位表示省、市，第 5、6 位表示区(县)下属辖区，7～14 位表示出生日期，第 15～17 位代表辖区中的序号，最后一位是校验码。

由于最多 10^3 个身份证号，所以可以选择 3 位随机性较好的数字。排除地域、年份、月份重复比例较高的数字，日期的第二位(身份证的第 14 位)、辖区序号的第二位(身份证的第 16 位)和校验码的随机性较好，因此选取这 3 位组成一个十进制数，其范围是[0,10^3]，再利用除留余数法将这个整数映射到散列表内。计算方法如下：

```
key = (ID[13] - '0')*10 + (ID[15] - '0');
key = key*10 + (ID[17]=='x')?10:(ID[17] - '0');
```

程序中的几个主要函数定义如下：

- int Hash(int key); //除留余数函数的定义
- int Insert(int key); //将关键字为 key 的结点插入散列表
- void OpenAccount(); //开户
- void CheckBalance(char *id); //根据身份证号查询余额
- void DepositDraw(char *id); //根据身份证号进行存、取款操作
- void DeleAccount(char *id); //销户

4．程序代码

下面给出几个主要函数的代码，其中散列表采用线性探测再散列解决冲突，完整程序请扫描附录中的二维码。

```
void Init() {    //散列表的初始化
    int i;
    for(i=0; i<M; i++)
        HTC[i].status=0;    //单元置为空标记
} // Init

int Hash(int key) {    //定义散列函数
    return (key % P);    //除留余数
} // Hash

int Insert(int key) {    //插入散列表
    int index;
    index=Hash(key);
    if(HTC[index].status==0)    //空单元
        return index;
    else {
        while(HTC[index].status!=0)
            index=(++index) % M;    //线性探测下一个位置
        return index;
    }
} //Insert

void OpenAccount() {    //开户
    int key,index;
    Customer client;
    client=InputInfor();    //输入顾客信息
    key=CreatKey(client.ID);    //计算关键字 key
    index=Insert(key);    //插入散列表
    HTC[index].client=client;
    HTC[index].status=1;    //置状态为已填入
    count++;    //客户计数
} // OpenAccount

int Search(char *id) {    //根据身份证号在散列表中查找客户
    int key,index;
    key=CreatKey(id);
    index=Hash(key);    //查找客户在散列表中的存放位置
    while(1) {
        if(HTC[index].status==0)    //空地址
```

```
                return -1; //查找失败返回-1
            else  if(HTC[index].status==1)  { //该地址填有记录
                    if(strcmp(HTC[index].client.ID,id)==0)  //查找成功
                        return index;  //查找成功返回地址
                    else
                        indcx–(++index) % M; //线性探测下一个位置
            }
            else  //该地址记录被删除
                index=(++index) % M; //线性探测下一个位置
        }
} // Search

void DeleAccount(char *id) { //销户
        int index;
        double balances;
        index=Search(id);
        if(index==-1)
            printf("该客户不存在\n");
        else {
            balances=HTC[index].client.balance;
            if(balances!=0)
                printf("该账户余额不为 0，请提取余额\n");
            else  {  //删除客户
                HTC[index].status=-1;  //置删除标志
                count--;  // 客户数减 1
            }
        }
} // DeleAccount

void DepositDraw(char *id) {  //存取款
        double balances;
        int index,flag;
        index=Search(id);  //查找客户
        if(index==-1)
            printf("账户不存在!\n");
        else {
            printf("请输入 1/0：1-存款  0-取款\n");
            scanf("%d",&flag);
            printf("输入存取款金额:");
```

```
            scanf("%lf",&balances);
            if(flag==1) {
                HTC[index].client.balance+=balances;   //存款
                printf("现有余额:%.2f\n",HTC[index].client.balance);
            }
            else   if(HTC[index].client.balance<balances)
                    printf("账户余额不足！ \n");
                else {
                    HTC[index].client.balance-=balances;   //取款
                    printf("现有余额:%.2f\n",HTC[index].client.balance);
                }
        }
    } // DepositDraw
```

程序运行如下：

```
************银行账户管理************
*                                  *
*    1. 开户        2. 查询余额    *
*    3. 存取款      4. 销户        *
*    5. 客户信息    0. 退出        *
*                                  *
************************************

请选择(1/2/3/4/5/0):1
身份证号:44030319580813312x
姓名:wang

请选择(1/2/3/4/5/0):1
身份证号:44030319570823211x
姓名:zhao

请选择(1/2/3/4/5/0):1
身份证号:440303197210121419
姓名:qian

请选择(1/2/3/4/5/0):3
身份证号:440303197210121419
请输入1/0: 1-存款 0-取款
1
输入存取款金额:9346
现有余额:9346.00

请选择(1/2/3/4/5/0):5
        身份证号                姓名
  440303197210121419         qian
  44030319580813312x         wang
  44030319570823211x         zhao
```

7.3.2　文本单词的词频统计

生活中经常会遇到基于文本单词的各种应用，例如 Office 中错拼单词的报错、根据多个文件中的共有单词统计检验文件的相似度、基于词频的热门话题推荐等。下面就将以文本的词频统计为具体实现，介绍以字符串为关键词时散列表的实现及查找。

1．问题描述及要求

给定一个英文文本文件，统计文件中所有单词出现的频率，并输出词频排列在前的若干单词及其对应的词频。假设单词字符为大小写字母，单词之间的分割符为空格、逗号、句点或连字符，每个单词的长度不超过 10。

解决这个问题的基本任务是从文本中分离出每个单词，若是新遇到的单词，词频记为 1；若是前面已分离出的单词，则词频加 1。要实现上述任务，就需将分离出的所有单词记录下来形成单词表，而分离、统计的过程就是不断查找单词表，将单词插入的过程，并实现词频计数。

那么何种数据结构才能满足快速地查找和插入呢？散列表就是符合快速查找需求的最为合适的数据结构。

2. 数据结构

查找单词，即要以单词为关键字建立散列表，这里的关键字不是整型数据而是字符串，处理冲突的方法采用链地址法。散列表中的每个单词结点存有单词及词频，具体定义如下：

```
typedef struct node{
    char word[11];   //单词
    int count;   //词频
    struct node *next;   //指向下一个同义词
}HashChain;
HashChain *HTC[M];   //长度为 M 的散列表
```

由于还需输出词频排列在前的单词，这就需对词频排序，因此再建立一张单词表，单词表的每一项纪录单词、在散列表中的位置及词频。单词表的大小为文本中的不同单词的个数。

```
typedef struct {
    char word[11];   //单词(长度不超过 10)
    int index;   //散列表中的位置
    int count;   //词频
} Vocabulary;
```

3. 算法设计

算法的主要任务可以分解为以下三个：

(1) 读取文本文件，分离出单词。

(2) 计算散列地址，插入到散列表中，并对单词计数。

(3) 根据散列表，建立按词频大小排序的词汇表，并按要求输出单词。

第(1)项任务可以设计函数，判断每个读入字符是否为单词的有效字符，并根据分隔符判断一个单词何时结束，函数返回单词指针。函数头定义为

```
char *GetWord(FILE *fp);   //fp 为文本文件指针
```

第(2)项任务的关键是设计散列函数。由于关键词为字符串，需要将字符串映射为整数，同时考虑到散列函数最好涉及关键词的所有字符，因可将关键词的每个字符乘 31 再叠加。具体散列函数定义为

$$H(key) = \sum_{i=0}^{n-1} key[n-i-1] * 31 \% TableSize$$

其中 TableSize 为散列表的表长。需要说明的是，之所以乘 31，是因为 31 是奇素数，偶数

的散列效果较差，且 31 与 32(2^5)只差 1，因此具体实现时并不需要做乘法运算，可以用移位和减法来代替乘法，以得到更好的性能，即 31 * i == (i << 5)- i。

定义散列函数的实现如下：

```
unsigned int Hash(char *word) {    //返回散列地址
    unsigned int key=0;
    for (; *word; word++)
        key = 31*key + *word;
        //或“key=(key<<5-key)+*word;”，移位和减法运算效率更高
    return key % M;
}
```

在插入单词建立散列表的过程中，可以同时对不同单词的个数进行计数。文件扫描结束后，按单词数建立词汇表：“Vocabulary *list;”，并按词频大小排序，最后输出词频排列在前的单词。

4．程序代码

下面给出以下几个函数的代码，完整程序请扫描附录中的二维码。

```
char *GetWord(FILE *)：从文件中读取单词
void InsertWord(char *)：将单词插入散列表
void OutputWords()：按词频大小排序，并输出词频排列在前的单词
char *GetWord(FILE *fp) {   //从文件中读取单词
    char ch,temp[11],*word;
    int k=0;
    while(!feof(fp)) {
        ch=fgetc(fp);   //读字符
        if (ch!=' ' && ch!='.'&& ch!=',' && ch!='-') {
            temp[k++]=ch; //合法的单词字符
            continue;
        }
        if((ch==' ' || ch=='.' || ch==',' || ch=='-') && k!= 0) {   //单词间的分隔符
            temp[k]='\0'; //单词结束标记
            word=(char *)malloc(strlen(temp)+1);   //为字符指针开辟空间
            strcpy(word,temp);   //word 指向分离的单词
            return word;
        }
    }
    return NULL;   //文件结束返回
} //GetWord

void InsertWord(char *word) {   //将单词插入散列表
```

```
    int index,i=0;
    HashChain *p;
    index=Hash(word);   //计算散列地址
    for(p=HTC[index]; p!=NULL; p++)   //检查散列表
        if(strcmp(word,p->word)==0) {   //单词 word 在表中
            p->count++; //单词计数
            return;
        }
    p=(HashChain *)malloc(sizeof(HashChain));   //为新单词生成结点空间
    strcpy(p->word,word);   //写入单词
    p->count=1;   //计数值赋初值
    p->next=HTC[index];   //将单词插入链表的表头
    HTC[index]=p;
    total++;   //单词总数计数
} //InsertWord

void OutputWords() {   //统计词频，输出词频排列在前的单词
    int index,i=0,j,count=0;
    char word[11];
    HashChain *p;
    Vocabulary *list,*temp;   //定义词汇表
    list=(Vocabulary *)malloc(total*sizeof(Vocabulary));   //开辟空间存放词汇表
    //填写词汇表
    for(index=0; index<M; index++) {   //遍历散列表
        for(p=HTC[index]; p!=NULL; p=p->next) {
            strcpy(list[i].word,p->word); //单词
            list[i].index=index;   //散列地址
            list[i].count=p->count; //词频
            i++;
        }
    }
    //按词频大小对词汇表排序(冒泡排序)
    for(j=1;j<=total-1 ;j++)   //外循环控制排序趟数
       for(i=0;i<=total-j-1; i++)   //每趟排序时对相邻元素进行比较
           if(list[i].count<list[i+1].count) {
                temp=(Vocabulary *)malloc(sizeof(Vocabulary));
                *temp=*(list+i);
                *(list+i)=*(list+i+1);
                *(list+i+1)=*temp;
```

```
            }

        //输出单词
        printf("=============== 共%d 个单词 ===============\n",total);
        for(i=0; i<total; i++) {
            printf("%10s %-3d",list[i].word,list[i].count);
            count++;
            if(count==N ||count==total) //只输出词频位于前 N 的单词
                break;
            if(count%4==0) //输出 4 列换行
                printf("\n");
        }
    } //OutputWords
```

当文本文件 file.txt 内容如下时，程序运行结果：

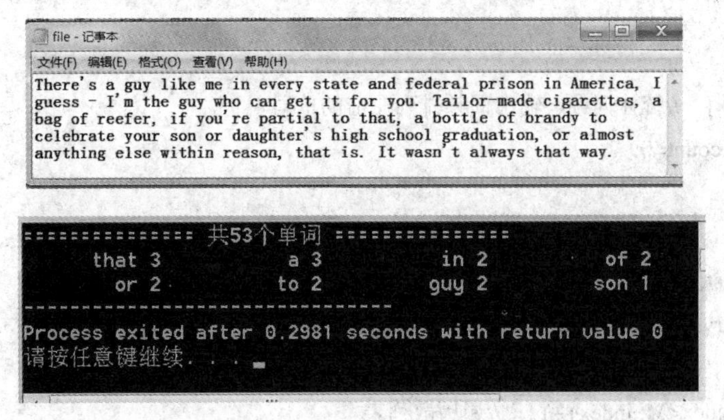

本 章 小 结

索引结构和散列技术是实际应用中大量使用的存储方法。本章介绍了索引结构和索引结构上的查找方法，以及散列的概念、散列函数的构造方法和解决冲突的方法。

索引结构包括索引表和数据表两部分。索引表用于指明结点与其存储位置之间的对应关系，数据表用于存储结点信息。在索引表上进行查找时，先查找索引表，若索引表上存在该记录，则根据索引项的指示在数据表中读取数据，否则不需要访问数据表。倒排表是一种次索引的实现，适合于实际应用中针对其他次关键字属性进行检索的情况。

散列技术是一种常见且重要的存储方法，它是由关键字直接计算出对应数据的存储位置。散列表查找的效率与关键的比较次数无关或者关系较小。散列法的两个主要内容就是散列函数的构造和解决冲突的方法。构造散列函数应该选择一个计算简单且冲突尽量少的“均匀”的散列函数，但是任何一种散列函数都不能完全避免冲突。当关键字发生冲突时，应该选择合适的解决冲突的方法。在具体实际应用中，选用哪种解决冲突的方法，需根据实际问题的特点来综合考虑。

习　　题

概念题

7-1　索引结构的检索分两步完成，第一步是__________，第二步是__________。

7-2　稠密索引是指__________，稀疏索引是指__________。

7-3　分块查找的基本思想是______________________________，其查找效率由__________________________决定的。

7-4　倒排表的内容是__________，倒排表检索速度快，但修改维护较难。

A. 一个关键字值和关键字的记录地址

B. 一个属性值和该属性的一个记录地址

C. 一个属性值和该属性的全部记录地址

D. 多个关键字值和它们相对应的某个记录的地址

7-5　散列存储的基本思想是根据______________来决定________________。冲突指的是__________________，装填因子 α 越____________，发生冲突的可能性越大。处理冲突的两类主要方法是______________和______________。

7-6　采用分块查找时，若线性表中共有 625 个元素，查找每个元素的概率相同，假设采用顺序查找法来确定结点所在的块，每块分________个结点最佳。

A. 10　　B. 25　　C. 6　　D. 625

7-7　在各种查找方法中，平均查找长度与结点个数 n 无关的查找方法是__________。

7-8　散列函数有一个共同性质，即函数值应当以__________取其值域的每个值。

A. 最大概率　　B. 最小概率　　C. 平均概率　　D. 等概率

7-9　设散列地址空间为 0～m－1，k 为关键字，用 p 去除 k，将所得的余数作为 k 的散列地址，即 H(k) = k % p。为了减少发生的冲突的频率，一般取 p 为________。

A. 小于 m 的最大偶数　　B. m

C. 大于 m 的最小素数　　D. 小于等于 m 的最大素数

7-10　设有一组职工数据，每个记录有如下格式：职工号、姓名、职称、性别、工资。其中“职工号”为主关键字，其他为次关键字，如表 7-5 所示。

表 7-5　职工数据表

地址	记录	职工号	姓名	职称	性别	工资
50	1	29	陈军	教授	男	1560
80	2	05	王强	副教授	男	1200
20	3	02	李玫	副教授	女	1260
100	4	38	张兵	讲师	男	990
110	5	31	付强	助教	男	850
140	6	43	董威	教授	男	1600
210	7	17	赵红	助教	女	850
160	8	46	李芳	讲师	女	1050

试用下列结构组织这组数据：

(1) 索引非顺序结构。

(2) 倒排表。

7-11　设散列表的长度为15，散列函数为H(k) = k%13，给定的关键字序列为(19，14，23，01，68，20，84，27，55，11，10，79)。试分别画出用拉链法和线性探查法解决冲突时所构造的散列表，并求出在等概率情况下，这两种方法的查找成功和查找不成功的平均查找长度。

7-12　设有一组关键字序列为(72，35，124，153，84，57)，需插入到表长为12的散列表中。

(1) 请设计一个适当的散列函数。

(2) 用设计的散列函数将上述关键字插入散列表。请画出建立的散列表结构(假定用线性探查法解决冲突)。

(3) 写出该散列表装填因子的值。

算法设计题

7-13　设给定的散列表存储空间为HT(0～m−1)，每个单元可存放一个记录，HT[i](0≤i≤m-1)的初值为NULL，选取的散列函数为H(R.key)，其中R.key为记录R的关键字，解决冲突方法为线性探测法。编写一个函数将某记录R填入到散列表HT中。

7-14　编写一组关键字，利用拉链法解决冲突，散列函数为H(k)，并写出在此散列表中插入、删除元素的算法。

第二部分

经典算法策略

第8章 缩小规模策略

任何一个可以用计算机求解的问题所需的计算时间都与其规模有关。一般情况下，问题的规模越小，解决问题所需的计算时间也越少，也越容易处理。解决一个较大的问题，有时是非常困难的，而将问题的规模缩小后将会更容易求解。

虽然大规模问题经过分解可以得到多个小规模问题，且小规模问题容易求解，但是，对于这类问题还必须满足条件——小规模问题的解经过某种组合可以较容易地得到原问题的解。解决这类问题的求解方法有：分治与递归、动态规划和贪心算法。这章将介绍分治与递归。

8.1 分治与递归策略

分治法的设计思想是：将一个难以直接解决的大问题，分解成多个规模较小的子问题，以便各个击破、分而治之。如果原问题可以分割为 k 个子问题，$1<k\leqslant n$，且这 k 个子问题都可解，并可利用子问题的解计算出原问题的解，那么这样的问题可以采用分治法。

由分治法产生的子问题往往是原问题的较小模式，这就为使用递归技术提供了方便。在这种情况下，反复应用分治法，可以使子问题与原问题类型一致而其规模却不断缩小，最终很容易地求出子问题的解。

分治与递归就像一对孪生兄弟，经常同时应用于算法设计之中，并由此产生出许多高效算法。

8.1.1 递归算法设计

一个直接或间接调用自身的算法称为递归算法。一个函数是用自身给出定义的函数称为递归函数。在计算机算法设计中，使用递归策略往往使算法的描述和函数的定义简洁，且易于理解。使用递归策略把一个大型复杂的问题层层转化为一个与原问题相似的规模较小的问题来求解，且只需少量的程序就可描述出解题过程所需要的多次重复计算，大大地减少了程序的代码量。递归的能力在于用有限的语句来定义对象的无限集合。

递归策略的使用需具备以下条件：

(1) 原问题可以通过转化为较小的子问题来解决，而子问题的求解方法与原问题相同，被处理的数据有规律地减少。

(2) 当子问题减小至一定程度时，调用自身算法的过程会终止。

一般来说，递归需要有边界条件、递归推进部分和递归返回。当边界条件不满足时，递归向前推进；当边界条件满足时，递归返回。

有些数据结构，如二叉树，由于其自身的递归特性(采用递归方式给出定义)，特别适合用递归方式来描述。还有一些问题，虽然其自身并没有明显的递归结构，但用递归策略求解会使所设计的算法易懂，且易于分析。

下面通过对整数划分问题的分析来进一步理解递归思想。

整数划分问题是指将一个正整数 n 表示为一系列正整数之和：

$n = n_1 + n_2 + \cdots + n_k$

其中，$n_1 \geqslant n_2 \geqslant \cdots \geqslant n_k \geqslant 1$，$k \geqslant 1$。该表示称为 n 的一个划分，不同划分的个数称为划分数，记为 p(n)。例如，6 有如下 11 种不同的划分：

6；

5 + 1；

4 + 2，4 + 1 + 1；

3 + 3，3 + 2 + 1，3 + 1 + 1 + 1；

2 + 2 + 2，2 + 2 + 1 + 1，2 + 1 + 1 + 1 + 1；

1 + 1 + 1 + 1 + 1 + 1；

在正整数 n 的所有不同划分中，将最大加数 n_1 不大于 m 的划分个数记为 q(n，m)，则可以建立如下的递归关系：

(1) q(n，1) = 1，n≥1；

当最大加数 n_1 不大于 1 时，任何正整数只有一种划分形式：$n = 1 + 1 + \cdots + 1$。

(2) q(n，m) = q(n，n)，m≥n；

最大加数 n_1 不能大于 n，因此 q(1，m) = 1。

(3) q(n, n) = 1 + q (n, n−1)；

正整数 n 的划分，由 $n_1 = n$ 的划分和 $n_1 \leqslant n - 1$ 的划分组成。

(4) q(n, m) = q(n, m − 1) + q (n − m, m), n>m>1；

正整数 n 的最大加数 n_1 不大于 m 的划分，由 $n_1 = m$ 的划分和 $n_1 \leqslant m - 1$ 的划分组成。

以上关系实际上给出了计算 q(n, m)的递归计算式：

$$q(n, m) = \begin{cases} 1 & n = 1,\ m = 1 \\ q(n, n) & n < m \\ 1 + q(n, n-1) & n = m \\ q(n, m-1) + q(n-m, m) & n > m > 1 \end{cases} \tag{8-1}$$

据此可得到计算 q(n，m)的递归函数。请读者自己完成算法。

8.1.2　分治算法设计

分治算法的基本思想是将一个规模为 n 的问题分解为 k 个规模较小的子问题，这些子问题相互独立且与原问题相同。递归地解这些子问题，然后将这些子问题的解合并，就得到了原问题的解。

分治法所能解决的问题通常具有以下几个特征：

(1) 问题的规模缩小到一定的程度就可以容易地解决。

(2) 问题可以分解为若干个规模较小的相同问题。

(3) 利用原问题分解出的子问题的解可以合并为原问题的解。

(4) 问题所分解出的各个子问题是相互独立的，即子问题之间不包含公共的子问题。

上述第(1)和第(2)个特征是大多数问题都能满足的，因为问题的计算复杂性一般是随着问题规模的增加而增加的。而第(3)个特征则是采用分治策略的关键，如果仅满足第(1)和第(2)个特征，但不具备第(3)个特征，则可采用后续第 9 章介绍的动态规划法或贪心法。第(4)个特征涉及分治法的效率，如果各子问题不独立，那么分治法要做许多不必要的工作，会重复地解公共的子问题，此时虽然可用分治法，但效率较低，用动态规划法会更好。

分治法解决问题的一般步骤如下：

- 分解。将要解决的问题划分成若干规模较小的同类问题；
- 求解。当子问题划分得足够小时，用较简单的方法解决；
- 合并。按原问题的要求，将子问题的解逐层合并构成原问题的解。

分治算法的设计模式可表示如下：

```
DataType Divide-and-Conquer (P){
    if ( |P| <= n0 )
        Adhoc( P );
    divide P into smaller subinstances;
    P1, P2, ..., Pk;
    for ( i=1; i<=k; i++ )
        y[i] = Divide-and-Conquer(Pi);
    return Merge(y1, y2, ..., yk);
}
```

其中，|P|表示问题的规模；n_0 是阈值，表示当问题 P 的规模不超过 n_0 时，问题容易解出，不必再继续分解；Adhoc(P)是分治法中的基本子算法，用于直接解小规模的问题 P，当|P|不超过 n_0 时，直接用算法 Adhoc(P)求解问题 P；算法 Merge()是该分支算法中的合并子算法，用于将子问题 P_1，P_2，…，P_k 的解 y_1，y_2，…，y_k 合并为 P 的解。

根据分治法的基本思想，应该把原问题分割为多少个子问题才合适，每个子问题的规模是否相同，子问题规模的大小适中应是多少，这些问题都难以直接回答。但人们从大量的实践中发现，用分治法设计算法时，最好使子问题的规模大致相同，即将一个问题分割成大小大致相等的 k 个子问题，采用这种处理方法行之有效。这种使子问题规模大致相等的做法出自平衡子问题的思想，它几乎总是比子问题不等的做法要好一些。

从分治法的设计模式可以看出，用这种方法设计出的程序一般是递归算法。因此分治法的计算效率可以用递归方程进行分析。

8.2 递归的典型应用

通常递归算法可用于解决下述三类问题：

(1) 数据的定义是按递归定义的，如斐波那契(Fibonacci)数列：1, 1, 2, 3, 5, 8, 13, …

$$F(n) = \begin{cases} 1 & n \leqslant 2 \\ F(n-1) + F(n-2) & n \geqslant 3 \end{cases}$$

(2) 问题解法按递归算法实现。这类问题虽本身没有明显的递归结构，但用递归求解比迭代求解更简单，如 Hanoi 塔问题。

(3) 数据的结构形式是按递归定义的，如二叉树、广义表等。由于结构本身存在固有的递归特性，则它们的操作可递归地描述。

下面将介绍递归算法的典型应用。

8.2.1 Hanoi 塔问题

相传在古印度圣庙中，有一种被称为汉诺(Hanoi)塔的游戏。游戏是在一块铜板装置上，有三根杆(编号 A、B、C)，在 A 杆自下而上、由大到小按顺序放置 64 个金片(见图 8-1)。游戏的目标是把 A 杆上的金片全部移到 C 杆上，并仍保持原有顺序叠好。游戏要求每次只能移动一片金片，并且在移动过程中三根杆上都始终保持大片在下，小片在上，操作过程中金片可置于 A、B、C 任一杆上。

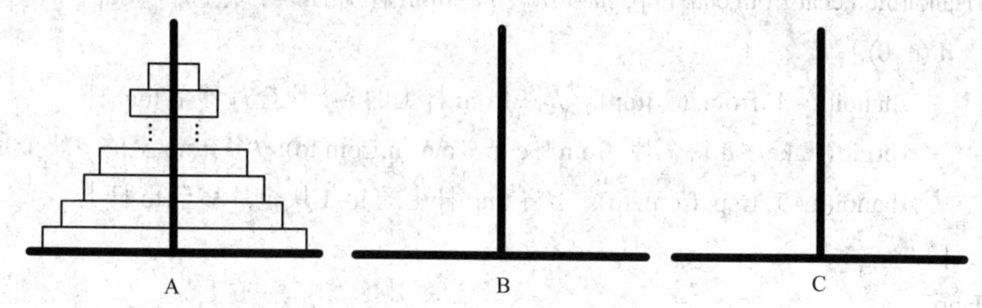

图 8-1　Hanoi 塔问题

要实现游戏目标，不可能直接写出移动金片的每一步，但可以利用递归思想将求解过程分解为以下三步：

(1) 以 C 杆为中介，将前 n−1 个金片从 A 杆移到 B 杆上，如图 8-2 所示。

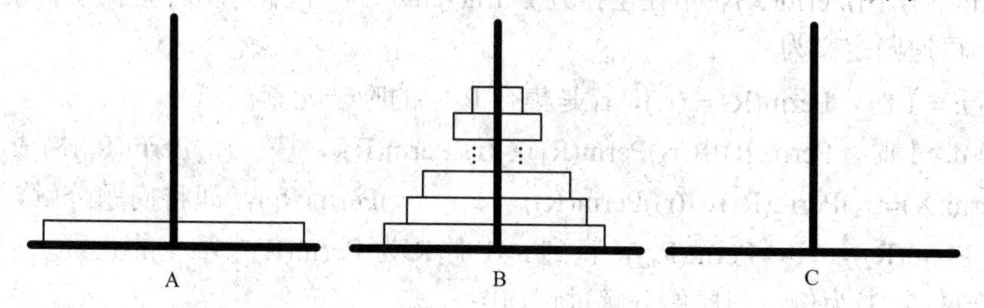

图 8-2　将 n−1 块金片从 A 杆移至 B 杆

(2) 将 A 杆上仅剩的第 n 个金片移到 C 杆上，如图 8-3 所示。

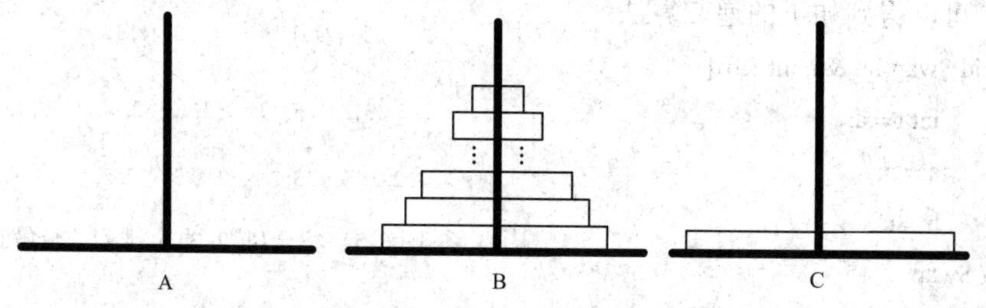

图 8-3　将 A 杆的金片移至 C 杆

(3) 以 A 杆为中介，将 B 杆上的 n−1 个金片移到 C 杆上，如图 8-4 所示。

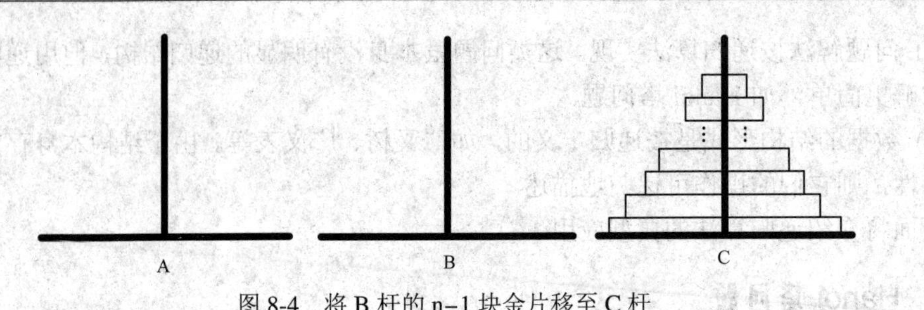

图 8-4 将 B 杆的 n−1 块金片移至 C 杆

上述过程中的第(2)步可以直接完成，而第(1)和第(3)步虽无法直接完成，但实际已将问题转换为 n−1 个金片的移动，即为 n−1 的 Hanoi 塔问题。按照上述分解过程，n−1 个金片的移动又可再转换为 n−2、n−3、…、3、2 个金片的移动，直到将问题减小为 1 个金片的移动，而移动一个金片是可直接操作完成的。

下面给出递归函数。

```
void Hanoi(int n,char from,char tmp,char to){    //将 from 杆上的 n−1 块金片以 tmp 为中介移至 to 杆
    if (n>0) {
        hanoi(n - 1, from, to, tmp);    //将 from 杆上的 n-1 块金片移至 tmp 杆
        printf("take %d 块金片  from %c to %c\n",n,from,to); //将 from 上的一块金片移至 to 杆
        hanoi(n - 1, tmp, from, to);    //将 tmp 杆上的 n−1 块金片移至 to 杆上
    }
}//Hanoi
```

8.2.2 全排列问题

设 $R = \{r_1, r_2, \cdots, r_n\}$是要进行排列的 n 个元素，$R_i = R\{r_i\}$。设集合 X 中元素的全排列记为 Perm(X)，(r_i)Perm(X)表示在全排列 Perm(X)的每一个排列前加上前缀 r_i 得到的排列。R 的全排列可递归定义为

(1) 当 n = 1 时，Perm(R) = (r_1)，r_1 是集合 R 中的唯一元素。

(2) 当 n＞1 时，Perm(R)由(r_1)Perm(R_1)，(r_2)Perm(R_2)，…，(r_n)Perm(R_n)构成。

由 Perm(X)=(r_1)Perm(R_1)，(r_2)Perm(R_2)，…，(r_n)Perm(R_n)，即将问题分解，不断化简 Perm(R_1)，Perm(R_2)，…，Perm(R_n)，直到 n=1 时 R 为 Perm(R)中唯一的元素。

以集合{1, 2, 3}为例，问题的分解过程如图 8-5 所示。

{1, 2, 3}
1, {2, 3}　2, {1, 3}　3, {1, 2}
1, 2, {3}　1, 3, {2}　2, 1, {3}　2, 3, {1}　3, 1, {2}　3, 2, {1}
1, 2, 3　1, 3, 2　2, 1, 3　2, 3, 1　3, 1, 2　3, 2, 1

图 8-5 集合{1, 2, 3}全排列的分解过程示意图

据此，可以得到如下的递归算法：

```
void Swap(int &a, int &b){
    int t = a;
    a = b;
    b = t;
}// Swap
void Perm(int R[], int k, int m ){    //产生集合 R[k:m]的全排列
    if (k==m){    //R[k:m]具有一个排列，将其输出
```

```
            for (int i=0; i<=k; i++)
                printf("%d ",R[i]);
            printf("\n");
        }
        else{ //R[k:m]具有多个排列并递归生成
            for (int i = k; i<=m; i++){
                Swap(R[k], R[i]);
                Perm(R, k+1, m);
                //递归结束时需还原到本层的初始状态，以确保下一轮(i++)处理状态相同
                Swap(R[k], R[i]);
            }
        }
    }// Perm
```

算法 Perm(R[n], k, m)递归地产生所有前缀是 R[0:k−1]，且后缀是 R[k:m]的全排列的所有排列。函数 Perm(R[n], 0, n−1)则产生 R[0:n−1]的全排列。

在一般情况下，k<m，算法将 R[k:m]中的每一个元素分别与 R[k]交换，然后递归计算 R[k+1:m]的全排列，并将结果作为 R[0:k]的后缀。

8.3　分治策略的应用

8.3.1　二分搜索技术

二分搜索技术是查找一个已排好序的表的最好方法，其查找效率较高。

给定一个排好序的 n 个元素 R[0]～R[n − 1]，现要在这 n 个元素中找出一个特定元素 x。

首先容易想到的是顺序搜索方法，逐个比较 R[0]，R[1]，…，R[n − 1]，直至找到 x 为止，或搜索遍整个数组后确定 x 不在其中。最坏情况下，顺序搜索方法需要的比较次数的复杂度为 O(n)。

二分搜索算法的基本思想是将 n 个元素分成个数大致相同的两部分，取 R[n/2] 与 x 进行比较：如果 x = R[n/2]，则找到 x，算法终止；如果 x<R[n/2]，则只在数组 R 的左半部分中继续搜索 x；如果 x>R[n/2]，则只在数组 R 的右半部分中继续搜索 x。其具体算法如下：

```
//在有序表 R 中进行折半查找，成功时返回结点的位置；失败时返回−1
int BinSearch( Datatype R[ ], Datatype x ) { // Datatype 为 R[]数据类型
    int low, mid, high;   //low 和 high 分别表示当前查找区间的下界和上界
    low=0; high=n −1;   //置查找区间的上、下界初值
    while (low<=high) { //当前查找区间非空
        mid=⌈(low+high)/2⌉;
        if (x==R[mid])
            return mid;   //查找成功返回
```

```
                if (x<R[mid])
                        high=mid−1;   //缩小查找区间为数组的左半部分
                else
                        low=mid+1;   //缩小查找区间为数组的右半部分
            }
            return −1;  //查找失败
      } // BinSearch
```

例如，已知数组元素的有序序列为 5，10，19，21，31，37，42，48，50，55，现要查找 x 分别为 19 及 66 的元素，其查找过程如下：

(1) 查找 x = 19 的记录：

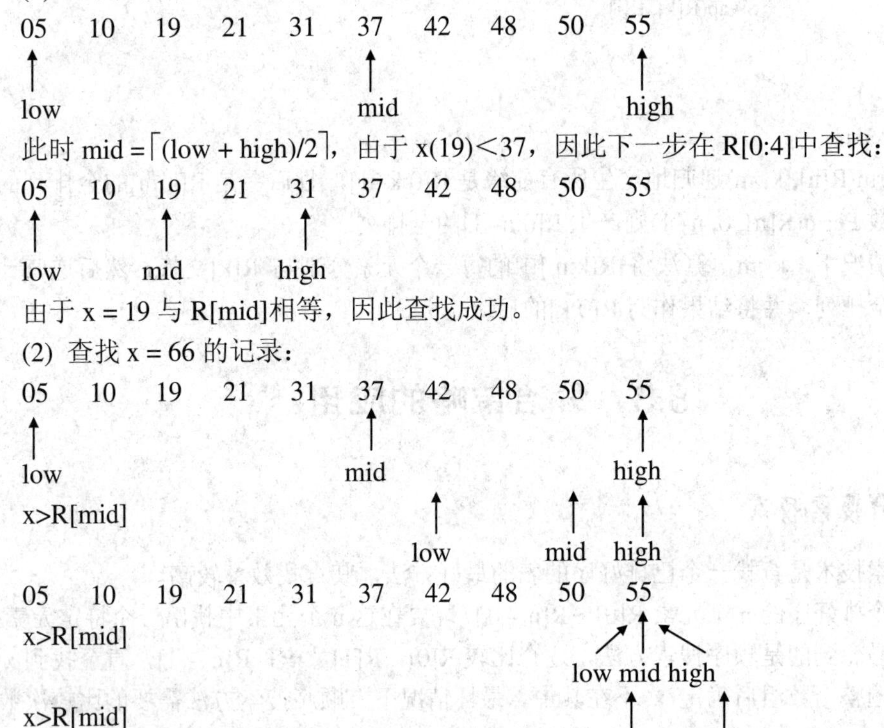

此时 mid = ⌈(low + high)/2⌉，由于 x(19)＜37，因此下一步在 R[0:4]中查找：

由于 x = 19 与 R[mid]相等，因此查找成功。

(2) 查找 x = 66 的记录：

由于 low>high，因此说明查找失败。

在二分搜索算法中，每进行一次比较，数组都缩小一半，从 1/2，1/4，1/8，…，在第 i 次比较时，最多只剩下$\lceil n/2^i \rceil$个记录。最坏的情况是到最后只剩下一个记录，即 $n/2^i = 1$，所以 i = lbn，即最坏情况下比较次数的复杂度是 O(lbn)。

二分搜索中查找到每一个记录的比较次数可通过二叉树来描述：用当前查找区间中间位置上的记录作为根，左子表和右子表中的记录分别作为根的左子树和右子树，由此得到的二叉树称为**折半查找判定树**。树中结点内的数字表示该结点在有序表中的位置。例如对长度为 11 的表进行折半查找时，其判定树如图 8-6 所示。

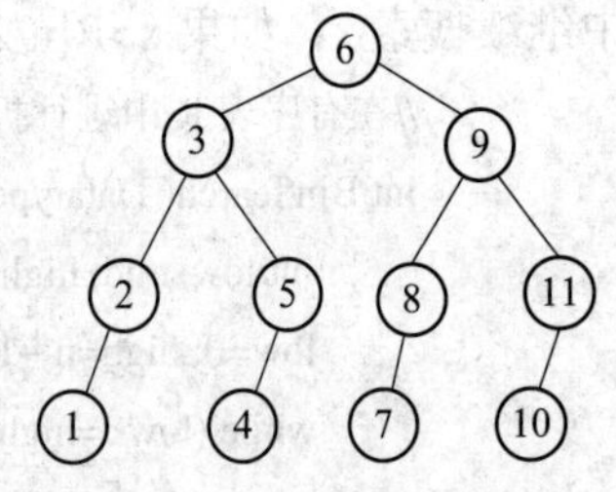

图 8-6　具有 11 个结点的折半查找判定树

可见，若查找的结点是表中第6个记录，需要一次比较；若查找的是表中第3个或第9个记录，需要两次比较；若查找的是表中第11个记录，需要三次比较。由此看出，折半查找的过程恰好是走了一条从根到被查找结点的路径，关键字进行比较的次数即为被查找结点在树中的层数。因此，折半查找成功时进行的比较次数最多不超过树的深度。

那么，二分搜索的平均查找长度是多少呢？为方便起见，不妨设结点总数 $n = 2^h - 1$，则判定树的深度为 $h = \text{lb}(n + 1)$的满二叉树，在等概率的条件下，折半查找的平均查找长度为

$$ASL_{bin} = \sum_{i=0}^{n-1} p_i c_i = \frac{1}{n}\sum_{i=0}^{n-1} c_i = \frac{1}{n}\sum_{k=1}^{h} k \times 2^{k-1} = \frac{n+1}{n}(\text{lb}(n+1)-1) + \frac{1}{n} \tag{8-2}$$

当结点总数n很大时，$ASL_{bin} \approx \text{lb}(n + 1) - 1$。

虽然二分搜索的效率高，但是需要将表按关键字排序。而排序本身是一种很费时的运算，即使采用高效率的排序方法，也要花费的时间复杂度为O(nlbn)。另外，二分搜索只适用于顺序存储结构，当对表进行插入或删除操作时，需要移动大量元素，因此二分搜索只适用于表不易变动，且又经常查找的情况。而对那些查找少而又经常需要改动的线性表，可采用链表做存储结构，进行顺序查找。

8.3.2　归并排序

归并排序

归并排序(MergeSort)是将两个或两个以上的有序表合成一个新的有序表。归并排序算法是使用分治策略实现对n个元素进行排序的算法。其基本思想是：当n = 1时，终止排序；否则将待排序的元素分成大致相同的两个子集合，分别对两个子集合进行归并排序。最终将排好序的子集合合并成所要求的排序结果。归并排序算法的递归描述如下：

```
void MergeSort (Datatype R[], int left, int right) {
    if (left < right) {  //至少有两个元素
        i = ⌈(left + right) / 2⌉;  //取中点
        MergeSort (R, left, i);
        MergeSort (R, i+1, right);
        Merge (R, left, i, right); //归并到R数组
    }
}//MergeSort
```

对于MergeSort算法，可以从多方面进行改进。例如从分治策略的机制入手，容易消除算法中的递归。

事实上，上述归并算法的递归过程只是将待排序的顺序表一分为二，直至待排序顺序表中只剩下一个元素为止；然后不断地合并两个排好序的数组段。按照该机制，可以将数组R中的相邻元素两两配对，用归并算法将它们排序，构成n/2组长度为2或1(只有一个)的子数组，然后将它们排序成长度为4的排好序的子数组段，如此继续下去，直至整个数组排好序为止。

假设初始表含有 n 个记录，则可看成是 n 个有序的子表，每个子表的长度为 1，然后两两归并，得到⌈n/2⌉个长度为 2 或 1 的有序子表，再两两归并，……如此重复，直至得到一个长度为 n 的有序子表为止，这种方法称为“二路归并排序”。

假设 R[low]到 R[mid]和 R[mid+1]到 R[high]是存储在同一个数组中，且相邻的两个有序的子文件，要将它们合并为一个有序文件 R1[low]到 R1[high]，只要设置三个指示器 i、j 和 k，其初值分别为这两个记录区的起始位置(见 Merge 算法)。两个有序子文件合并时，依次比较 R[i]和 R[j]的关键字，取关键字中较小的记录复制到 R1[k]中，然后将指向被复制记录的指示器加 1，指向复制位置的指示器 k 加 1；重复这个过程，直至全部记录被复制到 R1[low]和 R1[high]中为止。其算法如下：

```
void Merge (Datatype R[], Datatype R1[], int low, int mid, int high) {
    //R[low]到 R[mid]与 R[mid+1]到 R[high]是两个有序文件
    //结果为一个有序文件在 R1[low]到 R1[high]中
    int i, j, k;
    i=low; j=mid+1; k=low;
    while ((i<=mid) && (j<=high))
        if ( R[i] <= R[j] )   //取小者复制
            R1[k++]=R[i++];
        else
            R1[k++]=R[j++];
    while (i<=mid)   R1[k++]=R[i++];   //复制第一个文件的剩余记录
    while (j<=high)   R1[k++]=R[j++];   //复制第二个文件的剩余记录
} // Merge
```

例如对于一组待排序的记录，其关键字分别为 47，33，61，82，72，11，25，47′，若对其进行两路归并排序，则先将这 8 个记录看成长度为 1 的 8 个有序子文件，然后逐步两两归并，直至最后达到全部关键字有序为止。其具体的归并排序过程如图 8-7 所示。

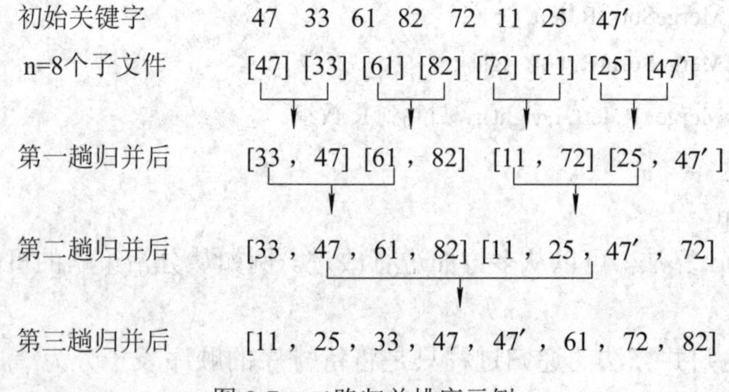

图 8-7　二路归并排序示例

在给出二路归并排序算法之前，必须先解决一趟归并问题。在一趟归并中，设各子文件长度为 length(最后一个子文件长度可能小于 length)，则归并前 R[0]到 R[n – 1]中共有⌈n/length⌉个有序的子文件：R[0]到 R[length – 1]，R[length]到 R[2*length – 1]，…，

R[(⌈n/length⌉－1)*length]到 R[n－1]，调用归并操作。在将相邻的一对子文件进行归并时，必须对子文件的个数可能是奇数，以及最后一个子文件的长度可能小于 length 这两种特殊情况进行特殊处理。其具体算法如下：

```
void MergePass (Datatype R[ ], Datatype R1[ ], int length) { //对 R 做一趟归并，结果放在 R1 中
    // length 是本趟归并的有序子文件的长度
    int i, j;
    i=0;   //i 指向第一对子文件的起始点
    while (i+2*length−1<n) { //归并长度为 length 的两个子文件
        Merge ( R, R1, i, i+length−1, i+2*length−1 );
        i=i+2*length;   //i 指向下一对子文件的起始点
    }
    if ((i+length−1)<n−1)  //剩下两个子文件，其中一个长度小于 length
        Merge ( R, R1, i, i+length−1, n−1 );
    else  //子文件个数为奇数
        for (j=i; j<n; j++)
            R1[j]=R[j];   //将最后一个子文件复制到 R1 中
} //MergePass
```

可见，二路归并排序就是调用一趟归并的过程，将待排序文件进行若干趟归并，每趟归并后有序子文件的长度 length 扩大一倍。二路归并算法如下：

```
void MergeSort (Datatype R[ ]) {  //对 R 进行二路归并排序
    int length;
    length=1;
    while (length<n) {
        MergePass ( R, R1, length);   //一趟归并，结果在 R1 中
        length=2*length;
        MergePass (R1, R, length);   //再次归并，结果在 R 中
        length=2 *length;
    }
} //MergeSort
```

在上述算法中，第二个调用语句 MergePass 前并未判定 length≥n 是否成立，若其成立，则排序已完成，必须把结果从 R1 复制到 R 中。而当 length≥n 时，执行 MergePass(R1，R，length)的结果正好是将 R1 中唯一的有序文件复制到 R 中。

显然，第 i 趟归并后，有序子文件长度为 2^i，对于具有 n 个记录的文件排序，必须做⌈lbn⌉趟归并，每趟归并所花费的时间复杂度是 O(n)，故二路归并排序算法的时间复杂度为 O(nlbn)。算法中辅助数组 R1 所需的空间复杂度是 O(n)。

8.3.3 快速排序

快速排序

快速排序算法是基于分治策略的排序算法之一。其基本思想是对输入的数组 R[l:h]按以下三个步骤进行排序：

步骤一，分解(Divide)。以 R[l]为基准元素将 R[l:h]划分为三段：R[l:q−1]，

R[q]和 R[q+1:h]，且使 R[l:q−1]中任何元素不大于 R[q]，R[q+1:h]中任何一个元素大于 R[q]，下标 q 在划分过程中确定。

步骤二，递归求解(Conquer)。通过递归调用快速排序算法分别对 R[l:q−1]和 R[q+1:h]进行排序。

步骤三，合并(Merge)。由于对 R[l:q−1]和 R[q+1:h]的排序是就地进行的，因此实际上不需要进一步的合并计算。

要完成对当前无序区 R[1]到 R[h]的划分，其具体做法是：设置两个指针 i 和 j，它们的初值分别为 i=1 和 j=h。设基准为无序区中的第一个记录 R[i](即 R[1])，这时 q = i。令 j 自 h 起向左扫描，直到找到第一个小于 R[q]的元素 R[j]，将 R[j]移至 q 所指的位置上(这相当于交换了 R[j]和基准 R[q]的位置，使小于基准元素的元素移到了基准的左边)；然后，令 q = j，且 i 自 i+1 起向右扫描，直至找到第一个大于 R[q]的元素 R[i]，将 R[i]移至 j 指的位置上(这相当于交换了 R[i]和基准 R[q]的位置，使大于基准元素的元素移到了基准的右边)；接着令 q = i，且 j 自 j − 1 起向左扫描。如此交替改变扫描方向，从两端各自往中间靠拢，直至 i=j 时，q = i = j 便是基准 x (=R[1])的最终位置，将 x 放在该位置上就完成了一次划分。

综合上面的叙述，下面给出快速排序的算法：

```
//对无序区 R[l]到 R[h]做一次划分
int Partition ( Datatype R[ ], int l, int h ) { //返回划分后被定位的基准记录的位置
    int i, j, q;
    Datatype x;
    i = l; j = h;
    q = i;  //初始化，q 为基准
    x = R[l];
    do {
        while ( ( R[j] >= x ) && ( i<j ) )
            j– –;  //从右向左扫描，查找小于 x 的元素
        if ( i < j )
            R[i++] = R[j];  //将 R[j]放在 R[i]位置
        while ( ( R[i] <= x ) && ( i<j ) )
            i++; //从左向右扫描，查找大于 x 的元素
        if ( i < j )
            R[j– –] = R[i];  //将 R[i]放在 R[j]位置
    } while ( i != j );
    R[i] = x;  //基准已被最后定位在 i 处
    return i;
} //Partition

void QuickSort ( Datatype R[ ], int s1, int t1 ) { //对 R[s1]到 R[t1]做快速排序
    int i;
```

```
        if (s1<t1) {   //只有一个元素或无元素时无须排序
            i = Partition (R, s1, t1); //对 R[s1]到 R[t1]做划分
            QuickSort (R, s1, i−1); //递归处理左区间
            QuickSort (R, i+1, t1); //递归处理右区间
        }
    } //QuickSort
```

注意：对整个文件 R[0]到 R[n−1]排序，只需调用 QuickSort (R，0，n – 1)即可。

图 8-8 展示了一次划分的过程及整个快速排序的过程。

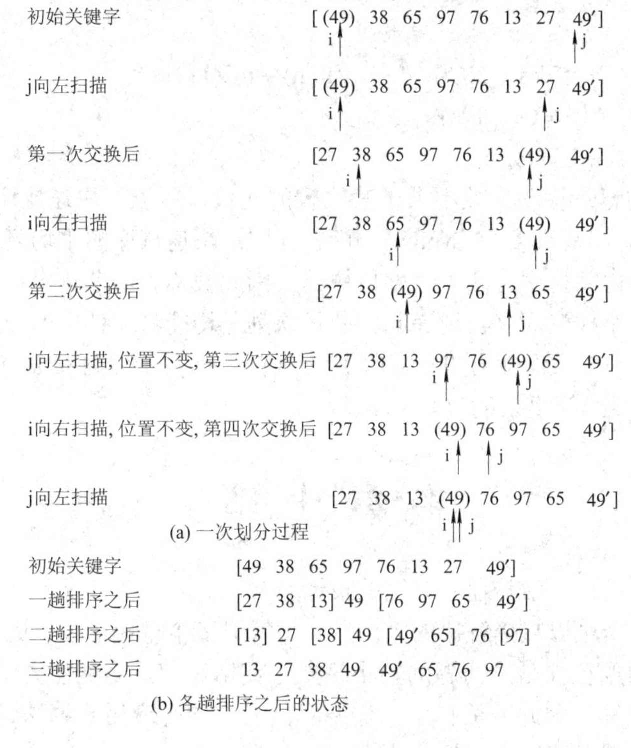

图 8-8　快速排序示例

一般来说，快速排序有非常好的时间复杂度，它优于各种排序算法。可以证明，对n 个记录进行快速排序的平均时间复杂度为 O(nlbn)。但是，当待排序文件的记录已按关键字有序或基本有序时，情况反而恶化了，原因是在第一趟快速排序中，经过 n – 1 次比较之后，将第一个记录仍定位在它原来的位置上，并得到一个包括 n – 1 个记录的子文件；第二次递归调用，经过 n – 2 次比较，将第二个记录仍定位在它原来的位置上，从而得到一个包括 n – 2 个记录的子文件；以此类推，最后得到的总比较次数为

$$C_{max} = \sum_{i=1}^{n-1} (n-i) = \frac{1}{2}n(n-1) \approx \frac{1}{2}n^2 \tag{8-3}$$

这使快速排序蜕变为起泡排序，其时间复杂度为 $O(n^2)$。在这种情况下，通常采用“三者取中”的规则加以改进。即在进行一趟快速排序之前，对 R[l]、R[h] 和 $R[\lfloor (l+h)/2 \rfloor]$ 进行

比较，再将三者中取中值的记录和 R[l] 交换，就可以改善快速排序在最坏情况下的性能。

在最好情况下，每次划分所取的基准都是无序区的中值记录，划分的结果是基准的左、右两个无序子区的长度大致相等。设 C(n)表示对长度为 n 的文件进行快速排序所需的比较次数，显然它应该等于对长度为 n 的无序区进行划分所需的比较次数 n－1，加上递归地对划分所得的左、右两个无序子区(长度≤n/2)进行快速排序所需的比较次数。假设文件长度 $n = 2^k$，那么总的比较次数为

$$\begin{aligned}C(n) &\leqslant n + 2C(n/2)\\ &\leqslant n + 2[n/2 + 2C(n/2^2)] = 2n + 4C(n/2^2)\\ &\leqslant 2n + 4[n/4 + 2C(n/2^3)] = 3n + 8C(n/2^3)\\ &\leqslant \cdots\\ &\leqslant kn + 2^kC(n/2^k) = n(\text{lb } n) + nC(1)\\ &= O(n \text{ lb } n)\end{aligned} \tag{8-4}$$

其中，C(1)是一个常数；k = lbn。

因为快速排序的记录移动次数不大于其比较的次数，所以，快速排序的最坏时间复杂度应为 $O(n^2)$，最好时间复杂度为 O(nlbn)。可以证明：快速排序的平均复杂度是 O(nlbn)，它是目前基于比较的内部排序方法中速度最快的，因此被称为快速排序。

快速排序需要一个栈空间来实现递归。若每次划分均能将文件中的 n 个记录均匀地分割为两个部分，则栈的最大深度为$\lfloor \text{lbn} \rfloor+1$，所需栈的空间复杂度为 O(lbn)。在最坏情况下，递归深度为 n，所需栈空间复杂度为 O(n)。

本 章 小 结

本章的基本内容是：分治与递归算法的设计及应用。

分治算法是将一个难以直接解决的大问题，分解成多个规模较小、更易解决的子问题。由分治法产生的子问题往往是原问题的较小模式，使用递归策略能使算法的描述和函数的定义简洁，且易于理解。因此分治算法与递归算法经常同时应用于算法设计之中，由此产生如快速排序、二分搜索等许多高效算法。

习　　题

概念题

8-1　已知一个长度为 16 的顺序表 L，其元素按关键字有序排列。若采用二分查找法查找一个 L 中不存在的元素，则关键字的比较次数最多是_______。

A. 4　　B. 5　　C. 6　　D. 7

8-2　用二分查找从 100 个有序整数中查找某数，最坏情况下需要比较的次数是______。

A. 7　　B. 10　　C. 50　　D. 99

8-3　对 N 个记录进行归并排序，归并趟数的数量级是_______。

A. O(logN)　　B. O(N)　　C. O(NlogN)　　D. $O(N^2)$

8-4　排序过程中，对尚未确定最终位置的所有元素进行一遍处理称为一“趟”。下列序列中，不可能是快速排序第二趟结果的是________。

A. 5, 2, 16, 12, 28, 60, 32, 72　　B. 2, 16, 5, 28, 12, 60, 32, 72

C. 2, 12, 16, 5, 28, 32, 72, 60　　D. 5, 2, 12, 28, 16, 32, 72, 60

8-5　在快速排序的一趟划分过程中，当遇到与基准数相等的元素时，如果左右指针都会停止移动，那么当所有元素都相等时，算法的时间复杂度是________。

A. O(logN)　　B. O(N)　　C. O(NlogN)　　D. $O(N^2)$

8-6　有组记录的排序码为{46，79，56，38，40，84}，采用快速排序(以位于最左位置的对象为基准)而得到的第一次划分结果为________。

A. {38,46,79,56,40,84}　　B. {38,79,56,46,40,84}

C. {38,46,56,79,40,84}　　D. {40,38,46,56,79,84}

算法设计题

8-7　用分治算法设计两个大整数乘积的算法。(注：大整数是使用计算机中的整数类型无法表示的整数)

8-8　用分治算法设计两个矩阵乘积的算法。

8-9　在一个 $2^k \times 2^k$ 方格组成的棋盘中，若有一个方格与其他方格不同，则称该方格为特殊方格，且称该棋盘为特殊棋盘。在棋盘覆盖问题中，要求用图 8-9 所示的 4 种不同形态的 L 型骨牌覆盖一个给定的特殊棋盘上除特殊方格外的所有方格，且任何 2 个 L 型骨牌不得重叠覆盖。(注：在任何一个棋盘覆盖中，用到的 L 型骨牌个数恰为$(4^k-1)/3$。采用分治法求解)

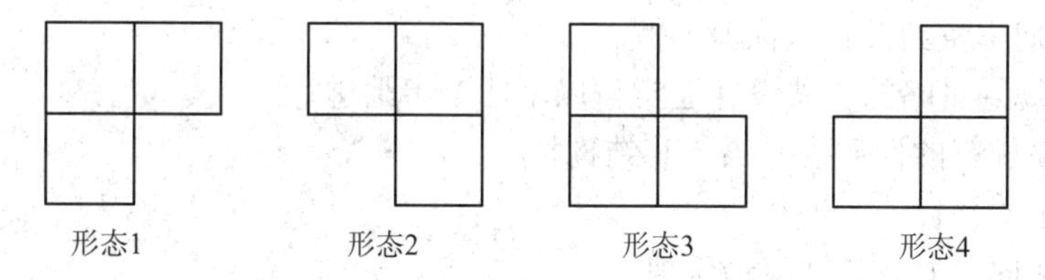

图 8-9　4 种不同形态的 L 型骨牌

8-10　给定平面上 n 个点，找出其中的一对点，使得在 n 个点组成的所有点对中，该点对之间的距离最小，该问题称为最接近点对问题。(注：设计一个时间复杂度为 O(nlbn)的算法，采用分治法设计)

8-11　设有 $n = 2^k$ 个运动员要进行乒乓球循环赛，现在要设计一个满足以下要求的比赛日程表(采用分治法求解)：

(1) 每个运动员必须与其他 n – 1 个运动员各赛一场。

(2) 每个运动员一天只能赛一场。

(3) 循环赛共进行 n – 1 天。

第9章 动态规划与贪心策略

本章将介绍缩小规模问题的另外两种求解方法：动态规划和贪心策略。

9.1 动态规划思想

动态规划法与分治法类似，其基本思想也是将待求解问题分解成若干个子问题，先求解子问题，然后从这些子问题的解得到原问题的解。与分治法不同的是，适用于动态规划法求解的问题，经分解得到的子问题往往不是互相独立的。若用分治法解这类问题，则分解得到的子问题数量太大，以至于最后解决原问题需要耗费指数级的时间。另外，在用分治法求解时，有些子问题被重复计算了许多次。

如果能够保存已解决子问题的结果，而在需要时可以使用它，这样就能避免大量的重复计算，从而得到多项式时间的算法。为了达到这个目的，可以用一个表来记录所有已解决子问题的答案，而不管该子问题的答案以后是否会用到，只要它被计算过，就将其结果记入表中。

动态规划策略通常用于求解具有某种最优性质的问题。在这类问题中，可能会有许多可行的解，但期望找到具有最优值的解。

基于动态规划策略的算法设计通常按以下四个步骤进行：

(1) 找出最优解的性质，并描述其结构特征。

(2) 递归定义最优值。

(3) 以自底向上的方式计算最优值。

(4) 根据计算最优值时得到的信息构造一个最优解。

通常，在步骤(3)计算最优值时，需要记录更多的信息，以便在步骤(4)中快速构造出一个最优解。

下面通过矩阵连乘积最优计算次序的求解深入理解动态规划法。

9.1.1 矩阵连乘问题

1. 矩阵连乘

给定 n 个矩阵{A_0，A_1，…，A_{n-1}}，其中 A_i 和 A_{i+1} 是可乘的，i = 0，1，…，n－2。要求计算这 n 个矩阵的连乘积 $A_0A_1 \cdots A_{n-1}$。

由于矩阵乘法满足结合律，因此计算矩阵连乘可以有许多不同的计算次序，每种计算次序都可用不同的加括号方式确定。如果矩阵连乘完全加了括号，则说明计算矩阵连乘的次序也完全确定，这时就可以使用两个矩阵相乘的标准算法计算矩阵的连乘积。

完全加括号的矩阵连乘积可以递归定义如下：

(1) 单个矩阵是完全加括号的。

(2) 矩阵连乘积 A 是完全加括号的，则 A 可以表示为两个完全加括号的矩阵 B 和 C 的乘积并加括号，即 A=(BC)。

每 种完全加括号的方式对应于一种矩阵连乘积的计算次序，而这种计算次序与计算矩阵连乘积的计算量有着密切的关系。

例如三个矩阵{A_0，A_1，A_2}，其连乘积 $A_0A_1A_2$ 有两种计算次序：$A_0(A_1A_2)$和$(A_0A_1)A_2$，其中矩阵 A_0、A_1 和 A_2 的维数分别是 10×100、100×5 和 5×50。若按第一种加括号方式计算，则计算三个矩阵连乘积需要的数乘次数为 100×5×50+10×100×50=75 000。若按第二种加括号方式计算，则计算三个矩阵连乘积需要的数乘次数为 10×100×5+10×5×50=7500。

由此可见，在计算矩阵连乘积时，计算次序对计算量有很大的影响。现在面临的问题是，对于 n 个矩阵如何确定矩阵连乘积的最优计算次序。

穷举搜索法是最容易想到的解法，该方法列举出所有可能的计算次序，并计算出每一种计算次序的数乘次数，由此找出数乘次数最少的计算次序。设对于 n 个矩阵连乘积的不同计算次序为 P(n)，则 P(n)=C(n－1)。而 $C(n)=\frac{1}{n+1}\binom{2n}{n}=O(4^n/n^{3/2})$，因此穷举搜索法不是一个有效的算法。

下面将介绍用动态规划法解矩阵连乘积的最优计算次序问题。

2. 矩阵连乘积的最优计算次序

(1) 分析最优解的结构。

设将矩阵连乘积 $A_0A_1\cdots A_{n-1}$ 记为 A[0:n－1]，计算 A[0:n－1]的一个最优计算次序。设一个计算次序在矩阵 A_k 和 A_{k+1} 之间断开，0≤k＜n－1，则完全加括号方式为$((A_0\cdots A_k)(A_{k+1}\cdots A_{n-1}))$。首先依此次序先分别计算 A[0:k]和 A[k+1:n－1]，然后将计算的结果相乘得到 A[0:n－1]。它的总计算量为 A[0:k]的计算量加上 A[k+1:n－1]的计算量，再加上 A[0:k]和 A[k+1:n－1]相乘的计算量的和。

这个问题的关键特征是：计算 A[0:n－1]的一个最优计算次序，其所包含的计算矩阵子链 A[0:k]和 A[k+1:n－1]的计算次序也是最优的。

因此，矩阵连乘积计算次序问题的最优解包含着其子问题的最优解，该性质称为最优子结构性质。一个问题是否具有最优子结构性质，是该问题是否可以用动态规划法求解的重要前提。

(2) 建立递归关系。

对于矩阵连乘积的最优计算次序问题，设计算 A[i:j](0≤i≤j≤n－1)所需的最少数乘次数为 m[i][j]，则原问题的最优值为 m[0][n－1]。

① 当 i=j 时，A[i:j]=A_i 为单一矩阵，无须计算，因此 m[i][i]=0，i=0，1，…，n－1。

② 当 i＜j 时，可利用最优子结构性质计算 m[i][j]。若计算 A[i:j]的最优次序是在 A_k 和 A_{k+1} 之间断开，i≤k＜j，则 $m[i][j]=m[i][k]+m[k+1][j]+p_ip_{k+1}p_{j+1}$。由于计算时是不知道断开

点 k 的位置，因此 k 还未确定。不过 k 的位置只有 j－i 种可能，即 k∈{i，i+1，…，j－1，j}，k 是 j－i 个位置中使计算量达到最小的那个位置。因此，m[i][j]可以递归定义为

$$m[i][j]=\begin{cases}0 & i=j\\ \min\limits_{i\leqslant k<j}\{m[i][k]+m[k+1][j]+p_i p_{k+1} p_{j+1}\} & i<j\end{cases} \tag{9-1}$$

若将 m[i][j]的断开位置 k 记为 s[i][j] = k，则在计算出最优值 m[i][j]后，可由 s[i][j]递归地构造出相应的最优解。

(3) 计算最优值。

根据计算 m[i][j] 的递归式(9-1)，容易编写递归算法计算 m[0][n−1]，但简单地使用递归算法计算将耗费指数级的计算时间。事实上，在递归计算过程中，对于 $0\leqslant i\leqslant j\leqslant n-1$ 时，不同的有序对(i, j)对应于不同的子问题，不同的子问题个数只有 $\binom{n}{2}+n=O(n^2)$ 个。由此可见，在递归计算时许多子问题被重复计算多次，这也是该问题可以用动态规划法求解的显著特征之一。

用动态规划法求解这类问题，可依据其递归式以自底向上的方式进行计算，在计算过程中保存已解决子问题的答案。每个子问题只计算一次，而在后面的计算中检查一下计算结果，就可以确定待计算的子问题是否已经解决，如果检查出计算结果已经得出了答案，则不需要再进行计算；否则需要计算子问题的答案。这样就避免了大量的重复计算，最终得到多项式时间的算法。

下面给出计算 m[i][j]的动态规划算法 MatrixChain，输入参数{p_0，p_1，p_2，…，p_n}存储于数组 p[n+1]中。该算法除了输出最优值数组 m 外，还输出记录断开位置的数组 s。

```
void MatrixChain (int p[n+1], int n, int m[][n], int s[][n]) {
    int i, j, r, k, t;
    for (i = 0; i < n; i++)
        m[i][i] = 0;
    for (r = 2; r <= n; r++)
        for (i = 0; i < n–r+1; i++) {
            j = i+r–1;
            m[i][j] = m[i+1][j]+p[i+1] *p[i] *p[j+1];
            s[i][j] = i;
            for (k = i+1; k < j; k++){
                t = m[i][k]+m[k+1][j]+p[i] *p[k+1] *p[j+1];
                if (t < m[i][j]){
                    m[i][j] = t;
                    s[i][j] = k;
                }
            }
        }
} // MatrixChain
```

MatrixChain 算法首先计算出 m[i][i]=0 (i=0，1，…，n－1)，然后根据递归式，按矩阵链长度递增的方式依次计算 m[i][i+1] (i=0, 1, …, n－2，此时矩阵链长度是 2)，m[i][i+2] (i=0，1，…， n－3，此时矩阵链长度是 3)，…。在计算 m[i][j] 时，只用到已经计算出的 m[i][k]和 m[k+1][j]。

例如计算矩阵连乘积 $A_0A_1A_2A_3A_4A_5$，其中各矩阵的维数分别为 30×35、35×15、15×5、5×10、10×20、20×25。

用动态规划算法 MatrixChain 计算 m[i][j] 的先后次序如图 9-1(a)所示，计算结果 m[i][j] 和 s[i][j](0≤i≤j≤n－1)如图 9-1(b)和(c)所示。

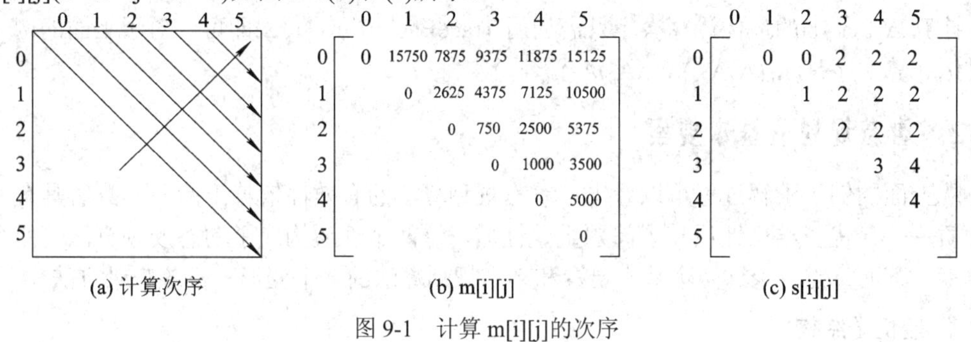

图 9-1　计算 m[i][j]的次序

在计算 m[1][4] 时，根据递归式(9-1)有

$$m[1][4]=\min\begin{cases} m[1][1]+m[2][4]+p_1p_2p_5=0+2500+35\times15\times20=13\,000 \\ m[1][2]+m[3][4]+p_1p_3p_5=2625+1000+35\times5\times20=7125 \\ m[1][3]+m[4][4]+p_1p_4p_5=4375+0+35\times10\times20=11\,375 \end{cases} \tag{9-2}$$

且 k=2，因此 s[1][4]=2。

MatrixChain 算法的主要计算量取决于程序中对 r、i 和 k 的三重循环，循环体内的计算量的复杂度为 O(1)，而三重循环的总次数的复杂度为 $O(n^3)$，因此该算法的计算时间复杂度上界为 $O(n^3)$，所占用的空间复杂度显然为 $O(n^2)$。由此可见，动态规划算法比穷举搜索法有效。

(4) 构造最优解。

MatrixChain 算法的结果只给出了计算矩阵连乘积的最少数乘次数，还不知道采用何种计算次序才能达到最少数乘次数。

根据 MatrixChain 算法所给出的信息可以获得最优计算次序。事实上，根据 s[i][j]中记录的数 k 可知：计算矩阵链 A[i:j]的最佳方式是在矩阵 A_k 和 A_{k+1} 之间断开，即最优加括号的方式是(A[i:k])(A[k+1:j])。因此从 s[0][n−1]记录的信息可知：计算 A[0:n−1]的最优加括号方式为(A[0:s[0][n−1]])(A[s[0][n-1]+1:s[0][n−1]])；而 A[0:s[0][n−1]]的最优加括号方式为(A[0:s[0][s[0][n−1]]]) (A[s[0][s[0][n−1]]+1: s[0][n−1]])。同理，可以确定 A[s[0][n−1]+1:n−1]的最优加括号方式应在 s[s[0][n−1]+1][n−1]处断开……，照此递推下去，最终可以确定 A[0:n−1]的最优加括号方式，即构造出了问题的一个最优解。

下面的 TraceBack 算法，是按 MatrixChain 算法计算出的断点矩阵 s 指示的加括号方式输出计算 A[i:j]的最优计算次序。

```
void TraceBack ( int i, int j, int s[][n] ) {
        if ( i == j )
        return;
        TraceBack (i, s[i][j], s);
        TraceBack (s[i][j]+1, j, s);
        printf("Multiply A %d , %d", i, s[i][j]);
        printf("and A %d , %d", s[i][j]+1, j);
    } //TraceBack
```

计算 A[0:n−1]的最优计算次序只需调用 TraceBack(0, n−1, s)即可。对于上面的例子，其最优计算次序是$(A_0(A_1A_2))((A_3A_4)A_5)$。

9.1.2 动态规划的基本要素

从上面的例子求解过程可以看出：动态规划算法的有效性依赖于问题本身所具有的两个性质——最优子结构性质和子问题重叠性质，这两个性质构成了动态规划算法的两个基本要素。下面重点讨论这两个基本要素和动态规划算法的一个变形——备忘录方法。

1. 最优子结构

设计动态规划算法的第一步是分析最优解的结构，当问题的最优解包含了其子问题的最优解时，称该问题具有最优子结构性质。

在矩阵连乘积最优计算次序问题中，若$A_0A_1\cdots A_{n-1}$的最优完全加括号方式在A_k和A_{k+1}之间将矩阵链断开，则由此确定的子矩阵链$A_0A_1\cdots A_k$和$A_{k+1}A_{k+2}\cdots A_{n-1}$的完全加括号方式也最优。

2. 重叠子问题

可以用动态规划算法求解的问题，应具有的另一个基本要素是子问题的重叠性质。在用递归算法自底向上解此问题时，每次产生的问题并不总是新问题，有些子问题被反复计算多次。动态规划算法正是利用了这种问题的重叠性质，对每个子问题只解一次，然后将其解保存在一个表格中，当再次需要解此子问题时，只是简单地用常数时间查看所保存的结果即可。

通常情况下，不同的子问题个数随问题的规模呈多项式的形式增长，因此可以获得较高的解题效率。为了说明这一点，下面是利用递归式直接计算 A[i:j]的递归算法 RecurMatrixChain：

```
int RecurMatrixChain(int i, int j) {
        int u, k, t;
        if (i == j)
            return 0;
        u = RecurMatrixChain (i, i) + RecurMatrixChain (i+1, j) + p[i] *p[i+1] *p[j+1];
        s[i][j] = i;
        for (k = i+1; k < j; k++) {
            t = RecurMatrixChain (i, k) + RecurMatrixChain (k+1, j)+ p[i] *p[k+1] *p[j+1];
```

```
            if (t < u) {
                u = t;
                s[i][j] = k;
            }
        }
        return u;
    } // RecurMatrixChain
```

利用算法 RecurMatrixChain(1，4)计算 A[1:4]的递归树如图 9-2 所示。从图 9-2 可以看出，多个子问题被重复计算。

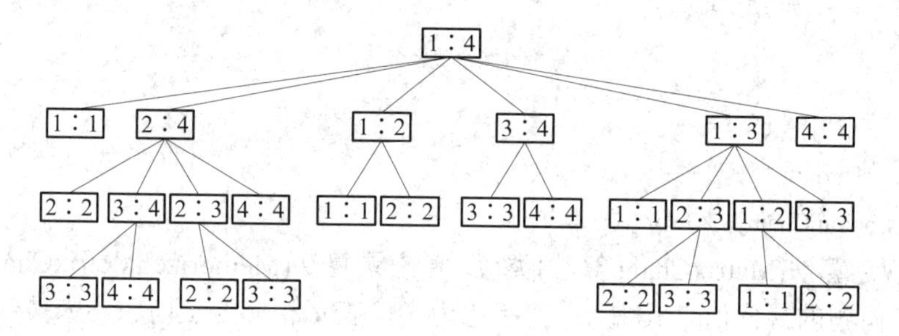

图 9-2　计算 A[1:4]的递归树

RecurMatrixChain 算法的计算时间为 $T(n) \geqslant 2^{n-1} = O(2^n)$。

9.1.3　备忘录方法

动态规划算法的一个变形是备忘录方法。备忘录方法使用一个表格记录已解决子问题的结果，在下次需要解此子问题时，只须察看该子问题的结果，而不必重新计算。与动态规划不同的是备忘录方法的递归方式是自顶向下，而动态规划算法则是自底向上的。因此，备忘录方法的控制结构与直接递归方法的控制结构相同，区别在于备忘录方法为每个解过的子问题建立备忘录，避免了相同子问题的重复求解。

备忘录方法为每一个子问题建立一个记录项，初始化时将其赋值为特定值，表示该子问题尚未求解。在求解过程中，对每个待求解的子问题，首先查看其相应的记录项，若记录项中存储的值是初始化的值，则表示该子问题第一次遇到，就需要计算该子问题的解，并存入相应的记录项；否则表示该子问题已经求解，即不必再计算该子问题的解，其算法如下：

```
int MemorizedMatrixChain (int n, int m[][n], int s[][n]) {
    for (int i = 0; i < n; i++)
        for (int j = 0; j < n; j++)
            m[i][j] = 0;
    return LookupChain (0, n−1);
} // MemorizedMatrixChain
int LookupChain (int i, int j) {
    if (m[i][j] > 0)
        return m[i][j];
```

```
        if (i == j)
            return 0;
        int u = LookupChain(i, i) + LookupChain(i+1, j) + p[i]*p[i+1]*p[j+1];
        s[i][j] = i;
        for (int k = i+1; k < j; k++) {
            int t = LookupChain(i, k) + LookupChain(k+1, j) + p[i]*p[k+1]*p[j+1];
            if (t < u) {
                u = t;
                s[i][j] = k;
            }
        }
        m[i][j] = u;
        return u;
    } // LookupChain
```

与动态规划算法(MatrixChain 算法)类似，备忘录算法(MemorizedMatrixChain 算法)用数组 m 记录子问题的最优值。其中 m 初始化为 0，表示相应的子问题还未被计算。在调用 LookupChain 算法时，如果 m[i][j] > 0，那么 m[i][j] 中存储的值就是待求的值，直接返回此结果即可；否则通过递归算法自顶向下计算，并将计算结果存入 m[i][j] 后返回。因此 LookupChain 算法总能返回正确结果，但仅在第一次被调用时需要计算，以后的调用就是直接返回结果。

与动态规划算法一样，备忘录算法的时间复杂度是 $O(n^3)$。

综上所述，矩阵连乘积的最优计算次序问题，可用自顶向下的备忘录算法或自底向上的动态规划算法在计算时间复杂度为 $O(n^3)$以内求解。这两个算法都利用了子问题的重叠性质。

一般而言，当一个问题的所有子问题都至少需要求解一次时，动态规划算法好于备忘录算法；当子问题空间中的部分子问题可以不必求解时，备忘录算法优于动态规划算法。

9.2 贪心策略的基本要素

当一个问题具有最优子结构性质时，可以用动态规划算法求解，但有时会有更简单有效的算法。假设有四种硬币，它们的面值分别是五角、一角、五分和一分，现在找给某顾客四角七分钱，该如何找零?

硬币找零的计算方法实质上称为贪心算法，其基本思想是：总是做出在当前看来是最好的选择，即贪心算法并不从整体最优上考虑，而只考虑当前(局部)最优。硬币找零的计算结果是整体(全局)最优解，但贪心算法的解并不都是最优的，可以认为是最优解的近似解。

活动安排问题是可以用贪心算法求解的一个很好的例子，该问题要求高效地安排一系列占用某一个公共资源的活动。

设 n 个活动的集合 E = {0，1，…，n − 1}，其中每个活动都要求使用同一个资源(如演讲会场)，而在同一时间有且只有一个活动可以使用这个资源，每个活动 i 要求使用该资源的起始时间和结束时间分别是 s_i 和 f_i，且 $s_i<f_i$，占用资源的半开时间区间是[s_i，f_i)。若[s_i，f_i)和[s_j，f_j)不相交，则活动 i 和活动 j 是相容的；否则活动 i 和活动 j 是相互冲突的。

下面给出了活动安排问题的贪心算法，其中，每个活动的起始时间和结束时间分别存储在数组 s 和 f 中，且活动按结束时间递增排列，即 $f_0 \leqslant f_1 \leqslant f_2 \leqslant \cdots \leqslant f_{n-1}$。如果所给出的活动未按此排列，可以通过排序算法在时间复杂度为 O(n lb n)以内完成。

```
void GreedySelector (int n, DataType s[], DataType f[], int A[]) {
    A[0] = 1;
    int j = 0;
    for (int i = 1; i < n; i++)
        if (s[i] >= f[j]) {
            A[i] = 1;
            j = i;
        }else A[i] = 0;
} // GreedySelector
```

在 GreedySelector 算法中，使用集合 A 存储所选择的活动，当且仅当 A[i] 的值为 1 时，活动 i 在集合 A 中。变量 j 用来记录最近一次加入到 A 中的活动。由于输入的活动是按其结束时间的非递减排列，因此 f_j 总是当前集合 A 中所有活动的最大结束时间，即 $f_j = \max\limits_{k \in A} \{f_k\}$。

由于 f_j 总是当前集合 A 中所有活动的最大结束时间，因此活动 i 与当前集合 A 中所有活动相容的充分必要条件是：活动 i 的开始时间 s_i 不早于最近加入集合 A 中的活动 j 的结束时间 f_j，即 $s_i \geqslant f_j$。

贪心算法并不总能求得问题的最优解，但对于活动安排问题，贪心算法却总能求得整体最优解。

对于一个具体问题，如何知道是否可以使用贪心算法求解，这个问题很难回答，但是，从许多可以用贪心算法求解的问题中看出：能够用贪心算法求解的问题具有贪心选择性质和最优子结构性质，这是贪心策略的基本要素。

贪心选择性质是指所求问题的整体最优解可以通过一系列局部最优解的选择来实现(贪心选择)。对于一个具体问题，必须证明每一步所做的贪心选择最终导致问题的一个全局最优解。其具体步骤是：首先考察问题的一个全局最优解，并证明可修改该最优解，使其以贪心选择开始；做贪心选择后，原问题简化为一个规模更小的类似子问题；然后用数学归纳法证明，通过每一步做贪心选择，最终可得问题的一个全局最优解。其中，证明贪心选择后的问题简化为规模更小的类似子问题的关键是：利用该问题的最优子结构。

最优子结构是指一个问题的最优解包含其子问题的最优解性质。

9.3　贪心策略的应用

在动态规划算法中，每步所做出的选择往往依赖于相关子问题的解，因此只有在求出相关子问题的解以后才能做出选择。而贪心算法所做的贪心选择是仅在当前状态下做出的最好选择，即局部最优选择。然后再求解做出该选择后所产生的相应子问题的解，即贪心算法所做出的贪心选择可以依赖于“过去”所做出的选择，但绝不依赖于将来所做出的选择，也不依赖于子问题的解。

贪心算法和动态规划算法都具有最优子结构性质。下面通过事例说明这两者之间的差别。

1. 0-1 背包问题

给定 n 种物品和一个背包，其中，物品 i 的重量为 w_i，其价值为 v_i；背包的容量为 c。问题是如何选择装入背包中的物品，使得装入背包中物品的总价值最大。(在选择装入背包中的物品时，对每种物品 i 只有两种选择：装入或不装入，即不能将物品 i 多次装入背包，也不能只装物品 i 的一部分)。

上述问题的形式化描述为：给定 $c>0$，$w_i>0$，$v_i>0$，$0\leqslant i\leqslant n-1$，要求找出一个 n 元向量$(x_0, x_1, \cdots, x_{n-1})$，$x_i\in\{0, 1\}$，$0\leqslant i\leqslant n-1$，使得$\sum_{i=0}^{n-1} w_i x_i \leqslant c$，且$\sum_{i=0}^{n-1} v_i x_i$的值达到最大。

对于 0-1 背包问题，设 A 是能够装入容量为 c 的背包且具有最大价值的物品集合，而 $A_j = A - \{j\}$是 $n-1$ 个物品可装入容量为 $c - w_j$ 的背包具有最大价值的物品集合。

在考虑 0-1 背包问题的物品选择时，应比较选择该物品和不选择该物品所导致的最终结果，然后再做出最好的选择。由此导致许多相互重叠的子问题出现，这正是 0-1 背包问题应采用动态规划算法求解的重要原因之一。

2. 背包问题

给定 n 种物品和一个背包，其中，物品 i 的重量为 w_i，其价值为 v_i；背包的容量为 c。问题是如何选择装入背包中的物品，使得装入背包中的物品的总价值最大。(在选择装入背包中的物品时，对每种物品 i 有三种选择：装入、不装入或部分装入)。

上述问题的形式化描述为：给定 $c>0$，$w_i>0$，$v_i>0$，$0\leqslant i\leqslant n-1$，要求找出一个 n 元向量$(x_0, x_1, \cdots, x_{n-1})$，$0\leqslant x_i\leqslant 1$，$0\leqslant i\leqslant n-1$，使得$\sum_{i=0}^{n-1} w_i x_i \leqslant c$，且$\sum_{i=0}^{n-1} v_i x_i$的值达到最大。

对于背包问题，若它的一个最优解包含物品 j，则从该最优解中拿出所含物品 j 的那部分重量 w，剩余的重量是 $n-1$ 个原重量物品和重量为 $w_j - w$ 的物品 j 中可装入容量为 $c - w$ 的背包且具有最大价值的物品。

虽然 0-1 背包问题和背包问题极为相似，都具有最优子结构性质，但是背包问题可以用贪心算法求解，而 0-1 背包问题却不能使用贪心算法。

用贪心算法求解背包问题的步骤是：首先计算每种物品的单位重量的价值 v_i/w_i；根据贪心选择策略，将尽可能多的单位重量价值高的物品装入背包；若将这种物品全部装入背包后，背包内的物品总重量未超过 c，则选择单位重量价值次高的物品并尽可能多地装入背包；以此类推，直到背包装满为止，其具体算法描述如下：

```
void KnapSack (int n, float M, float v[], float w[], float x[] ) {
    Sort(n, w, v);
    int i;
    for (i = 0; i < n; i++)
        x[i] = 0;
    float c = M;
    for (i = 0; i < n; i++) {
        if (w[i] > c)
            break;
        x[i] = 1;
        c-= w[i];
    }
    if ( i < n ) x[i] = c / w[i];
} // KnapSack
```

上述算法的计算时间，主要耗费在各种物品依其单位重量的价值大小的从大到小的排序上，计算时间复杂度的上界是 O(nlbn)。

对于 0-1 背包问题，贪心算法就不适合了，这是因为它无法保证最终能将背包装满，部分背包空间的闲置使单位重量背包空间的价值降低(0-1 背包问题和背包问题之间差异的实例说明如图 9-3 所示)。事实上，在考虑 0-1 背包问题的物品选择时，应比较选择该物品和不选择该物品所导致的最终结果，然后再做出最好的选择。由此导致许多相互重叠的子问题出现，这正是 0-1 背包问题应采用动态规划算法求解的重要原因之一。

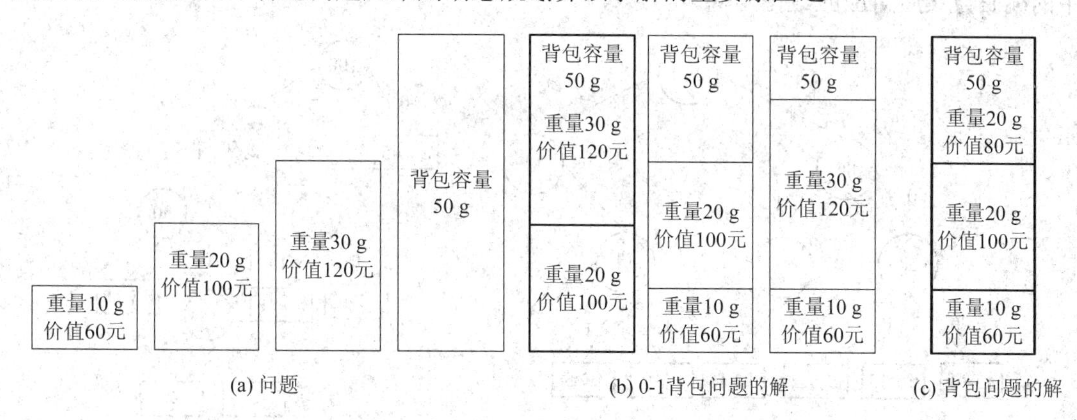

图 9-3　0-1 背包问题和背包问题差异之实例说明

图 9-3(b)中的粗框所示为 0-1 背包问题的最优解；图 9-3(c)所示为背包问题的最优解。

3. 哈夫曼编码

哈夫曼编码是用于数据文件压缩的一个十分有效的编码方法，它利用一个字符在文件中出现的频率建立一个用 0-1 串表示各个字符的最优表示方法。

假设有一个数据文件包含 100 000 个字符，其中共有六个字符形式，每个字符出现的频率如表 9-1 所示。问题是：如何采用压缩存储方式存储该文件。

表 9-1 字符出现的频率及字符编码

	a	b	c	d	e	f
频率(千次)	45	13	12	16	9	5
定长码	000	001	010	011	100	101
变长码	0	101	100	111	1100	1101

压缩该文件有多种方法。可用 0-1 码串表示字符，即每个字符用唯一的一个 0-1 码串表示。若用定长码，则表示每个字符需要 3 位，用这种方法对整个文件进行编码则需要 300 000 位。那么采用合适的编码方法是否可以做得更好呢？使用变长码比使用定长码要好得多。若使用表 9-1 所示的变长码表示，则整个文件的总码长为$(45 \times 1 + 13 \times 3 + 12 \times 3 + 16 \times 3 + 9 \times 4 + 5 \times 4) \times 1000 = 224\ 000$ 位。可以看出，变长码方案比定长码方案好，其总码长减少约 25%。事实上，这是该文件的一个最优编码方案。

对每一个字符规定一个 0-1 码串作为其代码，并要求任意一个字符的代码都不是其他字符的前缀，称具有该性质的代码为前缀码。编码的前缀性质可以保证译码方法非常简单。由于任意一个字符的代码都不是其他字符代码的前缀，因此从编码文件中不断取出代表某个字符的前缀码转换为字符，即可逐个译出文件中的所有字符。

译码过程必须方便地获取编码的前缀，因此需要一个表示前缀码的合适的数据结构，为此采用二叉树作为表示前缀编码的数据结构。在二叉树中，叶子代表给定的字符，并将每个字符的前缀码看作是从根到代表该字符的叶子的一条路经，代码中的每一位 0 或 1 分别作为指示某结点到左孩子或右孩子的“路标”。例如，图 9-4 中的两棵树分别表示表 9-1 中的编码方案所对应的数据结构。

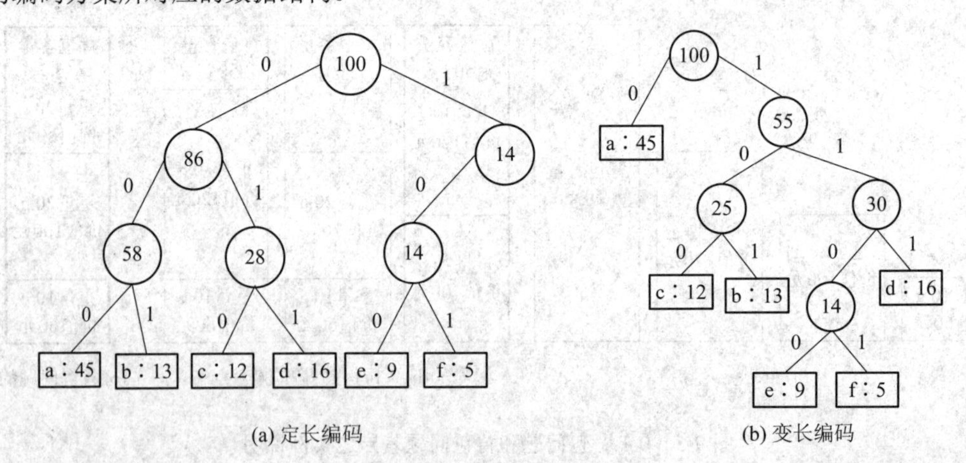

图 9-4 前缀码的二叉树表示

变长编码方案所对应的前缀码的二叉树不是一棵完全二叉树，而定长编码方案所对应的二叉树是完全二叉树。在一般情况下，若 C 是编码字符集，则表示其最优前缀码的二叉树中恰有|C|个叶子，每个叶子对应字符集 C 中的一个字符，且该二叉树恰有|C|–1 个内部结点。

给定编码字符集 C 及其频率分布 f，C 的一个前缀码编码方案对应一个二叉树 T，字符

$c \in C$ 在树 T 中的深度记为 $d_T(c)$，其中 $d_T(c)$也是字符 c 的前缀码长。该编码方案的平均码长定义为

$$B(T) = \sum_{c \in C} f(c) d_T(c) \tag{9-3}$$

使平均码长达到最小的前缀编码称为 C 的一个最优前缀码。

哈夫曼提出了一种构造最优前缀码的贪心算法，由此产生的编码方案称为哈夫曼算法。哈夫曼算法采用自底向上的方式构造最优前缀码的二叉树 T，算法以|C|个叶子结点开始，执行|C|–1 次的“合并”运算后产生最终所求的二叉树 T(哈夫曼算法参见第 5 章)。

下面考虑哈夫曼编码的正确性。只要能够证明最优前缀码问题具有贪心选择性质和最优子结构性质，就可以证明哈夫曼编码是正确的。

(1) 证明最优子结构性质。

设 T 表示字符集 C 的一个最优前缀码的二叉树，C 中字符 c 的出现频率为 f(c)，x 和 y 是树 T 中的两个兄弟叶子，z 是 x 和 y 的双亲，若将 z 看作频率为 $f(z) = f(x) + f(y)$的字符，则树 $T' = T - \{x, y\}$表示字符集 $C' = C - \{x, y\} \cup \{z\}$的一个最优前缀码。

证明：T 的平均码长用 T' 的码长表示。

对于任意 $c \in C - \{x, y\}$，有 $d_T(c) = d_{T'}(c)$，故 $f(c)d_T(c) = f(c)d_{T'}(c)$。另外，$d_T(x) = d_T(y) = d_{T'}(z)+1$，故

$$f(x)d_T(x)+f(y)d_T(y) = (f(x)+f(y))(d_{T'}(z)+1) = f(x)+f(y)+f(z)d_{T'}(z) \tag{9-4}$$

因此，$B(T) = B(T') + f(x) + f(y)$。

若 T'所表示的字符集 C' 的前缀码不是最优的，则有 T'' 表示的 C' 的前缀码，使得 $B(T'') < B(T')$。由于将 z 看作 C' 中的一个字符，因此 z 在 T'' 中是树叶。若将 x 和 y 加入树 T''中作为 z 的孩子，则得到字符集 C 的前缀码的二叉树 T'''，且有

$$B(T''') = B(T'') + f(x) + f(y) < B(T') + f(x) + f(y) = B(T) \tag{9-5}$$

这与 T 是最优前缀码相矛盾，故 T'所表示的前缀码也是最优的。

(2) 证明贪心选择性质。

设 C 是编码字符集，C 中字符 c 的频率为 f(c)，x 和 y 是 C 中具有最小频率的两个字符，则存在 C 的一个最优前缀码，使 x 和 y 具有相同的码长且它们的最后一位编码不同。

设二叉树 T 表示 C 的任意一个最优前缀码，要证明在对 T 做适当修改后可以得到一棵新的二叉树 T'，使得在新树中 x 和 y 是最深叶子且互为兄弟，同时新树 T'表示的前缀码也是 C 的一个最优前缀码。如果能做到这一点，则 x 和 y 在 T'表示的前缀码中具有相同的码长且仅最后一位编码不同。

证明：设 b 和 c 是二叉树 T 的最深叶子且为兄弟，不失一般性，设 $f(b) \leqslant f(c)$，$f(x) \leqslant f(y)$。由于 x 和 y 是 C 中具有最小频率的两个字符，因此 $f(x) \leqslant f(b)$，$f(y) \leqslant f(c)$。

将树 T 中的叶子 x 和 b 交换得到树 T'，再将 y 和 c 交换得到树 T''，则

$$\begin{aligned} B(T) - B(T') &= \sum_{c \in C} f(c)d_T(c) - \sum_{c \in C} f(c)d_{T'}(c) \\ &= f(x)d_T(x) + f(b)d_T(b) - f(x)d_{T'}(x) - f(b)d_{T'}(b) \\ &= f(x)d_T(x) + f(b)d_T(b) - f(x)d_T(b) - f(b)d_T(x) \\ &= (f(b) - f(x))(d_T(b) - d_T(x)) \geqslant 0 \end{aligned} \tag{9-6}$$

同理得

$$B(T') - B(T'') = \sum_{c \in C} f(c)d_{T'}(c) - \sum_{c \in C} f(c)d_{T''}(c)$$
$$= (f(c) - f(y))(d_{T'}(c) - d_{T'}(y)) \geqslant 0 \qquad (9\text{-}7)$$

因此，$B(T'') \leqslant B(T') \leqslant B(T)$。由于 T 所表示的前缀码是最优前缀码，因此 $B(T) \leqslant B(T'')$，故 $B(T) = B(T'')$，即 T"表示的前缀码也是最优前缀码，且 x 和 y 具有最长的码长仅最后一位编码不同。

由贪心选择性质和最优子结构性质可得：哈夫曼算法是正确的，即哈夫曼算法可以生成一棵最优前缀编码树。

本 章 小 结

动态规划与贪心策略是把大规模问题分解成小规模问题进行求解的另外两种解决方法。本章介绍了动态规划策略和贪心策略的基础要素及应用。

适用于动态规划策略求解的问题，具有最优子结构性质和子问题重叠性质。适用于贪心算法求解的问题，具有贪心选择性质和最优子结构性质。在具体实际应用中，采用何种策略，需根据问题的特点综合考虑。

习 题

算法分析题

9-1 一个给定序列的子序列是该序列中删除若干元素后得到的序列。给定两个序列 X 和 Y，当另一个序列 Z 即是 X 的子序列又是 Y 的子序列时，称 Z 是 X 和 Y 的公共子序列。最长公共子序列问题是：给定两个序列 $X = \{x_1, x_2, \cdots, x_n\}$和 $Y = \{y_1, y_2, \cdots, y_n\}$，找出 X 和 Y 的最长公共子序列。(注：采用动态规划法求解)

9-2 给定 n 个整数(可能为负整数)组成的序列 $x_1, x_2, \cdots, x_n$，求形如 $\sum_{k=i}^{j} x_k$ 的子段和的最大值。当所有整数均为负整数时定义其最大子段和为 0，该问题称为最大子段和问题。(注：采用动态规划法求解。最大子段和为 $\max\{0, \max_{1 \leqslant i \leqslant j \leqslant n} \sum_{k=i}^{j} x_k\}$)

9-3 给定一个凸多边形 $P = \{v_0, v_1, \cdots, v_{n-1}\}$，以及定义在凸多边形的边和弦组成的三角形上的权函数w。要求确定该凸多边形的一个三角划分，使得该三角划分中诸三角形上权值和最小，该划分称为凸多边形最优三角划分。(注：权函数为三角形的周长。采用动态规划法求解)

9-4 多边形游戏是单人玩游戏，开始时有一个由 n 点构成的多边形，每个顶点赋予一

个整数值，每条边赋予一个运算符“+”或“*”，所有边依次用整数从 1 到 n 编号。(注：采用动态规划法求解)

(1) 游戏第一步，将一条边删除。

(2) 随后 n – 1 步按以下方式操作：

① 选择一条边 E 及其相关的两个顶点 v_1 和 v_2；

② 用一个新的顶点取代边 E 及其两个顶点 v_1 和 v_2，将由顶点的整数通过边 E 上的运算得到的结果赋予新顶点。

(3) 所有边都删除后游戏结束，游戏的得分就是剩余顶点上的整数值。

要求对于给定的多边形，编程计算出最高得分，并列出所有得到这个最高分时首次删除的边的编号。

9-5　在一块电路板的上下两段分别有 n 个接线柱，设计电路时要求用导线将上端接线柱 i 与下端接线柱 b(i)相连，如图 9-5 所示。其中，b(i)(1≤i≤n)是{1，2，…，n}的一个排列。导线(i，b(i))称为该电路板上的第 i 条连线。对于任何 1≤i≤j≤n，(i，b(i))和(j，b(j))两条连线的相交的充要条件是 b(i)＞b(j)。在制作电路板时，要求将这 n 条线分不到若干绝缘层上，在同一绝缘层上的任何两条导线不相交。这就是电路布线问题，该问题就是要求确定将哪些导线预先安排在第一层上，使得该层上有尽可能多的连线，即要求确定导线集 Nets = {(i, b(i)), 1≤i≤n}的最大不相交子集。(注：采用动态规划法求解)

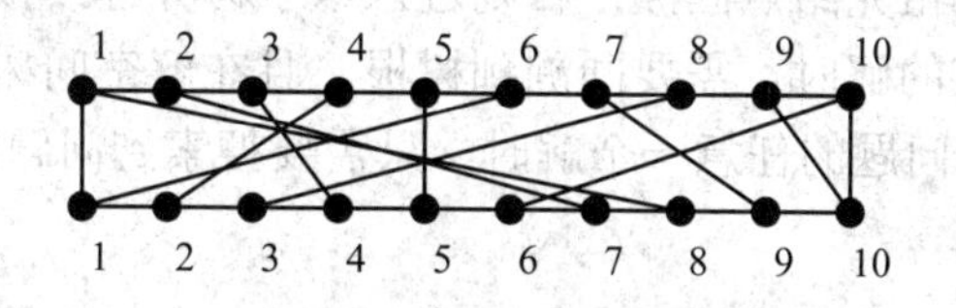

图 9-5　电路布线实例

9-6　n 个作业{1，2，…，n}要在由两台机器 M_1 和 M_2 组成的流水线上完成加工，每个作业先在 M_1 上加工，然后在 M_2 上加工。M_1 和 M_2 加工作业 i 所需的时间分别是 a_i 和 b_i，1≤i≤n。要求确定这 n 个作业的最优加工次序，使得所有作业完成加工所需的时间最少。该问题称为流水作业调度问题。(注：采用动态规划法求解)

9-7　有 n 种物品和一个背包，物品 i 的重量为 w_i，其价值为 v_i；背包的容量为 c。问题是如何选择装入背包中的物品，使得装入背包中物品的总价值最大。(注：采用动态规划法求解)

9-8　有一批集装箱要装上一艘载重量为 c 的轮船，其中集装箱 i 的重量为 w_i。在装载体积不受限制的情况下，应如何装载才能将尽可能多的集装箱装上轮船。(注：采用贪心算法求解)

9-9　n 个独立作业{1，2，…，n}，由 m 台相同的机器进行加工处理。作业 i 所需的处理时间为 t_i，1≤i≤n。现约定：任何作业可以在任何一台机器上加工处理，但未完工前不能中断处理，任何作业不能拆分成更小的作业。该问题称为批处理作业调度问题。该问题要求给出一种作业调度方案，使所给的 n 个作业在尽可能短的时间内由 m 台机器加工处理完成。(注：采用贪心算法求解)

第10章 搜索策略

搜索策略是从问题的解空间中搜索问题解的方法，本章将介绍两种常见的搜索算法：回溯法和分支界限法。

10.1 回 溯 法

回溯法是一种既带有系统性又带有跳跃性的搜索算法，它在包含问题所有解的空间树中，按照深度优先的策略，从根结点出发搜索解空间树。这种算法搜索至解空间中的任意一个结点时，首先判断该结点是否包含问题的解，如果不包含，则跳过以该结点为根的子树系统的搜索，逐层向其祖先结点回溯；否则进入该子树并继续按深度优先的策略进行搜索。回溯法在求问题所有的解时，需要回溯到树根，且在解空间树中的所有结点全部搜索完成后结束。用回溯法求问题的任意一个解时，只需要搜索到问题的一个解就可以结束。

10.1.1 问题的解空间

应用回溯法求解问题时，首先应明确定义问题的解空间，且该解空间应至少包含问题的一个最优解。例如对于有 n 种物品的 0-1 背包问题，其解空间由长度为 n 的 0-1 向量组成，该解空间包含了对变量的所有可能的 0-1 赋值。当 n = 3 时，其解空间是

$$\{ (0, 0, 0), (0, 0, 1), (0, 1, 0), (0, 1, 1), (1, 0, 0), (1, 0, 1), (1, 1, 0), (1, 1, 1) \}$$

在定义了问题的解空间后，还需要将解空间有效地组织起来，使得回溯法能方便地搜索整个解空间，通常将解空间组织成树或图的形式。例如对于 n = 3 的 0-1 背包问题，其解空间可以用一棵完全二叉树表示，如图 10-1 所示。从树根到叶子结点的任意一条路径可表示解空间中的一个元素，如从根结点 A 到结点 J 的路径对应于解空间中的一个元素(1, 0, 1)。

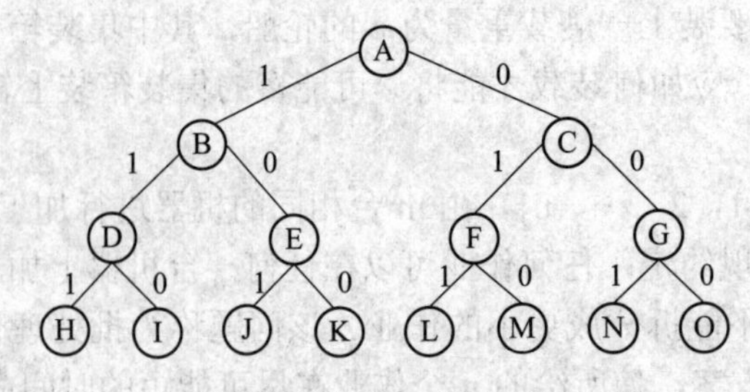

图 10-1 0-1 背包问题的解空间树

10.1.2 回溯策略的基本思想

确定了问题的解空间结构后，回溯法将从开始结点(根结点)出发，以深度优先的方式搜索整个解空间。开始结点成为活结点，同时也成为扩展结点。在当前的扩展结点处，向纵深方向搜索并移至一个新结点，这个新结点就成为一个新的活结点，并成为当前的扩展结点。如果在当前的扩展结点处不能再向纵深方向移动，则当前的扩展结点就成为死结点。此时应往回移动(回溯)至最近的一个活结点处，并使其成为当前的扩展结点。回溯法以上述工作方式递归地在解空间中搜索，直至找到所要求的解或解空间中已无活结点时为止。

例如对于 n = 3 的 0-1 背包问题，设 w = {16, 15, 15}，v = {45, 25, 25}，c = 30。从图 10-1 的根结点 A 开始搜索，这时根结点是唯一的活结点，也是当前的扩展结点。从结点 A 沿纵深方向先移至结点 B 或结点 C(以先选结点 B 为例)，此时 A 和 B 是活结点，结点 B 成为当前的扩展结点，由于选取了 w_0，因此在结点 B 处剩余背包容量 r = 14，获取的价值为 45。从结点 B 可移至结点 D 或结点 E，由于移至结点 D 至少需要的背包容量为 w_1 = 15，而当前仅有的剩余容量 r = 14，因此移到结点 D 将导致一个不可行解；而移到结点 E 不需要背包容量，因而是可行的，此时结点 E 成为新的扩展结点，在结点 E 处，r = 14，获取的价值为 45。这时结点 A、B 和 E 是活结点。从结点 E 可移到结点 J 或结点 K，类似地，移到结点 J 导致一个不可行的解，而移到结点 K 是可行的，于是结点 K 成为新的扩展结点。由于 K 是叶子结点，因此得到一个可行的解，即 x = (1, 0, 0)，获得的价值为 45。同理可以获得其他可行的解，从其中选择一个最优的解作为问题的最终解。

回溯法也可求解旅行售货员问题。图 10-2 的 G = (V, E)是一个带权图，图中顶点表示城市，各边权值表示城市之间的路程(旅费)，若售货员从某地出发经过每个城市售货，最后要回到驻地，那么旅行售货员问题其实就是在图 G 中找出一条具有最小费用的周游路线。旅行售货员问题还将在 10.2 节中做进一步介绍。

对于这类问题，首先还是构造解空间。根据前面的介绍，该问题的解空间可以组成一棵树，如图 10-3 所示。

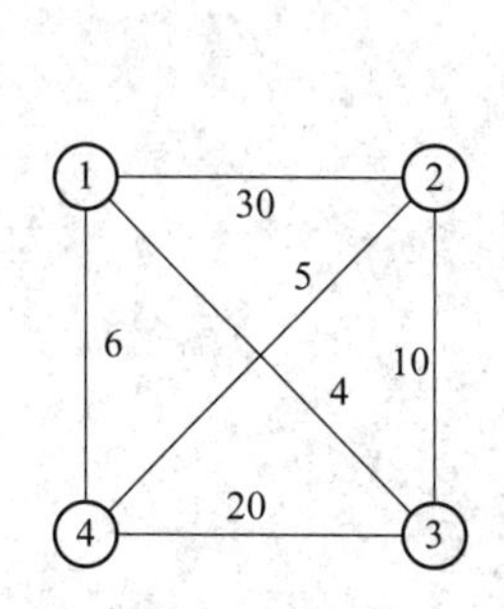

图 10-2 四个顶点的无向带权图

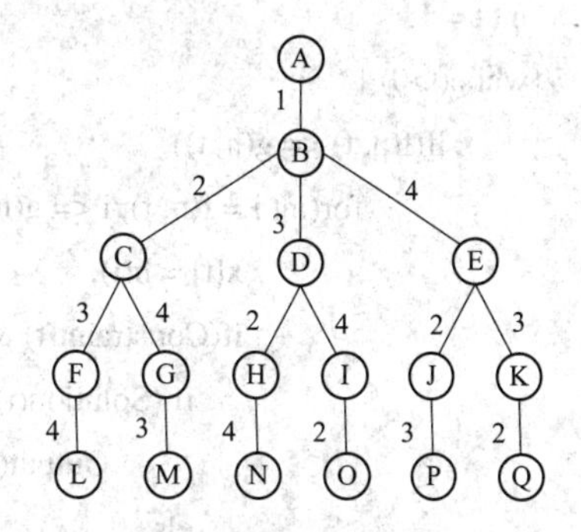

图 10-3 旅行售货员问题的解空间树

综上所述，运用回溯法解题的关键要素有以下三点：

(1) 针对给定的问题，定义问题的解空间。

(2) 确定易于搜索的解空间结构。

(3) 以深度优先方式搜索解空间，并且在搜索过程中用剪枝函数避免无效搜索。

10.1.3 递归和迭代回溯

一般情况下可以用递归函数实现回溯法，递归函数模板如下：

```
void BackTrace(int t) {
  if(t>n)
     Output(x);
  else
     for(int i = f (n, t); i <= g (n, t); i++ ) {
         x[t] = h(i);
         if(Constraint(t) && Bound (t))
             BackTrace(t+1);
     }
} //BackTrace
```

其中，t 表示递归深度，即当前扩展结点在解空间树中的深度；n 用来控制递归深度，即解空间树的高度。当 t＞n 时，算法已搜索到一个叶子结点，此时由函数 Output(x)对得到的可行解 x 进行记录或输出处理。用 f(n, t)和 g(n, t)分别表示在当前扩展结点处未搜索过的子树的起始编号和终止编号；h(i)表示在当前扩展结点处 x[t] 的第 i 个可选值；函数 Constraint(t)和 Bound(t)分别表示当前扩展结点处的约束函数和限界函数。若函数 Constraint(t)的返回值为真，则表示当前扩展结点处 x[1:t] 的取值满足问题的约束条件；否则不满足问题的约束条件。若函数 Bound(t)的返回值为真，则表示在当前扩展结点处 x[1:t] 的取值尚未使目标函数越界，还需由 BackTrace(t+1)对其相应的子树做进一步的搜索；否则，在当前扩展结点处 x[1:t] 的取值已使目标函数越界，可剪去相应的子树。

采用迭代的方式也可实现回溯算法，迭代回溯算法的模板如下：

```
void IterativeBackTrace() {
    int t = 1;
    while(t>0) {
        if(f(n, t) <= g(n, t))
            for(int i = f(n, t); i <= g(n, t); i++ ) {
                x[t] = h(i);
                if(Constraint(t) && Bound(t)) {
                    if (Solution(t))
                        Output(x);
                    else
                        t++;
                }
            }
        else t− −;
    }
} // IterativeBackTrace
```

在上述迭代算法中，用Solution(t)判断在当前扩展结点处是否已得到问题的一个可行解，若其返回值为真，则表示在当前扩展结点处 x[1:t] 是问题的一个可行解；否则表示在当前扩展结点处 x[1:t]只是问题的一个部分解，还需要向纵深方向继续搜索。

用回溯法解题的一个显著特征是问题的解空间是在搜索过程中动态生成的，在任何时刻算法只保存从根结点到当前扩展结点的路径。如果在解空间树中，从根结点到叶子结点的最长路径长度为 h(n)，则回溯法所需的计算空间复杂度为 O(h(n))，而显式地存储整个解空间复杂度则需要 $O(2^{h(n)})$或 O(h(n)!)。

10.1.4 子集树与排列树

图 10-1 和图 10-3 中的两棵解空间树是回溯法解题时常用的两类典型解空间树。

当给定的问题是从 n 个元素的集合 S 中找出满足某种性质的子集时，相应的解空间树称为子集树。例如，n 个物品的 0-1 背包问题所对应的解空间树是一棵子集树，该类树通常有 2^n 个叶子结点，总结点数为 $2^{n+1}-1$，遍历子集树的任何算法需要的计算时间复杂度均为 $O(2^n)$。

回溯法搜索子集树的一般算法描述如下：

```
void BackTrace(int t) {
    if(t>n)
        Output(x);
    else
        for(int i = 0; i <= n; i++) {
            x[t] = i;
            if(Contraint(t) && Bound(t))
                BackTrace (t + 1);
        }
} // BackTrace
```

当给定的问题是确定 n 个元素满足某种性质的排列时，对应的解空间树称为排列树。排列树通常有 n! 个叶子结点，遍历排列树需要的计算时间复杂度为 O(n!)。

回溯法搜索排列树的算法模板如下：

```
void BackTrace(int t) {
    if(t>n)
        Output(x);
    else
        for(int i = 0; i <= n; i++) {
            Swap(x[t], x[i]);
            if(Contraint (t) && Bound (t))
                BackTrace(t + 1);
            Swap(x[t], x[i]);
        }
} // BackTrace
```

10.2 回溯法的应用

10.2.1 最大团问题

1. 问题描述

给定一个无向图 G = (V, E)，如果 U⊆V，且对任意 u, v∈U 有(u, v)∈E，则称 U 是 G 的一个完全子图。G 的完全子图 U 是 G 的一个团，当且仅当 U 不包含在 G 的更大的完全子图中；G 的最大团是指 G 中所含顶点数最多的团(注：完全图是全连通图)。

在图 10-4 中，子集 {1, 2} 是 G 的一个大小为 2 的完全子图，它不是一个团，原因是它包含于 G 的更大完全子图 {1, 2, 5} 中，而 {1, 2, 5} 是 G 的一个最大团。同理，完全子图 {1, 4, 5}和 {2, 3, 5} 也是 G 的最大团。

如果 U⊆V，且对任意 u, v∈U 有(u, v)∉E，则称 U 是 G 的一个空子图。G 的空子图 U 是 G 的一个独立集，当且仅当 U 不包含在 G 的更大的空子图中。G 的最大独立集是指 G 中所含顶点数最多的独立集。

对于任意一个无向图 G = (V, E)，其补图 G' = (V1, E1)定义为：V1 = V，且(u, v)∈E1 当且仅当(u, v)∉E。

图 10-4(a)和(b)是两个互为补图的无向图，{2, 4}是 G 的一个空子图，也是 G 的最大独立集。而{1, 2}是 G' 的空子图，但它不是 G' 的独立集，原因是它包含在 G'的空子图{1, 2, 5}中。空子图{1, 2, 5}是 G' 的最大独立集。

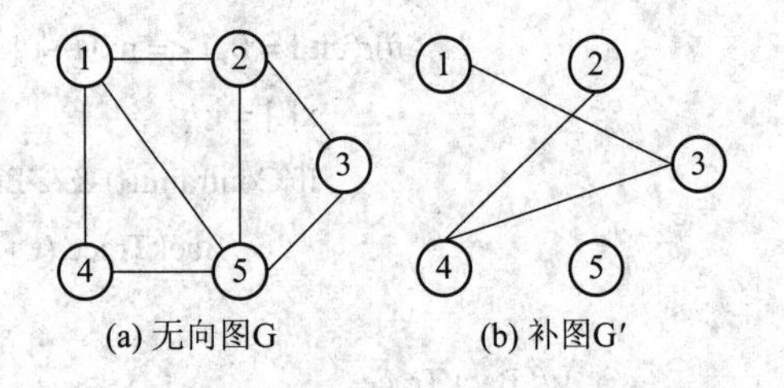

图 10-4 无向图 G 及其补图 G'

如果 U 是 G 的一个完全子图，则它是 G' 的一个空子图；反之亦然。因此，G 的团与 G'的独立集之间存在一一对应关系。若 U 是 G 的最大团，当且仅当 U 是 G' 的最大独立集。

2. 算法设计

无向图 G 的最大团和最大独立集问题都可以用回溯法在时间复杂度 $O(n2^n)$以内解决，且都可以看作图 G 的顶点集 V 的子集选取问题，因此可以用子集树表示问题的解空间。

设当前扩展结点 Z 位于解空间树的第 i 层，在进入左子树前，必须确认从顶点 i 到已选择进入的顶点集之中每个顶点都有边相连；在进入右子树前，必须确认还有足够多的可选择顶点使得算法有可能在右子树中找到更大的团。

```
int a;  //图 G 的邻接矩阵
int n;  //图 G 的顶点数
int x;  //当前解
int bestx;  //当前最优解
int cn;  //当前顶点数
```

```
int bestn;   //当前最大顶点数
void BackTrace(int i) {
        if(i>n) {
                for(int j = 1; j <= n; j++)
                        bestx[j] = x[j];
                bestn = cn;
                return;
        }
        //检查顶点 i 与当前团是否连接
        int OK = 1;
        for(int j = 1; j < i; j++)
                if(x[j] && a[i][j] == 0) {      //i 与 j 不相连
                        OK = 0;
                        break;
                }
        if(OK) {
                x[i] = 1;
                cn++;
                BackTrace(i + 1);
                x[i] = 0;
                cn--;
        }
        if(cn + n-i > bestn) {
                x[i] = 0;
                BackTrace(i+1);
        }
}  //BackTrace
int MaxClique(int **a, int v[], int n) {
        cn = 0;
        bestn = 0;
        bestx = v;
        BackTrace(1);
        return bestn;
}  //MaxClique
```

10.2.2　图的 m 着色问题

1．问题描述

给定一个无向连通图 G 和 m 种不同的颜色，用这些颜色为图 G 的各顶点着色，每个顶点染一种颜色，那么是否存在一种着色方案使得相邻顶点不重色。若一个图至少需要 m 种颜色才能使图中任何相邻顶点不重色，则 m 称为该图的色数。求一个图的色数 m 的问题称为图的 m 可着色优化问题。

如果一个图的所有顶点和边都能用某种方式画在一个平面上且没有任何两条边相交，则称这个图为平面图。在 3.1 节中介绍的地图染色问题是其中的一种特殊情况。

2．算法设计

对于任意一个图 G = (V, E)和 m 种颜色，如果这个图不是 m 可着色的，则给出不能着色；如果这个图是 m 可着色的，则找出所有不同的着色方案。

用邻接矩阵 a 表示无向连通图 G = (V, E)，若(i, j)∈E，则 a[i][j]=1；否则 a[i][j]=0。用整数 1～m 表示 m 种不同颜色，顶点 i 所染的颜色用 x[i] 表示，因此该问题的解向量可表示为 x[1:n]。问题的解空间可表示为一棵高度为 n+1 的完全 m 叉树，解空间树的第 i(1≤i≤n)层中的每一个结点都有 m 个孩子，其中每个孩子对应于 x[i] 的 m 种可能的着色之一；第 n + 1 层结点均为叶子结点。图 10-5 所示是 n = 3 和 m = 3 时问题的解空间树。

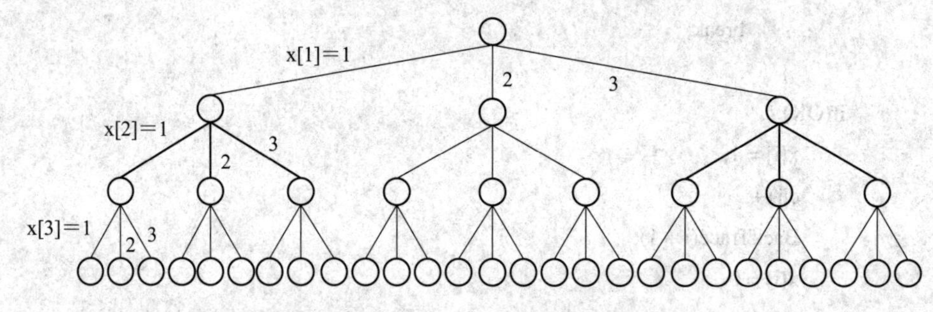

图 10-5　n = 3 和 m = 3 时的解空间树示意图

求解图的 m 可着色问题的过程就是遍历解空间树的过程，并在遍历过程中记录所有可行的着色方案，遍历过程是向前搜索和回溯两个过程的综合，以期望获得所有可能的解(着色方案)，其算法描述如下：

```
//N—图的顶点数
//M—可用的颜色数
//a—图的邻接矩阵
//x—当前的解
//sum—可 m 着色的方案数
#define N 20
#define M 5
int sum, p[N+1], *x, **a[N+1][N+1];
sum= 0;
x = p;
void MColoring() {
        for(int i = 0; i <= N; i++) {
                p[i] = 0;
        }
```

```
        BackTrace (1);
    } //MColoring
    void BackTrace(int t) {
        if(t>N) {
            sum++;
            for(int i = 1; i <= N; i++)
                printf("%d ' '", x[i]);
            printf("\n");
        } else {
            for(int i = 1; i <= N; i++) {
                x[t] = i;
                if(OK(t))
                    BackTrace(t+1);
            }
        }
    } // BackTrace
    int OK(int t) {
        for(int i = 1; i <=N; i++)
            if((a[t][i] == 1) && ( x[i] == x[t]))
                return 0;
        return 1;
    } // OK
```

在上面给出的算法中，递归函数 BackTrace(1)用于实现整个解空间的回溯搜索，BackTrace(i)搜索解空间中的第 i 层子树。当 i>n 时表示该算法已经搜索到一个叶子结点，得到一个新的 m 着色方案。当 i≤n 时，当前扩展结点 Z 是解空间中的一个内部结点，该结点有 x[i] = 1，2，3，…，m，共 m 个孩子结点，由函数 OK 检查其可行性，并以深度优先的方式递归地对可行子树进行搜索，或剪去不可行子树。

MColoring 算法的时间复杂度为 $O(nm^n)$。

10.2.3 旅行售货员问题

设某旅行售货员要到多个城市推销商品，已知各城市之间的路程(旅费)，现在为其设计一条售货路线，要求从某驻地出发经过每个城市一遍，最后又回到驻地，且使总的路程(旅费)最小。对问题的形式描述如下：

设 G = (V, E)是一个带权图，其中，各条边的权(费用)为正整数；每一条周游路线是包含 V 中所有顶点的一条回路；一条周游路线的费用是该回路上所有边的权之和。所谓旅行售货员问题就是要在图 G 中找出一条有最小费用的周游路线。

旅行售货员问题的解空间树是一棵排列树，根据排列树的递归算法模板，可得到如下算法：

```
    //n—图的顶点数
```

```
//a[n+1][n+1]—图的邻接矩阵
//x[n]—当前解
//bestx[n+1]—当前最优解
//cc—当前费用
//bestc—当前最优值
//NoEdge—无边标记
void BackTrace(int i) {
    if(i == n) {
        if((a[x[n-1]][x[n]] != NoEdge ) && ( a[x[n]][1] != NoEdge)&&
            (((cc + a[x[n-1]][x[n]] + a[x[n]][1])<bestc) || (bestc == NoEdge))) {
            for(int j = 1; j <= n; j++)
                bestx[j] = x[j];
            bestc = cc + a[x[n-1]][x[n]] + a[x[n]][1];
        }
    }
    else {
        for(int j = i; j <= n; j++)
            //是否可以进入 x[j]子树
        if((a[x[i-1]][x[j]] != NoEdge)&&
                (((cc + a[x[i-1]][x[i]])<bestc) || (bestc == NoEdge))) {
            //搜索子树
            Swap(x[i], x[j]);
            cc += a[x[i-1]][x[i]];
            BackTrace(i+1);
            cc -= a[x[i-1]][x[i]];
            Swap(x[i], x[j]);
        }
    }
} // BackTrace
void TravelRoute ( ) {
    //初始化
    for(int i = 1; i <= n; i++)
        x[i] = i;
    bestc = NoEdge;
    cc = 0;
    BackTrace(2);
} // TravelRoute
```

在上述算法的递归函数 BackTrace 中，当 i = n 时，当前扩展结点是排列树的叶子结点的双亲结点，此时算法检测图 G 是否存在两条边：一条从顶点 x[n − 1] 到 x[n] 的边和一条从顶点 x[n] 到顶点 x[1] 的边。如果这两条边都存在，则找到了一条旅行售货员回路，此时算法还需要判断这条回路的费用是否优于已经找到的当前最优回路的费用 bestc，如果是，则必须更新当前最优值 bestc 和当前最优解 bestx。当 i＜n 时，当前扩展结点位于排列树的第 i – 1 层，图 G 中存在从顶点 x[i – 1] 到顶点 x[i] 的边时，x[1:i] 构成图 G 的一条路径，且当 x[1:i]的费用小于当前最优值时算法进入排列树的第 i 层；否则将剪去相应的子树。算法中的变量 cc 记录当前路径 x[1:i] 的费用。

上述整个算法的时间复杂度为 O(n!)。

10.3 分支界限法

分支界限法是一种在问题的解空间树 T 上搜索问题解的算法，它类似于回溯法。一般而言，分支界限法与回溯法的解题目标不同：分支界限法的解题目标是找出解空间树 T 中满足约束条件的一个解，或是在满足约束条件的解中找一个使目标函数值极大或极小的解，即某种意义下的最优解；而回溯法的解题目标是找出 T 中满足约束条件的所有解。

由于解题目标不同，导致分支界限法与回溯法在解空间树 T 上的搜索方式不同：回溯法以深度优先方式搜索 T；而分支界限法以广度优先或最小耗费优先的方式搜索 T。

分支界限法的搜索策略是：在扩展结点处，首先生成其所有的孩子结点(分支)，然后再从当前的活结点表中选择下一个扩展结点。为了有效地选择下一个活结点，加快搜索的进程，就在每一个活结点处计算函数值(限界)，并根据已计算出的函数值，从当前活结点表中选择一个最有利的结点作为扩展结点，使搜索朝着解空间中有最优解的分支推进，以便尽快找出一个最优解，这种方法称为分支界限法。

10.3.1 分支界限法的基本思想

分支界限法以广度优先或最小耗费(最大效益)优先的方式搜索问题的解空间树。常见的解空间树有子集树和排列树。

在分支界限法中，每一个活结点只有一次机会成为扩展结点，一次性产生其所有孩子结点。在这些孩子结点中，那些导致不可行解或导致非最优解的孩子结点被舍弃，其余孩子结点被加入活结点表。此后，从活结点表中取当前扩展结点的下一个结点成为扩展结点，并重复上述结点的扩展过程，直至找到所需的解或活结点表空时为止。

从活结点表中选择下一个扩展结点作为当前扩展结点，常用的方法有两种：

(1) 一般队列方法。一般队列方法是将活结点表组织成一般队列，并按队列中结点先进先出的原则选取下一个结点作为当前扩展结点。

(2) 优先级队列方法。优先级队列方法是将活结点表组织成一个优先级队列，并按优先级队列中规定的结点优先级来选取优先级最高的下一个结点作为当前扩展结点。

优先级队列中规定的结点优先级常用一个与该结点相关的树枝 p 表示。最大优先级队列规定：p 值较大的结点优先级较高。最小优先级队列规定：p 值较小的结点优先级较高。优先级队列中优先级最高的结点将成为当前的扩展结点。

用优先级队列的分支界限法解决具体问题时，应根据具体问题的特点确定是选用最大优先级队列，还是最小优先级队列表示解空间的活结点表。

例如 n = 3 时的 0-1 背包问题，设 w = {16, 15, 15}，p = {45, 25, 25}，c = 30，其解空间树如图 10-1 所示。

用一般队列分支界限法求解此题时，用队列存放活结点表。算法从根结点开始，初始时活结点队列为空，结点 A 是当前活结点。结点 A 的两个孩子 B 和 C 都是可行结点，故将结点 B 和结点 C 入队，并且舍弃当前扩展结点 A。然后在活结点队列中取出活结点 B 作为当前扩展结点，扩展结点 B 有两个孩子 D 和 E，由于结点 D 是不可行结点故舍弃，结点 E 是可行结点故入队；再从活结点队列中取出结点 C 作为当前扩展结点，继续上述计算，直至活结点队列空时为止，算法终止。该算法搜索得到的最优值是 50。

从该例可以看出：分支界限法搜索解空间树的方法与解空间树的广度优先遍历算法极为相似，唯一不同之处是分支界限法不搜索以不可行结点为根的子树。

若假设优先级队列的优先级定义为活结点所获得的价值，则可用极大值表示优先级队列。初始时活结点队列为空，扩展结点为 A，结点 A 有两个孩子 B 和 C，由于结点 B 和结点 C 均为可行结点，故加入该队列而成为活结点，并将结点 A 舍弃。由于活结点 B 获得的当前价值为 45，活结点 C 获得的价值为 0，活结点 B 的价值大于活结点 C 的价值，因此活结点 B 是该队列中的最大元素，从而成为下一个扩展结点。以此类推，直至活结点队列空时为止，算法终止，得到的最优解仍然是 50。

在寻求问题的一个最优解时，可以用回溯法所使用的剪枝函数加速搜索过程。该函数给出每一个可行结点相应的子树可能获得的最大价值的上界，如果这个上界不会比当前的最优值大，则说明相应的子树中不包含问题的最优解，因而可以剪去。也可以将由上界函数确定的每个结点的上界值作为优先级，以该优先级的非增序选择当前扩展结点，这种策略有时可以更迅速地找到最优解。

10.3.2　分支界限法与回溯法的区别

分支界限法与回溯法都是在问题的解空间搜索问题解的算法，两者区别主要在于以下几点：

(1) 求解目标不同。

回溯法的求解目标是找出解空间树中满足约束条件的所有解，而分支限界法的求解目标则是找出满足约束条件的一个解，或是在满足约束条件的解中找出在某种意义下的最优解。

(2) 搜索方式的不同。

回溯法以深度优先的方式搜索解空间树，而分支限界法则以广度优先或以最小耗费优先(最大效益)的方式搜索解空间树。

(3) 对扩展节点的扩展方式不同。

在分支限界法中，每一个活结点只有一次机会成为扩展结点。活结点一旦成为扩展结点，就一次性产生其所有儿子结点。在这些儿子结点中，导致不可行解或导致非最优解的儿子结点被舍弃，其余儿子结点被加入活结点表中。此后，从活结点表中取下一结点成为当前扩展结点，并重复上述结点扩展过程。这个过程一直持续到找到所需的解或活结点表为空时为止。

在回溯法中，当探索到某一结点时，要先判断该结点是否包含问题的解。如果包含，就从该结点出发继续探索下去；如果该结点不包含问题的解，则逐层向其祖先结点回溯。

(4) 对存储空间的要求不同。

分支限界法的存储空间比回溯法大得多，因此当内存容量有限时，回溯法成功的可能性更大。

10.4 分支界限法的应用

10.4.1 装载问题

设有 n 个集装箱，计划将其装上两艘载重量分别为 c_1 和 c_2 的轮船，其中集装箱 i 的重量为 w_i，且 $\sum_{i=1}^{n} w_i \leqslant c_1 + c_2$。那么是否有一个合理的装载方案，可将 n 个集装箱装上这两艘轮船。

当 $\sum_{i=1}^{n} w_i = c_1 + c_2$ 时，装载问题就等价于子集和问题；当 $c_1 = c_2$，且 $\sum_{i=1}^{n} w_i = 2c_1$ 时，装载问题就等价于划分问题。

如果给定的装载问题有解，则采用下面的策略可以得到一个最优装载方案：

(1) 将第一艘轮船尽可能地装满。

(2) 将剩余的集装箱装到第二艘轮船上。

第一艘轮船尽可能地装满等价于选取全体集装箱的一个子集，使该子集中的集装箱重量之和最接近 c_1。由此可知，装载问题等价于以下特殊的 0-1 背包问题：

$$\max \sum_{i=1}^{n} w_i x_i \leqslant c_1 \quad x_i \in \{0, 1\}，1 \leqslant i \leqslant n$$

因此，装载问题是一个子集选取问题，其解空间树是一棵子集树。

1. 一般队列分支界限法

求解装载问题的一般队列分支界限法只求出所要求的最优值，最优解将在后续内容介绍。根据 10.3.1 节的介绍，分支界限法主要采用树的广度优先搜索算法，因此参照树的广度优先搜索算法，可得到一般队列分支界限法的算法如下：

```
void MaxLoading ( int w[], int c, int n ) {
    //初始化
    int layer, Ew, bestw, wt;
    layer = 1;
    Ew = 0;
    bestW = 0;
```

```
        InitQueue(Q);   //初始化队列，解空间树中的根结点入队
        add(Q, Ew);
        add(Q, −1);
        while(!QueueIsEmpty( Q)) { //搜索子集解空间树
            delete(Q, Ew);   //此时的 Ew 为 0
            if(Ew == −1) {
                if(IsEmpty(Q))
                    break;
                add(Q, −1);
                delete(Q, Ew);
                layer++;
            }
            //检查左孩子结点
            wt = Ew + w[layer];
            if(wt<=c) {  //可行结点
                x[layer] = 1;
                if(wt>bestw)
                    bestw = wt;
                if(layer<n)
                    add(Q, wt);
            }
            add(Q, Ew);   //右孩子结点总是可行的
        }
    } // MaxLoading
    void EnQueue(Q, int wt, int &bestw, int n) {   //将活结点加入 Q 队列
        if(i == n) {   //可行叶子结点
            if(wt > bestw)
                bestw = wt;
        }
        else {  //非叶子结点
            add(Q, wt);
        }
    } // EnQueue
```

其中，MaxLoading 函数完成对解空间的分支界限搜索；队列 Q 用于存储活结点；Q 中的 Ew 表示每个活结点所对应的当前载重量。

函数 EnQueue 将活结点加入到活结点队列 Q 中。该函数检查 i 是否等于 n，如果 i = n，则表示当前活结点为叶子结点。由于叶子结点不会进一步扩展，因此不必将其加入到活结点队列中。此时检查该叶子结点所表示的可行解是否优于当前最优解，并适时更新当前最优解；否则当前活结点是一个内部结点，应加入到活结点队列中。

函数 MaxLoading 将 layer 初始化为 1，bestw 初始化为 0，活结点队列中加入 Ew 为 0 的活结点。Ew 表示当前扩展结点的重量。在 while 循环中，首先从队列中取出当前扩展结点，然后检查该扩展结点的左孩子是否是可行结点，若是可行结点，则调用 EnQueue 函数将其加入到活结点队列中，再将右孩子加入到活结点队列中(右孩子结点一定是可行结点)。两个孩子结点都产生后，当前扩展结点被舍弃。再从队列中取出一个活结点作为当前扩展结点，重复上述过程，直至活结点队列空时为止，算法结束。

2．算法改进

设 bestw 是当前最优解，Ew 是当前扩展结点对应的重量，r 是剩余集装箱的重量。若 Ew + r≤bestw，则可以将扩展结点所对应的子树剪去。

函数 MaxLoading 将 bestw 初始化为 0，直至搜索到叶子结点时才更新 bestw，因此在算法搜索到第一个叶子结点之前 bestw = 0，且 r＞0，故 Ew+r＞bestw 总成立，即此时右子树测试不起作用。

为了使上述右子树测试尽早发挥作用，应提前更新 bestw。而我们知道算法最终找到的最优值是所求问题的子树中所有可行结点对应的重量最大值，并且结点所对应的重量仅在搜索进入左子树时增加，因此可以在算法每次进入左子树时更新 bestw 的值。改进后的算法如下：

```
void MaxLoading(int w[], int c, int n) {
    //初始化
    InitQ();  //初始化队列
    int Ew, bestw, r, layer, wt, i;
    Ew = 0;  //扩展结点所对应的载重量
    bestw = 0;  //当前的最优载重量
    r = 0;  //剩余集装箱重量
    layer = 1;  //当前扩展结点所处的层
    for(int j = 2; j <= n; j++)
        r += w[j];
    add (Q, Ew);  //起始设置队列
    add(Q, -1);
    while(!IsEmpty(Q)) {
        delete(Q, Ew);
        if(Ew == -1) {
            if(IsEmpty(Q))
                break;
            add(Q, -1);
            delete(Q, Ew);
            layer++;
            r -= w[layer];
        }
```

```
            //检查左孩子结点
            wt = Ew + w[layer];   //左孩子结点的重量
            if(wt<=c) {  //可行结点
                if(wt>bestw)
                    bestw = wt;   //更新最优值
                if(layer < n)
                    add(Q, wt);   //加入活结点队列
            }
            //检查右孩子结点
            if(((Ew + r)>bestw) && (layer<n))
                add(Q, Ew);                  //可能包含最优解
        } // while
    } // MaxLoading
```

当算法要将一个活结点加入活结点队列时，若 wt 的值不会超过 bestw，则不必更新 bestw。

3．构造最优解

为了在算法结束后能方便地构造出与最优值相对应的最优解，算法必须记录相应子集树中从活结点到根的路径，为此，必须设置指向其双亲结点的指针，并设置左右孩子标志。活结点队列的数据结构如下：

```
    struct QNode {
        struct QNode *parent;
        int flagOfChild;   //0 表示左孩子；1 表示右孩子
        int weight;
    }
```

将活结点加入到活结点队列中的函数 EnQueue 如下：

```
    void EnQueue (struct QNode activeQ, int wt, int i, int n, int bestw, struct QNode E,
                    struct QNode *bestE, int bestx[], int flagChild) {
        if(i == n) {  //可行叶子结点
            if(wt == bestw) {  //当前最优装载重量
                bestE = E;
                bestx[n] = flagChild;
            }
            return;
        }
        //非叶子结点
        struct QNode q;
        q->weight = wt;
        q->parent = E->parent;
        q->flagOfChild = flagChild;
```

```
    add(Q, q);
    } // EnQueue
int MaxLoad(int w[], int c, int n, int bestx[]) {    //返回最优载重量，bestx 返回最优解
    struct QNode *aQ;    //活结点队列
    add(aQ, -1);    //同层结点尾部标志
    int i = 1;    //当前扩展结点所处的层
    int Ew = 0;  //对应扩展结点的载重量
    int bestw = 0;    //当前最优载重量
    int r = 0;    //剩余集装箱重量
    for(int j = 2; j <= n; j++)
        r += w[j];
    struct QNode *Eq = 0;    //当前扩展结点
    struct QNode *bestE;  //当前最优扩展结点
    while(true) { //搜索子集空间树
        //检查左孩子结点
        int wt = Ew + w[i];
        if(wt<c) {    //可行结点
            if (wt > bestw)
                bestw = wt;
            EnQueue(aQ, wt, i, n, bestw, Eq, bestE, bestx, 1);
        }
        //检查右孩子结点
        if(Ew + r>bestw)
            EnQueue(aQ, wt, i, n, bestw, Eq, bestE, bestx, 0);
        delete(aQ, Eq);    //取下一个扩展结点
        if(!Eq) { //同层结点尾部
            if(IsEmpty(aQ))
                break;
            add(aQ, 0);  //同层结点尾部标志
            delete(aQ, Eq);    //取下一个扩展结点
            i++;    //进入下一层
            r -= w[i];
        } //if(!Eq)
    } //while
    //构造当前最优解
    for(int j = n-1; j > 0; j--) {
        bestx[j] = bestE->flagOfChild;
        bestE = bestE->parent;
    }
```

```
        return bestw;
    } // MaxLoad
```

优先级队列分支界限法的算法请读者自己设计。

10.4.2 布线问题

印刷电路板将布线区域划分成 n × m 个方格阵列，如图 10-6(a)所示。电路布线问题要求确定连接方格 a 的中点和方格 b 的中点的最短布线方案。在布线时，电路只能沿直线或直角布线，并且要求所布线路不能相交，如图 10-6(b)所示。

为了避免线路相交，已经布线的方格应设置封锁标记，其他线路不允许穿过已经封锁的方格。

布线问题的解空间是一个图，用队列分支界限法解此问题。从起始位置 a 开始，将其作为第一个扩展结点，与该扩展结点相邻并且可达的方格成为可行结点被加入到活结点队列中，并且将这些方格标记为 1，即从起始方格 a 到这些方格的距离为 1。接着从活结点队列中取出队首结点作为下一个扩展结点，并将与当前扩展结点相邻且未标记过的方格标记为 2，并存入活结点队列。这个过程一直持续到算法搜索到目标方格 b，或活结点队列空时结束。

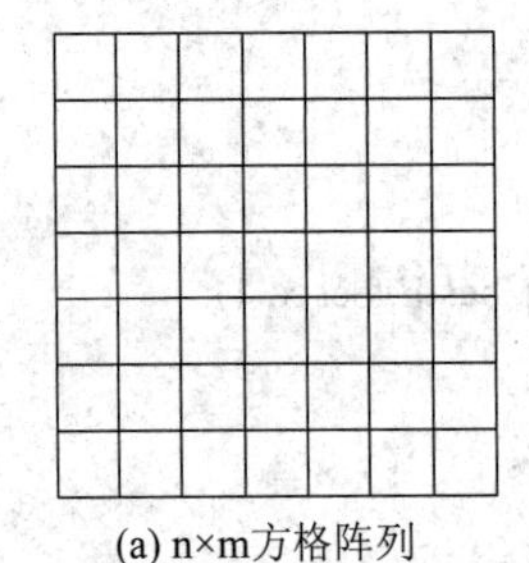

(a) n×m方格阵列

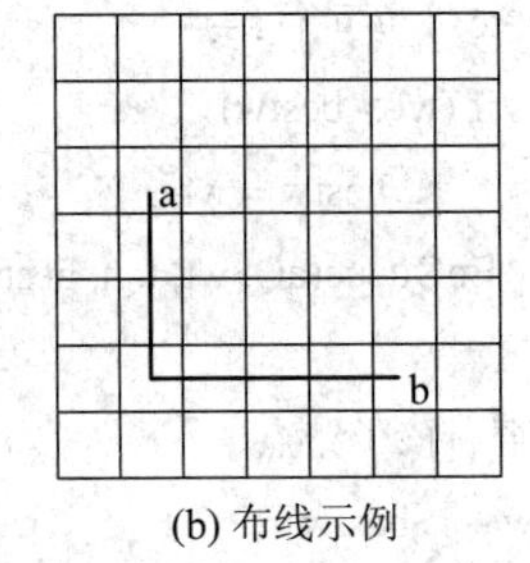

(b) 布线示例

图 10-6 印制电路板布线方格阵列

在实现上述算法时，首先考虑记录电路板上某方格的位置：用结构体表示，结构体中有 row 和 col 两个成员。其次需要表示布线前进的方向：布线可沿右、下、左、上四个方向移动，分别用 0、1、2、3 表示。再用 offset[i].row 和 offset[i].col (i = 0, 1, 2, 3)表示沿着四个方向移动一步时对于当前方格的相对位移，如表 10-1 所示。

表 10-1 移动方向的相对位移

移动	方向	行位移(offset[i].row)	列位移(offset[i].col)
0	右	0	1
1	下	1	0
2	左	0	–1
3	上	–1	0

用二位数组 grid[i][j]表示电路板上某方格的布线，grid[i][j]=0 表示该方格允许布线；grid[i][j]=1 表示该方格不允许布线。

另外，为了方便处理边界情况，在所给方格阵列的周围设置一道“围墙”，即增设标记为1的方格。算法首先检查起始方格和目标方格是否一致，若一致则直接返回最短距离0；否则算法设置方格的“围墙”，并初始化位移矩阵offset。算法从起始位置开始标记距离为1的方格，并存入活结点队列，然后依次标记距离为2、3、4、……的方格，直至到达目标方格或活结点队列空时为止。其具体算法如下：

```
void FindPath(struct Position beginP, struct Position endP) {
    int finished = 0;
    if((beginP.row == endP.row ) && ( beginP.col == endP.col))
        pathLen = 0;
    else {
        for(int i = 0; i <= m+1; i++) {
            grid[0][i] = 1;
            grid[n+1][i] = 1;
        }
        for(int i = 0; i <= n+1; i++) {
            grid[i][0] = 1;
            grid[i][m+1] = 1;
        }
        struct Position offset[4];
        offset[0].row = 0;
        offset[0].col = 1;
        offset[1].row = 1;
        offset[1].col = 0;
        offset[2].row = 0;
        offset[2].col = -1;
        offset[3].row = -1;
        offset[3].col = 0;
        int numbersOfNeighbor = 4;
        struct Position currentP, currentNeighbor;
        currentP.row = beginP.row;
        currentP.col = beginP.col;
        grid[beginP.row][beginP.col] = MAX;
        struct ActiveNodeQueue activeQ;
        while(finished == 0) {
            for(int i = 0; i < numbersOfNeighbor; i ++){
                currentNeighbor.row = currentP.row + offset[i].row;
                currentNeighbor.col = currentP.col + offset[i].col;
                if(grid[currentNeighbor.row][currentNeighbor.col] == 0 ){
                    grid[currentNeighbor.row][currentNeighbor.col] =
                                    grid[currentP.row][currentP.col]+1;
```

```
                if((currentNeighbor.row == endP.row) &&
                        (currentNeighbor.col == endP.col))
                    break;
                add(activeQ, currentNeighbor);
            }
        } //for
        if((currentNeighbor.row==endP.row)&&(currentNeighbor.col==endP.col))
            finished = 1;
        else {
            if(IsEmpty(activeQ))
                finished = 2;
            else
                delete(activeQ, currentP);
        }
    } //while
    if(finished == 1) {
        pathLen = grid[endP.row][endP.col];
        path =(struct Position *) malloc(pathLen);
        currentP.row = endP.row;
        currentP.col = endP.col;
        for(int j = pathLen-1; j >=0; j--) {
            path[j].row = currentP.row;
            path[j].col = currentP.col;
            //找前趋位置
            for(int i = 0; i < numbersOfNeighbor; i++){
                currentNeighbor.row = currentP.row + offset[i].row;
                currentNeighbor.col = currentP.col + offset[i].col;
                if(grid[currentNeighbor.row][currentNeighbor.col] == j)
                    break;
            }
            currentP.row = currentNeighbor.row;
            currentP.col = currentNeighbor.col;
        } // for(int j =
        printf("有解\n");
    }
    else
        printf("无解\n");
  } //if((beginP.row == endP.row ) …) else
} // FindPath
```

在一个 7×7 方格阵列中布线的例子如图 10-7 所示，其中，起始位置 a = (3, 2)；目标位置 b = (4, 6)；阴影方格表示被封锁的方格。算法标记过程如图 10-7(a)所示，布线路径如图 10-7(b)所示。

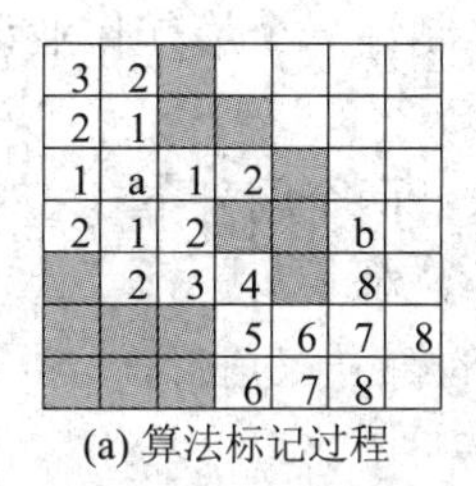

(a) 算法标记过程

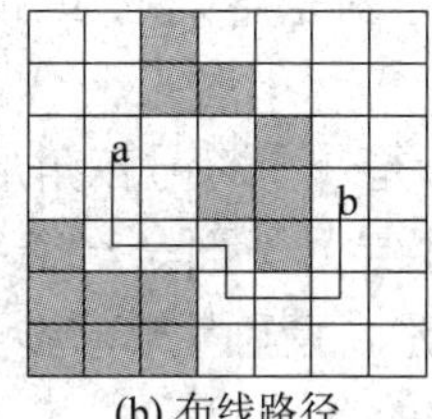

(b) 布线路径

图 10-7 算法布线示例

由于每个方格成为活结点并进入活结点队列的次数最多一次，因此活结点队列最多处理活结点个数的复杂度为O(mn)，扩展每个结点需要的时间复杂度为 O(1)，构造相应的最短距离需要的时间复杂度为 O(pathLen)，故算法的时间复杂度为 O(mn)。

本 章 小 结

搜索策略反映了状态空间或问题空间扩展的方法，也决定了状态或问题的访问顺序。本章介绍了分别基于深度优先搜索策略和广度优先搜索策略的回溯法和分支界限法两种典型的搜索算法。

回溯法可求出解空间树中满足约束条件的所有解。而分支界限法是找出满足约束条件的一个解，或是在满足约束条件的解中找出在某种意义下的最优解，需要比回溯法大得多的存储空间。在具体实际应用中，采用何种搜索策略需根据问题的特点及实际的操作和资源等因素综合考虑。

习　　题

算法设计题

10-1 有一批共 n 个集装箱要装上两艘载重量分别为 c_1 和 c_2 的轮船，其中集装箱 i 的重量为 w_i，且 $\sum_{i=1}^{n} w_i \leqslant c_1 + c_2$。要求确定是否有一个合理的装载方案可将 n 个集装箱装上这两艘轮船。如果有合理的装载方案，请给出一种装载方案。

10-2 给定 n 个作业的集合 $J = \{J_1, J_2, \cdots, J_n\}$。每一个作业 J_i 都有两项任务需要分别在两台机器上完成。每一个作业必须先由机器 1 处理，然后再由机器 2 处理。作业 J_i 需要机器 j 的处理时间为 $t_{ji}(i = 1, 2, \cdots, n;\ j = 1, 2)$。对于一个确定的作业调度，设 F_{ji} 是作业 i 在机器 j 上完成处理的时间，则所有作业在机器 j 上完成处理的时间之和 $f=\sum_{i=1}^{n}F_{ji}$ 称为该批作业调度的完成时间和。要求对于给定的 n 个作业，制订一个最佳作业调度方案，使其完成时间和达到最小。

10-3 图 10-8 所示是一个符号三角形。要求：两个同号下面是一个“+”号，两个异号下面是一个“–”号。对于第一行有 n 个符号的符号三角形，请确定有多少个不同的符号三角形，使其所含“+”和“–”的个数相等。

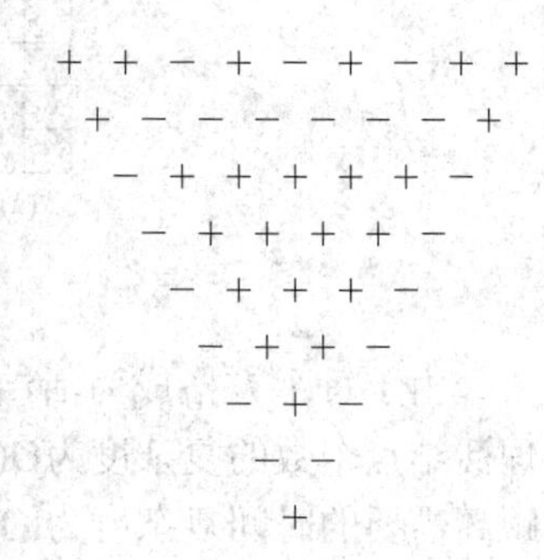

图 10-8 符号三角形

10-4 N 后问题要求在一个 N × N 格的棋盘上放置 N 个皇后，使得她们彼此不受攻击。按照国际象棋的规则，一个皇后可以攻击与之处在同一行或同一列或同一斜线上的其他任何棋子。因此 N 后问题等价于要求在一个 N × N 格的棋盘上摆放 N 个皇后，使得任何两个皇后不能被放置在同一行或同一列或同一斜线上。采用回溯法实现。

10-5 采用回溯法解决 0-1 背包问题。

10-6 给定 n 个大小不等的圆 $c_1, c_2, \cdots, c_n$，现要求将这 n 个圆排进一个矩形框中，且要求各圆与矩形框的底边相切，该问题称为圆排列问题。圆排列问题要求从 n 个圆的所有排列中找出具有最小长度的圆排列。用回溯法求解此问题。

10-7 设 $B = \{1, 2, 3, \cdots, n\}$是 n 块电路板的集合，集合 $L = \{N_1, N_2, \cdots, N_m\}$是 n 块电路板的 m 个连接，其中每个连接块 N_i 是 B 的一个子集，且 N_i 中的电路板用同一根导线连接在一起。要求将 n 块电路板以最佳的方案插入带有 n 个插槽的机箱中，这类问题称为电路板排列问题。采用回溯法求解。

10-8 假设某国家发行了 n 种不同面值的邮票，并且规定每个信封上最多只允许贴 m 张邮票。连续邮资问题要求对于给定的 n 和 m 的值，给出邮票面值的最佳设计，使得可在一个信封上贴出从邮资 1 开始、增量为 1 的最大连续邮资区间。采用回溯法求解。

10-9 采用分支界限法求解 0-1 背包问题。

10-10 采用分支界限法求解最大团问题。

10-11 采用分支界限法求解旅行售货员问题。

10-12 采用分支界限法求解电路板排列问题(见 10-7 题)。

10-13 采用分支界限法求解批处理作业调度(见 10-2 题)。

附 录

习题参考答案

应用实例完整代码

参考文献

[1] 严蔚敏，吴伟民. 数据结构(C 语言版). 北京：清华大学出版社，2011.

[2] 陈越，何钦铭，许镜春，等. 数据结构. 2 版. 北京：高等教育出版社，2016.

[3] 郑人杰，等. 软件工程. 北京：人民邮电出版社，2009.

[4] KERNIGHAN B W，PIKE R. 程序设计实践. 裘宗燕，译. 北京：机械工业出版社，2007.

[5] WEISS M A. 数据结构与算法分析：C 语言描述. 2 版. 冯舜玺，译. 北京：机械工业出版社，2004.

[6] 奈霍夫. 数据结构与算法分析(C++语言描述). 2 版. 黄达明，等，译. 北京：清华大学出版社，2006.

[7] VASAPPANAVARA R. C and Data Structures by Practice. New Age International Pvt Ltd Publishers，2007.

[8] 汪杰，等. 数据额结构经典算法实现与习题解答. 北京：人民邮电出版社，2004.